高等院校园林专业系列教材

园　林　工　程

主　编　陈永贵　吴戈军

中国建材工业出版社

图书在版编目（CIP）数据

园林工程/陈永贵，吴戈军主编. —北京：中国建材工业出版社，2010.1（2017.6 重印）
（高等院校园林专业系列教材）
ISBN 978-7-80227-546-1

Ⅰ. 园… Ⅱ. ①陈… ②吴… Ⅲ. 园林—工程施工—高等学校—教材 Ⅳ. TU986.3

中国版本图书馆 CIP 数据核字（2009）第 179618 号

内 容 提 要

本书按照高等院校园林专业教学大纲编写，主要内容包括土方工程、园林给水排水工程、水景工程、园路工程、园林景石假山工程、园林建筑小品工程、园林种植绿化工程、园林供电与照明工程、园林机械、园林工程招标投标、园林工程施工管理等。

本书可作为高等院校园林专业教材，也可供园林工作者参考使用。

园林工程

主编 陈永贵 吴戈军

出版发行：中国建材工业出版社
地　　址：北京市海淀区三里河路 1 号
邮　　编：100044
经　　销：全国各地新华书店
印　　刷：北京鑫正大印刷有限公司
开　　本：787mm×1092mm 1/16
印　　张：17.5
字　　数：432 千字
版　　次：2010 年 1 月 第 1 版
印　　次：2017 年 6 月 第 4 次
书　　号：ISBN 978-7-80227-546-1
定　　价：**45.00 元**

本社网址：www.jccbs.com.cn
本书如出现印装质量问题，由我社发行部负责调换。联系电话：（010）88386906

《园林工程》编委会

主　编：陈永贵　吴戈军

副主编：赵明德　刘志科　孙景荣　刘智宏

参　编：(按姓氏笔画排序)

王　博　白世伟　田建林　张　静

陈学兄　李彦华　辛转霞　高阳林

谢　云　蒋亚光　樊　萍

前　言

近年来，随着社会和经济的飞速发展，人们对社会的物质和精神需求越来越高，提倡人与自然的和谐统一，建立人与自然相融合的人居环境成为社会的发展趋势，这一趋势促使园林建设事业蓬勃发展。园林工程是一门研究造景技艺的课程，其中心内容在于探讨如何在最大限度地发挥园林综合功能的前提下，解决园林中工程结构物和园林景观的矛盾统一问题，也就是如何解决人与自然的和谐统一问题。园林建设事业的发展，需要一批从事集园林艺术、园林环境改造于一体的园林设计、施工、养护管理方面的应用型专门人才。为了适应高等教育发展的需要，培养具有高素质的、复合型的高级人才，我们编写了《园林工程》一书。

本书包括园林工程概述、园林土方工程、园林给水排水工程、水景工程、园路工程、园林景石假山工程、园林建筑小品工程、园林种植绿化工程、园林供电与照明工程、园林机械、园林工程招投标、园林工程施工管理十二章内容。本书力求文字简练、概念明确、图文并茂、内容充实，并结合实际，体现当代科学成果，贯彻最新标准和规范，阐述园林工程的各个施工要素。

由于编者的水平和学识有限，尽管编者尽心尽力，但内容难免有疏漏或未尽之处，敬请有关专家和读者提出宝贵意见，予以批评指正，以不断充实、提高、完善。

编者

2009 年 10 月

目　　录

第1章 园林工程概述

1.1 园林工程的概念

园林建设总是与园林工程分不开的。在人类的生活环境中,曾涌现出许许多多的园林,它们千姿百态、风格迥异,但其景观的形成、空间的组织、气氛的烘托乃至意境的体现和表达均离不开园林工程技术。园林工程在园林建设活动过程中无处不在,小至花坛、喷泉、亭、架的营造,大到公园、环境绿地、风景区的建设都涉及多种工程技术。

园林工程是集建筑、掇山、理水、铺地、绿化、供电、排水等为一体的大型综合性景观工程。这一系统工程的重点是如何应用工程技术的手段来塑造园林艺术形象,使地面上的各种人工构筑物与园林景观融为一体,以可持续发展观构筑城市生态环境体系,为人们创建舒适、优美的休闲、游憩和生活空间。

从广义上说,园林工程是综合的景观建设工程,是由项目起始至设计、施工及后期养护的全过程。

从狭义上说,即把园林工程视为以工程手段和艺术方法,通过对园林各个设计要素的现场施工而使目标园地成为特定优美景观区域的过程。也就是在特定范围内,通过人工手段(艺术的或技艺的)将园林的多个设计要素(也称施工要素)进行工程处理,以使园地实现一定的审美要求和艺术氛围,这一工程的实施过程就是园林工程。从这一意义上看,该学科的基本点不是如何对平面图上的设计要素进行处理,而是通过理解设计思想,对其设计要素在现场进行合理组织与施工,所以园林工程是实践性的,是现场的,是使用各种施工材料、运用各种施工技术和管理方法来完成的一个再创作的过程。

再从园林这个层面上分析园林工程。园林是在一定的地域内运用工程技术手段和造园艺术手法,通过改造地形、种植树木花草、营造建筑和布置园路等途径建成的完美的游憩境域。要最终成就这种完美的游憩境域,必须经历工程实施过程,这一过程涉及地形、植物、建筑、园路及相关的配套设施,如供电供水、设备维护等,因此园林工程不单单是某种工程技艺,更是各种工程技术手段的综合体现。

1.2 园林工程的发展过程

园林发展的历史,就是园林工程发展的历史,从有文字记载的商朝的囿算起,至今已有三千多年的历史。

中国园林艺术经历代画家、士大夫、文人和工匠创造、发展,其造园技艺独特而精湛,在园林工程技术方面取得了丰硕的成果,体现在:其一,掇山(采石、运石、安石)技术已炉火纯青,到宋代已明显地形成一门专门技艺,根据不同石材特性,总结出不同的堆山"字诀"和连接方式。其二，理水与实用性有机结合。其三，“花街铺地”在世界上独树一帜，冰裂纹、梅花、鹅卵石子地，其用材低廉、结构稳固、式样丰富多彩，成为因地制宜、低材高用的典范。其四，博大精深的园林建设理论，中国古代园林不仅积累了丰富的实践经验，也从实践中总结出不少精辟的造园理论。

园林工程作为一种技术，可以说是源远流长，但作为一门系统而独立的学科则是近半个世纪的事，它是为了适应我国城市园林和绿化建设发展的需求而诞生的。新中国成立以后，随着新技术、新工艺、新材料的不断出现，我国的园林工程得到快速发展。南、北方在大树、古树的移植、包装、运输上形成一套完整的工艺流程。近年来在大树移栽过程中广泛采用微喷灌技术，大大提高了古树名木的移栽成活率。一些被荒废、破坏的名园为适应园林事业的发展而被恢复。改革开放后，随着我国国际地位的提高，我国的园林艺术完全走出国门，在许许多多国家都有中国园林的踪迹，其中，参加国际展览的项目大多获得金奖。

1.3 园林工程的特点

园林工程实际上包含了一定的工程技术和艺术创造，是地形地貌、植物花草、建筑小品、道路铺装等造园要素在特定地域内的艺术体现。因此，园林工程与其他工程相比有其鲜明的特点。

1. 园林工程的艺术性

园林工程是一种综合景观工程，它不同于其他的工程技术，而是一门艺术工程，涉及如建筑艺术、雕塑艺术、造型艺术、语言艺术等多门艺术。园林要素都是相互统一、相互依存的，共同展示园林特有景观的艺术，比如瀑布水景，就要求其落水的姿态、配光、背景植物及欣赏空间相互烘托。植物景观也是一样，要通过色彩、外形、层次、疏密等视觉要素来体现植物的园林艺术。园路铺装则需充分体现平面空间变化的美感，使其在划分平面空间时不只是具有交通功能。

2. 园林工程的技术性

园林工程是一门技术性很强的综合性工程，它涉及土建施工技术、园路铺装技术、苗木种植技术、假山叠造技术、建筑小品构造技术以及装饰装修、油漆彩绘等诸多技术。

3. 园林工程的综合性

园林作为综合艺术，在进行园林产品的创作时，所要求的技术无疑是复杂的。随着园林工程规模日趋大型化，协同作业、多方配合更为突出；新材料、新技术、新工艺、新方法的广泛应用，园林各要素的施工更注重技术的综合性。另外，施工材料的多样性，使材料的可选择性加强，施工方式、施工方法也相互渗透，单一的技术应用已经难以满足现代园林工程的需要了。

4. 园林工程的时空性

园林实际上是一种五维艺术，除了其空间特性，还有时间上的要求以及造园人的思想情感。园林工程的空间性在不同的地域其表现形式迥异。作品是现实的、非图纸的，因此在建设时重点要表现各要素在三维空间中的景观艺术性。园林工程的时间性，则主要体现于植物景观上，即常说的生物性和观赏性。植物作为园林造景最重要的要素，其种类繁多、品种多样、生态环境要求各异，因此在造园时必须按各自的生态环境要求科学配植。

5. 园林工程的安全性

“安全第一,景观第二”是园林创作的基本原则。这是由于园林作品是给人观赏体验的,是与人直接接触的,如果工程中某些施工要素存在安全隐患,其后果不堪设想。在提倡以人为本的今天,重视园林工程的安全性是园林从业者必备的素质。因此,作为工程项目,在设计阶段就应关注安全性,并把安全要求贯彻于整个项目施工之中,对园林景观建设中的景石假山、水景驳岸、供电防火、设备安装、大树移植、建筑结构、索道滑道等均须倍加注意。

6. 园林工程的后续性

主要表现在两个方面:一是园林工程各施工要素有着极强的工序性,例如土方工程──→园路工程──→栽植工程──→塑山工程及其他小品工程。工序间要求有很好的链接关系,应做好前道工序的检查验收工作,以便于后续作业的进行。二是园林作品不是一朝一夕就可以完全体现景观设计最终理念的,必须经过较长时间才能展示其设计效果,因此项目施工结束并不能说明作品已经完成。

7. 园林工程的体验性

提出园林工程的体验特点是时代性要求,是欣赏主体——人的心理美感的要求,是现代园林工程以人为本最直接的体现。人的体验是一种特有的心理活动,实质上是将人融于园林作品之中,通过自身的体验得到全面的心理感受。园林工程正是给人们提供这种心理感受的场所,这种审美追求对园林工作者提出了很高的要求,即要求园林各个要素都做到完美无缺。

8. 园林工程的生态性与可持续性

园林工程与景观生态环境密切相关。如果项目能按照生态环境学理论和要求进行设计和施工,保证建成后各种设计要素对环境不造成破坏,能反映一定的生态景观,体现出可持续发展的理念,就是比较好的项目。进行植物种植、地形处理、景观创作等时,都必须切入这种生态观,以构建更符合时代要求的园林工程。

9. 时代性

不同时期的园林形式,尤其是园林建筑总是与当时的工程技术水平相适应的。今天,随着人民生活水平的提高,人们对环境质量的要求越来越高。城市中的园林建设日趋多样化,工程的规模和内容也越来越丰富,新技术、新材料已深入园林工程的各个领域,如集光、电、机、声为一体的大型音乐喷泉。而传统的木结构园林建筑,逐渐被钢筋混凝土的仿古建筑所取代。

10. 协作性

园林工程建设,在设计上,常由多种设计人员共同完成;在建设上,往往需要多部门、多行业相互协作进行。

1.4 园林工程的内容

一个综合性的园林工程按其组成要素和实现的功能作用分解,通常由下面的部分和单元组成(表1-1):

表 1-1　园林工程内容组成

部分名称	单元名称	单元主要内容
园林绿化工程	土方工程	地形整理,地形塑造、栽植土
	水景工程	水工构筑,防水工程,驳岸,护坡,人工湿地、塘、床系统
	种植工程	常规栽植,植物造景,大树移植,草坪建植,花境花坛,地被种植,水生植物栽植,屋顶绿化
	假山、叠石工程	置石,假山,塑石,塑山
	园林地面工程(含步道、园路、广场)	板块地面,整体地面,混合地面,竹木地面,嵌草地坪
园林建筑物、构筑物工程、园林小品、温室、花房等	地基、基础工程	基础,支护,地基处理,桩基,混凝土基础,砌体基础
	主体结构工程	混凝土结构,砌体结构,钢、木、网架结构
	建筑给水、排水及采暖、通风、空调工程	室内给水、排水卫生器具安装,采暖系统,供热管网,锅炉及辅助设备安装,通风、空调系统
	地(楼)面工程、屋面	防水屋面,瓦屋面,隔热屋面,各种地(楼)面
	装饰工程	抹灰,门窗,吊顶,隔墙,幕墙,涂饰,细部
园林配套工程	给水、排水工程	室外给水、排水,管网,阀门,池、井
	浇灌工程	渠道灌溉,滴灌,喷灌,管道浇灌
	供电与照明工程	供电系统,电气照明安装,防雷及接地
	道路工程	主干、分支交通道路
	人性化设施工程	无障碍设施,减灾设施

第2章　园林土方工程

2.1　地形设计

2.1.1　地形设计的概念和作用

1. 与地形设计有关的概念

(1)地貌与地物

地貌是指地表面呈现出的高低起伏,如山地、草原、丘陵、平地、洼地等。而地物则是指地表面上分布的固定的物体,如各种建筑物、构筑物、桥路、江河湖泊、农田、树木等。

(2)地形和地形图

地形是地貌与地物的总称,即地表面上分布的固定物体与地表面本身共同呈现出的高低起伏的状况。地形图是按照一定的测绘方法,用比例投影和专用符号,把地面上的地貌、地物测绘在图纸平面上的图形,用以表达地势蜿蜒和描绘地形起伏的图样。

(3)地形设计

地形设计也称竖向设计,是指在一块场地上进行垂直于水平面方向的布置和处理,也就是指园林中各个景点、各种设施及地貌等在高程上如何创造高低变化和协调统一的设计。

在建园过程中,原地形往往不能完全符合建园的要求,所以在充分利用原有地形的情况下必须进行适当的改造。地形设计的任务就是从最大限度地发挥园林的综合功能出发,统筹安排园内各景点、设施和地貌景观之间的关系,使地上设施和地下设施之间、山水之间、园内与园外之间在高程上有合理的关系。

2. 地形设计作用

(1)骨架作用

地形被认为是构成任何景观的基本骨架,是其他设计要素和使用功能布局的基础。作为园林景观的结构骨架,地形是园林基本景观的决定因素。地形平坦的园林用地,有条件开辟大面积的水体,因此基本景观往往就是以水面形象为主的景观。地形起伏大的山地,由于地形所限,其基本景观就不会是广阔的水体景观,而是奇突的峰石和莽莽的山林。

(2)空间作用

地形具有构成不同形状和不同特点的园林空间的作用。园林空间的形成,是由地形因素直接制约着的。地块的平面形状如何,园林空间在水平方向上的形状也就如何。地块在竖向有什么变化,空间的立面形式也就会发生相应的变化。在狭长地块上形成的空间必定是狭长空间;在平坦、宽阔的地形上的空间是开放性的空间;而山谷地形中的空间则必定是闭合空间等,这些情况都说明地形对园林空间的形状也有决定性作用。

(3)造景作用

地形改造在很大程度上决定园林风景面貌。我们改造和设计依据的模式是自然界中的山水风光，所遵循的是自然山水地形、地貌形成的规律。但是，这并不等于机械地模仿照搬，而应该进行加工、提炼、概括，最大限度地利用自然特点，最小量地动用土石方，在有限的园林用地内获得最好的地形景观效果。

(4)工程作用

地形因素在园林的给排水工程、绿化工程、环境生态工程和建筑工程中都起着重要作用。由于地表面径流量、径流方向和径流速度都与地形有关，因而地形过于平坦时就不利于排水，容易积涝。而当地形坡度太陡时，径流量就比较大，径流速度也太快，从而引起地面冲刷和水土流失。因此，创造一定的地形起伏，合理安排地形的水系和汇水线，使地形具有较好的自然排水条件，是充分发挥地形排水工程作用的有效措施。

地形条件对园林绿化工程的影响作用，在山地造林、湿地植树、坡面种草和一般植物生长等方面都有明显的表现。同时，地形因素对园林管线工程的布置、施工和建筑、道路的基础施工都存在有利和不利的影响。

2.1.2 地形设计的原则

地形设计是直接塑造园林立面形象的重要工作，其设计质量的好坏，所定各项技术经济指标的高低，设计的艺术水平如何，都将对园林建设的全局造成影响。因此，在设计中要遵循以下原则。

1. 功能优先，造景并重

进行园林地形设计时，首先要考虑使园林地形的起伏高低变化能够适应各种功能设施对建筑、场地的用地需要，要设计为平地地形；对园路用地，则依山随势，灵活掌握，要控制好最大纵坡、最小排水坡度等关键的地形要素。在此基础上，要注重地形的造景作用，尽量使地形变化适合造景需要。

2. 利用为主，改造为辅

对原有的自然地形(地貌和地物)要深入研究分析，能够利用的就尽量利用，做到尽量不动或少动原有地形与现状植被，以便更好地体现原有乡土风貌和地方环境特色。在结合园林各种设施的功能需要、工程投资和景观要求等多方面综合因素的基础上，采取必要的措施，进行局部的、小范围的改造。

3. 因地制宜，顺应自然

造园因地制宜，宜平地处理的不要设计为坡地；不宜种植的，也不要设计为林地。地形设计要顺应自然，天趣自成。景物的安排、空间的处理、意境的表达都要力求依山就势，高低起伏，前后错落，疏密有致，灵活自由。就低挖池，就高堆山，使园林地形合乎自然山水规律。同时，要使园林建筑与自然地形紧密结合，浑然一体，仿佛天然生就。

4. 就地取材，就地施工

园林地形改造工程在现有技术条件下，是造园经费开支比较大的项目。就地取材是园林地形改造工程最为经济的做法。自然植被的直接利用、建筑用石材、河砂等的就地取用，都能够节约大量的经费开支。因此，地形设计要优先考虑使用自有的天然材料和本地生产的材料。

5. 填挖结合，土方平衡

在地形设计中，要考虑地形改造中的挖方工程量和填方工程量基本相等，也就是要使土方平衡。当挖方量大于填方量较多时，也要坚持就地平衡，在园林内部堆填处理。当挖方量小于应有的填方量时，也还是坚持就近取土，就近填方。

2.1.3 地形设计的内容

地形设计主要指地貌及地物景观的高程设计，见表 2-1。

表 2-1 地形设计的基本内容与要求

序号	名 称	主 要 内 容	一 般 要 求
1	地貌设计	（1）以总体设计为依据，合理确定地表起伏的形态 （2）确定各种设计要素之间的位置、形状、大小、比例高程关系 （3）通过特定方法将设计表达出来	坡度不宜超过土壤自然安息角，以便充分利用土壤本身提供的自然稳定坡度，以节省投资，有利于水土保持和植被的保护
2	水体设计	重点确定水体的水位，解决水的来源与排放问题及层次变化、景观设计问题	合理的水体面积，得体的水岸变化，适当的排水方式
3	园路设计	主要确定道路（或铺装广场）的纵向坡度及变坡点高程，同时考虑平面与立面线形	根据园址环境选择合理的纵坡，并在线形上达到设计要求。如广场的纵坡应小于 3%，停车场的最大坡度不大于 2.5%，一般园路的纵坡坡度不宜超过 8%
4	建筑设计	标明建筑及小品基址与周围环境的高程关系	按人体力学及行为要求设计标高及基址，与周边环境相协调，并保证排水通畅
5	排水设计	（1）合理划分汇水区域，正确确定径流走向 （2）排水坡度的适当设计 （3）做好与其他设计要素的配套	不得出现积水洼地。一般规定，无铺装地面的最小排水坡度为 1%，铺装地面为 0.5%。工程中，具体排水坡度要根据土壤性质、汇水区大小、植被情况等因素而定
6	植物种植设计	（1）对古树名木及周围地面的标高及保护范围加以标注 （2）根据种植设计依植物特性进行地形改造 （3）重视水生植物对水深的要求	植物种类不同，其生活习性不同，地形设计时应为不同植物创造不同的环境。如荷花适宜生活于水深 0.6～1.0m 的水中，过深或过浅都会影响其正常生长

在地形设计时，坡度的选取可参考图 2-1 所列控制限制数据。

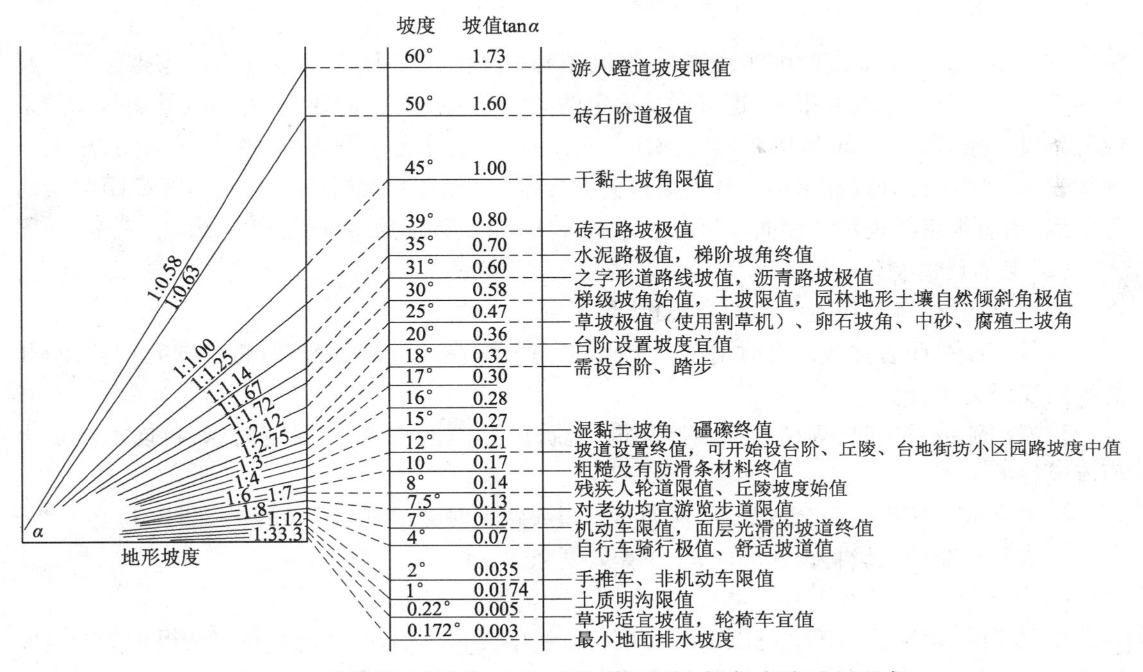

图 2-1 地形设计（道路、土坡、明沟等）坡度、斜率、倾角选用要求

2.1.4 地形设计的方法

1. 等高线

(1) 等高线的定义

用一组等间隔的水平面去截割地形面，所得截交线在水平基准面上的投影并标注上高程，称为等高线（图 2-2）。

简单地说，等高线就是地面上高程相等的各点的连线。湖泊水位下降后，在湖岸上留下的浸水线，就是典型的等高线实例。

两条相邻等高线之间的水平距离，称为等高线平距。两条相邻等高线之间的高程差，称为等高线的等高距。在一幅地形图中，等高距一般是不变的，但平距会因地形的陡缓而发生变化。等高线密集，表示地形陡峭；等高线稀疏，表示地形平缓。

为了更准确地表现地形的细微变化以及查图用图的方便，一般还要将等高线进行分类标记。通常分为四类，即首曲线、计曲线、间曲线和助曲线（图 2-3）。

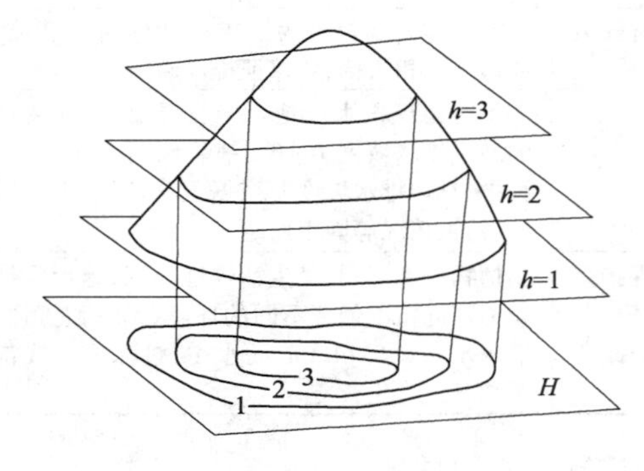

图 2-2　等高线示意

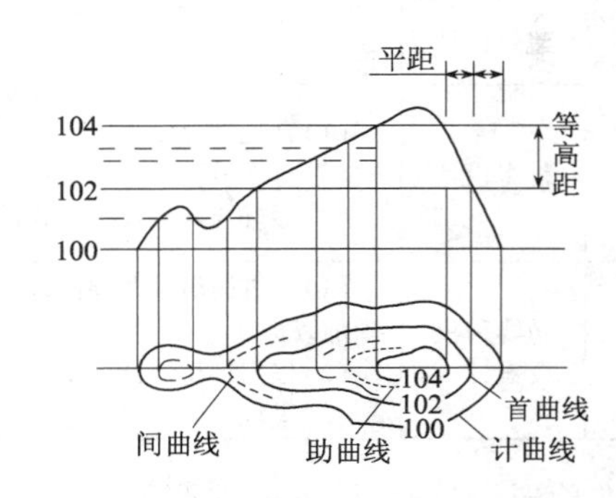

图 2-3　等高线分类标记

首曲线，用 0.1mm 宽的细实线描绘，等高距和平距都以它为准，高程注记由零点起算。起算零点可以是黄海平均海平面，也可以是假定的高程基准面。计曲线，从首曲线开始每隔四条或三条设一条，用 0.2mm 宽的粗实线描绘。间曲线，按二分之一等高距测绘的等高线，用细长虚线表示。间曲线可以显示出一些重要地貌的碎部特征。助曲线，按四分之一等高距测绘的等高线，用短细虚线表示。助曲线可以显示出一些重要地貌的细微特征。

(2) 等高线的特性

1）根据定义，等高线上各点的高程相同。

2）等高线是闭合曲线。有时由于图幅限制，有些等高线会断开，但若将各图幅相接，断开的等高线仍会闭合。

3）遇河流或谷地时，等高线不直接穿过河流，而是向上游延伸，穿越河床，再向下游走出河流或谷地。

4）等高线一般不会相交或重叠，但遇有悬崖或峭壁时会出现相交或重叠（图 2-4）。

5）表示地貌的三级特征和坡向，至少需要两条等高线。

(3) 几种重要地形的等高线特征

在风景区、森林公园等大范围景观的规划设计中，山丘、凹地、谷地和鞍部是很重要的地形特征，抓住了这些特征也就抓住了地貌骨架。

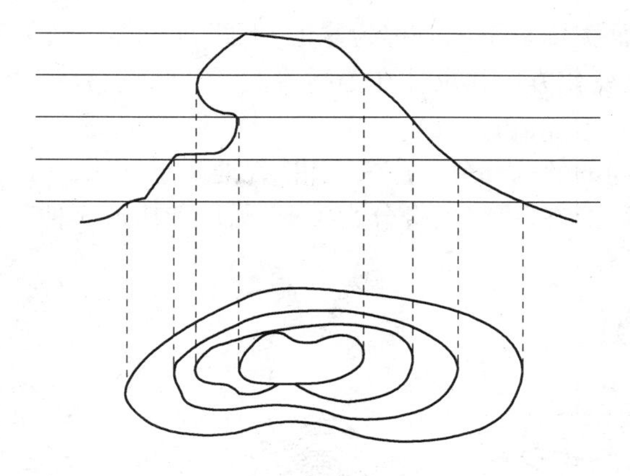

图 2-4　等高线相交

1）山丘。地面隆起而高于周围的部分称为山丘。高大者，称为高山；低矮者，称为丘陵。山体由山顶和山脊两部分组成。

山顶是山体的最高部分，可分为尖顶、圆顶和平顶三种。尖顶的等高线从山顶向山麓，由密到疏；圆顶的等高线从山顶向山麓，由疏到密；平顶的等高线稀疏，出现较宽的空白，向下骤然变密（图 2-5）。

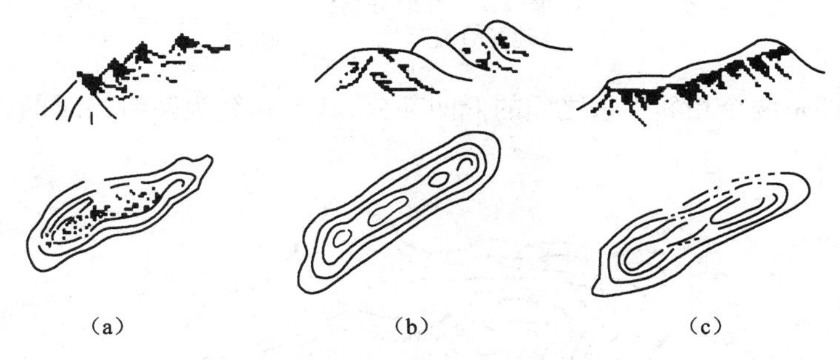

图 2-5　山顶等高线
（a）尖山顶；（b）圆山顶；（c）平山顶

山脊是从山顶至山麓的凸起部分，依外表形态也可分为 3 种类型，即尖形、圆形和平缓形。尖形山脊的等高线沿山脊延伸方向呈尖角状急弯，圆形山脊的等高线呈圆弧状抹弯，平缓形山脊的等高线呈簸箕状缓弯（图 2-6）。

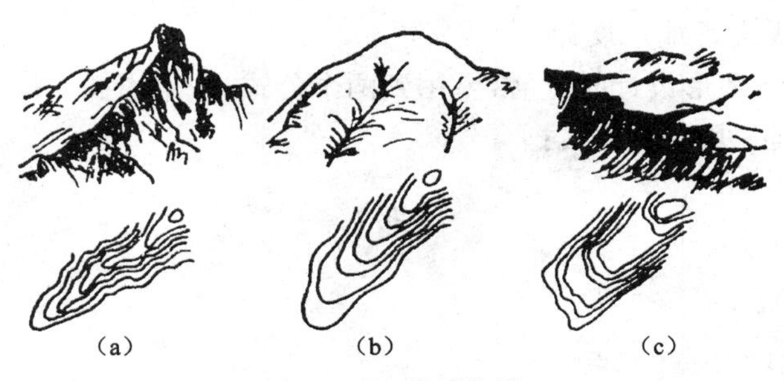

图 2-6　山脊等高线
（a）尖形山脊；（b）圆形山脊；（c）平缓形山脊

2）凹地和谷地。地面大面积下凹时称为盆地，下凹面积小时就称为凹地。凹地的等高线形状与山顶相似，但高度变化方向相反。在等高线上，还常标注有示坡线。示坡线与等高线垂直，指向坡度下降方向。

谷地是两条山脊之间的低凹部分。广义上讲，谷地属于凹地，一般又称山沟。谷地等高线与山脊相反。根据横断面形态，可将山脊分为尖形、圆形和槽形 3 种（图 2-7）。

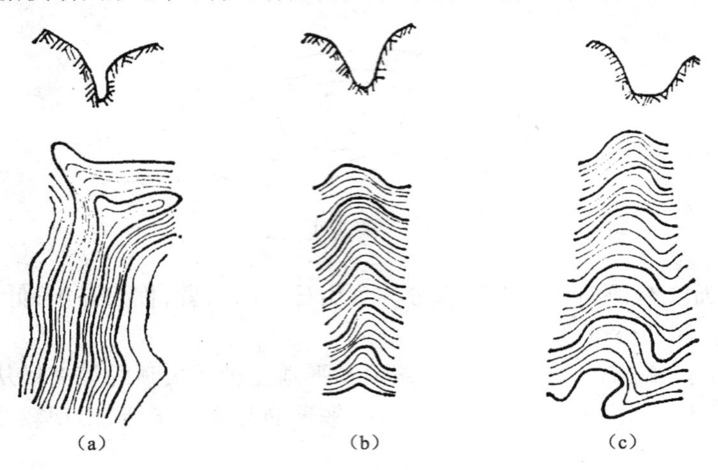

图 2-7　谷地等高线

（a）尖形谷地；（b）圆形谷地；（c）槽形谷地

3）鞍部。鞍部是两个相邻山顶之间的低凹部分，其等高线为两组相对的山脊与山谷的对称组合（图 2-8）。

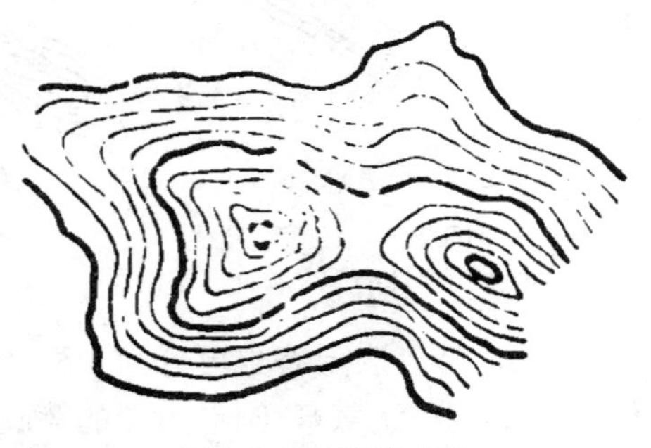

图 2-8　鞍部等高线

（4）用设计等高线进行地形设计

用设计等高线进行地形设计时，经常要用到两个公式：一是用插入法求两相邻等高线之间任意点高程的公式；其二是坡度公式：

$$i = h/L \tag{2-1}$$

式中　i——坡度（%）；

h——高差（m）；

L——水平间距（m）。

以下是设计等高线在设计中的具体应用：

1）陡坡变缓坡或缓坡改陡坡。等高线间距的疏密表示着地形的陡缓。在设计时，如果高差 h 不变，可用改变等高线间距 L 来减缓或增加地形的坡度，见图 2-9。

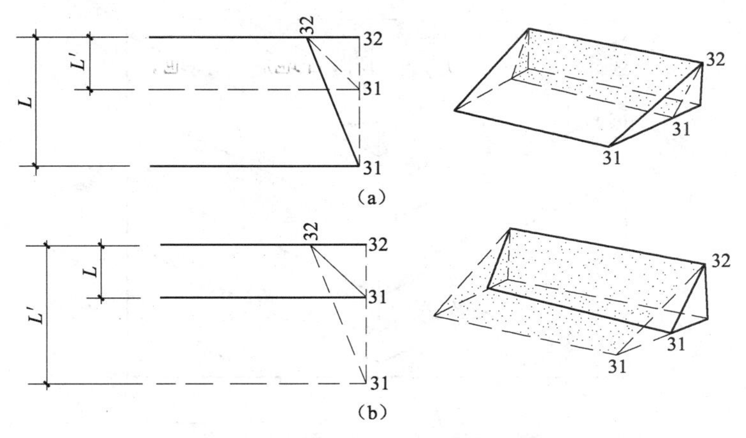

图 2-9　调节等高线的平距改变地形坡度

（a）缩短水平距离使缓坡变陡；（b）扩大水平距离使陡坡变缓

2）平垫沟谷。在园林建设过程中，有些沟谷地段需垫平。平垫这类场地的设计，可以把平直的设计等高线和拟平垫部分的同值等高线连接。其连接点就是不挖不填的点，也叫“零点”，这些相邻点的连线，叫做“零点线”，也就是垫土的范围。如果平垫工程不需按某一指定坡度进行，则设计时只需将拟平垫的范围在图上大致框出，再以平直的同值等高线连接原地形等高线即可，如前述做法。如要将沟谷部分依指定的坡度平整成场地时，则所设计的设计等高线应互相平行，间距相等，见图 2-10。

3）削平山脊。将山脊铲平的设计方法和平垫沟谷的方法相同，只是设计等高线所切割的原地形等高线方向正好相反，见图 2-11。

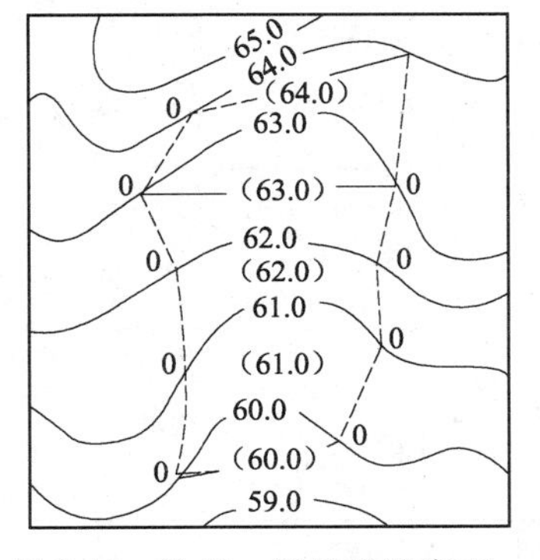

图 2-10　沟谷—平垫后坡度不一

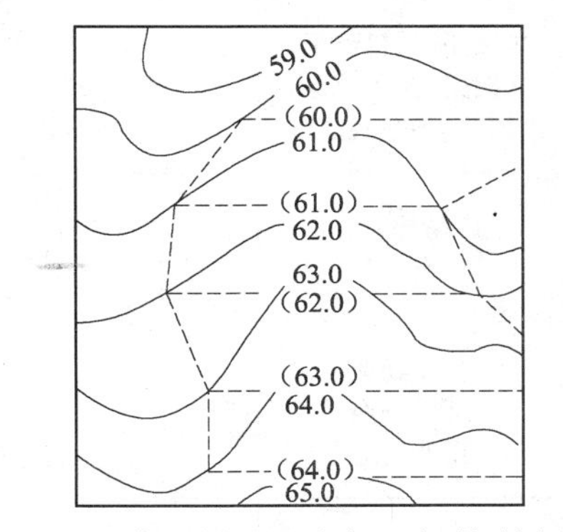

图 2-11　山脊—削平后坡度一致（按制定坡度）

4）平整场地（图 2-12）。园林中的场地包括铺装的广场，建筑地坪及各种文体活动场地和较平缓的种植地段，如草坪、较宽的种植带等。非铺装场地对坡度要求不那么严格，目的是垫凹平凸，将坡度理顺，而地表坡度则任其自然起伏，排水通畅即可。铺装地面的坡度则要求严格，各种场地因其使用功能不同对坡度的要求也各异（表 2-2）。通常为了排水，最小坡度应大于 0.5%，一般集散广场坡度在 1% ~7%，足球场 3% ~4%，篮球场 2% ~5%，排球场 2% ~5%，这类场地的排水坡可以是沿长轴的两面坡或沿横轴的两面坡，也可以设计成四面坡，这取决于周围环境条件。一般铺装场地都采用规则的坡面。

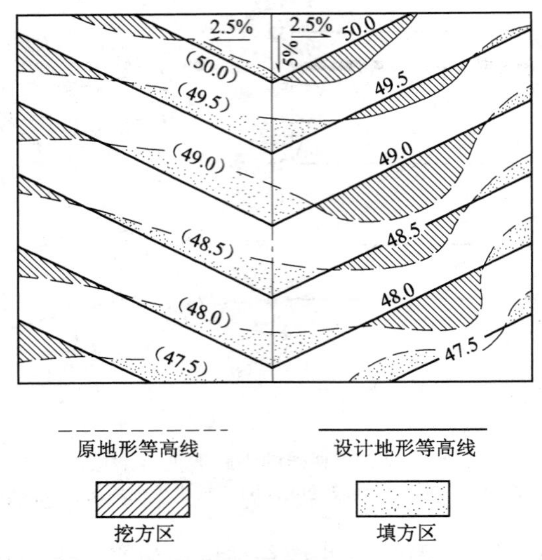

图 2-12　平整场地的等高线设计(单位:m)

表 2-2　地形设计中坡度值的取用

项　　目	坡　　度　　值 i	
	适宜的坡度(%)	极　　值(%)
游览步道 散步坡道	$i_{纵}$ ≤8 $i_{横}$ 1~2	≤14 ≤4
主园路(通机动车) 次园路(园务便道) 次园路(不通机动车)	0.5~6(8) 1~10 0.5~12	0.3~10 0.5~15 0.3~20
广场与平台 台阶	1~2 33~50	0.3~3 25~50
停车场地 运动场地 游戏场地	0.5~3 0.5~1.5 1~3	0.3~8 0.4~2 0.8~5
草坡 种植林坡	≤25~30 ≤50	≤50 ≤100
理想的自然草坪(有利机械修剪)	2~3	1~5
明沟　自然土	2~9	0.5~1.5
明沟　铺装	1~50	0.3~100

5）道路设计等高线的计算和绘制。道路的平面位置，纵、横坡度，转折点的位置及标高经设计确定后，便可按坡度公式确定设计等高线在图面上的位置、间距等，并处理好它与周围地形的竖向关系。

从图2-13也可以看出等高线的其他含义：如当道路的纵坡不变（图中均为3.3%）而横坡不同（如图中2.5%；6%；草坪为15%）时，在同一坡面上，不同方向的坡度值是不同的，但通常意义上的一个坡度是指其最大坡度即沿垂直于坡面上等高线方向的坡度值。而“纵”“横”坡度值则随人为的指向而有所变化。

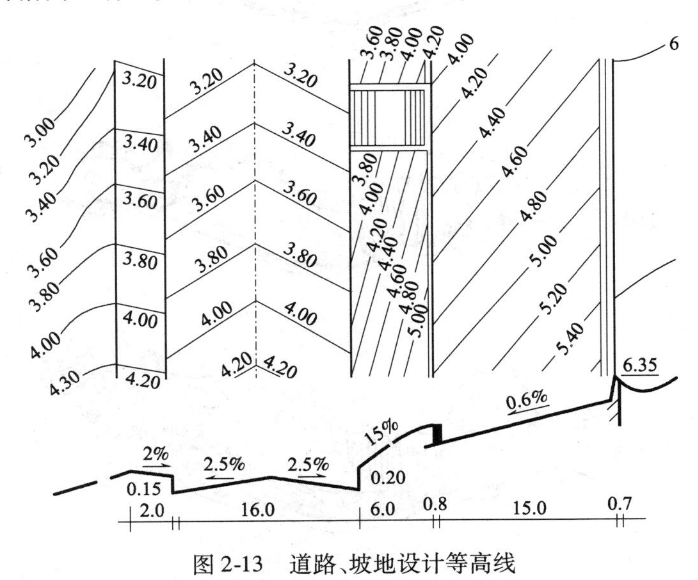

图2-13　道路、坡地设计等高线

实际上，多数道路的路拱为曲线，路面上的等高线也为曲线（而非直线或折线）。曲线等高线应按实际勾画。同时，道路设计等高线也会随道路转弯、变坡、交叉等情形而相应变化。

2. 断面法

断面法是用许多断面表达设计地形以及原有地形状况的方法。断面图表示了地形按比例在纵向和横向的变化。此种方法立面效果强，层次清楚，同时还能体现地形上地物相对位置和室内外标高的关系；特别是植物分布及林木空间轮廓，垂直空间内地面上不同界面处置效果（如水体岸形变化等）表现得很充分，见图2-14。

断面法的关键在于断面的取法，断面一般根据用地主要轴线方向，或地形图绘制的方格网线方向选取，其纵向坐标为地形与断面交线各点的标高，横向坐标为地形水平长度［图2-14a］。断面图在地形设计中的表示方式有三种，如图2-14b、c、d所示，可用于不同场合。另外，在各式断面上也可同时表示原地形轮廓线（用虚线表示），如图2-14b所示。

3. 模型法

模型法不同于等高线法和断面法，它主要是一种对设计地形加以形象表达的方法，是将设计的地形地貌实体形象地按一定比例缩小，用特殊材料和工具进行制作加工成的实体，用以表现起伏较大的地形。模型法可以直观地表达地形地貌的形象，具有三维空间表现力，可在地形规划阶段用来斟酌地形规划方案。

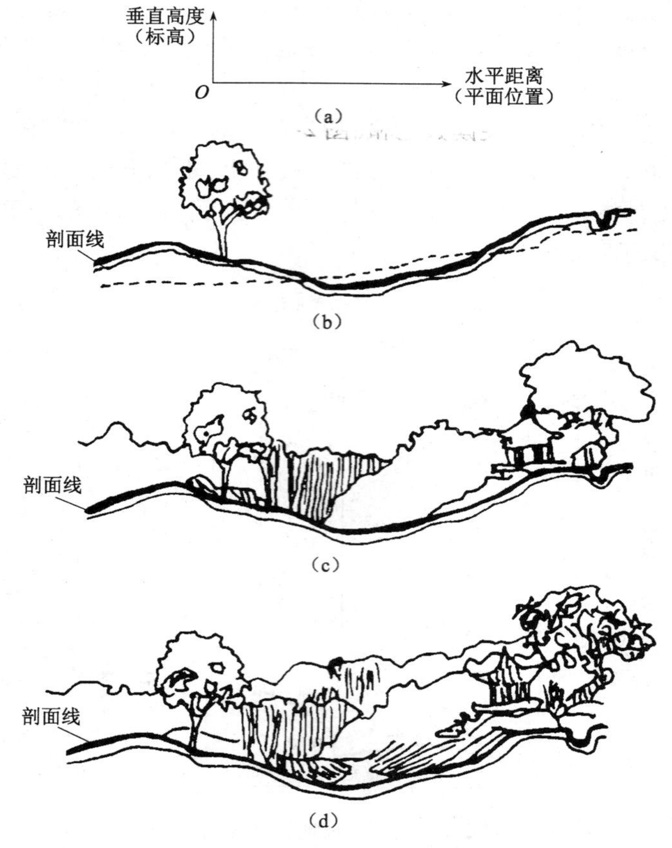

图 2-14　用断面图表示设计地形
(a)坐标示意；(b)断面图；(c)断立面图；(d)断面透视图

制作模型的材料可以是陶土、木板、软木、泡沫板、吹塑纸、厚纸板、橡皮泥或者其他材料。制作材料的选取应依据模型的用途、表现地形的复杂程度以及材料的来源而定。

模型制作一般是按照地形图的比例及等高距进行制作。首先，将板材(吹塑纸、泡沫板、厚纸板等)按每条等高线形状大小模印后裁剪切割，并按顺序编号逐层粘结固定(单层板材厚度不足等高距尺寸时，可增加板材层数或配合使用厚度不同的板材)。板材间粘结牢固后，用橡皮泥在上面均匀敷抹，按设计意图捏出皱纹，使其形象、自然。

2.2　土方工程量计算

2.2.1　土方工程量计算

1. 基础知识

(1)点与点间距离的确定

1)水平距离的计算

在地形图上，确定两点间的水平距离，可采用两种方法：一是直线比例尺直接量取法，二是公式计算法。

① 直线比例尺直接量取

用两脚规在图上直接量取两点间的长度，再以此长度在直线比例尺上比值。比值时，脚规的左脚尖准确地立在零线右边某一线段分划线上，此时脚规左脚尖应落在左起第一线段内，两点间的实地距离就等于脚规两脚尖读数之和（图 2-15）。

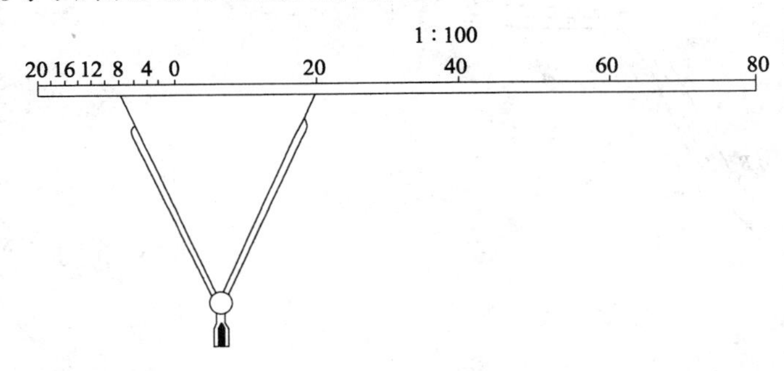

图 2-15　直线比例尺直接量取

② 公式计算

设地形图上有 A、B 两点，且已知 A 点的坐标为(x_A, y_A)，B 点的坐标为(x_B, y_B)，则 A、B 两点间的距离为

$$L = \sqrt{(x_B - x_A)^2 + (y_B - y_A)^2} \tag{2-2}$$

2）倾斜距离的计算

设地形图上 A、B 两点间的水平距离为 L，垂直距离为 h，直线 AB 的倾角为 α，则两点的倾斜距离为

$$T_{AB} = \sqrt{L_{AB}^2 + h^2} \tag{2-3}$$

或

$$T = \frac{L_{AB}}{\cos\alpha} \tag{2-4}$$

3）曲线长度的计算

在风景园林施工中，园路、河流等许多要素呈曲线形状，其长度的计算可采用以下两种方法。

① 折线近似计算

如图 2-16 所示的是一条弯曲的园路。为求该园路的长度，可将其分成 AB、BC、CD 三段，每段近似地按直线测量，三段长度之和即为该园路的总长度。

用折线近似计算曲线长度时，计算精度取决于曲线的弯曲强度、划分的折线线段数量等。

② 量距计测量

如图 2-17 所示的是一种常用的量距计。其主要构成部件为小齿轮 a、刻度盘 b 和指针 c。小齿轮 a 转动时，经过传动机构传送到指针 c，带动指针转动。指针所指的数字即为齿轮所经过的距离。刻度盘上每一分划值相当于 1cm。

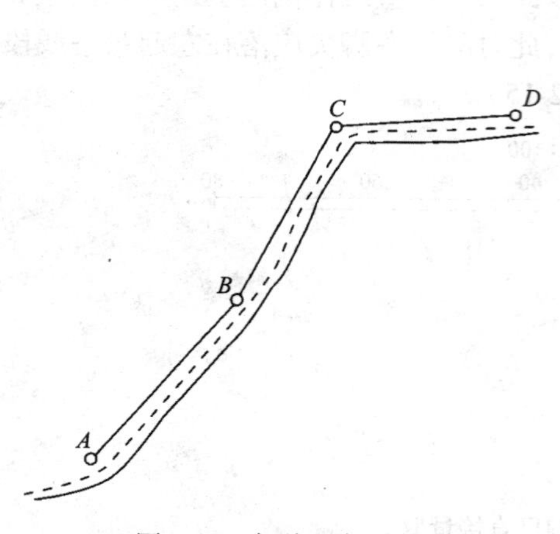

图 2-16 折线近似计算

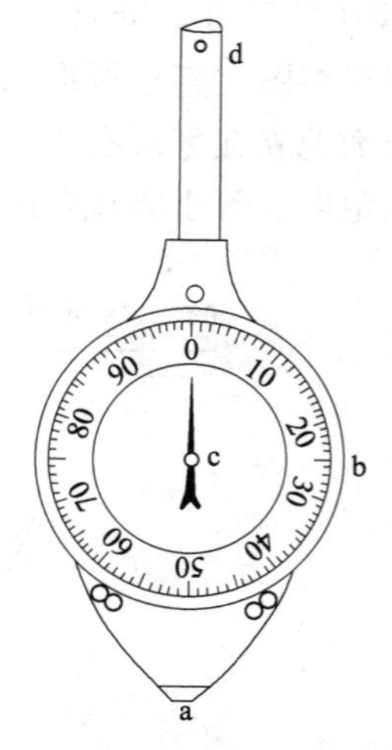

图 2-17 量距计示意图

测量时，将量距计的齿轮放在欲测曲线的始端，沿曲线滚动，直至曲线终端。始端、终端各读数一次，两次读数之差即为图上曲线的长度，单位为 cm，再利用比例尺即可换算为实地长度。为保证精度，可重复测几次，取其算术平均值。

（2）地面点的高程计算

在地形图上，地面上的点有两种情况：一是点恰好位于等高线上，二是点位于两条等高线之间。位于等高线上的点，其高程就是等高线的高。而位于等高线之间的点的高程计算如下所述。

如图 2-18 所示，求 B 点的高程。过 B 点作一条直线，与 40m 和 41m 等高线近似垂直，并相交于 M 点和 N 点。M、N、B 三点的竖向关系如图 2-19 所示。

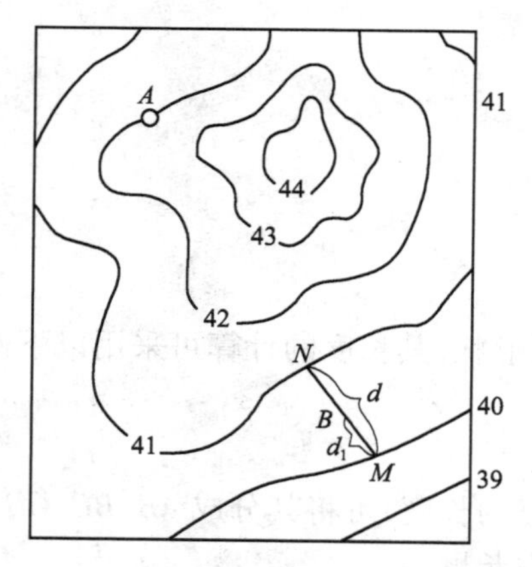

图 2-18 位于等高线之间的点的高程

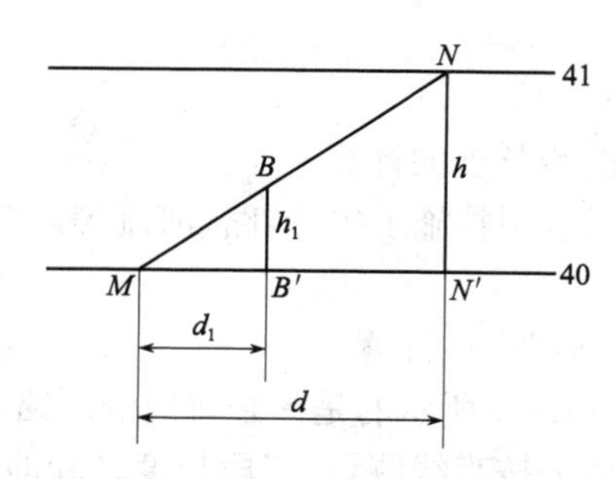

图 2-19 M、N、B 三点的竖向关系

图中：N'—N 点在 40m 标高水平面上的投影；B'—B 点的投影；NN'—M、NN'—N 两点间的高差，即等高距 h；MN'—MN 的平距，$MN' = d$；MB'—MB 的平距，$MB' = d_1$。

$\triangle MBB'$ 与 $\triangle MNN'$ 相似，故 B 点与 M 点的高差 h_1 为

$$h_1 = \frac{hd_1}{d} \tag{2-5}$$

一般地，令 B 点的高程为 X，H 为较低一条等高线的高程，则

$$X = H + \frac{hd_1}{d} \tag{2-6}$$

若 H 为较高一条等高线的高程，则

$$X = H - \frac{hd_1}{d} \tag{2-7}$$

从图 2-18 知，$H = 40\text{m}$，$h = 1\text{m}$，并量得 $d = 12.4\text{mm}$，$d_1 = 5.2\text{mm}$，则

$$X = \left(40 + \frac{1.0 \times 5.2}{12.4}\right) = 40.42\text{m}$$

即 B 点的高程为 40.42m。

(3) 坡度计算

1) 定义

地形图上，两点间的高差与平距之比，称为两点间的地形面坡度。

在图 2-20 中，令 P、Q 两点间的高差为 h，平距为 d，则有

$$i = \tan\alpha = \frac{h}{d} \tag{2-8}$$

式中 i——地面坡度，以千分率（‰）或百分率（%）表示；

α——地面倾角。

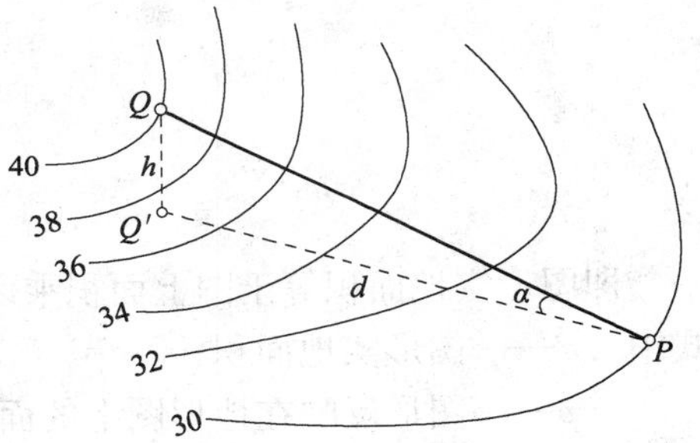

图 2-20 坡度计算

2) 坎及坎边坡坡度

在大比例尺地形图上，坎、堤坝等有专门的标注，如图 2-21 所示，图(a)为边坎符号，图(b)为路堤符号，图上标有坎、堤坝等的坡顶线、坡脚线和标高。图(c)坡度大于 75°时的标注，只用犬齿符号表示坡顶的位置，不绘坡脚线。

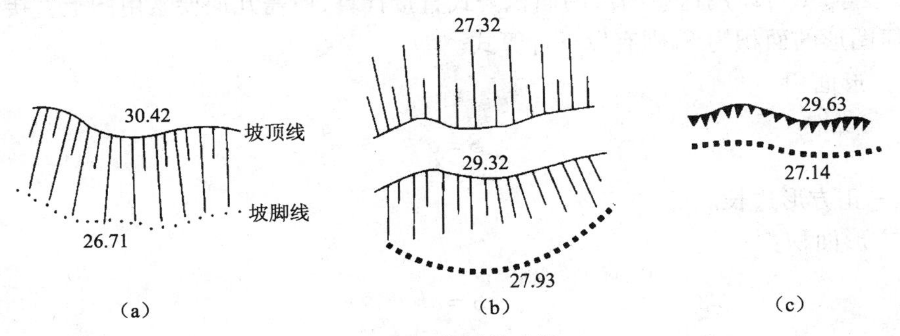

图 2-21 坎及坎边坡

(a)边坎符号；(b)路堤符号；(c)坡度大于 75°时的标注

凡用犬齿符号表示、没有坡脚线，即坡度大于75°的陡坎，不能在地形图上求出其准确数据。

对于标有坡顶线、坡脚线的坎、堤、土堆等，按坡顶线与坡脚线间的平距及高差计算边坡坡度。

(4)面积计算

面积计算是园林规划设计和施工中不可缺少的一环。下面介绍比较常用的面积计算方法。

1)图上面积与实地面积

图上图形与实地图形相似。相似图形面积之比等于其相应边平方之比，即

$$\frac{p}{P}=\frac{l^2}{L^2}$$

由

$$\frac{l}{L}=\frac{1}{M}$$

则

$$\frac{p}{P}=\frac{1}{M^2}$$

$$P=pM^2 \tag{2-9}$$

即图形实地面积等于图上面积乘以比例尺分母之平方。

式中 P——图形实地面积；

p——图形反映在地形图上的面积；

L——图形实地边长；

l——地形图上相应边长；

M——地形图比例尺的分母。

2)利用规则图形面积公式计算面积

如果所求面积由简单的几何图形组成，或可以近似看作简单几何图形，如三角形、正方形、长方形、梯形等，则可以用这些图形的面积公式直接计算，所需几何要素由图上直接量取。

设几何图形的面积为S，则有以下计算式。

① 正方形面积：

$$S=a^2 \tag{2-10}$$

式中 a——正方形边长。

② 长方形面积：

$$S=ab \tag{2-11}$$

式中 a、b——长方形的长和宽。

③ 直角三角形面积：

$$S=\frac{bc}{2} \tag{2-12}$$

式中　b、c——直角三角形的两直角边。

④ 任意三角形面积：

$$S=\frac{1}{2}bh \tag{2-13}$$

$$S=\sqrt{P(P-a)(P-b)(P-c)} \tag{2-14}$$

式中　a、b、c——三角形的三边的边长；

h——以 b 为底边的三角形的高(图 2-22)；

P——三角形的半周长。

$$P=\frac{1}{2}(a+b+c) \tag{2-15}$$

⑤ 梯形面积：

$$S=\frac{1}{2}(a+b)h \tag{2-16}$$

式中　a、b——梯形的上底和下底；

h——梯形的高(图 2-23)。

⑥ 任意四边形面积：

$$S=\frac{1}{2}d_1d_2\sin\phi \tag{2-17}$$

式中　d_1、d_2——两对角线长；

ϕ——对角线夹角(图 2-24)。

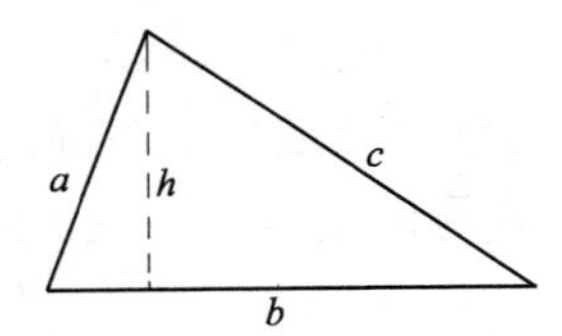

图 2-22　规则三角形面积计算

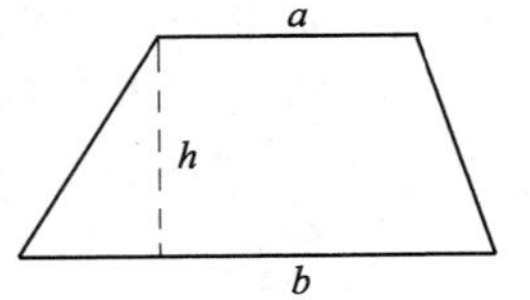

图 2-23　梯形面积计算

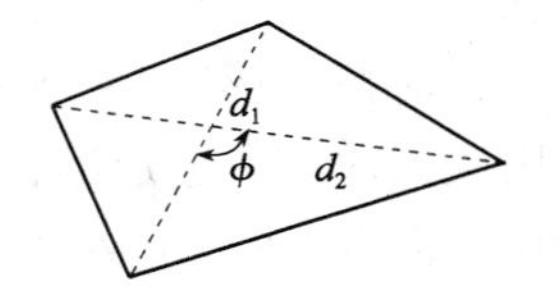

图 2-24　任意四边形面积计算

3)利用图形顶点坐标计算面积

如果所求图形面积可看作是规则的多边形，那么，可以先求出多边形各顶点的直角坐标，然后利用坐标值计算面积。

在图 2-25 中，有一多边形 $ABCD$，各个顶点的坐标分别为 $A(x_1,y_1)$、$B(x_2,y_2)$、$C(x_3,y_3)$、$D(x_4,y_4)$，则其面积为：

$$S_{ABCD}=(S_{ABB'A'}+S_{BCC'B'})-(S_{ADD'A'}+S_{DCC'D'}) \tag{2-18}$$

四边形 $ABB'A'$、$BCC'B'$、$ADD'A'$ 和 $DCC'D'$ 均为梯形，其面积分别为：

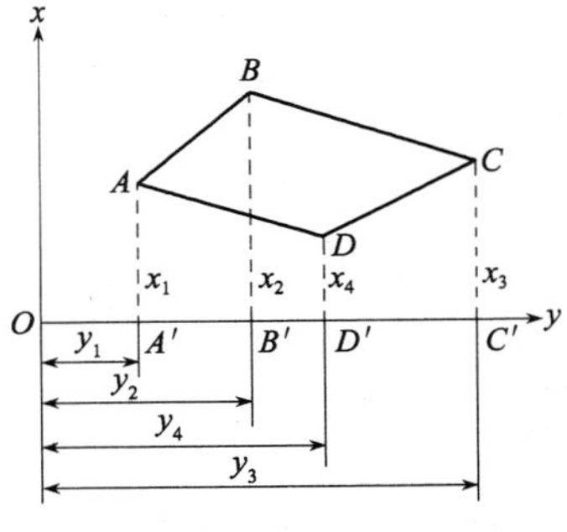

图 2-25　图形顶点坐标计算面积

$$S_{ABB'A'} = \frac{1}{2}(y_1 + y_2)(x_1 + x_2) \tag{2-19}$$

$$S_{DCC'D'} = \frac{1}{2}(y_3 + y_4)(x_3 + x_4) \tag{2-20}$$

则

$$S_{ABCD} = \frac{1}{2}[y_1(x_2 - x_4) + y_2(x_3 - x_1) + y_3(x_4 - x_2) + y_4(x_1 - x_3)] \tag{2-21}$$

化为一般形式,则有

$$2S = y_1(x_2 - x_n) + \sum_{i=2}^{n-1} y_i(x_{i+1} - x_{i-1}) + y_n(x_1 - x_{n-1}) \tag{2-22}$$

式中 S——多边形面积;

n——多边形顶点数。

(5)土方体积计算

对于园林场地,可归结为两类形体,一是台体,二是波板体。园路路基、沟渠、堤坎等挖填土石方的实体,可以看作是台体,这类台体呈条带状,工程轴线大体沿水平方向延伸,故又称为卧式台体。山丘、湖泊、池塘、矿堆等也可以看作是台体,这类台体多为丘状或倒丘状,故又称为立式台体。

除台体外,地形图上的其他形体,大都可以认作为波板体。波,是指形体在高度上的起伏变化;板,是指其面积相对广大。在园林中,场地的土方平整,就可把整个场地看作是一个波板体。

台体与波板体的划分,是相对的,不是固定不变的。在较大比例尺地形图上,可以把山丘、坑穴和沟堑等视为台体,而在比例尺较小的地形图上,它们只不过是波板体的组成部分,正是它们在高度和坡度等方面的变化,才构成了波板体的起伏。在实际工作中,对于某给定场地,既要考虑对象的形态,又要考虑园林施工的精度要求。对同一地段:计算精度要求较高时,可以使用较大比例尺地形图,按台体体积计算;计算精度要求较低时,为简化计算,可以采用较小比例尺地形图,按波板体体积计算。

1)台体体积的计算。

① 卧式台体体积的计算

图 2-26 所示的为一带状土工结构,试求其体积。

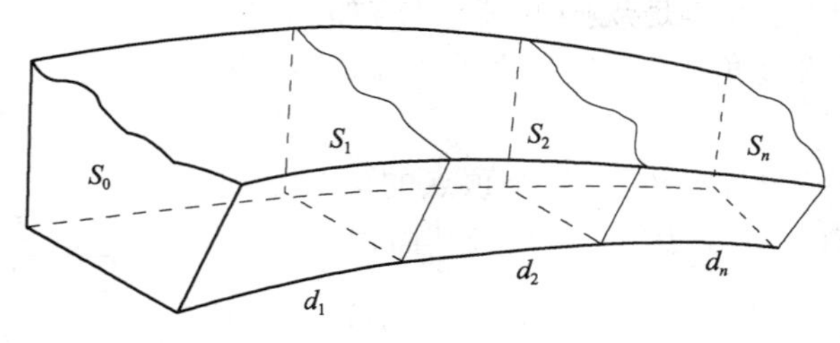

图 2-26　带状土工结构

把工程轴线当作台体的高,沿轴线按一定的间距作垂直轴线的竖向断面,则第 i 段的体积为

$$V_i = \frac{d_i}{2}(S_i + S_{i+1}) \tag{2-23}$$

式中 V_i——台体第 i 段的体积；

S、S_{i+1}——台体第 i 个和第 $i+1$ 个断面的面积；

d——S_i 和 S_{i+1} 之间的水平距离。

该卧室台体的总体积为

$$V = \sum_{i=1}^{n} V_i = \sum_{i=1}^{n} \frac{d_i}{2}(S_i + S_{i+1}) \tag{2-24}$$

若各相邻断面的间距相等，则上式改为

$$V = d\sum_{i=1}^{n} \frac{1}{2}(S_i + S_{i+1}) = d\left(\frac{S_0 + S_n}{2} + \sum_{i=1}^{n-1} S_i\right) \tag{2-25}$$

式中 S_0——首断面的面积；

S_n——尾断面的面积。

② 立式台体体积的计算

一切非条带形的台体，均可看作立式台体。如图 2-27 所示，求该台体的体积时，先求各层台体的体积 V_i

$$V_i = \frac{S_i + S_{i-i}}{2}h_i \tag{2-26}$$

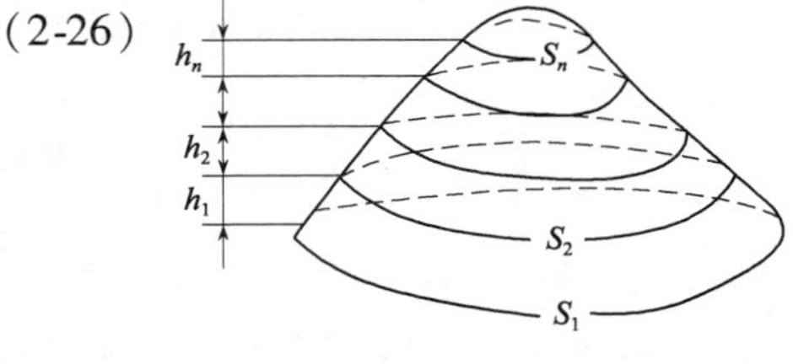

图 2-27 立式台体

式中 V_i——第 i 层台体的体积；

S_i、S_{i+1}——第 i 层台体的上、下底面积；

h_i——S_i 与 S_{i+1} 之间的垂直间距。

台体的总体积 V

$$V = \sum_{i=1}^{n} V_i = \sum_{i=1}^{n} \frac{S_i + S_{i+1}}{2}h_i \tag{2-27}$$

当各层间距离相等，且均为 h 时，则上式变为

$$V = \sum_{i=1}^{n} V_i = h\left(\frac{S_0 + S_n}{2} + \sum_{i=1}^{n-1} S_i\right) \tag{2-28}$$

S_i 可在地形图上直接求出，各层间距就是地形图等高线的等高距。

2）波板体体积的计算。

在园林场地平整规划设计中，需要在地形图上计算土石方的填挖量，这种计算就属于波板体体积的计算。其计算方法主要有三种，即格网法、断面法和综合法，下面主要介绍格网法和综合法。

① 格网法

该法的基本做法是：用已知规格的方格纸蒙在地形图上，根据地形图的等高线求出方格上各个角点的标高，与基准高度相比较，得出施工高度，然后计算填挖方体积。挖方以“+”表示，填方以“-”表示。方格的实地边长，根据地形图比例尺的大小而定，一般在 10～100m 之

间，最常用的方格边长为2cm。方格边长越小，计算结果越精确，但计算量加大，所以边长选择要合理。

用格网法计算波板体的体积，又可分为两种：一是三棱柱体法，二是四棱柱体法。

三棱柱体法是将每个方格划分为两个三角形，每个三角形之下的土方构成一个三棱柱体，分别计算出各个三棱柱体的体积，求和就得出整个场地的土方量。

零线，是指施工高度为零的各点的连线，既不填，也不挖。零线将三角形分为两种情况：一是全部为挖方或全部为填方；二是部分为挖方，部分为填方。

当三角形全部为挖方或全部为填方时，是截棱柱体（图2-28a），其体积为

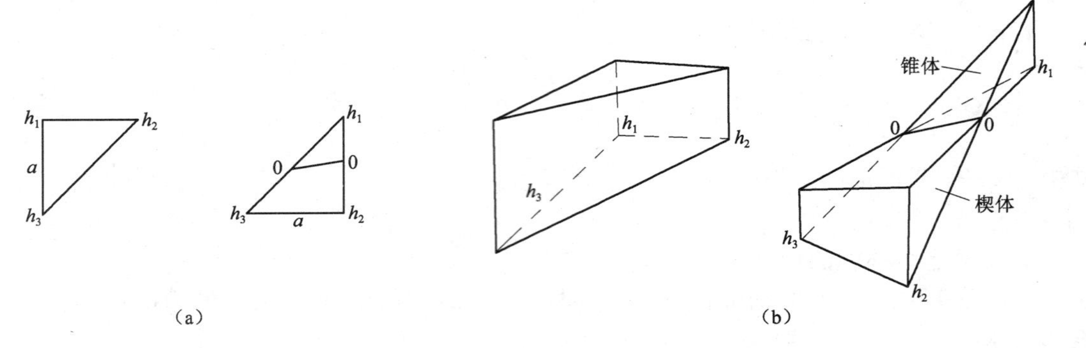

图2-28 施工零线对三角形的切割

(a)截棱柱体；(b)底面为三角形的锥体和底面为四边形的楔体

$$V=\frac{a^2}{6}(h_1+h_2+h_3) \tag{2-29}$$

式中 V——挖方或填方的体积；

h_1、h_2、h_3——三角形各角点的施工高度，取绝对值；

a——方格边长。

三角形内部分为挖方、部分为填方时，施工零线将三角形划分为两个几何体：一个是底面为三角形的锥体，另一个是底面为四边形的楔体（图2-28b）。

锥体的体积按下式计算：

$$V_{锥}=\frac{a^2}{6}\times\frac{h_1^3}{(h_1+h_2)(h_1+h_3)} \tag{2-30}$$

楔体的体积按下式计算：

$$V_{楔}=\frac{a^2}{6}\left[\frac{h_1^3}{(h_1+h_2)(h_1+h_3)}-h_1+h_2+h_3\right] \tag{2-31}$$

式中 $V_{锥}$——锥体的体积（挖方或填方）；

$V_{楔}$——楔体的体积（挖方或填方）；

h_1、h_2、h_3——三角形各角点的施工高度，取绝对值（注意：在计算锥体体积时，h_1 恒为锥体顶点的施工高度。按逆时针方向编号）；

a——方格边长。

当土方全部为挖方或填方时,由式(2-29),总土方量可简化为

$$V_{总} = \sum V = \frac{a^2}{6}\sum(h_1 + h_2 + h_3) \tag{2-32}$$

设:$\sum h_a$ 为计算中只用一次的各方格角点施工高度总和;$\sum h_b$ 为使用两次的各方格角点施工高度总和;$\sum h_c$ 为使用三次的各方格角点施工高度总和;$\sum h_d$ 为使用五次的各方格角点施工高度总和;$\sum h_e$ 为使用六次的各方格角点施工高度总和。则有

$$\sum(h_1 + h_2 + h_3) = \sum h_a + 2\sum h_b + 3\sum h_c + 5\sum h_d + 6\sum h_e \tag{2-33}$$

将式(2-33)带入式(2-32),可得场地的土方总体积为

$$V_{总} = \frac{a^2}{6}(\sum h_a + 2\sum h_b + 3\sum h_c + 5\sum h_d + 6\sum h_e) \tag{2-34}$$

四棱柱体法是将方格划分为两个三角形,而是直接用方格作为计算体积的基本单元,其他计算程序与三棱柱体法基本相同。

下面分析一下施工零线穿过方格时的情况。从填方和挖方的角度考虑,施工零线经过方格时会出现两种情况:一是方格全部为填方或全部为挖方,如图 2-29a 所示;二是将方格切分,一部分为挖方,一部分为填方。在第二种情况下,零线对方格的分割又会出现两种情况:第一种是将方格分割为底面为三角形的锥体和底面为五边形的截棱柱体,如图 2-29b 所示;第二种是将方格分割为底面为梯形的两个截棱柱体,如图 2-29c 所示。

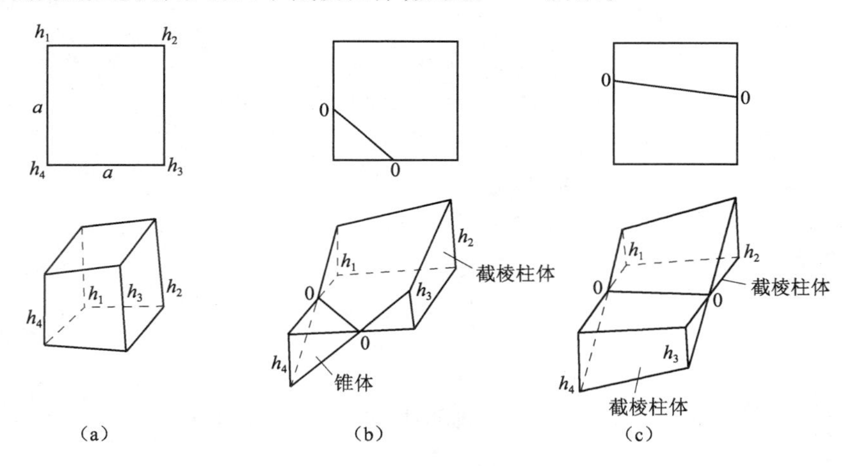

图 2-29 施工零线对方格的切割

(a)全为挖或全为填;(b)部分挖、部分填——底面为三角形的锥体和底面为五边形的截棱柱体;(c)部分挖、部分填——底面为梯形的两个截棱柱体

当方格全部为挖方或全部为填方时,其体积为

$$V = \frac{a^2}{4}(h_1 + h_2 + h_3 + h_4) \tag{2-35}$$

底面为三角形的锥体的体积为

$$V = \frac{bc}{6}\sum h \tag{2-36}$$

底面为五边形的截棱柱体体积为

$$V=\frac{1}{5}\left[a^{2}-\frac{(a-b)(b-c)}{2}\right]\sum h \tag{2-37}$$

底面为梯形的截棱柱体的体积为

$$V=\frac{a(b+c)}{8}\sum h \tag{2-38}$$

式中　V——各计算图形的挖方和填方体积；

a——方格边长；

b、c——各计算图形的相应的两个计算边长；

h_1、h_2、h_3、h_4——方格各角点的施工高度总和，均取绝对值；

$\sum h$——各计算图形相应的挖方或填方施工高度的总和（与零线相交的点，其高度为零）。

零线分割所形成的图形中边长 b、c 的计算如图 2-30 所示，边长 b、c 有三种情况。考察任意一条被零线分割的方格边，设计坡面线、地形线和施工高度之间的关系如图 2-31 所示。

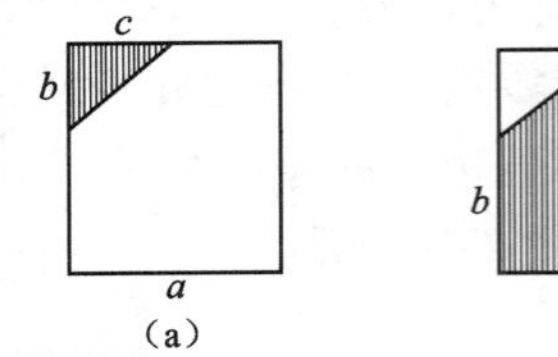

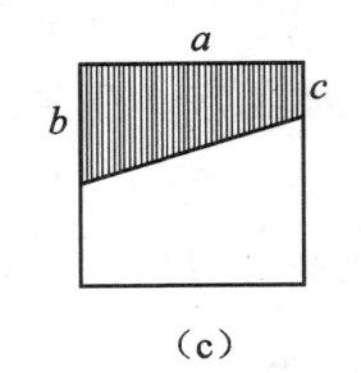

图 2-30　边长 b、c 的计算

(a)底面为三角形；(b)底面为五边形；(c)底面为梯形

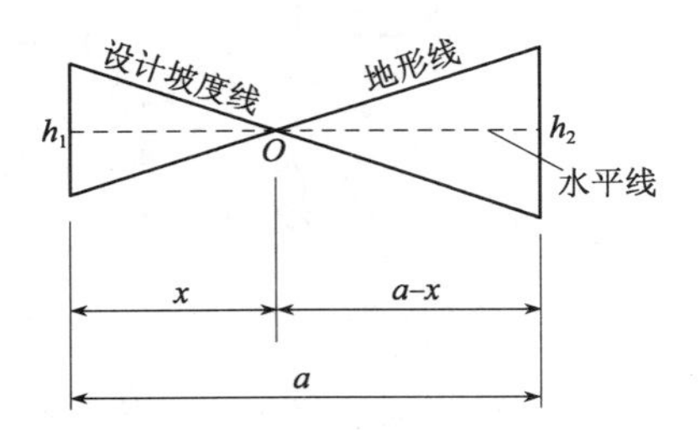

图 2-31　设计坡面线、地形线和施工高度之间的关系

在图 2-31 中，过零点做水平线，由相似三角形的比例关系得

$$\frac{x}{h_1}=\frac{a-x}{h_2}$$

即

$$x=\frac{ah_1}{h_1+h_2} \tag{2-39}$$

式中　x——零点所划图形的待求边长；

h_1、h_2——方格两端角点的施工高度，取绝对值（h_1 指欲划分边角度测角点的施工高度）；

a——方格边长。

方格上另一条边长度 $=a-x$。如果所计算区段全部为填方或全部为挖方，则式(2-35)可化简为

$$V_{总}=\frac{a^2}{4}(\sum h_a+2\sum h_b+3\sum h_c+4\sum h_d) \tag{2-40}$$

式中 $V_{总}$——计算地段土方总体积；

a——方格边长；

h_a、h_b、h_c、h_d——分别为计算中使用一次、两次、三次、四次诸方格角点的施工高度。

② 综合法

当场地地形变化较大时，将其人为地划分成规则几何体来计算体积就不太适宜，计算精度也会降低。此时可采用综合法计算土方体积。所谓综合法，就是把整个场地依其自然地形地势划分为若干个自然片段，各片的土方体积按具体情况选用一种方法计算，最后求出全区域总的土方量。

2. 估算法

图 2-32 中所示的山丘、池塘等，其形状比较规则，可用相近的几何体体积公式来快速计算，表 2-3 中所列公式可供选用。此法简便，但精度较差，多用于估算。

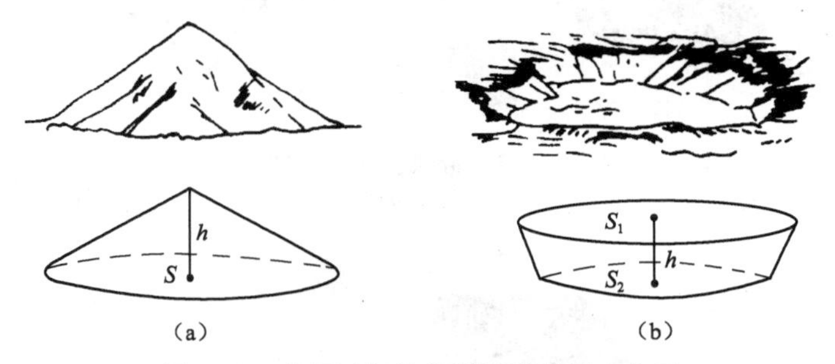

图 2-32　套用近似的规则图形估算土方量

表 2-3　计算公式

序　号	几何体形状	体　　积
1	圆锥	$V=\frac{1}{3}\pi r^2 h$
2	圆台	$V=\frac{1}{3}\pi h(r_1^2+r_2^2+r_1 r_2)$
3	棱锥	$V=\frac{1}{3}S\cdot h$
4	棱台	$V=\frac{1}{3}h(S_1+S_2+\sqrt{S_1 S_2})$
5	球缺	$V=\frac{\pi h}{6}(h^2+3r^2)$
式中　V——体积；r——半径；S——底面积；h——高；r_1、r_2——分别为上下底半径；S_1、S_2——上下底面积		

3. 断面法

断面法是以若干相平行的截面将拟计算的土体分截成若干“段”，分别计算这些“段”的体

积,再将各段体积累加,即可求得该计算对象的总土方量。

其计算公式如下:

$$V=\frac{S_1+S_2}{2}\times L(\mathrm{m}^3) \tag{2-41}$$

$$当 S_1=S_2 时 \qquad V=S\times L(\mathrm{m}^3)$$

式中 S_1、S_2——断面面积;

L——两断面间垂直距离。

此法的计算精度取决于截取断面的数量。多则精,少则粗。断面法根据其取断面的方向不同可分为垂直断面法、水平断面法(也称等高面法)及与水平面成一定角度的成角断面法。以下主要介绍前两种方法。

(1)垂直断面法

此法适用于带状土体(如带状山体、水体、沟、路堑、路槽等)的土方量计算,如图2-33、图2-34所示。

(a) (b)

图2-33 带状土体示意图

(a)沟渠;(b)路渠

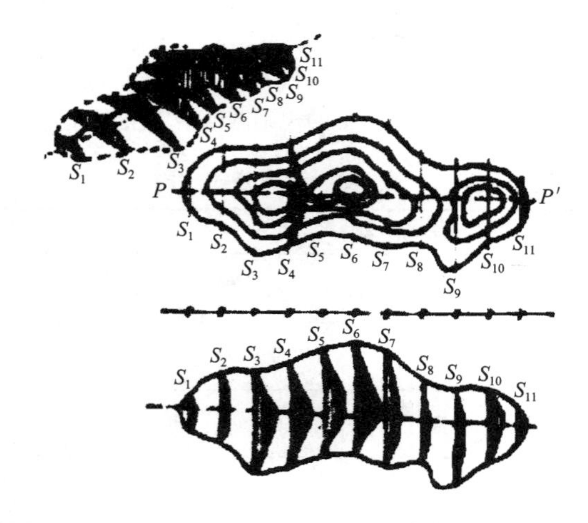

图2-34 带状土山垂直断面取法

其基本计算公式如公式(2-41),公式(2-41)虽然简便,但在 S_1 和 S_2 的面积相差较大或两断面之间的距离大于50m时,计算结果,误差较大。遇此情况,可改用以下公式计算:

$$V=\frac{L}{6}(S_1+S_2+4S_0) \tag{2-42}$$

式中　S_0——中间断面面积。

S_0 的面积有两种求法(图 2-35)：

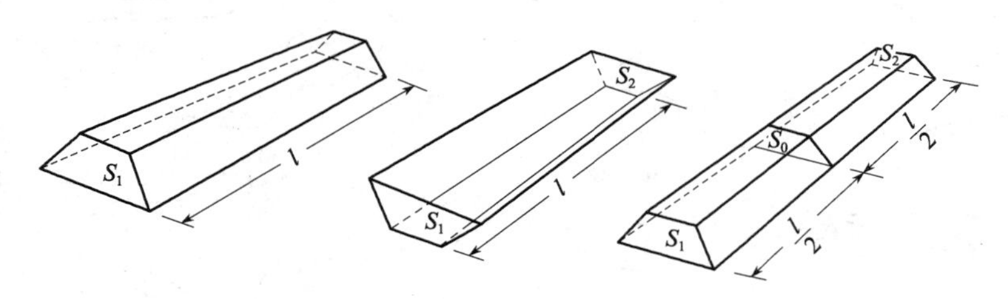

图 2-35　求中间断面积

① 用求棱台中截面面积公式：

$$S_0=\frac{1}{4}(S_1+S_2+2\sqrt{S_1\cdot S_2}) \tag{2-43}$$

② 用 S_1 及 S_2 各相应边的算术平均值求 S_0 的面积。垂直断面积法也可以用于平整场地的土方计算。以下是一个具体算例。

断面图上的纵横尺度比例可不同,为加强纵断面特点的表示,并使图形更清晰便于绘制,纵向比例可比横向比例大 1 ~5 倍。

用垂直断面法求土方体积,比较繁琐的工作是断面面积的计算。断面面积的计算方法较多,对形状不规则的断面既可用求积仪求其面积,也可用“方格纸法”“平行线法”或“割补法”等方法进行计算。但这些方法也颇费时间,以下介绍几种常见断面面积的计算公式(表 2-4)。

表 2-4　常见断面面积计算公式

断面形状图示	计　算　公　式
1:n　h　1:n　b	$S=h(b+nh)$　(2-44)
1:m　h　1:n　b	$S=h\left[b+\frac{h(m+n)}{2}\right]$　(2-45)
h_1　1:m　1:n　h_2　b	$S=b\frac{h_1+h_2}{2}+h_1h_2\frac{m+n}{2}$　(2-46)
h_1 h_2 h_3 h_4 h_5　a_1 a_2 a_3 a_4 a_5 a_6	$S=\frac{a_1h_1}{2}+a_2\frac{h_1+h_2}{2}+a_3\frac{h_2+h_1}{2}+a_4\frac{h_2+h_1}{2}+a_5\frac{h_1+h_2}{2}+\frac{a_6h_5}{2}$　(2-47)
h_0 h_1 h_2 h_3 h_4 h_5 h_6　a a a a a a	$S=\frac{a}{2}(h_0+2h+h_6)$ $h=h_1+h_2+h_3+h_4+h_5$　(2-48)

(2) 水平断面法(等高面法)

等高面法是沿等高线取断面,等高距即为二相邻断面的高(图 2-36)。

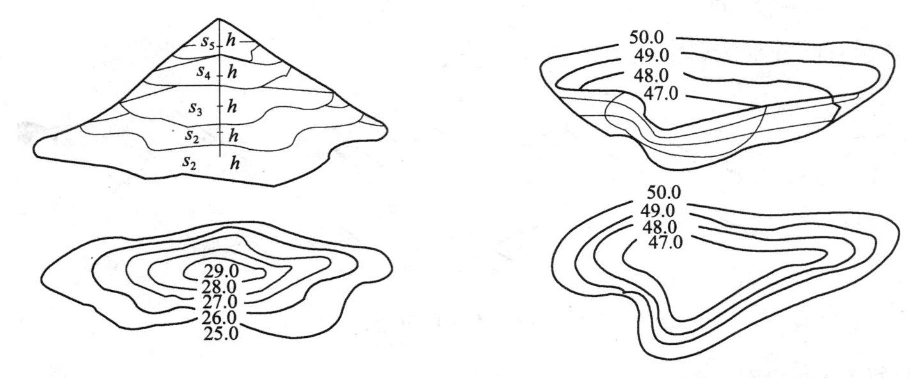

图 2-36　水平断面法图示

其土方量计算方法与断面法相同。计算公式如下：

$$V=\frac{S_1+S_2}{2}\times h+\frac{S_2+S_3}{2}\times h\cdots+\frac{S_{n-1}+S_n}{2}\times h+\frac{S_n\times h}{3}$$
$$=\left[\frac{S_1+S_n}{2}+S_2+S_3+S_4\cdots+S_{n-1}\right]\times h+\frac{S_n\times h}{3} \qquad (2\text{-}49)$$

式中　V——土方体积；

S——断面面积；

h——等高距(m)。

等高面法最适于大面积的自然山水地形的土方计算。我国园林崇尚自然，园林中山水布局讲究，地形的设计要求因地制宜，充分利用原地形，“得景随开，景到随机，高阜可培，低方宜挖”，以节省工程量。同时，为了造景又要使地形起伏多变。总之，挖湖堆山常借助原地形高低不平的有利条件。所以计算土方量时必须考虑到原有地形的影响。这也是自然山水园土方计算较繁杂的原因。由于园林设计图纸上的原地形和设计地形均用等高线表示，因而采用等高面法进行计算最为便当。水平断面法既适用于山水地形的土方量计算，也可用来作局部平整场地的土方计算。

断面法计算土方量的精度，垂直断面法取决于截取断面的数量，等高面法则取决于等高距的大小。总之对于一定范围的土方，计算精度主要取决于计算断面的数量，多则较精确，少则较粗糙。

4. *方格网法*

用方格网法计算土方量相对比较精确，一般用于平整场地，即将原来高低不平的、比较破碎的地形按设计要求整理成平坦的具有一定坡度的场地。其基本工作程序如下：

(1)划分方格网

在附有等高线的地形图上划分若干正方形的小方格网。方格的边长取决于地形状况和计算精度要求。在地形相对平坦地段，方格边长一般可采用 20～40m；地形起伏较大地段，方格边长可采用 10～20m。

(2)填入原地形标高

根据总平面图上的原地形等高线确定每一个方格交叉点的原地形标高，或根据原地形等高线采用插入法计算出每个交叉点的原地形标高，然后将原地形标高数字填入方格网点的右下角(图2-37)。

当方格交叉点不在等高线上就要采用插入法计算出原地形标高。插入法求标高公式如下：

$$H_x = H_a \pm \frac{xh}{L} \tag{2-50}$$

施工标高	设计标高
−1.00	36.00
+⑨	35.00
角点编号	原地形标高

图2-37　方格网点标高的注写

式中　H_x——角点原地形标高(m)；

H_a——位于低边的等高线高程(m)；

x——角点至低边等高线的距离(m)；

h——等高距(m)；

L——相邻两等高线间最短距离(m)。

插入法求高程通常会遇到3种情况：

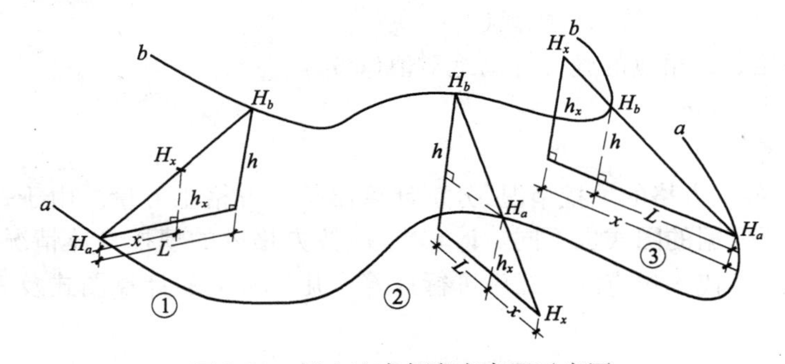

图2-38　插入法求任意点高程示意图

1)待求点标高 H_x 在二等高线之间(图2-38中①)。

$$h_x : h = x : L \qquad h_x = \frac{xh}{L}$$

所以

$$H_x = H_a + \frac{xh}{L} \tag{2-51}$$

2)待求点标高 H_x 在低边等高线 H_a 的下方(图2-38中②)。

$$h_x : h = x : L \qquad h_x = \frac{xh}{L}$$

所以

$$H_x = H_a - \frac{xh}{L} \tag{2-52}$$

3)待求点标高 H_x 在高边等高线 H_b 的下方(图2-38中③)。

$$h_x : h = x : L \qquad h_x = \frac{xh}{L}$$

所以

$$H_x = H_a + \frac{xh}{L} \tag{2-53}$$

(3)填入设计标高

根据设计平面图上相应位置的标高情况,在方格网点的右上角填入设计标高。

(4)填入施工标高

施工标高 = 原地形标高 − 设计标高

得数为正(+)数时表示挖方,得数为负(−)数时表示填方。施工标高数值应填入方格网点的左上角。

(5)求填挖零点线

求出施工标高以后,如果在同一方格中既有填土又有挖土部分,就必须求出零点线。所谓零点就是既不挖土也不填土的点,将零点互相连接起来的线就是零点线。零点线是挖方和填方区的分界线,它是土方计算的重要依据。

参照表 2-5 所示,可以用以下公式求出零点:

$$X = \frac{h_1}{h_1 + h_2} \cdot a \tag{2-54}$$

式中 X——零点距 h_1 一端的水平距离(m);

h_1、h_2——方格相邻二角点的施工标高绝对值(m);

a——方格边长(m)。

(6)土方量计算

根据方格网中各个方格的填挖情况,分别计算出每一方格土方量。由于每一方格内的填挖情况不同,计算所依据的图式也不同。计算中,应按方格内的填挖具体情况,选用相应的图式,并分别将标高数字代入相应的公式中进行计算。几种常见的计算图式及其相应计算公式参见表 2-5。

表 2-5 土石方量的方格网计算图式

平面图示	立体图示	计算公式
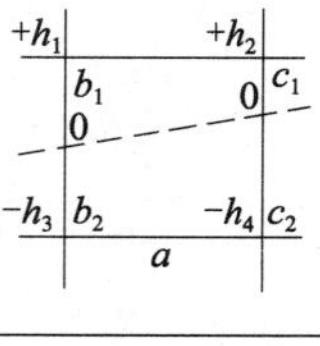	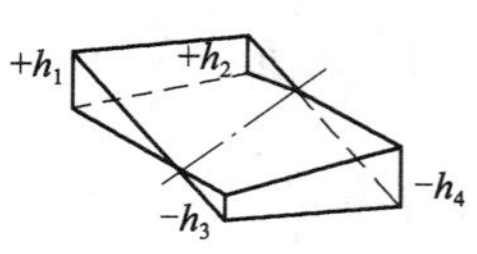	零点线计算 $b_1 = a \cdot \frac{h_1}{h_1 + h_3}$ $b_2 = a \cdot \frac{h_3}{h_3 + h_1}$ $c_1 = a \cdot \frac{h_2}{h_2 + h_4}$ $c_2 = a \cdot \frac{h_4}{h_4 + h_2}$
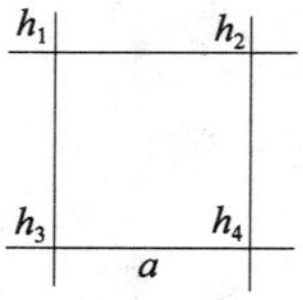	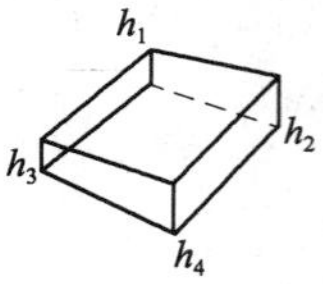	四点挖方或填方 $\pm V = \frac{a^2}{4}(h_1 + h_2 + h_3 + h_4)$
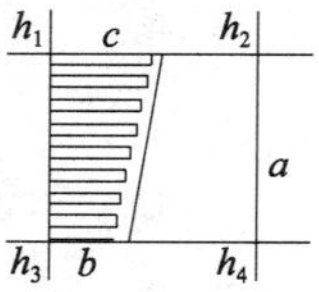	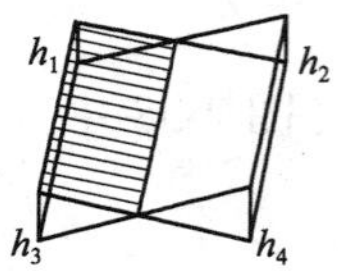	二点挖方或填方 $\pm V = \frac{b + c}{2} \cdot a \cdot \frac{\sum h}{4} = \frac{(b + c) \cdot a \cdot \sum h}{8}$
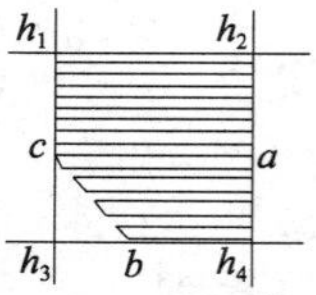	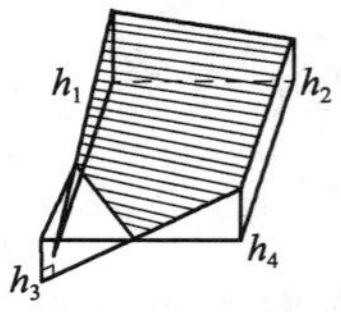	三点挖方或填方 $V = \left(a^2 - \frac{b \cdot c}{2}\right) \cdot \frac{\sum h}{5}$

续表

平面图示	立体图示	计算公式
h_1 h_2 c a h_3 h_4 b	h_1 h_2 c h_3 h_4 b	一点挖方或填方 $V=\frac{1}{2}\cdot b\cdot c\frac{\sum h}{3}=\frac{b\cdot c\cdot \sum h}{6}$

2.2.2 土方平衡与调配

1. 土方平衡

地形设计的一个基本要求，是使设计的挖方工程量和填方工程量基本平衡。土方平衡就是将已经求出的挖方总量和填方总量相互比较，若二者数值接近，则可认为达到了土方平衡的基本要求，若二者数值差距太大，则是土方不平衡，应调整设计地形，将地面再垫高些或再挖深些，一直达到土方平衡要求为止。

在进行土方平衡时，首先考虑地面施工的土方量，其次考虑各种园林设施的土方开挖，各种地下构筑物、建筑物及有关设备的基础工程开挖的土方量等。由于在初步土方平衡时还不可能取得其他工程有关土方较标准的资料，所以，其他工程的土方量可采取估算的方法取得。例如，园林建筑的地下工程挖方量可用每平方米建筑占地面积算；园路场地的土方量可根据路堤、放坡等具体情况来估算。

园林中全部土方工程量大平衡，可以采用列表方式进行（表2-6）。

表2-6　土方平衡表

序号	土方工程名称	单位	填方量	挖方量
1	挖湖、挖水池及沟渠			
2	堆土山			
3	建筑物、构筑物基础			
4	园路、园景广场			
5	……			
合计				
土壤松散系数增减量				
总计				

土方平衡的要求是相对的，没必要做到绝对平衡。实际上，作为计算依据的地形图本身就不可避免地存在一定误差，而且用等高面法计算的结果也不能保证十分精确，因此，在计算土方量时能够达到土方相对平衡即可。而最重要的考虑，则应落在如何既要保证完全体现设计意图，又要尽可能减少土方施工量和不必要的搬运量上。

2. 土方调配

在做土方施工组织设计或施工计划安排时，还要确定土方量的相互调配关系。地形设计所定的填方区，其需要的土方从什么地点取土？取多少土？挖湖挖出的土方，运到哪里去？运多少到各个填方点？这些问题都要在施工开始前切实解决，必须做好土方调配计划。

土方调配的原则是：就近挖方就近填方，使土方的转运距离最小。因此，在实际进行土方调配时，一个地点挖出的土，优先调动到与其距离最近的填方区，近处填满后，余下的土方再往稍远的填方区转运。

为清楚表明土方调配情况，可以根据地形设计图绘制一张土方调配图，在施工中指导土方的堆填工作（图 2-39），从图中可以看出在挖、填方区之间，土方的调配方向、调配数量和转运距离。

土方平衡和调配工作是土方施工设计的一个重要内容，其目的是在土方总运输量（m^3）较小（或者土方施工费用较少）并适当考虑填土适用情况的条件下，确定填挖方区土方的调配方向和数量，从而达到缩短工期、降低成本、提高土方工程质量的目的。进行土方调配必须综合考虑现场情况、有关技术资料、土方施工方法以及园林平面规划和竖向设计等。园地基址土壤可能比较复杂，同时各类园林用地对土质要求也有不同的倾向性，如建筑地基应填筑工程力学性质较优的土类；多数土壤可用于广场；种植用地则宜选择含有机质丰富的土类等。这些均是土方调配时需要考虑的。

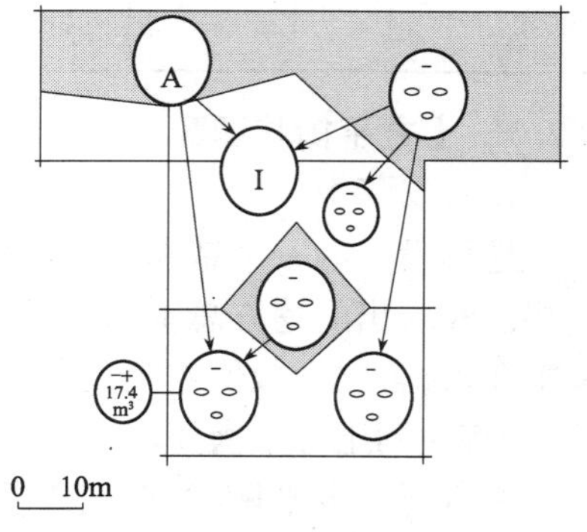

图 2-39　土方调配图

2.3　土方施工

2.3.1　土壤工程的分类及性质

1. 土壤工程分类

在土方施工和预算中，按开挖难易程度，将土壤分为四类（表 2-7）。

表 2-7　土壤工程分类表

土类	土质名称	自然湿度（kg/m^3）	外形特征	开挖方法
Ⅰ	（1）砂质土 （2）种植土	1650 ~ 1750	疏松，黏着力差或易透水，略有黏性	用锹或略加脚踩开挖
Ⅱ	（1）壤土 （2）淤泥 （3）含土壤种植土	1750 ~ 1850	开挖时能成块并易打碎	用锹加脚踩开挖
Ⅲ	（1）黏土 （2）干燥黄土 （3）干淤泥 （4）含少量砾石黏土	1800 ~ 1950	粘手，看不见砂粒或干硬	用镐、三齿耙或锹加脚踩开挖
Ⅳ	（1）坚硬黏土 （2）砾质黏土 （3）含卵石黏土	1900 ~ 2400	土壤结构坚硬，将土分裂后成块或含黏粒砾石较多	用镐、三齿耙等工具开挖

2. 土壤性质与土方施工

根据土方施工的需要，需考虑的土壤性质主要有以下几个。

（1）土壤含水量

土壤中的水分质量与土壤总质量之比，称为土壤含水量。

$$W = \frac{G_1 - G_2}{G_2} \times 100\% \qquad (2\text{-}55)$$

式中　W——土壤含水量；

G_1——含水状态时土的质量；

G_2——烘干后土的质量。

土壤含水量在5%以下称为干土，在5% ~30%以内称为潮土，大于30%称为湿土，其中潮土最适宜土方的施工。

(2)土壤的自然倾斜面和安息角

土壤自然堆积，经沉落稳定后。将会形成一个稳定的、坡度一致的土体表面，此表面称为土壤的自然倾斜面。自然倾斜面和水平面的夹角，称为土壤的自然倾斜角，即安息角(图2-40)。在园林工程设计时，为了使工程稳定，其边坡坡度数值应参考相互土壤的安息角。另外，土壤的含水量也影响土壤的安息角，见表2-8。

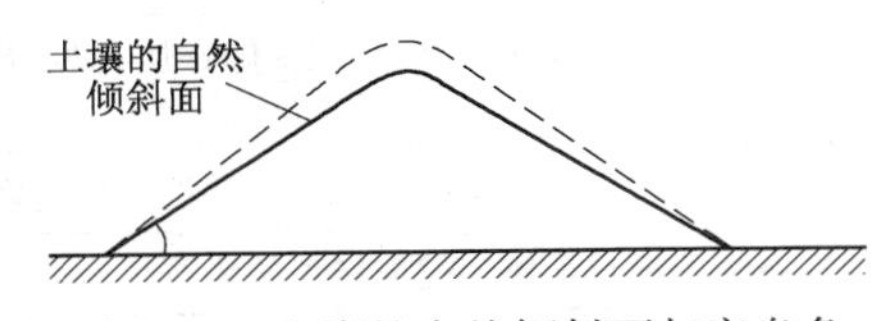

图2-40　土壤的自然倾斜面与安息角

表2-8　土壤的自然倾斜角　　(单位:度)

土壤名称	土壤含水量			土壤颗粒大小(mm)
	干　的	潮　的	湿　的	
砾石	40	40	35	2 ~20
卵石	35	45	25	20 ~200
粗砂	30	32	27	1 ~2
中砂	28	35	25	0.5 ~1
细砂	25	30	20	0.05 ~0.5
黏土	45	35	15	0.001 ~0.005
壤土	50	40	30	—
腐殖土	40	35	25	—

土方工程不论是挖方或填方都要求有稳定的边坡。进行土方工程的设计或施工时，应该结合工程本身的要求(如填方或挖方，永久性或临时性)以及当地的具体条件(如土壤的种类及分层情况等)使挖方或填方的坡度合乎技术规范的要求，如情况在规范之外，必须进行实地测试来决定。

土方工程的边坡坡度以其高和水平距之比表示，如图2-41所示，即

$$边坡坡度 = \frac{h}{L}\tan\alpha \qquad (2\text{-}56)$$

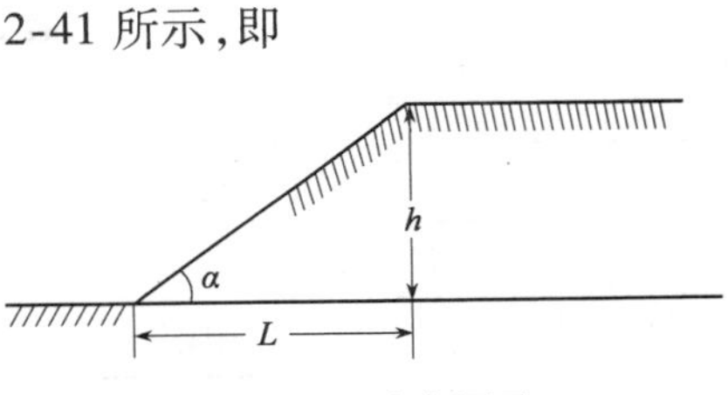

式中　h——水平距离；

L——水平距离；

α——坡角。

图2-41　坡度图示

工程界习惯以1 : m 表示，m 是坡度系数。$1 : m = 1 : \frac{L}{h}$，所以，坡度系数即是边坡坡度的倒数。举例说:坡度为1 : 3的边坡，也可叫做坡度系数 $m = 3$ 的边坡。

土方工程高填或深挖时，应考虑土壤各层分布的土壤种类、性质以及同一土层中不同位置土壤所受压力的不同，根据其压力变化采取相应的边坡坡度。挖方或填方的坡度是否合理，直接影响着土方工程的质量与数量，从而也影响到土方工程的功能安全和工程的投资。为此，一般山体的坡度是由小到大、从下向上逐层堆叠起来的，既符合工程原理，也反映了山体的自然面貌。

关于边坡坡度的规定见下列各表（表2-9～表2-12）。一般来说，在土方工程的设计及施工中，如无特殊目的及相应的土壁支撑和加固稳定措施，不得突破表中的规定，以确保工程质量及安全。

表2-9　永久性土工结构物挖方的边坡坡度

项次	挖　方　性　质	边坡坡度
1	在天然湿度，层理均匀，不易膨胀的黏土，砂质黏土，黏质黏土和砂类土内挖方深度≤3m	1:1.25
2	土质同上，挖深3～12m	1:1.5
3	在碎石和泥炭土内挖方，深度为12m及2m以下，根据土的性质，层理特性和边坡高度确定	1:1.5～1:0.5
4	在风化岩石内的挖方，根据岩石性质，风化程度，层理特性和挖方深度确定	1:1.5～1:0.2
5	在轻微风化岩石内挖方，岩石无裂缝且无倾向挖方坡角的岩石	1:0.1
6	在未风化的完整岩石内挖方	直立的

表2-10　深度在5m之内的基坑基槽和管沟边坡的最大坡度（不加支撑）

项次	土类名称	边　坡　坡　度		
		人工挖土，并将土抛于坑、槽或沟的上边	机　械　施　工	
			在坑、槽或沟底挖土	在坑、槽及沟的上边挖土
1	砂土	1:0.7	1:0.67	1:1
2	黏质砂土	1:0.67	1:0.5	1:0.75
3	砂质黏土	1:0.5	1:0.33	1:0.75
4	黏土	1:0.33	1:0.25	1:0.67
5	含砾石卵石土	1:0.67	1:0.5	1:0.75
6	泥灰岩白垩土	1:0.33	1:0.25	1:0.67
7	干黄土	1:0.25	1:0.1	1:0.33

注：如人工挖土不是把土抛于坑、槽或沟的上边，而是随时把土运往弃土场时，则应采用机械在坑、槽或沟底挖土时的坡度。

表2-11　永久性填方的边坡坡度

项次	土　的　名　称	填方高度(m)	边　坡　坡　度
1	黏土、粉土	6	1:1.5
2	砂质黏土、泥灰岩土	6～7	1:1.5
3	黏质砂土、细砂	6～8	1:1.5
4	中砂和粗砂	10	1:1.5
5	砾石和碎石块	10～12	1:1.5
6	易风化的岩石	12	1:1.5

表 2-12 临时性填方的边坡坡度

项次	土的名称	填方高度(m)	边坡坡度
1	砾石土和粗砂土	12	1∶1.25
2	天然湿的黏土	8	1∶1.25
3	砂质黏土和砂土	6	1∶0.755
4	大石块(平整的)	5	1∶0.5
5	黄土	3	1∶1.5
6	易风化的岩石	12	1∶1.05

总之,土方边坡的大小应根据土质条件、开挖深度(或填筑高度)、地下水位、施工方法、工期长短、附近堆土因素而定,若超过所允许坡度,则会造成塌方或土体下滑。

3. 土壤的渗透性

土壤允许水透过的性能,称为土的渗透性。土的渗透性与土壤的密实程度紧密相关。土壤中的空隙大,渗透系数就高。土壤渗透系数按下式计算:

$$K = \frac{V}{i} \tag{2-57}$$

式中 V——渗透水流的速度(m/d);

K——渗透系数(m/d);

i——水力坡度。

4. 土壤动水压力和流砂

水在土壤中渗透时所产生的压力,称为土壤动水压力,又称渗透力,按下式计算:

$$G_D = i \times Y_W \tag{2-58}$$

式中 G_D——动水压力(kN/m^3);

i——水力坡度;

Y_W——动水压力(kN/m^3)。

水力坡度 i 等于水位差除以渗流路线长度。

土壤颗粒随水一起流动的现象,称为流砂。流砂的形成原理:水流在水位差作用下与土壤颗粒产生向下的压力。当动水压力等于或大于土壤的浸水重量 Y' 时,即 $G_D = Y'$,土壤颗粒失重,处于悬浮状态,便随水一起流动。

流砂对土方施工来说是有害的,增加了施工难度,需要采取一些防治措施。

1)合理选择施工期:对于流砂严重的地段,应尽可能在枯水期施工。此时地下水位低,坑内外水位差小,动水压力小,不易产生流砂。

2)打钢板桩法:在喷泉、树穴等开挖施工中,如出现流砂,可将钢板桩打入坑底一定深度,阻断地下水由坑外流入坑内的渗流路线,减小水力坡度,从而降低动水压力。

3)井点降水法:该法特别适用于滨海盐碱地带。渗透井一方面减少流砂,另一方面还能对土壤中的盐分起到洗脱作用。

自然状态下的土壤经开挖后,其体积因松散而增加的现象,称为土壤的最初可松性。土壤经回填压实后,仍不能恢复到原体积的现象,称为土的最终可松性。土壤的可松性用可松性系数(K)来表示。

$$K_1 = \frac{V_2}{V_1} \tag{2-59}$$

$$K_2 = \frac{V_3}{V_1} \tag{2-60}$$

式中 V_1——土在自然状态下的体积；

V_2——土壤挖出后的松散体积；

V_3——土壤经回填压实后的体积；

K_1——土壤的最初可松性；

K_2——土壤的最终可松性。

土壤种类不同，可松性系数不同。常见土壤的可松性系数见表2-13。

表2-13 常见土壤的可松性系数

土壤种类	K_1	K_2
砂土、轻亚黏土、种植土、淤泥土 亚黏土，潮湿黄土、砂土混碎(卵石)	1.08～1.17 1.14～1.28	1.01～1.03 1.02～1.05
填筑土 重亚黏土、干黄土、含碎(卵)石的亚黏土	1.24～1.30	1.04～1.07
重黏土、含碎(卵)石的黏土 粗卵石，密实黄土	1.25～1.32	1.06～1.09
中等密实的页岩、泥炭岩 白垩土，软石灰岩	1.30～1.45	1.10～1.20

2.3.2 土方施工准备工作

主要包括施工计划、清理场地、排水和定点放线，以便为后续土方施工提供必要的场地条件和施工依据等。准备工作做得好坏，直接影响着工效和工程质量。

1. 施工计划

在土方工程施工开始前，首先要对照园林总平面图、竖向设计图和地形图，在施工现场一面踏勘，一面核实自然地形现状。了解具体的土石方量、施工中可能遇到的困难和障碍、施工的有利因素和现状地形能够继续利用等多方面的情况，尽可能掌握全面的现状资料，以便为施工计划或施工组织设计奠定基础。

掌握了翔实、准确的现状情况以后，可按照园林总平面工程的施工组织设计，做好土方工程的施工计划。要根据甲方要求的施工进度及施工质量进行可行性分析和研究，制定出符合本工程要求及特点的各项施工方案和措施。对土方施工的分期工程量、施工条件、施工人员、施工机具、施工时间安排、施工进度、施工总平面布置、临时施工设施搭建等，都要进行周密安排，力求使开工后施工工作能够有条不紊地进行。

由于土方工程在园林工程中一般是影响全局的最重要的基础工程，因此，它的施工计划或施工组织设计可以直接按照园林的总平面施工进行组织和实施。

2. 清理场地

在施工地范围内，凡有碍工程的开展或影响工程稳定的地面物或地下物都应该清理，例如按设计未加保留的树木，废旧建筑物或地下构筑物等。

(1)伐除树木：凡土方开挖深度不大于50cm或填方高度较小的土方施工，现场及排水沟中的树木必须连根拔除。清理树墩除用人工挖掘外，直径在50cm以上的大树墩可用推土机或用爆破方法清除，建筑物、构筑物基础下的土方中不得混有树根、树枝、草及落叶。

(2)建筑物或地下构筑物的拆除，应根据其结构特点采取适宜的施工方法，并遵照《建筑施工安全技术规范》ZBBZH/GJ 12的规定进行操作。

(3)施工过程中如发现其他管线或异常物体时，应立即请有关部门协同查清。未搞清前，不可施工，以免发生危险或造成其他损失。

3. 排水

场地积水不仅不便于施工，而且也影响工程质量。在施工之前应设法将施工场地范围内的积水或过高地下水排走。

(1)排除地面水

在施工前，根据施工区地形特点在场地内及其周围挖排水沟，并防止场地外的水流入。在低洼处或挖湖施工时，除挖好排水沟外，必要还应加筑围堰或设防水堤。另外，在施工区域内考虑临时排水设施时，应注意与原排水方式相适应，并且应尽量与永久排水设施相结合。为了排水通畅，排水沟的纵坡不应小于2%，沟的边坡值取1：1.5，沟底宽及沟深不小于50cm。

(2)地下水的排除

园林土方施工中多用明沟，将水引至集水井，再用水泵抽走。一般按排水面积和地下水位的高低来安排排水系统，先定出主干渠和集水井的位置，再定支渠的位置和数目，土壤含水量大、要求排水迅速的，支渠分支应密些，其间距取1.5m，反之可疏些。

在挖湖施工中，排水明沟的深度，应深于水体挖深。沟可一次挖到底，也可依施工情况分层下挖，采用哪种方式可根据出土方向决定(图2-42，图2-43)。

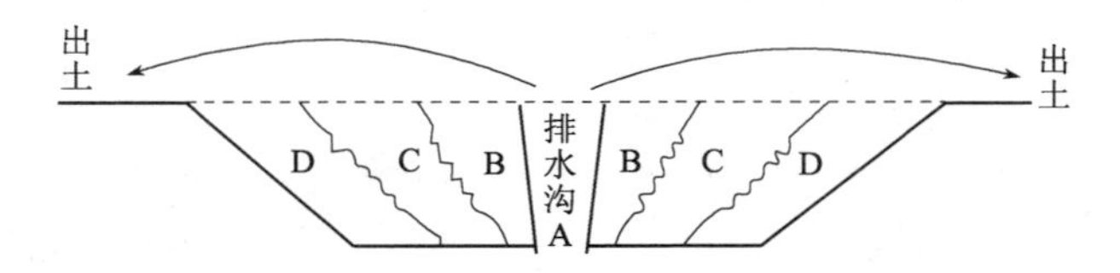

图2-42　排水沟一次挖到底，双向出土挖湖施工示意开挖顺序A、B、C、D

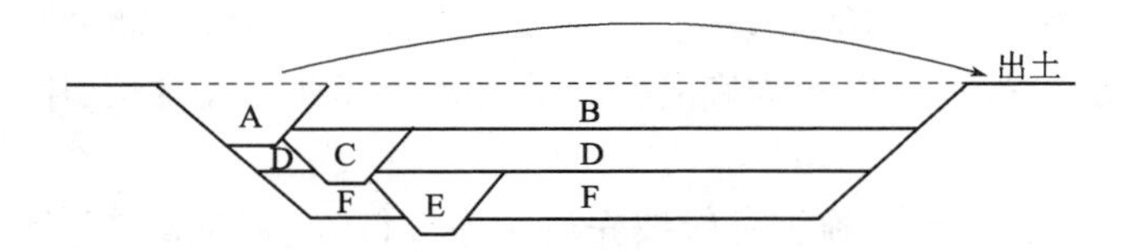

图2-43　排水沟分层挖掘，单向出土挖湖施工示意A、B、C为排水沟，开挖顺序为A、B、C、D、E、F

4. 定点放线

在清场之后，为了确定施工范围及挖土或填土的标高，应按设计图纸的要求，用测量仪器在施工现场进行定点放线工作，这一步工作很重要，为使施工充分表达设计意图，测量时要尽量精确。

(1)平整场地的放线

用经纬仪或红外线全站仪将图纸牙的方格网测设到地面上，并在每个方格网交点处设立木桩，边界木桩的数目和位置依图纸要求设置。木桩上应标记桩号（取施工图纸上方格网交点的编号）和施工标高（挖土用“+”号，填土用“-”号）。

(2)自然地形的放线

如挖湖堆山等，也是将施工图纸上的方格网测设到地面上，然后将堆山或挖湖的边界线以及各种设计等高线与方格的交点，一一标到地面上并打桩（对于等高线的某些弯曲段或设计地形较复杂要求较高的局部地段，应附加标高桩或者缩小方格网边长而另设方格控制网，以保证施工质量）。木桩上也要标明桩号及施工标高（图2-44）。

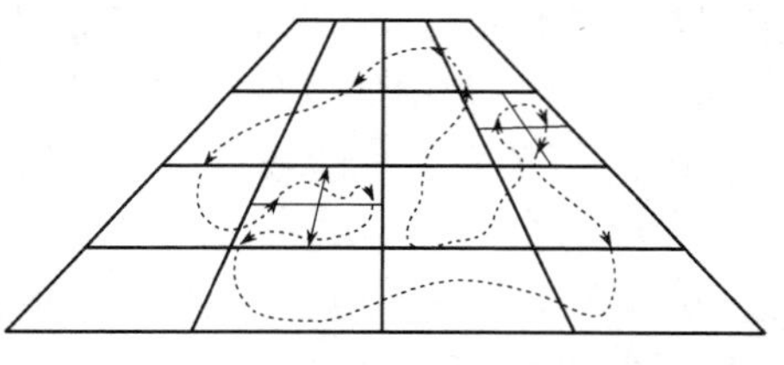

图2-44　自然地形的放线

堆山时由于土层不断升高，木桩可能被埋没，所以，桩的长度应保证每层填土后要露出土面。土山不高于5m的，也可用长竹竿做标高桩。在桩上把每层的标高均标出。不同层用不同颜色标志，以便识别。对于较高的山体，标高桩只能分层设置。

挖湖工程的放线工作与堆山基本相同，但由于水体挖深一般较一致，而且池底常年隐没在水下，放线可以粗放些，岸线和岸坡的定点放线应准确，这不仅是因为它是水上造景部分，而且和水体岸坡的工程稳定有很大关系。为了精确施工，可以用边坡板控制坡度（图2-45）。

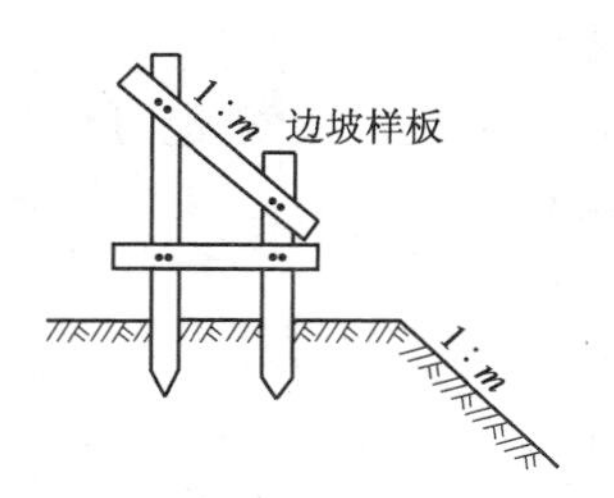

图2-45　边坡坡度板

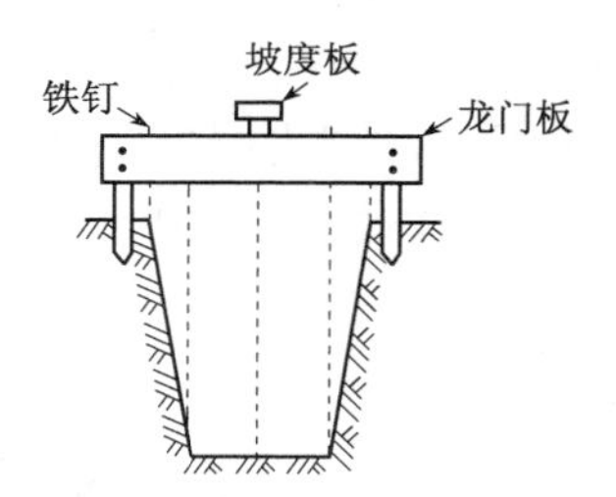

图2-46　龙门板

开挖沟槽时，用打桩放线的方法在施工中木桩易被移动，从而影响了校核工作，所以，应使用龙门板（图2-46）。每隔30～100m设龙门板一块，其间距视沟渠纵坡的变化情况而定。板上应标明沟渠中心线位置、沟上口和沟底的宽度等。板上还要设坡度板，用坡度板来控制沟渠纵坡。

上述各项准备工作以及土方施工一般按先后顺序进行，但有时要穿插进行，不仅是为了缩短工期，也是工作需要协调配合。因此，上述的准备工作可以说是贯穿土方施工的整个过程，以确保工程施工按质、按量、按时顺利完成。

2.3.3　土方施工

土方工程施工包括挖、运、填、压四部分内容。其施工方法包括人力施工、机械化和半机械化施工。施工方法的选用要依据场地条件、工程量和当地施工条件而定。在土方规模较大、较集中的工程中采用机械化施工较经济。但对工程量不大、施工点较分散的工程或因受场地限制，不便采用机械施工的地段，应该用人力施工或半机械化施工。

1. 挖土

(1)人力施工

施工工具主要是锹、镐、条锄、板锄、铁锤、钢钎、手推车、坡度尺、梯子、线绳等。人力施工的关键是组织好劳动力,它适用于一般园林建筑、构筑物的基坑(槽)和管沟,以及小溪、带状种植沟和小范围整地的挖土工程。

施工过程中应注意以下几个方面:

1)施工人员有足够的工作面,以免互相碰撞,发生危险。一般平均每人应有4~6m^2的作业面积,两人同时作业的间距应大于2.5m。

2)开挖土方附近不得有重物和易坍落物体。如在挖方边缘上侧临时堆土或放置材料,应与基坑边缘至少保持1m以上的距离,堆放高度不得超过1.5m。

3)随时注意观察土质情况是否符合挖方边坡要求。操作时应随时注意土壁的变动情况,当垂直下挖超过规定深度(≥2m)或发现有裂痕时,必须设支撑板支撑。

4)土壁下不得向里挖土,以防坍塌。在坡上或坡顶施工者,不得随意向坡下滚落重物。

5)深基坑上、下应先挖好阶梯或开斜坡道,并采取防滑措施,严禁踩踏支撑,坑的四周要设置明显的安全栏。

6)挖土应从上而下水平分段分层进行,每层约0.3m,严禁先挖坡脚或逆坡挖土。做到边挖边检查坑底宽度及坡度,每3m修一次坡,挖至设计标高后,应进行一次全面清底,要求坑底凹凸不得超过1.5cm。凡基坑挖好后不能立即进行下道工序的,应预留15~30cm厚的土层不挖,待下道工序开始时再挖至设计标高。

7)按设计要求施工,施工过程中注意保护基桩、龙门板或标高桩。

8)遵守其他施工操作规范和安全技术要求。

9)土方开挖时,应防止邻近已有建筑物或构筑物、道路、管线等发生下沉或变形。

10)施工中如发现有文物或古墓等,应保护好现场并立即报告当地文物管理部门,待妥善处理后方可继续施工。如发现有国家永久性测量控制点必须予以保护。凡在已铺设有各种管线(如电缆等)的地段施工,应事先与相关管理部门取得联系,共同采取措施,以免损坏管线。

(2)机械挖土

常用的挖方机械有推土机、铲运机、正(反)铲挖掘机、装载机等。机械挖土适用于较大规模的园林建筑、构筑物的基坑(槽)和管沟以及较大面积的水体、大范围的整地工程挖土。机械挖土应注意如下问题:

1)机械挖土前应将施工区域内的所有障碍物清除,并对机械进入现场的道路、桥涵等进行认真检查,如不能满足施工要求应予以加固;凡夜间施工的必须有足够的照明设备,并做好开挖标志,避免错挖或超挖。

2)推土机机手应识图或了解施工对象的情况,如施工地段的原地形情况和设计地形特点,最好结合模型,便于一目了然。另外,施工前还要了解实地定点放线情况,如桩位、施工标高等,这样施工时司机心中有数,就能得心应手地按设计意图去塑造设计地形。这对提高工效有很大帮助,在修饰地形时便可节省许多人力物力。

3)注意保护表土。在挖湖堆山时,先用推土机将施工地段的表层熟土(耕作层)推到施工场地外围,待地形整理完毕,再把表土铺回来。这样做对园林植物的生长有利,人力施工地段有条件的也应当这样做。在机械施工无法作业的部位应辅以人工，确保挖方质量。

4）为防止木桩受到破坏并有效指引推土机手，木桩应加高或设醒目标志，放线也要明显；同时施工技术人员要经常到现场校核桩点和放线，以免挖错（或堆错）位置。

5）对于基坑挖方，为避免破坏基底土，应在基底标高以上预留一层土用人工清理。使用铲运机、推土机时一般保留20cm厚土层，使用正、反铲挖掘机挖土时要预留30cm。

6）如用多台挖土机施工，两机间的距离应大于10m。在挖土机工作范围内不得再进行其他工序的施工。同时，应使挖土机离边坡有一定的安全距离，且验证边坡的稳定性，以确保机械施工的安全。

7）机械挖方宜从上到下分层、分段依次进行。施工中应随时检查挖方的边坡状况，当垂直下挖深度大于1.5m时，要根据土质情况做好基坑（槽）的支撑，以防坍陷。

8）需要将预留土层清走时，应在距槽底设计标高50cm的槽帮处，找出水平线，钉上小木橛，然后用人工将土层挖去。同时，由两端轴线（中心线）打桩拉通线（常用细绳）来检查距槽边尺寸，确定槽宽标准，依此对槽边修整，最后清除槽底土方。

（3）冬、雨期土方施工

土方开挖一般不在雨季进行，如遇雨天施工应注意控制工作面，分段、逐片地分期完成。开挖时注意边坡的稳定，必要时可适当放缓边坡或设置支撑，同时要在外侧（或基槽两侧）周围筑土堤或开挖排水沟，防止地面水流入。在坡面上挖方时还应注意设置坡顶排水设施。整个施工过程都应加强对边坡、支撑、土堤等的检查与维护。

冬季挖方，应制定冬期施工方案并严格执行。采取防止冻结法开挖时，可在土层冻结以前用保温材料覆盖或将表层土翻耕耙松，翻耕深度根据当地气温条件确定，一般不小于30cm。开挖基坑（槽）或管沟时，要防止基础下基土受冻。如基坑（槽）挖方完毕后有较长的停歇时间才进行后继作业，则应在基底标高以上预留适当厚度（约30cm）的松土，或用保温材料覆盖，以防止地基土受冻。如开挖土方会引起邻近建筑物（或构筑物）的地基或基础暴露时，也要采取防冻措施，使其不受冻结破坏。

（4）土壁支撑

开挖基坑（槽），如地质条件较好，且无地下水，挖深又不大时，可采用直立开挖不加支撑；当有一定深度（但不超过4m）时可根据土质和周围条件放坡开挖，放坡后坑底宽度每边应比基础宽出15～30cm，坑（槽）上口宽度由基础底宽及边坡坡度来确定。但当开挖含水量大、场地狭窄、土质不稳定或挖深过大的土体时应采取临时性支撑加固措施，以保证施工的顺利和安全，并减少对邻近已有建筑物或构筑物的不良影响。

1）横撑式支撑。开挖较窄的沟槽，多用横撑式土壁支撑。此法根据挡土板的不同，分为水平挡土板式和垂直挡土板式两类，前者依挡土板的布置不同又可分为断续式和连续式两种。湿度小的黏性土挖土深度小于3m时，可用断续式挡土板支撑；松散、湿度大的土可用连续式水平挡土板支撑，挖土深度可达5m。垂直挡土板式支撑用于松散和湿度很大的土壤，其挖深也大。

施工时，沟槽两边应以基础的宽度为准再各加宽10～15cm用于设置支撑加固结构。挖土时，土壁要求平直，挖好一层做一层支撑，挡土板要紧贴土面，用小木桩或横撑木顶住挡板。

2）板桩支撑。板桩作为一种支护结构，既挡土又防水。当开挖的基坑较深，地下水位高且有出现流砂的危险时，如未采用降低地下水位的方法，则可用板桩打入土中，使地下水在土中的渗流线路延长,降低水力坡度,从而防止流砂产生。在靠近原有建筑物开挖基坑时,为了防止土壁崩塌和建筑物基础的下沉,也应打设板桩支护。

(5)挖方中常见的质量问题

1)基底超挖。开挖基坑(槽)或管沟均不得超过设计基底标高,如偶有超过的地方应会同设计单位共同协商解决,不得私自处理。

2)桩基产生位移。一般出现于软土区域。碰到此类土基挖方,应在打桩完成后,先间隔一段时间再对称挖土,并要求制定相应的技术措施。

3)基底未加保护。基坑(槽)开挖后没有进行后续基础施工,但没有保护土层。为此,应注意在基底标高以上留出0.3m厚的土层,待基础施工时再挖去。

4)施工顺序不合理土方开挖应从低处开始,分层分段依次进行,形成一定坡度,以利于排水。

5)开挖尺寸不足,基底、边坡不平开挖时没有加上应增加的开挖面积使挖方尺寸不足。故施工放线要严格,充分考虑增加的面积。对于基底和边坡应加强检查,随时校正。

6)施工机械下沉采用机械挖方,务必掌握现场土质条件和地下水位情况,针对不同的施工条件采取相应的措施。一般推土机、铲运机需要在地下水位0.5m以上推铲土,挖土机则要求在地下水位0.8m以上挖土。

2. 运土

按土方调配方案组织劳力、机械和运输路线,卸土地点要明确。应有专人指挥,避免乱堆乱卸。

利用人工吊运土方时,应认真检查起吊工具、绳索是否牢靠。吊斗下方不得站人,卸土应离坑边有一定距离。用手推车运土应先平整道路,且不得放手让车自动翻转卸土。用翻斗汽车运土,运输车道的坡度、转弯半径要符合行车安全。

3. 填土

填方土壤应满足工程的质量要求,填土需根据填方用途和要求加以选择。

(1)填土施工的一般要求

1)填方土料。应满足设计要求。碎石类土、砂土及爆破石碴(粒径小于每层铺厚的2/3)可考虑用于表层下的填料;碎块草皮和有机质含量大于8%的土壤,只能用于无压实要求的填方;淤泥一般不能作为填方料;盐碱土应先对含盐量测定,符合规定的可用于填方,但作为种植地时其上必须加盖优质土一层,厚约30cm,同时要设计排盐暗沟;一般的中性黏土都能满足各层填土的要求。

2)基址条件。填方前应全面清除基底上的草皮、树根、积水、淤泥及其他杂物。如基底土壤松散,务必将基底充分夯实或碾压密实;如填方区属于池塘、沟槽、沼泽等含水量大的地段,应先进行排水疏干,将淤泥全部挖出后再抛填块石或砾石,结合换土及掺石灰等措施处理。

3)土料含水量。填方土料的含水量一般以手握成团、落地开花为宜。含水量过大的土基应翻松、风干或掺入干土;过干的土料或填筑碎石类土则必先洒水润湿再施压,以提高压实效果。

4)填土边坡。为保证填方的稳定,对填土的边坡有一定规定。对于使用较长时间的临时性填方(如使用时间超过一年的临时道路)的边坡坡度,当填方高度小于10m时,可用1∶1.5

边坡；超过10m，边坡可做成折线形，上部坡度为1：1.5，下部坡度为1：1.75。

（2）填土的方法

1）人工填土。主要用于一般园林建筑、构筑物的基坑（槽）和管沟以及室内地坪和小范围整地、堆山的填土。常用的机具有：蛙式夯、手推车、筛子（孔径40～60mm）、木耙、平头和尖头铁锹、钢尺、细绳等。其施工程序为：清理基底地坪——→检查土质——→分层铺土、耙平——→夯实土方——→检查密实度——→修整、找平验收。

填土前应将基坑（槽）或地坪上的各种杂物清理干净，同时检查回填土是否达到填方的要求。人工填土应从场地最低处开始自下而上分层填筑，层层压实。每层虚铺厚度，如用人工木夯夯实，砂质土不宜大于30cm，黏性土则为20cm；用机械打夯时约30cm。人工夯填土，通常用60～80kg木夯或石夯，4～8人拉绳，二人扶夯，举高最小0.5m，一夯压半夯，按次序进行。大面积填方用打夯机夯实，两机平行间距应大于3m，在同一夯打路线上前、后间距应大于10m。

斜坡上填土且填方边坡较大时，为防止新填土方滑落，应先将土坡挖成台阶状（图2-47），然后再填土，这样做有利于新旧土方的结合使填方稳定。

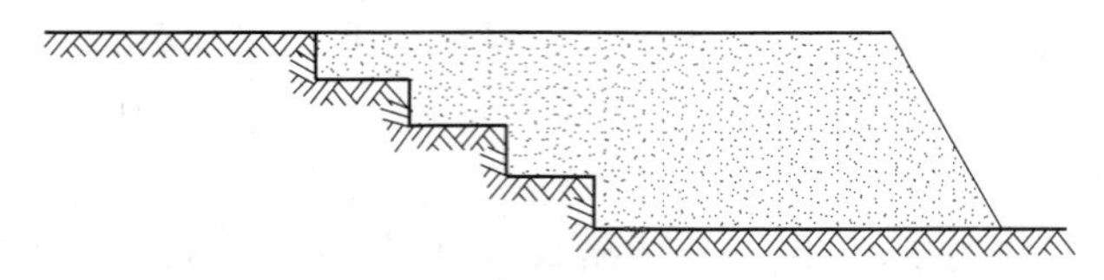

图2-47　斜坡先挖成台阶状，再行填涂

填土全部完毕后，要进行表面拉线找平，凡超过设计高程之处应及时依线铲平；凡低于设计标高的地方要补土夯实。

2）机械填土。园林工程中常用的填土机械有推土机、铲运机和汽车，各自在填方施工时应把握的要点如下。

推土机填土：填方应从下向上分层铺填，每层虚铺不应大于30cm，不允许不分层次一次性堆填。堆填顺序宜采用纵向铺填，从挖方区至填方点，填方段以40～60m距离为好。运土回填时要采用分堆集中，一次送运的方法，分段距离一般为10～15m，以减少运土泄漏。土方运至填方处时应提起铲刀，成堆卸土，并向前行驶1m左右，待机体后退时将土刮平。最后，应使推土机来回行驶碾压，并注意使履带重叠一半。

铲运机填土：同样应分层铺土，每次铺土厚度大约为3～50cm；填土区段长不得小于20m，宽应大于8m，铺土后要利用空车返回时将填土刮平。

汽车填土：多用自卸汽车填方，每层虚铺土壤厚度30～50cm，卸土后用推土机推平。土山填筑时，土方的运输路线应以设计的山头及山脊走向为依据，并结合来土方向进行安排。一般以环行线为宜，车辆或人力挑抬满载上山，土卸在路两侧，空载的车（或人）沿路线继续前行下山，车（或人）不走回头路不交叉穿行，路线畅通，不会逆流相挤。

3）冬、雨期填方施工要点。雨期施工时应采取防雨防水措施。填土应连续进行，加快挖土、运土、平土和碾压过程。雨前要及时夯完已填土层或将表面压光，并做成一定坡度，以利于排除雨水和减少下渗。在填方区周围修筑防水埂和排水沟，防止地面水流入基坑、基槽内造成边坡塌方或基土遭到破坏。

冬期回填土方时，每层铺土厚度应比常温施工时减少20%～50%，其中冻土体积不得超过填土总体积的15%，其粒径不得大于150mm。铺填时，冻土块应分布均匀，逐层压实，以防冻融造成不均匀沉陷。回填土方尽可能连续进行，避免基土或已填土受冻。

4. 压实土方

土方的压实根据工程量的大小、场地条件，可采用人工夯实或机械压实。

(1)人工夯实

人力夯压可用夯、硪、碾等工具。夯压前先将填土初步整平，再根据"一夯压半夯，夯夯相接，行行相连，两遍纵横交叉，分层打夯"的原则进行压实。地坪打夯应从周边开始，逐渐向中间夯进；基槽夯实时要从相对的两侧同时回填夯压；对于管沟的回填，应先人工将管道周围填土夯实，填土要求填至管顶50cm以上，在确保管道安全的情况下方能用机械夯压。

(2)机械压实

机械压实可用碾压机、震动碾或拖拉机带动的铁碾。小型夯压机械有内燃夯、蛙式夯等。按机械压实方法(即压实功作用方式)可分为碾压、夯实、振动压实三种。

1)碾压是通过由动力机械牵引的圆柱形滚碾(铁质或石质)在地面滚动借以压实土方、提高土壤密实度的方法。碾压机械有平碾(压路机)、羊足碾和气胎碾等。碾压机械压实土方时应控制行驶速度，一般平碾不超过2km/h，羊足碾不超过3km/h。

羊足碾适用于大面积机械化填压方工程，它需要有较大的牵引力，一般用于压实中等深度的黏性土、黄土，不宜碾压干砂、石碴等干硬性土。因在砂土中碾压时，土的颗粒受到"羊足"较大的单位压力后会向四面移动，而使土的结构破坏。使用羊足碾碾压时，填土厚度不宜大于50cm，碾压方向要从填土区的两侧逐渐压向中心，每次碾压应有15～20cm重叠，并要随时清除粘于羊足之间的土料。有时为提高土层的夯实度，经羊足碾压后，再辅以拖式平碾或压路机压平压实。

气胎碾在工作时是弹性体，给土的压力较均匀，填土压实质量较好。但应用最普遍的是刚性平碾。采用平碾填压土方，应坚持"薄填、慢驶、多次"的原则，填土虚厚一般为25～30cm，从两边向中间碾压，碾轮每次重叠宽度15～25cm，且使碾轮离填方边缘不得小于50cm，以防发生溜坡倾倒。对边角、边坡、边缘等压不到的地方要辅以人工夯实。每碾压一层后应用人工或机械(如推土机)将表面拉毛以利于接合。平碾碾压的密实度一般以当轮子下沉量不超过1～2cm时为宜。平碾适于黏性土和非黏性的大面积场地平整及路基、堤坝的压实。

另外，利用运土工具碾压土壤也可取得较大的密实度，但前提是必须很好地组织土方施工，利用运土过程压实土方。碾压适用于大面积填方的压实。

2)夯实是借被举高的夯锤下落时对地面的冲击力压实土方的，其优点是能夯实较厚的土层。夯实适用于小面积填方，可以夯实黏性土或非黏性土。夯实机械有夯锤、内燃夯土机和蛙式夯等；人力夯实工具有木夯、石硪等。夯锤借助起重机提起并落下，其质量大于1.5t，落距2.5～4.5m，夯土影响深度可超过1m，常用于夯实湿陷性黄土、杂填土及含石块的填土。内燃夯土机作用深度为40～70cm，与蛙式夯都是应用较广的夯实机械。

3)振动压实是通过高频振动物体接触(或插入)填料并使其振动以减少填料颗粒间孔隙体积、提高密实度的压实方法。主要用于压实非黏性填料，如石碴、碎石类土、杂填土或亚黏性土等。振动压实机械有振动碾、平板振捣器、插入式振捣器和振捣梁等。

填土的含水量对压实质量有直接影响。每种土壤都有其最佳含水量，在这种含水量条件下，使用同样的压实功进行压实，所得到的密度最大。为了保证填土在压实过程中处于最佳含水量，当土过湿时，应予翻松晾干，也可掺入同类干土或吸水性填料；当土过干时，则应洒水湿润后再行压实。尤其是作为建筑、广场道路、驳岸等基础对压实要求较高的填土场合，更应注意这个问题。

铺土厚度对压实质量也有影响。铺得过厚，压很多遍也不能达到规定的密实度；铺得过薄，则要增加机械的总压实遍数。最优铺土厚度主要与压实机械种类有关，此外也受填料性质、含水量的影响。

(3)填压方成品保护措施

1)施工时，对定位标准桩、轴线控制桩、标准水准点和桩木等，填运土方时不得碰撞，并应定期复测检查这些标准桩是否正确。

2)凡夜间施工的应配足照明设备，防止铺填超厚，严禁用汽车将土直接倒入基坑(槽)内。

3)应在基础或管沟的现浇混凝土达到一定强度，不致因填土而受到破坏时，回填土方。

4)管沟中的管线，或从建筑物伸出的各种管线，都应按规定严格保护，然后才能填土。

(4)压方质量检测

对密实度有严格要求的填方，夯实或压实后要对每层回填土的质量进行检验。常用的检验方法是环刀法(或灌砂法)，即取样测定土的干密度后，再求出相应的密实度；也可用轻便式触探仪直接通过锤击数来检验干密度和密实度，压实后的干密度应在90%以上，其余10%的最低值与设计值之差不得大于0.08t/m^3，且不能集中。

(5)填压方中常见的质量问题

1)未按规定测定干密度。回填土每层都必须测定夯实后的干密度，符合要求后才能进行上一层的填土。测定的各种资料，如土壤种类、试验方法和结论等均应标明并签字，凡达不到测定要求的填方部位要及时提出处理意见。

2)回填土下沉。由于虚铺土超厚或冬期施工时遇到较大的冻土块或夯实遍数不够，或漏夯，或回填土所含杂物超标等，都会导致回填土下沉。碰到这些现象应加以检查并制定相应的技术措施进行处理。

3)管道下部夯填不实。这主要是施工时没有按施工标准回填打夯，出现漏夯或密实度不够，使管道下方回填空虚。

4)回填土夯压不密。如果回填土含水量过大或土壤太干，都可能导致土方填压不密。此时，对于过干的土壤要先洒水润湿后再铺；过湿的土壤应先摊铺晾干，符合标准后方可作为回填土。

5)管道中心线产生位移或遭到损坏。这是在用机械填压时，不注意施工规程导致的。因此施工时应先人工把管子周围填土夯实，并要求从管道两侧同时进行，直到管顶0.5m以上，在保证管道安全的情况下方可用机械回填和压实。

2.3.4 土方施工工艺

1. 场地平整

场地平整的施工关键是测量，随干随测，最终测量要做好书面记录。实地测点标识，作为检查、交验的依据。在填方时应选用符合要求的土料，边坡施工应按填土压实标准进行水平分层回填压实。平整场地后，表面逐点检查，检查点的间距不宜大于20m。平整区域的坡度与设计相差不应超过0.1%，排水沟坡度与设计要求相差不超过0.05%，设计无要求时，向排水沟方向做不小于2%的坡度。

场地平整中常会发生一些质量问题，对于这些施工质量问题我们应该采取相应措施进行预防：

(1)场地积水

1)平整前，对整个场地进行系统设计，本着先地下后地上的原则，做好排水设施，使整个场地水流畅通。

2)填土应认真分层回填碾压，相对密实度不低于85%。

(2)填方边坡塌方

1)根据填方高度、土的种类和工程重要性按设计规定放坡，当填方高度在10m内，宜采用1:1.5，高度超过10m，可做成折线形，上部为1:1.5，下部采用1:1.75。

2)土料应符合要求，对不良土质可随即进行坡面防护，保证边缘部位的压实质量，对要求边坡整平拍实的，可以宽填0.2m。

3)在边坡上下部做好排水沟，避免在影响边坡稳定的范围内积水。

(3)填方出现橡皮土

橡皮土是填土受夯打(碾压)后，基土发生颤动，受夯打(碾压)处下陷，四周鼓起，这种土使地基承载力降低，变形加大，长时间不能稳定。

主要预防措施有：

1)避免在含水量过大的腐殖土、泥炭土、黏土、亚黏土等厚状土上进行回填。

2)控制含水量，尽量使其在最优含水量范围内，即使其手握成团，落地即散。

3)填土区设置排水沟，以排除地表水。

(4)回填土密实度达不到要求

1)土料不符合要求时，应挖出换土回填或掺入石灰、碎石等压(夯)实回填材料。

2)对含水量过大的回填土，可采取翻松、晾晒、风干或均匀掺入干土等方法。

3)使用大功率压实机械辗压。

2. 基坑开挖

开挖基坑关键在于保护边坡，控制坑底标高和宽度，防止坑内积水。实地施工中，具体应注意以下几方面：

(1)保护边坡

1)土质均匀，且地下水位低于基坑底面标高，挖方深度不超过下列规定时，可不放坡、不加支撑；对于密实、中等密实的砂土和碎石类土为1m；硬塑、可塑的轻亚黏土及亚黏土为1.25m；硬塑、可塑的黏土为1.5m；坚硬的黏土为2m。

2)土质均匀，且地下水位低于基坑底面标高，挖土深度在5m以内的，不加支撑。定额规定：高：宽为1:0.33，放坡起点1.5m。实际施工可见表2-14所示。

表2-14 基坑土类与坡度关系

土的类别	中密砂土	中密碎石类土	黏　土	老黄土
坡度(高、度)	1:1	1:(0.5~0.75)	1:(0.33~0.67)	1:0.10

(2)基坑底部开挖宽度

基坑底部开挖宽度除基础的宽度外，还必须加上工作面的宽度，不同基础的工作面宽度如表2-15所示。

表 2-15　不同基础的工作面宽度

基础材料	砖基础	毛石、条石基础	混凝土基础支模	基础垂直面防水
工作面宽度/mm	200	150	300	800

在原有建筑物邻近挖土时，如深度超过原建筑物基础底标高，其挖土坑边与原基础边缘的距离必须大于两坑底高差的 1 ~ 2 倍，并对边坡采取保护措施。机械挖土应在基底标高以上保留 10cm 左右并用人工挖平清底。在挖至基坑底时，应会同建设、监理、质安、设计、勘察单位验槽。

(3) 基坑排水、降水

1) 浅基础或水量不大的基坑，在基坑底做成一定的排水坡度，在基坑边一侧、两侧或四周设排水沟，在四角或每 30 ~ 40m 设一个长 70 ~ 80cm 的集水井。排水沟和集水井应在基础轮廓线以外，排水沟底宽不小于 0.3m，坡度为 0.1% ~ 0.5%，排水沟底应比挖土面低 30 ~ 50cm，集水井底比排水沟低 0.5 ~ 1.0m，渗入基坑内的地下水经排水沟汇集于集水井内，用水泵排出坑外。

2) 较大的地下构筑物或深基础，在地下水位以下的含水层施工时，一般采用大开口挖土，明沟排水方法。常会遇到大量地下水涌水或较严重的流砂现象，不但使基坑无法控制和保护，还会造成大量水土流失，影响邻近建筑物的安全，遇此情况一般需用人工降低地下水位。

3) 人工降低地下水位，常用井点排水方法。它是沿基坑的四周或一侧埋入深入坑底的井点滤水管或管井，与总管连接抽水，使地下水低于基坑底，以便在无水状态下挖土，不但可以防止流砂现象或增加边坡稳定，而且便于施工。

(4) 质量通病的预防与消除

1) 基坑超挖。防治：基坑开挖应严格控制基底的标高，标桩间的距离宜≤3m，如超挖，用碎石或低强度等级混凝土填补。

2) 基坑泡水。预防：基坑周围应设排水沟，采用合理的降水方案，但必须得到建设单位和监理单位签字认可；通过排水、晾晒后夯实即可消除。

3) 滑坡。预防：保持边坡有足够的坡度，尽可能避免在坡顶有过多的静、动载。

3. 填土

填土的施工首先是清理场地，应将基底表面上的树根、垃圾等杂物都清除干净。

然后，进行土质的检验，检验回填土的质量有无杂物，是否符合规定，以及回填土的含水量是否在控制的范围内。如含水量偏高，可采用翻松、晾晒或均匀掺入干土等措施；如含水量偏低，可采用预先洒水润湿等措施。确保土料符合要求。

之后，进行分层铺土且分层夯打，每层铺土的厚度应根据土质、密实度要求和机具性能确定。碾压时，轮（夯）迹应相互搭接，防止漏压或漏夯。

最后，检验密实度和修整找平验收。

填土施工应注意以下问题：

1) 严格控制回填土选用的土料和土的最佳含水率。

2) 填方必须分层铺土压实。

3) 不许在含水率过大的腐殖土、亚黏土、泥炭土、淤泥等原状土上填方。

4) 填方前应对基底的橡皮土进行处理，处理方法是：

① 翻晒、晾干后进行夯实。

② 将橡皮土挖除，换上干性土或回填级配砂石。

③ 用干土、生石灰粉、碎石等吸水性强的材料掺入橡皮土中，吸收土中的水分，减少土的含水率。

4. 安全施工

施工过程中，施工安全是工程管理中的一个重要内容，是施工人员正常进行施工的保证，是工程质量和工程进度的保证。在施工中要注意以下几点：

1）挖土方应由上而下分层进行，禁止采用挖空底脚的方法。人工挖基坑槽时，应根据土壤性质、湿度及挖掘深度等因素，设置安全边线或土壁支撑，在沟、坑侧边堆积泥土、材料，距离坑边至少80cm，高度不超过1.5m，对边坡和支撑应随时检查。

2）土壁支撑宜选用松木和杉木，不宜采用质脆的杂木。

3）发现支撑变形应及时加固，加固办法是打紧受力较小部分的木楔或增加立木及横撑木等。如换支撑时，应先加新撑，后拆旧撑。拆除垂直支撑时，应按立木或直衬板分段逐步进行，拆除下一段并经回填夯实后再拆上一段。拆除支撑时应由工程技术人员在场指导。

4）开挖基础、基坑。深度超过1.5m，不加支撑时，应按土质和深度放坡。不放坡时应采取支撑措施。

5）基坑开挖时，两个操作间距应大于2.5m，挖土方不得在巨石的边坡下或贴近未加固的危楼基脚下进行。

6）土坡的保护：重物距坑槽边的安全距离如表2-16所示。

表2-16　重物距坑槽边的安全距离

重物名称	与槽边距离	说明
载重汽车	≥3m	
塔式起重机及振动大机械	≥4m	
土方存放	≥1m	堆土高度≤1.5m

工期较长的工程，可用装土草袋或钉铝丝网抹水泥砂浆保护坡度的稳定。

7）上下坑沟应先挖好阶梯，铺设防滑物或支撑靠梯。禁止踩踏支撑上、下。

8）机械吊运泥土时，应检查工具，吊绳是否牢靠。吊钩下不能有人。卸土堆应尽量离开坑边，以免造成塌方。

9）大量土方回填，必须根据砖墙等结构坚固程度，确定回填时间、数量。

10）当采用自卸车运土方时，其道路宽度不少于下列规定：

① 单车道和循环车道宽度3.5m。

② 双车道宽度7m。

③ 单车道会车处宽度不小于7m，长度不小于10m。

④ 载重汽车的弯道半径，一般不小于15m，特殊情况不小于10m。

11）工地上的沟坑应设有防护，跨过沟槽的道路应有渡桥，渡桥应有牢固的桥板和扶手拉杆，夜间有灯火照明。

12）使用机械挖土前，应先发出信号，在挖土机推杆旋转范围内，不许进行其他工作。挖掘机装土时，汽车驾驶员必须离开驾驶室，车上不得有人装土。

13）推土机推土时，禁止驶至边坡或山坡边缘，以防下滑翻车。推土机上坡推土的最大坡度为25°,下坡时不能超过35°。

2.3.5 常见土方施工机械

当场地和基坑面积及土方量较大时,为节约劳动力,降低劳动强度,加快工程建设速度,一般多采用机械化开挖方式,并采用先进的作业方法。

机械开挖常用机械有:推土机、铲运机、单斗挖土机(包括正铲、反铲、拉铲等)、多斗挖土机、装载机等(表2-17)。土方压实机具有:压路碾、打夯机等。

表2-17 常用土方机械选择

机械名称及特点	作业特点及辅助机械	适用范围
推土机:操作灵活,运转方便,所需工作面小;可挖土、运土,易于转移,行驶速度快,应用广泛	1. 作业特点 (1)推平 (2)运距100m内的堆土(效率最高为60m) (3)开挖浅基坑 (4)堆送松散的硬土、岩石 (5)回填、压实 (6)配合铲运机助铲 (7)牵引 (8)下坡坡度最大35°,横坡最大为10°,几台同时作业,前后距离应大于8m 2. 辅助机械 土方挖后运出需配备装土、运土设备,推挖Ⅲ~Ⅳ类土,应用松土机预先翻松	1. 推Ⅰ~Ⅳ类土 2. 找平表面,场地平整 3. 短距离移土挖填,回填基坑(槽)、管沟并压实 4. 开挖深度不大于1.5m的基坑(槽) 5. 堆筑高1.5m内的路基、堤坝 6. 拖羊足碾 7. 配合挖土机进行集中土方、清理场地、修路开道等
铲运机:操作简单灵活,不受地形限制,不需特设道路;准备工作简单,能独立工作,不需其他机械配合,能完成铲土、运土、卸土、填筑、压实等工序,行驶速度快,易于转移,需用劳动力少,生产效率高	1. 作业特点 (1)大面积整平 (2)开挖大型基坑、沟渠 (3)运距800~1500m内的挖运土(效率最高为200~300m) (4)坡度控制在20°以内 2. 辅助机械 开挖坚土时需用推土机助铲,开挖Ⅲ~Ⅳ类土宜先用推土机械预先翻松20~40cm;自行式铲运机用轮胎行驶,适合长距离,但开挖亦需用助铲	1. 开挖含水率27%以下Ⅰ~Ⅳ类土 2. 大面积场地平整、压实 3. 运距800m内的挖运土方 4. 开挖大型基坑(槽)、管沟,填筑路基等;但不适于砾石层、冻土地带及沼泽地区使用
正铲挖掘机:装车轻便灵活,回转速度快,移位方便;能挖掘坚硬土层,易控制开挖尺寸,工作效率高	1. 作业特点 (1)开挖停机面以下土方 (2)工作面应在1.5m以上 (3)开挖高度超过挖土机挖掘高度,可采取分层开挖 (4)装车外运 2. 辅助机械 土方外运应配自卸汽车,工作面应由推土机配合平土、集中土方进行联合作业	1. 开挖含水量不大于27%的Ⅰ~Ⅳ类土和经爆破后的碎石与冻土碎块 2. 大型场地平整土方 3. 工作面狭小且较深的大型管沟和基槽路堑 4. 独立基坑 5. 边坡开挖
反铲挖掘机:操作灵活,挖土卸土多在地面作业,不用开运输道	1. 作业特点 (1)开挖地面以下深度并不大的土方 (2)最大挖土深度4~6m,经济合理深度3~5m (3)可装车和两边甩土、堆放 (4)较大、较深基坑可做多层接力挖土 2. 辅助机械 土方外运应配备自卸汽车,工作应有推土机配合推到附近堆放	1 开挖含水量大的Ⅰ~Ⅲ类的砂土和黏土 2. 管沟和基槽 3. 独立基坑 4. 边坡开挖

续表

机械名称及特点	作业特点及辅助机械	适　用　范　围
拉铲挖掘机：可挖深坑，挖掘半径及卸载半径大，操作灵活性较差	1. 作业特点 (1)开挖停机面以下土方 (2)可装车和甩土 (3)开挖截面误差较大 (4)可将土甩在两边较远处堆放 2. 辅助机械 土方外运需配备自卸汽车、推土机等创造施工条件	1. 挖掘Ⅰ～Ⅳ类土，开挖较深的基坑(槽)、管沟 2. 大量外运土方 3. 填筑路基、堤坝 4. 挖掘河床 5. 不排水挖取水中泥土
抓铲挖掘机：钢绳牵拉灵活性较差，工效不高，不能挖掘坚硬土；可以装在简易机械上工作，使用方便	1. 作业特点 (1)开挖直井或沉井土方 (2)可装车或甩土 (3)排水不良也能开挖 (4)吊杆倾斜角度应在45°以上，距边坡应不小于2m 2. 辅助机械 上方外运时，按运距配备自卸汽车	1. 土质比较松软，施工面较狭窄的深基坑、基槽 2. 水中挖取土，清理河床 3. 桥基、桩孔挖土 4. 装卸散装材料
装载机：操作灵活，回转移位方便、快速；可装卸土方和散料，行驶速度快	1. 作业特点 (1)开挖停机面以上土方 (2)轮胎式只能装松土散土方 (3)松散材料装车 (4)吊运重物，用于铺设管道 2. 辅助机械 土方外运需配备自卸汽车，作业面需经常用推土机平整并推松土方	1. 运多余土方 2. 履带式改换挖斗时可用于开挖 3. 装卸土方和散料 4. 松散上的表面剥离 5. 地面平整和场地清理等工作 6. 回填土 7. 拔除树根

第3章　园林给水排水工程

3.1　城市给水排水

水是人们生产和生活中不可缺少的基本条件，对水资源的利用和保护是环境保护的重要组成部分，城市给水排水系统则是城市重要的基础设施(图3-1)。

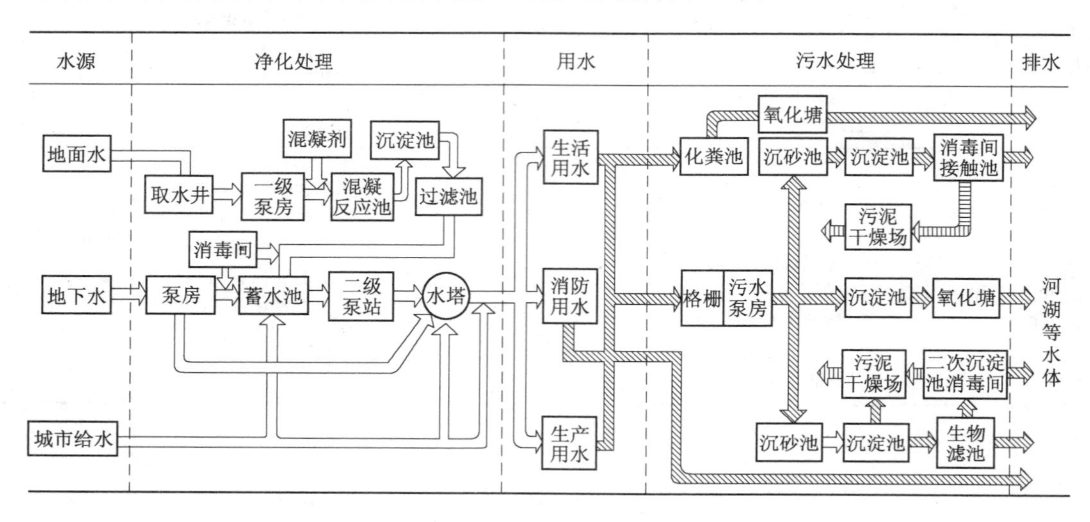

图3-1　城市给水排水工程流程示意图

1. 城市给水系统

城市给水系统是保证城镇生活、生产及消防等项用水的设施，是由相互联系的一系列构筑物和输配水管网组成的。

城市给水系统的任务是从水源取水，按照用户对水质的要求进行处理，然后将水送到供水区，并向用户配水。对给水系统的要求是要满足用户对水质、水量和水压的要求。

2. 城市排水系统

(1)水的循环

自然界和人类社会都离不开水，水的循环分为自然界循环和城镇用水循环两个部分。园林用水是自然界和人类社会用水的缩影，也遵循着水循环的规律。自然界水循环分为水分蒸发、水汽输送、凝结降水、水分下渗和径流五部分。

(2)污水对环境的危害以及处理的必要性

污水含有大量的有机物质、病原微生物、氰化物、铬、汞、铅等，其中有很多有害、有毒物质，如不加以控制，任意直接排入水体或土壤，会造成以下几方面的危害：

主干管，将各干管的污水截流送往污水厂。

6）环绕式布置（图3-2f），这种布置形式能节省建造污水厂用地，基建投资和运行管理费用省。

3.2 园林给水工程

3.2.1 园林给水工程概述

1. 给水工程的组成

完整的给水工程通常是由取水工程、净水工程和配水工程三个部分组成。

（1）取水工程

是从江、河、湖、井、泉、水库等各种水源取水的一项工程。通常由取水构筑物、管道、机电设备等组成。园林用水也可以从城市给水管网中直接取用。

（2）净水工程

原水通常不能直接使用，需要根据各类用水对水质的不同要求分别进行处理。净水工程即是通过各种措施对原水进行净化、消毒处理，去除水中有害杂质、提高水质的工程。

（3）配水工程

通过设置配水管网将水送至各用水点的工程。一般由加压泵站（或水塔）、输水管和配水管组成。

2. 园林用水类型

（1）生活用水

指人们日常用水，如办公室、餐厅、内部食堂、茶室、小卖部、消毒饮水器及卫生设备等的用水。生活用水对水质要求很高，直接关系到人身健康，其水质应符合《生活饮用水标准》（GB 5750—2006）的要求。

（2）养护用水

养护用水包括植物灌溉、动物笼舍的冲洗及夏季广场园路的喷洒用水等，这类用水对水质的要求不高。

（3）造景用水

各种水体（溪涧、湖泊、池沼、瀑布、跌水、喷泉等）的用水。

（4）消防用水

按国家建筑规范规定，所有建筑都应单独设消防给水系统。

3. 园林给水的特点

1）用水点较分散。

2）用水点分布于起伏的地形上，所以高程变化大。

3）水质可根据用途的不同分别处理。

4）用水高峰时间可以错开。

5）饮用水（沏茶用水）的水质要求较高，以水质好的山泉为最佳。

3.2.2 水源和水质

1. 水源

水源可以分为地表水和地下水两类，这两类水源都可以为园林所用。

(1)地表水

地表水(如山溪、大江、大河、湖泊、水库水等),是直接暴露于地面的水源。这些水源具有取水方便和水量丰沛的特点,但易受工业废水、生活污水及各种人为因素的污染,水中泥砂、悬浮物和胶态杂物含量较多,杂质浓度高于地下水。因水质较差,必须经过严格的净化和消毒,才可作为生活用水。在地表水中,只有位于山地风景区的水源水质比较好。

(2)地下水

地下水存在于透水的土层和岩层中,分为潜水和承压水两种。地下水水温通常在7~16℃或稍高,夏季作为园林降温用水效果较好。地下水,特别是深层地下水,基本上没有受到污染,并且在经过长距离地层的过滤后,水质已经很清洁,在经过消毒并符合卫生要求之后,就可以直接饮用,不需净化处理。

地下水在地层中流动,或者由于某些地区地质构造方面的原因,地下水一般含有较多矿化物,硬度较大,水中硫酸根、氯化物过多,有时甚至还含有某些有害物质。对硬度大的地下水,要进行软化处理;对含铁、锰过多的地下水,则要进行除铁、除锰处理。由雨水渗入形成的泉水,有可能硬度不大,但可能受地面有机物的污染,水质稍差,需要净化处理。

2. 水质

除生活用水外,其他方面用水的水质要求可以根据情况适当降低。无害于植物、不污染环境的水都可使用。生活饮用水必须经过净化处理。净化水的基本方法包括混凝沉淀、过滤和消毒三个步骤。

(1)混凝沉淀(澄清)

在水中加入混凝剂,使水中产生一种絮状物,并和杂质凝聚在一起,沉淀到水底。可以用硫酸铝作为混凝剂,在每吨水中加入粗制硫酸铝20~50g,搅拌后进行混凝沉淀。

(2)过滤(砂滤)

将经过混凝沉淀并澄清的水送进过滤池,透过过滤砂层,滤去杂质,进一步使水洁净。

(3)消毒

水过滤后,还会含有一些细菌。通过杀菌消毒处理,可使水净化并达到使用要求。目前最基本的方法是加氯法。此外还有去除水中无机盐和有机物的一些方法,如吸附法、离子交换法、电渗析法、反渗透法和超滤法等。

3.2.3 园林给水方式

1. 根据给水性质和给水系统构成分类

(1)从属式

水源来自城市管网,是城市给水管网的一个用户。

(2)独立式

水源取自园内水体,独立取水并进行水的处理和使用。

(3)复合式

水源兼由城市管网供水和园内水体供水。

2. 根据水质、水压或地形高差要求分类

在地形高差显著或者对水质、水压有不同要求的园林绿地,可采用分区、分质、分压供水。

(1)分区供水

如园内地形起伏较大,或管网延伸很远时,可以采用分区给水系统(图3-3)。

(2)分质供水

用户对水质要求不同,可采用分质给水系统(图3-4)。如:园内游人生活用水,要求使用符合人们饮用的高水质水;浇洒绿地、灌溉植物及水景用水,只要符合无害于植物、不污染环境的标准即可使用。

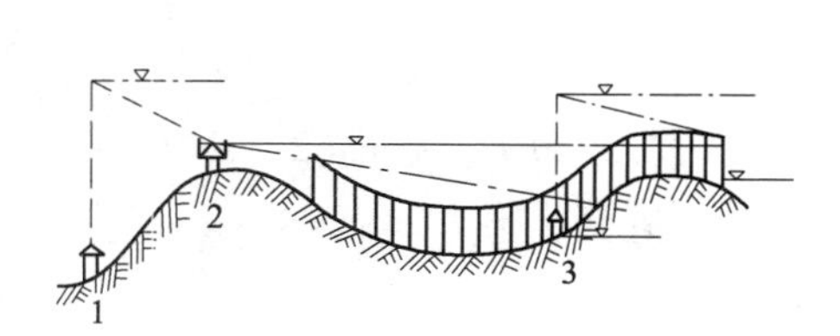

图3-3 分区给水系统

1—低区供水泵站;2—水塔;3—高区供水泵站

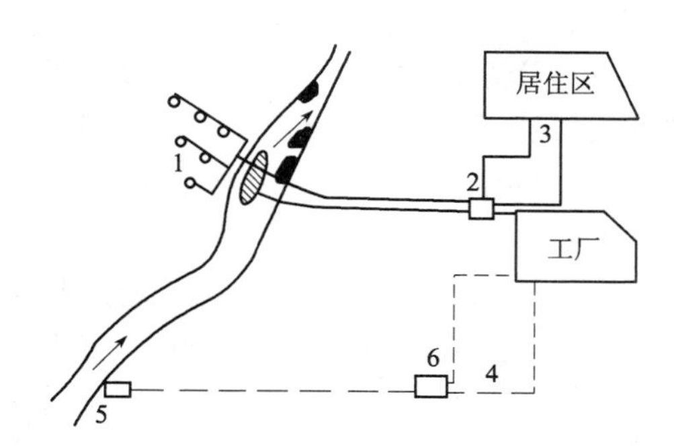

图3-4 分质给水系统

1—管井;2—泵站;3—生活用水管网;4—生产用水管网;5—取水构筑物;6—工业用水处理构筑物

(3)分压供水

用户对水压要求不同,可采取分压给水系统(图3-5)。如:园内大型喷泉、瀑布或高层建筑对水压要求较大,因此要考虑设水泵加压循环使用;其他地方的用水对水压要求较小,可直接采用城市管网水压。

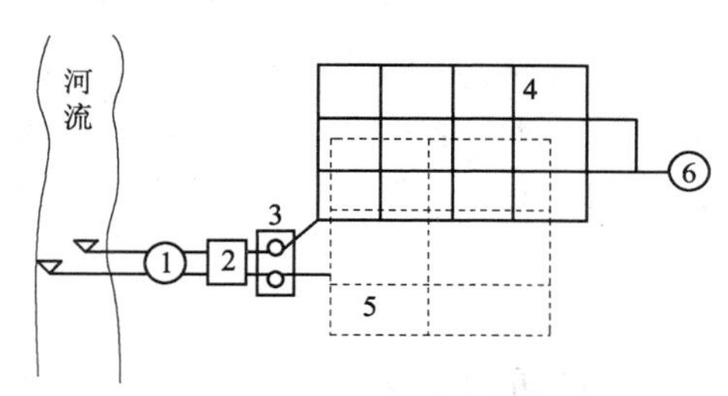

图3-5 分压给水系统

1—取水构筑物;2—水处理构筑物;3—泵站;4—高压管网;5—低压管网;6—水塔

采用不同的给水系统既可降低水处理费用和水泵动力费用,又可以节省管材。

3.2.4 园林给水管网的设计计算

给水管网的计算目的,是为确定主干给水管道和各用水点配水管道的选用以及泵站扬程的设计提供依据。管网计算的主要内容有管网流量计算、选用管径的计算、各管段中的水头损失计算、管网水力计算等。根据计算结果,就可以选用相应管径的管材来布置管网。

1. 概念

(1)设计用水量

设计给水系统时,首先须确定该系统在设计年限内达到的用水量。园林给水系统的设计年限,应符合园林建设的总体规划,近、远期结合,以近期为主。一般近期规划年限采用5~10年,远期规划年限采用10~20年。园林设计用水量主要包括园内生活用水量、养护用水量、造景用水量、消防用水量以及未预见用水量和管网漏失水量。

(2)最高日用水量

用水量在任何时间都不是固定不变的。它随着一天中人数的变化而变化，随着一年中季节的变化而变化，因此，我们把一年中用水最多的一天的用水量称为最高日用水量。最高日用水量根据用水量标准及用水单位数确定。

(3)最高时用水量

最高日用水量的当天最高一小时的用水量，叫做最高时用水量，这就是给水管网的设计用水量或设计流量，其单位换算为 L/s 时称为设计秒流量。以这个用水量进行设计时可在用水高峰保证水的正常供应。

(4)日变化系数和时变化系数

最高日用水量与平均日用水量的比值，叫做日变化系数，记做 K_d，见式(3-1)。在城镇 K_d 一般取 1.2～2.0，在农村由于用水时间很集中，各时段用水量变化很大，K_d 一般取 1.5～3.0。

$$K_d = \frac{\text{最高日用水量}}{\text{平均日用水量}} \tag{3-1}$$

最高时用水量与平均时用水量的比值，称为时变化系数，记做 K_h，见式(3-2)。在城镇 K_h 通常取 1.3～2.5，在农村 K_h 则取 5～6。

$$K_h = \frac{\text{最高时用水量}}{\text{平均时用水量}} \tag{3-2}$$

园林中的各种活动、饮食、服务设施及各种养护工作、造景设施的运转基本上都集中在白天进行，随着时间的变化，用水量变化很大。而且，游人更多集中在假日游玩，随着日期的不同，用水量变化也很大。因此园林的时变化系数和日变化系数与城镇的相比，取值要更大些。在没有统一规定之前，建议 K_d 取 2～3、K_h 取 4～6。具体的取值要根据园林的位置、大小、使用性质等方面情况具体分析。

(5)流量、流速和管径

管道的流量就是过流断面与流速的积，即 $Q = (\pi d^2/4) \times v$。由此式可导出：

$$d = \sqrt{\frac{4Q}{\pi v}} \tag{3-3}$$

由式(3-3)可以看出，管径 d 不但与流量有关也与流速有关，流速的选择较复杂，涉及管网设计使用年限、管材价格、电费高低等，在实际工作中通常按经济流速的经验数值取用：

$d \leq 400$mm 时，$v = 0.6 \sim 1.0$m/s，此时的流速为经济流速，在此流速范围下，整个给水系统的成本降到最低。

$d > 400$mm 时，$v = 1.0 \sim 1.4$m/s。

(6)水头

在给水管上任意点接上压力表所测得的读数即为该点的水压力值，通常以 kg/cm² 表示。为便于计算管道阻力，并对压力有一较形象的概念，常以“水柱高度”表示。水力学上又将水柱高度称为“水头”，即 1kg/cm² 水压力等于 10 米水柱。

在进行水头计算时，一般选择园内一个或几个最不利点进行计算，因为最不利点的水压可以满足，则同一管网的其他用水点的水压也能满足。所谓最不利点是指处在地势高、距离引水点远、用水量大或要求工作水头特别高的用水点。水在管道中流动，必须具有足够的水压来克服沿程的水头损失，并使供水达到一定的高度以满足用水点的要求。水头计算的目的有两方面：一是计算出最不利点的水头要求，二是校核城市自来水配水管的水压（或水泵扬程）是否能满足园内最不利点配水的水头要求。

园内给水管段所需水压可以式（3-4）表示：

$$H = H_1 + H_2 + H_3 + H_4 \tag{3-4}$$

式中　H——引水管处所需求的总水头（或水泵的扬程）（米水柱）；

H_1——引水点与用水点之间的地面高程差（m）：

H_2——计算配水点与建筑物进水管的标高差（m）；

H_3——计算配水点所需流出水头（m）；

H_4——管内因沿程和局部阻力而产生的水头损失值（米水柱）。

H_2 与 H_3 之和是计算用水点建筑物或构筑物从地面算起所需要的水压值。此数值在估算总水头时可参考以下数值，即按建筑物层数，确定从地面算起的最小保证水头值：平房 10 米水柱；二层 12 米水柱；三层 16 米水柱；三层以上每增加一层，增加 4 米水柱。

H_3 值随阀门类型而定，其水头值一般取 1.5 ~2.0 米水柱。

H_4 为沿程水头损失和局部水头损失之和。

沿程水头损失可通过查水力计算表求得，局部水头损失通常据管网性质按相应沿程水头损失的一定百分比计取：生活用水管网取 25% ~30%；生产用水管网取 20%；消防用水管网取 10%。

通过水头计算，应使城市自来水配水管的水头大于园内给水管网所需总水头 H。当城市配水管的水头大于 H 很多时，应充分利用城市配水管的水头，在允许的限值内适当缩小某些管段的管径，以节约管材；当城市配水管的水头小于 H 不很多时，为了避免设置局部升压设备而增加投资，可采取放大某些管段的管径，减少管网的水头损失来满足。

园中的消防用水应专门设计，尤其针对一些文艺演出场地、展览馆等特别是古建筑更应引起足够的重视。一般来说，2 ~3 层建筑物消防管网的水头值不小于 25m。

2. 管网水力计算步骤

给水管网水力计算的目的，是为确定主干给水管道和各用水点配水管道的选用提供依据。

给水管网的设计与计算步骤如下。

（1）收集并分析有关的图纸、资料

首先从设计图纸、说明书上了解原有的或拟建的建筑物、设施等的用途及用水要求、各用水点的高程等，然后掌握附近市政干管布置情况或其他水源情况。

（2）布置管网

在公园设计平面图上根据用水点分布情况、其他设施布置情况等，定出给水干管的位置、走向，并对节点进行编号，量出节点间的长度。

（3）计算园中各用水点的最高时用水量（设计流量）

在计算整个管网时，先将各用水点的设计流量 Q 及所要求的水头 H 求出，如各用水点用水时间一致，则各点设计流量的总和 $\sum Q$，就是公园给水干管的设计流量。根据这一设计流量及园内给水管网布置所确定的管段长度，就可以查表求出各管段的管径、流速及其水头损失值。

(4)计算管段流量

(5)确定各管段的管径

根据各用水点所求得的设计秒流量及管段流量并考虑经济流速,查铸铁管水力计算表以确定各管段的管径。同时还可查得与该管径相应的流速和单位长度的沿程水头损失值。

(6)总水头 H 计算

(7)校核

通过上述的水头计算,若引水点的自由水头略高于用水点的总水压要求,则说明该管段的设计是合理的。否则,需对管网布置方案或对供水压力进行调整。

3.2.5 园林给水管网的布置

园林给水管网的布置除了要了解园内用水的特点外,了解周围的给水情况也很重要,它往往影响管网的布置方式。一般小公园可以由一点引水,但对大型的公园,特别是地形复杂的公园,最好多点引水,这样可以节约管材,减少水头损失,而且为连续供水提供了保障。

1. 给水管网的布置形式和布线要点

(1)给水管网的布置要求

1)按照规划平面图布置管网,布置时应考虑给水系统分期建设的可能,并留有充分发展的余地。

2)管网布置必须保证供水安全可靠,当局部管网发生事故时,断水范围应降低到最小。

3)管线遍布在整个给水区内,保证用户有足够的水量和水压。

4)力求以最短距离敷设管线,从而降低管网造价和供水能量费用。

(2)给水管网的布置形式

1)树状网(图3-6a),一般适用于用水点较分散的地区,对分期发展的园林有利。这类管网从水源到用户的管线布置成树枝状。显而易见,树状网的供水可靠性较差,因为管网中任一段管线损坏时,在该管段以后的所有管线就会断水。

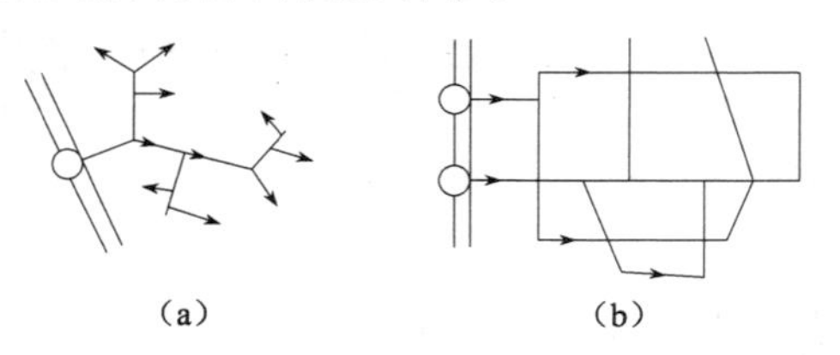

图3-6 给水管网的基本布置形式
(a)树状管网;(b)环状管网

2)环状网(图3-6b),供水管网闭合成环,使管网供水能互相调剂。这类管网中任意一段管线损坏时,可以关闭附近的阀门使损坏管线和其余管线隔开,然后进行检修,水还可从另外管线供应用户,断水的地区可以缩小,从而供水可靠性增加。环状网还可以大大减轻因水锤作用产生的危害,而在树状网中,则往往因此而使管线损坏。但是环状网的造价明显地比树状网高。

现有城市的给水管网,多数是将树状网和环状网结合起来。在中心地区或供水可靠性要求较高的地方,布置成环状网,在边远地区或供水可靠性要求不高的地方则以树状网形式向四周延伸。

给水管网的布置既要求安全供水,又要贯彻节约投资的原则,而安全供水和节约投资之间难免产生矛盾:为安全供水宜采用环状网,要节约投资最好采用树状网。因此在管网布置时,既要考虑供水的安全,又要尽量以最短的路线埋管,并考虑分期建设的可能,即先按近期规划埋管,随着用水量的增长逐步增设管线。

(3)给水管网的布置要点

1)干管要靠近主要供水点。

2)干管应靠近调节设施(如高位水池或水塔)。

3)在保证不受冻的情况下,干管宜随地形起伏敷设,避开复杂地形和难于施工的地段,以减少土石方工程量。

4)管网布置应力求经济,并满足最佳水力条件。

5)管网布置应能够便于检修维护。

6)干管应尽量埋设于绿地下,避免穿越或设于园路下。

7)管网布置应保证使用安全,避免损坏和受到污染,按规定与其他管道保持一定的距离。

2. 管网布置的一般规定

(1)管道埋深

冰冻地区,管道应埋设于冰冻线以下40cm处;不冻或轻冻地区,覆土深度也不小于70cm。管道不宜埋得过深,否则工程造价高;但也不宜过浅,否则管道易损坏。

(2)阀门及消防栓

给水管网的交点叫做节点,在节点上设有阀门等附件,阀门除安装在支管和干管的连接处外,为便于检修养护,要求每500m直线距离设一个阀门井。

配水管上要安装消防栓,按规定其间距通常为120m,且其位置距建筑物不得少于5m,为了便于消防车补给水,离车行道不大于2m。

(3)管道材料的选择(包含排水管道)

1)钢管:钢管可分为焊接钢管和无缝钢管,而焊接钢管又分为镀锌钢管和黑铁管,室内饮用给水用镀锌钢管。用钢管施工造价高,工期长,但耐久性好。

2)铸铁管:分为灰铸铁管和球墨铸铁管。灰铸铁管耐久性好,但质脆,不耐弯折和振动,内壁光滑度较差;球墨铸铁管抗压、抗震强度较大,具有一定的弹性,施工采用承插式,用胶圈密封,施工较方便,但造价高于灰铸铁管。

3)钢筋混凝土管:钢筋混凝土管分为普通钢筋混凝土管和预应力钢筒混凝土管。这一类管材多用于输水量大的园林。普通混凝土管材由于质脆、重量大,在防渗和密封上都不好处理,现多做排水管使用。而预应力钢筒混凝土管是由钢筒和预应力钢筋混凝土管复合制成的,具有较好的抗震、耐腐、耐渗等特点,输水量大的园林常使用这种管材。

4)塑料管:塑料管的种类比较多,常用的有:PVC(聚氯乙烯)、PE(聚乙烯)、PP(聚乙烯管)等,这些管材均具有表面光滑、耐腐蚀,连接方便等特点,是小管径(200mm以内)输水较理想的管材,生活用水主要选择PE管和PPR管,PVC管主要用于喷灌。

3.2.6 给水管道工程施工

施工程序如下:

1. 管沟的放线与开挖

(1)设置中心桩

根据施工图纸测出管道的中心线,在其起点、终点、分支点、变坡点、转弯点的中心钉木桩。

(2)设置龙门板

在各中心桩处测出其标高并设置龙门板，龙门板以水平尺找平，且标出开挖深度以备开挖中检查。板顶面钉三颗钉，中间一颗为管沟中心线，其余两颗为边线，在两边线钉上各拉一细绳，沿绳撒上石灰即为管沟开挖的边线。

(3)沟槽开挖

沟槽通常分为直槽、梯形槽、混合槽三种，如图3-7所示。采用机械或人工开挖沟槽，挖出的土放于沟边一侧，距沟边0.5m以上。

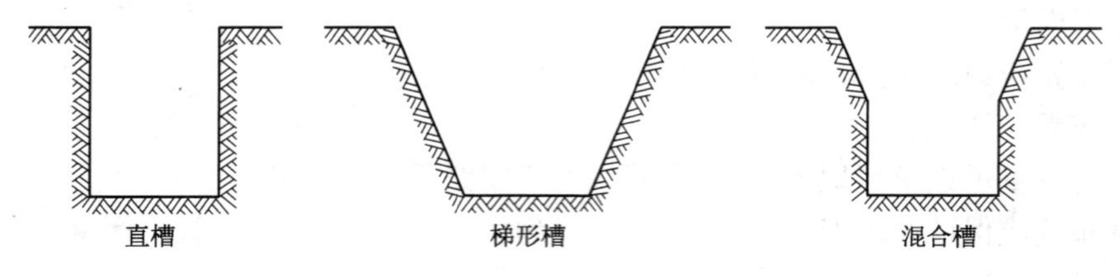

图3-7　沟槽断面形式

(4)沟底的处理

沟底要平，坡度、坡向符合设计要求，土质坚实；松土应夯实，砾石沟底应挖出200mm，用好土回填并夯实。

2. 铺管

铺管之前要根据施工图检查管沟的坐标、沟底标高等，无误后方可铺管。

(1)检查管材

管材应符合设计要求，无裂纹、砂眼等缺陷。

(2)清理承插口

给水承插铸铁管出厂之前内外表面涂刷的沥青漆，影响接口的质量，应将承口内侧和插口外侧的沥青漆除掉。其方法一般是采用喷灯或氧乙炔割枪烧掉，再用钢丝刷、棉纱将灰尘除净。

(3)铺管与对口

以吊车或人工的方法将放在沟边的管子逐根放入沟底，使插口插入承口内，通常不插到底，留3~5mm的间隙，然后用三块楔铁调整承插口的环形间隙，使之均匀。管道铺完后应找平、找正。为防止捻口时管道位移，在其始端、分支、拐弯处以道木顶住，并在每节管的中部培400mm左右厚的土，以使管道稳固。

3. 捻麻与捻石棉水泥

(1)捻麻

将白麻先扭成辫子，直径约为承插口环形间隙的1.5倍，然后以捻凿逐圈塞入接口内并打实，打实后占承口深1/3为宜。

(2)捻石棉水泥

材料质量配比为四级石棉绒：52.5级水泥=3：7。将石棉绒扯松散，与水泥干拌均匀，加适量水，标准为手捏成团，落地开花。拌完料立即捻口，方法是先将拌料填满接口，再以捻凿捣实，3kg榔头敲击捻凿。依此，将拌料逐层填满接口并捻实，捻好后应凹入承口内1~2mm，如图3-8所示。

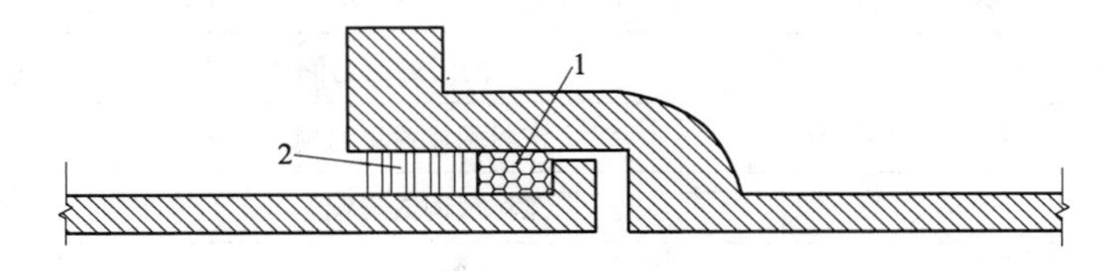

图 3-8　石棉水泥捻口
1—白麻;2—石棉水泥

4. 接口的养护

养护就是使石棉水泥接口在一段时间内保持湿润、温暖,以达到水泥的强度等级。养护方法通常是在接口上涂泥、盖草袋,定期浇水。春、秋季每天至少浇两次,夏季每天至少浇 4 次,冬季不浇水。管道施工完后管顶覆土约 400mm,两端封堵。养护时间越长越好,通常 7 天即可。

5. 阀门井及阀门安装

室外埋地给水管道上的阀门均应设在阀门井内。阀门井有混凝土(预制)和砖砌两种。井盖有混凝土、钢、铸铁制三种。井和井盖的形式分为圆形和矩形两种。

(1)阀门井安装

井底通常为现浇混凝土,安装预制混凝土井圈(或砌筑井壁)时要垂直,井底和井口标高要符合设计要求。

(2)阀门安装

常用法兰式闸阀,阀门前后采用承盘或插盘铸铁给水短管。安装时阀门手轮垂直向上,两法兰之间加 3 ~4mm 厚的胶皮垫,以“十字对称法”拧紧螺母。

(3)常用阀门

给水管道系统中,阀门起着启闭管路、调节流量和水压或安全防护的作用。

阀门型号的表示方法由七部分组成:阀门类别、驱动方式、连接形式、结构形式、密封圈或衬里材料、公称压力和阀体材料,如图 3-9 所示。

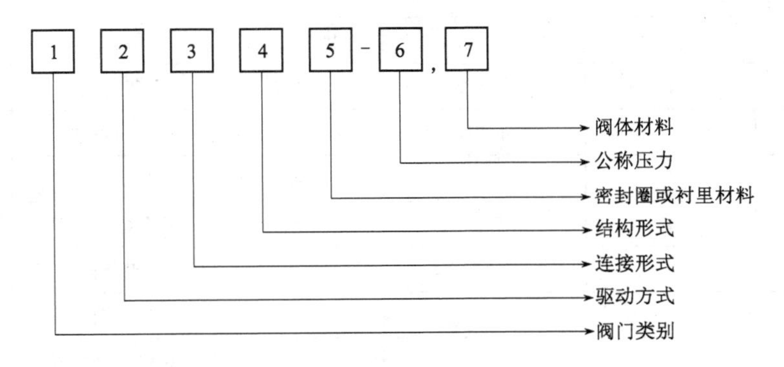

图 3-9　阀门型号

其中阀门的公称压力直接以公称压力数值表示。其他部分的含义及其代号参见表 3-1、表 3-2 和表 3-3。

表 3-1　阀门类别、阀门的密封圈或衬里材料及其代号

阀门类别及其代码		阀门的密封圈或衬里材料及其代号	
阀门类别	代　　号	密封圈或衬里材料	代　　号
闸阀	Z	铜(黄铜或青铜)	T
截止阀	J	耐酸钢或不锈钢	H
安全阀	A	渗氮铜	D
疏水阀	S	巴比特合金	B
蝶阀	D	硬质合金	Y
止回阀	H	橡胶	X
减压阀	Y	硬橡胶	J
调节阀	T	皮革	P
隔膜阀	G	四氟乙烯	SA
球阀	Q	聚氯乙烯	SC
旋塞阀	X	酚醛塑料	SD
节流阀	L	石墨石棉(层压)	S
电磁阀	ZGLF	衬胶	CJ
		衬铅	CQ
		衬塑料	CS
		搪瓷	TC
		尼龙	NS
		阀体上加工密封圈	W

表 3-2　阀门驱动方式、阀门连接形式和阀体材料及其代号

阀门驱动方式及其代号		阀门连接形式及其代号		阀门材料及其代号	
阀门驱动方式	代　　号	阀门连接形式	代　　号	阀门材料	代　　号
手轮、手柄、扳手	1	内螺纹	1	灰铸铁	Z
自动启闭	2	外螺纹	2	可锻铸铁	K
涡轮	3	法兰	4	球墨铸铁	Q
正齿轮	4	焊接	6	铜合金(铸铜)	T
伞齿轮	5	对夹	7	铝合金	L
气动	6	卡箍	8	碳钢	C
夜动	7			中铬钼合金钢	I
电磁	8			铬钼钒合金钢	V
电动机	9			铬镍钼钛合金	R
				铬镍钛钢	P

表 3-3　阀门结构形式及其代码

阀门类别	结构形式	代号	阀门类别	结构形式	代号
闸阀	明杆楔式单闸板	1	弹簧式安全阀	封闭微启式	1
	明杆楔式双闸板	2		封闭全启式	2
	明杆平行式单板	3		封闭带扳手微启式	3
	明杆平行式双板	4		封闭带扳手全启式	4
	暗杆楔式单闸板	5		不封闭带扳手微启式	7
	暗杆楔式双闸板	6		不封闭带扳手全启式	8
	暗杆平行式单板	7		带散热片全启式	0
	暗杆平行式双板	8		脉冲式	9
截止阀	直通式(铸造)	1	减压阀	外弹簧薄膜片	1
	直角式(铸造)	2		内弹簧薄膜片	2
	直通式(锻造)	3		膜片活塞式	3
	直角式(锻造)	4		波纹管式	4
	直流式	5		杠杆弹簧式	5
	压力计用	9		气垫薄膜式	6
调节阀　薄膜弹簧式	带散热片气开式	1	止回阀	直通升降式(铸造)	1
	带散热片气关式	2		立式升降式	2
	不带散热片气开式	3		直通升降式(锻造)	3
	不带散热片气关式	4		单瓣旋启式	4
调节阀　活塞弹簧式	阀前	7		多瓣旋启式	5
	阀后	8			
球阀	直通式(铸造)	1	蝶阀	垂直板式	1
	直通式(锻造)	3		板式	3
				杠杆式	0
杠杆式安全阀	单杠杆微启式	1	疏水器	浮球式	1
	单杠杆全启式	2		钟形浮子式	5
	双杠杆微启式	3		脉冲式	8
	双杠杆全启式	4		热动力式	9

6. 室外消火栓安装

室外消火栓的安装形式分为地上和地下两种。前者装于地上,后者装于地下消火栓井内。通常消火栓的进水口为 *DN*100,出水口有 *DN*100 和 *DN*50 两种。

7. 管道的水压试验

管道养护期满即可进行水压试验。水压试验时气温应在 3℃以上。当管道全线长度大于1000m 应分段进行;管道全长小于 1000m 可一次试压。试验压力标准为工作压力加 0.5MPa,但不超过 1MPa(通常高压给水铸铁管道为 P_s1)。

(1)试压前的准备工作

试压之前,在管道的始端、末端设置堵板,在堵板、弯头和三通等处以道木顶住。在管道的高点设放气阀,低点设放水阀。管道较长时,在其始端、末端各设压力表一块;管道较短时,只在试压泵附近设压力表一块。将试压泵(一般使用手压泵)与被试压管道连接上,并安装好临时上水管道,向被试压管道内充水至满,先不升压并养护 24h。

(2)试压过程

以手压泵向被试压管道内压水,升压要缓慢。当升压至 0.5MPa 时暂停,做初步检查;无问题时徐徐升压至试验压力 P_s1(1MPa,特指高压给水铸铁管道工作压力);在此压力下恒压 10min,若压力无下降或下降小于 0.05MPa 时,即可降到工作压力。经全面检查以不渗、不漏为合格。

管道水压试验的试验压力应符合表 3-4 的规定。

表 3-4 管道水压试验的试验压力

管道种类	工作压力 P(MPa)	试验压力(MPa)
钢管	P	$P+0.5$ 且不应小于 0.9
铸铁管及球墨铸铁管	≤0.5	$2P$
	>0.5	$P+0.5$

(3)试压安全注意事项

管道水压试验具有危险性,因此要划定危险区,严禁闲人进入该区。操作人员也应远离堵板、三通、弯头等处,以防危险。

试压前向被试压管道内充水时,要打开放气阀,待管道内的空气排净后再关闭。试压时自始至终升压要缓慢且无较大的振动。试压完毕应打开放(泄)水阀,将被试压管道内的水全部放净。

8. 管道的防腐

给水铸铁管出厂之前其表面已涂刷沥青漆,一般不再刷漆。但在清理接口时将管子的插口端附近、承口外侧的沥青烧掉了,应补刷沥青漆;吊、运管道时被钢丝绳损伤的部位也应补刷沥青漆。

9. 回填土

试压、防腐之后可进行回填土。在回填土之前应进行全面检查,确认无误后方可回填。回填土要具有最佳含水量,不得有石块。回填时应分层并夯实,每层宜 100 ~ 200mm;最后一层应高出周围地面 30 ~ 50mm。

3.3 园林排水工程

3.3.1 园林排水工程概述

1. 园林排水工程的组成

园林排水工程是由从天然降水、污废水的收集和输送,到污水的处理和排放等一系列过程组成。从排水工程设施来分,可以分为两部分。一部分是作为排水工程主体部分的排水管渠,其作用是收集、输送和排放园林各处的污废水以及天然降水;另一部分是污水处理设施,包括必要的水池、泵房等构筑物。从排水的种类方面来分,分为雨水排水系统和污水排水系统。

(1)雨水排水系统的组成

园林内的雨水排水系统排除的对象包括雨水、园林生产废水和游乐废水。其基本构成有：

1)汇水坡地、给水浅沟和建筑物屋面、天沟、雨水斗、竖管、散水。

2)排水明沟、暗沟、截水沟、排洪沟。

3)雨水口、雨水井、雨水排水管网、出水口。

4)在利用重力自流排水困难的地方,还可能设置雨水排水泵站。

(2)污水排水系统的组成

园林内污水排水系统排除的对象主要是生活污水,包括室内和室外两部分。

1)室内污水排放设施有厨房、厕所的卫生设备和下水管道等。

2)除油池、化粪池、污水集水口。

3)污水排水干管、支管组成的管网。

4)管网附属构筑物,如检查井、连接井、跌水井等。

5)污水处理站或污水处理设备,包括污水泵房、澄清池、过滤池、消毒池、清水池等。

6)出水口。

(3)合流制排水系统的组成

合流制排水系统只设一套排水管网,是雨水排水系统和污水排水系统的组合。常见的组成部分是:

1)雨水集水口、室内污水集水口。

2)雨水管渠、污水支管。

3)雨、污合流的干管。

4)管网上附属的构筑物,如雨水井、检查井、跌水井、截流式合流制系统的截流干管与污水支管交接处所设的溢流井等。

5)污水处理设施如混凝澄清池、过滤池、消毒池、污水泵房等。

6)出水口。

2. 园林排水的特点

1)主要是排除雨水和少量生活污水。

2)园林地形起伏多变,有利于地面水的排除。

3)雨水可就近排入园中水体。

4)园林绿地通常植被丰富,地面吸收能力强,地面径流较小,因此雨水一般采取以地面排除为主、沟渠和管道排除为辅的综合排水方式。

5)排水方式应尽量结合造景。可以利用排水设施创造瀑布、跌水、溪流等景观。

6)排水的同时还要考虑土壤能吸收到足够的水分,以利植物生长,干旱地区应注意保水。

7)可以考虑在园中建造小型水处理构筑物或水处理设备。

3.3.2 园林排水方式

1. 地面排水

地面排水是最经济、最常用的园林排水方式,即利用地面坡度使雨水汇集,再通过沟、谷、涧、山道等加以组织引导,就近排入附近水体或城市雨水管渠。在我国,大部分公园绿地都采用地面排水为主,沟渠和管道排水为辅的综合排水方式。

雨水径流对地表的冲刷,是地面排水所面临的主要问题。必须进行合理的安排,采取措施防止地表径流冲刷地面，保持水土，维护园林景观。通常可从以下三方面考虑。

(1)地形设计时充分考虑排水要求

1)注意控制地面坡度，使之不至于过陡，否则应另采取措施以减少水土流失。

2)同一坡度(即使坡度不大)的坡面不宜延伸过长，应该有起伏变化，以阻碍缓冲径流速度，同时也可以丰富园林地貌景观。

3)用顺应等高线的盘山道、谷线等拦截和组织排水。

(2)发挥地被植物的护坡作用

地被植物具有对地表径流加以阻碍、吸收以及固土等诸多作用，因而通过加强绿化，合理种植，用植被覆盖地面是防止地表水土流失的有效措施与合理选择。

(3)采取工程措施

在过长(或纵坡较大)的汇水线上以及较陡的出水口处，地表径流速度很大，需利用工程措施进行护坡。以下介绍几种常用的工程措施。

1)“谷方”、“挡水石”。地表径流在谷线或山洼处汇集，形成大流速径流，为防止其对地表的冲刷，可在汇水线上布置一些山石，借以减缓水流冲力降低流速，起到保护地表的作用，这些山石就叫“谷方”，“谷方”需深埋浅露加以稳固。“挡水石”则是布置在山道边沟坡度较大处，作用和布置方式同“谷方”相近。

2)出水口处理。园林中利用地面或明渠排水，在排入团内水体时，为了保护岸坡，出水口应做适当处理。常见的有以下两种方式：

①“水簸箕”。它是一种敞口排水槽，槽身的加固可采用三合土、浆砌块石(或砖)或混凝土。当排水槽上下口高差大时可采取如下措施，可在下口设栅栏起消力和防护作用；在槽底设置“消力阶”；槽底做成连续的浅阶；在槽底砌消力块等。

② 埋管排水。利用路面或道路边沟将雨水引至濒水地段低处或排放点，设雨水口埋置暗管将水排入水体。

2. 沟渠排水

(1)明沟排水

明沟主要是土质明沟(图3-10)，其断面形式有梯形、三角形和自然式浅沟，沟内可植草种花，也可任其生长杂草，通常采用梯形断面。在某些地段根据需要也可砌砖、石或混凝土明沟，断面形式常采用梯形或矩形，如图3-11所示。

图3-10　土质明沟

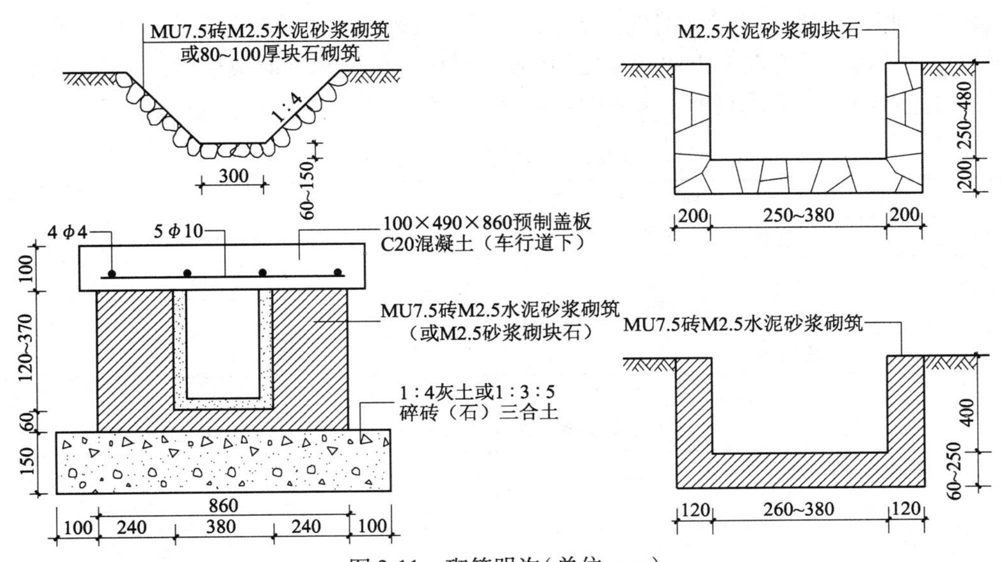

图 3-11　砌筑明沟(单位:mm)

(2)盲沟排水

盲沟是一种地下排水渠道,又名暗沟、盲渠。主要用于排除地下水,降低地下水位。适用于一些要求排水良好的全天候的体育活动场地、地下水位高的地区以及某些不耐水的园林植物生长区等。

1)盲沟排水的优点

取材方便,可废物利用,造价低廉;不需附加雨水口、检查井等构筑物,地面不留"痕迹",从而保持了园林绿地草坪及其他活动场地的完整性。

2)布置形式

取决于地形及地下水的流动方向。常见的有四种形式,即自然式(树枝式)、截流式、箅式(鱼骨式)和耙式,如图 3-12 所示。自然式适用于周边高中间低的山坞状园址地形,截流式适用于四周或一侧较高的园址地形,箅式适用于谷地或低洼积水较多处,耙式适用于一面坡的情况。

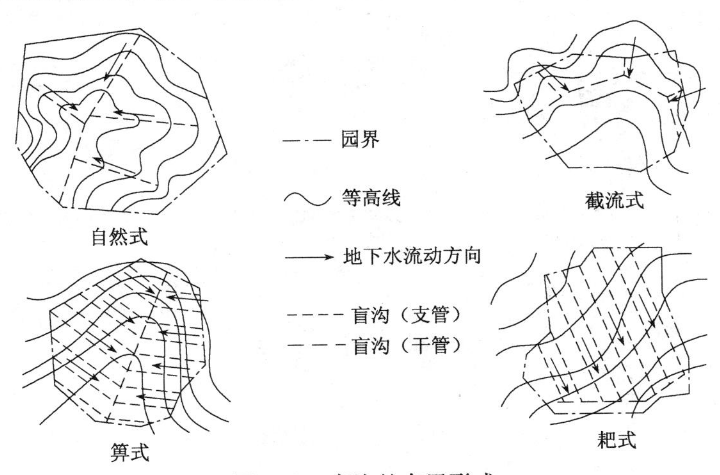

图 3-12　盲沟的布置形式

3)盲沟的埋深和间距

盲沟的埋深主要取决于植物对地下水位的要求、受根系破坏的影响、土壤质地、冰冻深度及地面荷载情况等因素，通常在1.2～1.7m之间(表3-5)。支管间距则取决于土壤种类、排水量和要求的排除速度，对排水要求高即全天候的场地，应多设支管。支管间距一般为8～24m(表3-6)。

表3-5　盲沟埋深参考值

土　壤　类　别	埋　　深(m)
砂质土	1.2
壤土	1.4～1.6
黏土	1.4～1.6
泥炭土	1.7

表3-6　支管间距和埋深

土　壤　种　类	管　　路(m)	埋　　深(m)
重黏土	8～9	1.15～1.30
致密黏土和泥炭岩黏土	9～10	1.20～1.35
砂质或黏壤土	10～12	1.1～1.6
致密壤土	12～14	1.15～1.55
砂质壤土	1.4～1.6	1.15～1.55
多砂壤土或砂中含腐殖质	16～18	1.15～1.50
砂	20～24	

4)盲沟纵坡

盲沟沟底纵坡不小于0.5%。只要地形等条件许可，纵坡坡度应尽可能取大些，以利地下水的排除。

5)盲沟的构造

因透水材料多种多样，故盲沟的构造类型也多。常用材料及构造形式如图3-13所示。

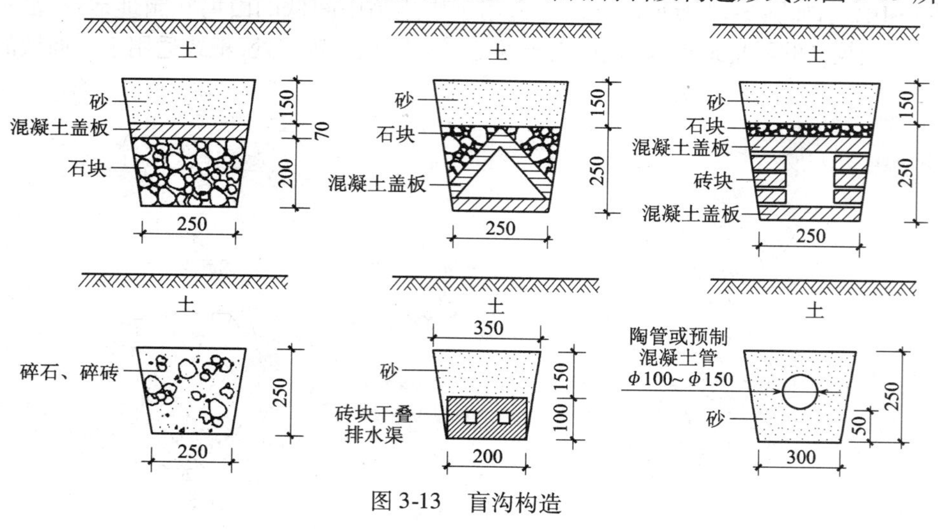

图3-13　盲沟构造

3. 管道排水

在园林中的某些地方(如低洼的绿地，广场及休息场所)和建筑物周围的积水、污水的排除，需要或只能利用敷设管道的方式进行。利用管道排水的优点是不妨碍地面活动，卫生和美观，排水效率高。但造价高，检修困难。

3.3.3 园林排水管网的布置

1. 雨水管渠的布置与设计

(1)雨水管渠的布置

1)雨水管渠系统的组成

雨水管渠系统通常由雨水口(图 3-14)、连接管、检查井(图 3-15)、干管、支管和出水口五部分组成。

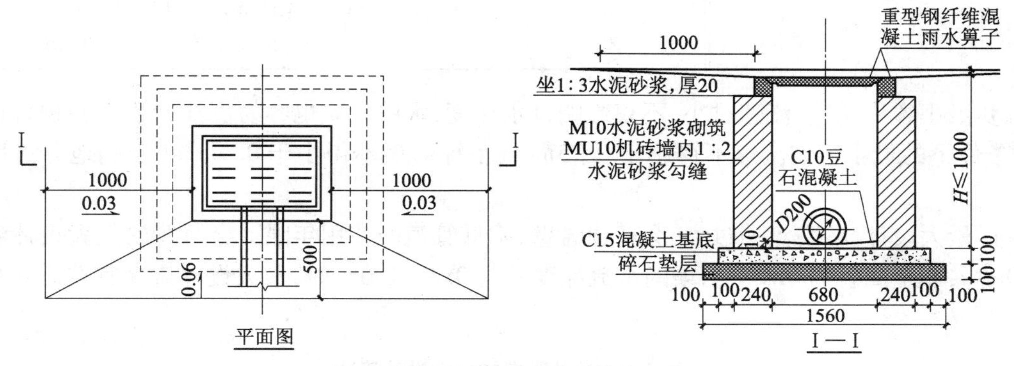

图 3-14　雨水口构造示例(单位:mm)

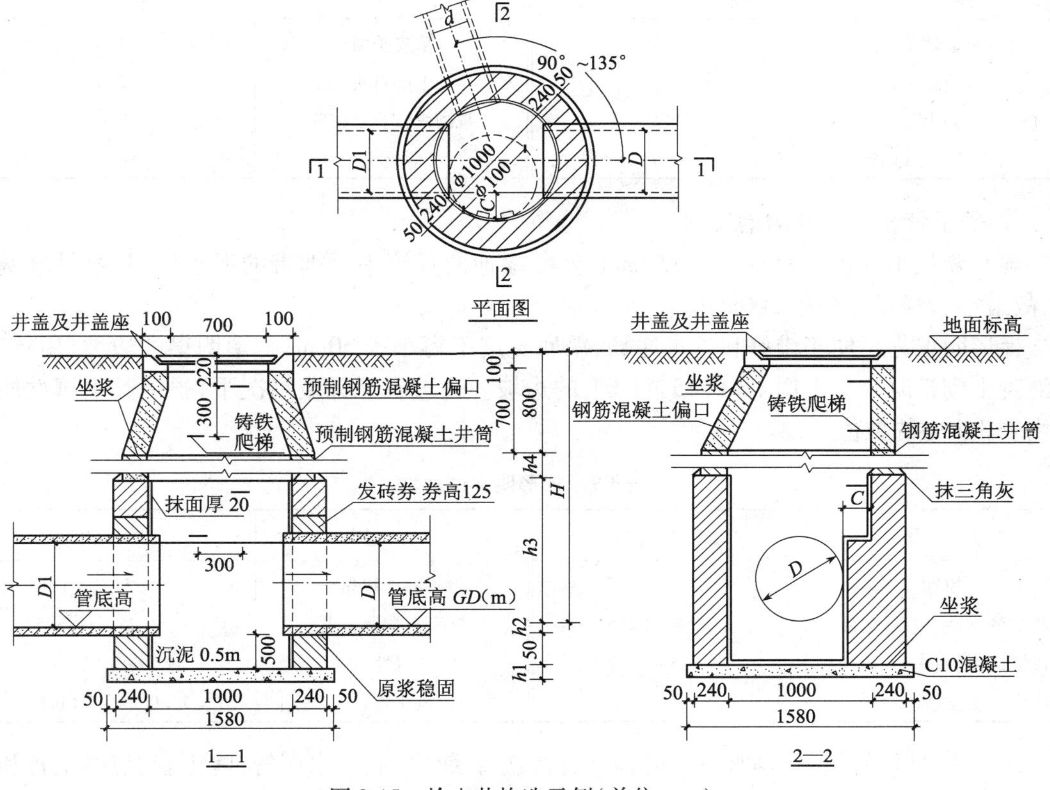

图 3-15　检查井构造示例(单位:mm)

2)雨水管渠布置的一般规定

① 管渠的最小覆土深度:根据雨水井连接管的坡度、冰冻深度和外部荷载情况决定。雨水管道的最小覆土深度不小于0.7m。

② 最小坡度:雨水管渠多为无压自流管,只有具有一定的纵坡值雨水才能靠自身重力向前流动,而且管径越小所需最小纵坡值越大。管渠纵坡的最小限值见表3-7。

表3-7 管的最小坡度

管径(mm)	最小坡度	管径(mm)	最小坡度	沟　　渠	最小坡度
200	0.4%	350	0.3%	土质明沟	0.2%
300	0.33%	400	0.2%	砌筑梯形明沟	0.02%

③ 最小容许流速:流速过小,不仅影响排水速度,水中杂质也容易沉淀淤积。各种管道在自流条件下的最小容许流速不得小于0.75m/s;各种明渠不得小于0.4m/s(个别地方可以酌减)。

④ 最大设计流速:流速过大,会磨损管壁,降低管道的使用年限。金属管的最大设计流速为10m/s,非金属管为5m/s;明渠的水流深度 h 为0.4~1.0m时,最大设计流速宜按表3-8采用。

表3-8 各种明渠的最大设计流速

明　渠　类　别	最大设计流速(m/s)	明　渠　类　别	最大设计流速(m/s)
粗砂及贫砂质黏土	0.8	草皮护面	1.6
砂质黏土	1.0	干砌石块	2.0
黏土	1.2	浆砌块石及浆砌砖	3.0
石灰岩及中砂岩	4.0	混凝土	4.0

⑤ 最小管径尺寸及沟槽尺寸

雨水管最小管径一般不小于150mm,公园绿地的径流中因携带的泥砂较多,容易堵塞管道,故最小管径尺寸采用300mm。

梯形明渠为了便于维修和排水通畅,渠底宽度不得小于30cm;梯形明渠的边坡,用砖、石或混凝土砌筑时一般采用1:0.75~1:1的边坡。边坡在无铺装情况下,根据其土壤性质可采用表3-9中的数值。

表3-9 梯形明渠的边坡

土　　质	边　　坡	土　　质	边　　坡
粉砂	1:3~1:3.5	砂质黏土和黏土	1:1.25~1:1.15
松散的细砂、中砂、粗砂	1:2~1:2.5	砾石土和卵石土	1:1.25~1:1.5
细实的细砂、中砂、粗砂	1:1.5~1:2	变岩性土	1:0.5~1:1
黏质砂土	1:1.5~1:2	风化岩石	1:0.25~1:0.5

⑥ 管道材料的选择:排水管材的种类有铸铁管、钢管、石棉水泥管、陶土管、混凝土管和钢筋混凝土管等。室外雨水的无压排除通常选用陶土管、混凝土管和钢筋混凝土管。

3）雨水管渠布置的要点

① 尽量利用地表面的坡度汇集雨水，以使所需管线最短。在可以利用地面输送雨水的地方尽量不设置管道，使雨水能顺利地靠重力流排入附近水体。

② 当地形坡度较大时，雨水干管应布置在地形低的地方；在地形平坦时，雨水干管应布置在排水区域的中间地带，以尽可能地扩大重力流排除范围。

③ 应结合区域的总体规划进行考虑，如道路情况、建筑物情况、远景建设规划等。

④ 雨水口的布置应考虑到能及时排除附近地面的雨水，不致雨水漫过路面而影响交通。

⑤ 为及时快速地将雨水排入水体，若条件允许，应尽量采用分散出水口的布置形式。

⑥ 在满足冰冻深度和荷载要求的前提下，管道坡度宜尽量接近地面坡度。

（2）雨水管渠的设计步骤和流量计算

雨水管渠设计的主要步骤包括以下内容。

1）收集资料

收集和整理所在地区和设计区域的各种原始资料，包括设计区域总平面布置图、竖向设计图，当地的水文、地质、暴雨等资料。

2）划分流域

划分排水流域（汇水区），进行雨水管渠的定线；根据排水区域地形、地貌等情况划分汇水区，通常沿山脊线（分水岭）、建筑外墙、道路等进行划分。

3）作管渠布置草图

根据汇水区划分、水流方向及附近城市雨水干管分布情况等，确定管渠走向以及雨水口、检查井的位置。给各检查井编号并求其地面标高，标出各段管长。

4）划分并计算各设计管段的汇水面积 S

各设计管段汇水面积的划分应结合地形坡度、汇水面积的大小以及雨水管渠布置等情况而划定。地形较平坦时，可按就近排入附近雨水干管的原则划分汇水面积；地形坡度较大时，按地面雨水径流的水流方向划分汇水面积。将每块面积进行编号，计算其面积的数值并标明在图中。

5）确定各排水流域的平均径流系数值 ϕ

径流系数是单位面积径流量与单位面积降雨量的比值。地面性质不同，其径流系数也不同，所以这一比值的大小取决于地表或地面物的性质。覆盖类型较多的汇水区，其平均径流系数应采用加权平均法求取，见式3-5。各类地面径流系数参考表3-10。

表3-10　径流系数 ϕ 值

地　面　种　类	ϕ 值	地　面　种　类	ϕ 值
各种屋面、混凝土和沥青路面	0.9	干砌砖石和碎石路面	0.4
大块石铺砌路面和沥青表面处理的碎石路面	0.6	非铺砌土地面	0.3
级配碎石路面	0.45	公园或绿地	0.15

$$\phi = \frac{\sum \phi \cdot S}{\sum S} \qquad (3\text{-}5)$$

6）求设计降雨强度 q

降雨强度是指单位时间内的降雨量。我国常用的降雨强度公式为

$$q=\frac{167A_1(1+c\lg P)}{(t_1+mt_2)^n} \tag{3-6}$$

式中 q——设计降雨强度[L/(s·hm²)]；

P——设计重现期(a)；

t_1——地面集水时间(min)；

t_2——管渠内雨水流行时间(min)；

m——延迟系数，暗管 $m=2$；明渠 $m=1.2$；

A_1、c、n——地方参数，根据设计方法进行计算。

我国幅员辽阔，各地情况差别很大，根据各地区的自动雨量记录，推求出适合本地区的降雨强度公式，可以为设计工作提供必要的数据。

降雨强度公式中含有两个计算因子，即设计重现期 P(或 T)，其单位为年(a)；设计降雨历时 t，单位为分(min)，$t=t_1+mt_2$。

设计重现期 P 可以代表某一强度的降水出现的频率，但它的数值与频率数值互为倒数。某特定值暴雨强度的重现期是指等于或大于该值的暴雨强度可能出现一次的平均间隔时间。园林中的设计重现期可在1～3年之间选择，对于洼地或怕淹的地区设计重现期可适当提高些。

设计降雨历时是指连续降雨的时段，可以指一场雨全部降雨的时间，也可以指其中个别的连续时段。

雨水管渠流量计算：

1)划分设计管段，确定雨水设计流量 Q(L/s)

$$Q=q\cdot\phi\cdot S \tag{3-7}$$

式中 q——设计暴雨强度[L/(s·hm²)]；

ϕ——径流系数；

S——汇水面积(hm²)。

2)进行雨水管渠的水力计算，确定管渠尺寸、坡度、标高及埋深。

3)绘制管渠平面图及纵剖面图。

2. 园林管线的综合布置

管线综合布置的目的是为了合理安排各种管线，综合解决各种管线在平面和竖向上的相互影响，以避免在各种管线埋设时发生矛盾，造成人力、物力、财力和时间上的浪费。

(1)一般原则

1)地下管线的布置，一般是按管线的埋深，由浅至深(由建筑物向道路)布置，一般顺序如下：

① 建筑物基础。

② 电信电缆。

③ 电力电缆。

④ 热力管道。

⑤ 煤气管。

⑥ 给水管。

⑦ 雨水管渠。

⑧ 污水管渠。

⑨ 路缘。

2)管线的竖向综合布置应遵循小管让大管,有压管让自流管,临时管让永久管,新建管让已建管的原则。

3)管线平面应做到管线短,转弯小,减少与道路及其他管线的交叉,并同主要建筑物和道路的中心线平行或垂直敷设。

4)干管应靠近主要使用单位和连接支管较多的一侧敷设。

5)地下管线一般布置在道路以外,但检修较少的管线(如污水管、雨水管、给水管)也可布置在道路下面。

6)雨水管应尽量布置在路边,带消防栓的给水管也应沿路敷设。

(2)各种管线最小水平净距

为保证安全,避免各种管线、建筑物和树木之间相互影响,便于施工和维护,各种管线间水平距离应满足最小水平净距的规定(表 3-11)。

地下管线交叉时最小垂直净距和地下管线的最下覆土深度见表 3-12 和表 3-13。

表 3-11 各种管线最小水平净距离

顺序	管路名称	1	2	3	4	5	6	7	8	9	10	11
		建筑物	给水管	排水管	热力管	电力电缆	电信电缆	电信管道	乔木(中心)	灌木	地上柱杆(中心)	道路侧石缘
1	建筑物	—	3.0	3.0	3.0	0.6	0.6	1.5	3.0	1.5	3.0	—
2	给水管	3.0	—	1.5	1.5	0.5	1.0	1.0	1.5	—	1.0	1.5
3	排水管	3.0	1.5	1.5	1.5	0.5	1.0	1.0	1.5	—	1.5	1.5
4	热力管	3.0	1.5	1.5	—	2.0	1.0	1.0	2.0	1.0	1.0	1.5
5	电力管	0.6	0.5	0.5	2.0	—	0.5	0.2	2.0	—	0.5	1.0
6	电信电缆(直式)	0.6	1.0	1.0	1.0	0.5	—	0.2	2.0	—	0.5	1.0
7	电信管道	1.5	1.0	1.0	1.0	0.2	0.2	—	1.5	—	1.0	1.0
8	乔木(中心)	3.0	1.5	1.5	2.0	2.0	2.0	1.5	—	—	2.0	1.0
9	灌木	1.5	—	—	1.0	—	—	—	—		—	0.5
10	地上柱杆(中心)	3.0	1.0	1.5	1.0	0.5	0.5	1.0	2.0	—	—	0.5
11	道路侧石缘	—	1.5	1.5	1.5	1.0	1.0	1.0	1.0	0.5	0.5	—

注:表中所列数字,除指明者外,均系管线与管线之间净距,系指管线与管线外壁之间距离而言。

表 3-12　地下管线交叉时最小垂直净距表

<table>
<tr><td rowspan="3">埋设在下面的管线名称</td><td colspan="10">安设在上面的管线名称</td></tr>
<tr><td rowspan="2">给水管</td><td rowspan="2">排水管</td><td rowspan="2">热力管</td><td rowspan="2">煤气管</td><td colspan="2">电　信</td><td colspan="2">电力电缆</td><td rowspan="2">明底（沟底）</td><td rowspan="2">涵洞（基础底）</td></tr>
<tr><td>铠装电缆</td><td>管道</td><td>高压</td><td>低压</td></tr>
<tr><td></td><td colspan="10">净　　距</td></tr>
<tr><td>给水管</td><td>0.15</td><td>0.15</td><td>0.15</td><td>0.15</td><td>0.5</td><td>0.15</td><td>0.5</td><td>0.5</td><td>0.5</td><td>0.15</td></tr>
<tr><td>排水管</td><td>0.15</td><td>0.15</td><td>0.15</td><td>0.15</td><td>0.5</td><td>0.15</td><td>0.5</td><td>0.5</td><td>0.5</td><td>0.15</td></tr>
<tr><td>热力管</td><td>0.15</td><td>0.15</td><td>—</td><td>0.15</td><td>0.5</td><td>0.15</td><td>0.5</td><td>0.5</td><td>0.5</td><td>0.15</td></tr>
<tr><td>煤气管</td><td>0.15</td><td>0.15</td><td>0.15</td><td>0.15</td><td>0.5</td><td>0.15</td><td>0.5</td><td>0.5</td><td>0.5</td><td>0.15</td></tr>
<tr><td>铠装电缆</td><td>0.5</td><td>0.5</td><td>0.5</td><td>0.5</td><td>0.5</td><td>0.5</td><td>0.5</td><td>0.5</td><td>0.5</td><td>0.5</td></tr>
<tr><td>电信管道</td><td>0.15</td><td>0.15</td><td>0.15</td><td>0.15</td><td>0.25</td><td>0.25</td><td>0.25</td><td>0.25</td><td>0.5</td><td>0.25</td></tr>
<tr><td>电力电缆</td><td>0.5</td><td>0.5</td><td>0.5</td><td>0.5</td><td>0.5</td><td>0.5</td><td>0.5</td><td>0.5</td><td>0.5</td><td>0.5</td></tr>
</table>

注：1. 电信电缆或电信管道一般在其他管线上面通过。
2. 电力电缆一般在热力管道和电信管缆下面，但在其他管线上面越过。
3. 热力管一般在电缆、给水、排水、煤气管上面越过。
4. 排水管通常在其他管线下面越过。

表 3-13　地下管线的最小覆土深度表

<table>
<tr><td rowspan="2">管线名称</td><td rowspan="2">电力电缆（10kV 以下）</td><td colspan="2">电　信</td><td rowspan="2">给水管</td><td rowspan="2">雨水管</td><td rowspan="2">污水管 $D \leq 300$mm</td></tr>
<tr><td>铠装电缆</td><td>管道</td></tr>
<tr><td>最小覆土深度（m）</td><td>0.7</td><td>0.8</td><td>混凝土管 0.8
水管 0.7</td><td>在冰冻线以下（在不冻地区可埋设较浅①）</td><td>应埋设在冰冻线以下，但不小于 0.7②</td><td>冰冻线以上 30cm，但不小于 0.7③</td></tr>
</table>

① 不连续供水的给水管（大多为支状管网），应埋设在冰冻线以下，连续供水的管道在保证不冻结的情况下（在南方不冻或冻层很浅的地区）可埋设较浅。
② 在严寒地区，有防止土壤冻胀对管道破坏的措施时，可埋设在冻线以上，并应以外部荷载验算，在土壤冰冻很浅的地区，如管子不受外部荷载损坏时可小于 0.7m。
③ 当有保温措施时，或在冰冻线很浅的地区，或排温水管道，如保证管子不受外部荷载损坏时，可小于 0.7m。

3. 排水管网的附属构筑物

为了排除污水，除管渠本身外，还需在管渠系统上设置某些附属构筑物。在园林绿地中，这些构筑物常见的有：雨水口、检查井、跌水井、闸门井、倒虹管、出水口等。

（1）雨水口

雨水口是在雨水管渠或合流管渠上收集雨水的构筑物。一般的雨水口，都是由基础、井身、井口、井箅几部分构成的（图 3-16）。其底部及基础可用 C15 混凝土做成，尺寸在 120mm × 900mm × 100mm 以上。井身、井口可用混凝土浇制，也可以用砖砌筑，砖壁厚 240mm。为了避免过快的锈蚀和保持较高的透水率，井箅应当用铸铁制作，箅条宽 15mm 左右，间距 20 ~ 30mm。雨水口的水平截面一般为矩形，长 1m 以上，宽 0.8m 以上。竖向深度一般为 1m 左右，井身内需要设置沉泥槽时，沉泥槽的深度应不小于 12cm。雨水管的管口设在井身的底部。

与雨水管或合流制干管的检查井相接时，雨水口支管与干管的水流方向以在平面上呈 60°角为好。支管的坡度一般不应小于 1%。雨水口呈水平方向设置时，井箅应略低于周围路面及地面 3cm 左右，并与路面或地面顺接，以方便雨水的汇集和泄入。

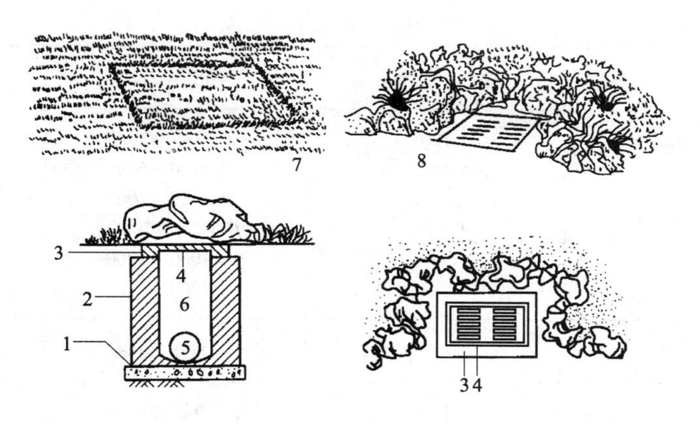

图 3-16　雨水口的构造

1—基础;2—井身;3—井口;4—井箅;5—支管;
6—井室;7—草坪窨井盖;8—山石围护雨水口

(2)检查井

检查井的功能是便于管道维护人员检查和清理管道。通常设在管渠交汇、转弯、管渠尺寸或坡度改变、跌水等处以及相隔一定距离的直线管渠段,一般采用圆形,由井底(包括基础)、井身和井盖(包括盖底)三部分组成(图 3-17)。

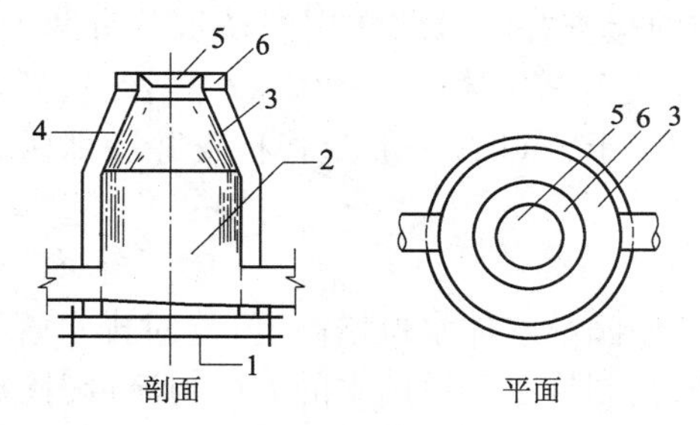

图 3-17　圆形检查井的构造

1—基础;2—井室;3—肩部;4—井颈;5—井盖;6—井口

检查井的最大距离和分类见表 3-14 和表 3-15。

表 3-14　检查井的最大距离

管　　别	管渠或暗渠净高(mm)	最大距离(m)
污水管道	<500	40
	500 ~ 700	50
	800 ~ 1500	75
	>1500	100
雨水管渠和合流管渠	<500	50
	500 ~ 700	60
	800 ~ 1500	100
	>1500	120

表 3-15 检查井分类表

类别		井室内径(mm)	适用管径(mm)	备注
雨水检查井	圆形	700 1000 1250 1500 2000 2500	$D \leqslant 400$ $D = 200 \sim 600$ $D = 600 \sim 800$ $D = 800 \sim 1000$ $D = 1000 \sim 1200$ $D = 1200 \sim 1500$	表中检查井的设计条件为:地下水位在 1m 以下,地震烈度为 9 度以下
	矩形		$D = 800 \sim 2000$	
污水检查井	圆形	700 1000 1250 1500 2000 2500	$D \leqslant 400$ $D = 200 \sim 600$ $D = 600 \sim 800$ $D = 800 \sim 1000$ $D = 1000 \sim 1200$ $D = 1200 \sim 1500$	
	矩形		$D = 800 \sim 2000$	

(3)跌水井

跌水井是设有消能设施的检查井。目前常用的跌水井有两种形式:竖管式(或矩形竖槽式)和溢流堰式。前者适用于直径等于或小于 400mm 的管道,后者适用于 400mm 以上的管道。当上、下游管底标高落差小于 1m 时,一般只将检查井底部做成斜坡,不采取专门的跌水措施。

(4)闸门井

由于降雨或潮汐的影响,使园林水体水位增高,可能对排水管形成倒灌,或者为了防止无雨时污水对园林水体的污染,控制排水管道内水的方向与流量,就要在排水管网中或排水泵站的出口处设置闸门井。闸门井由基础、井室和井口组成。如单纯为了防止倒灌,可在闸门井内设活动拍门。活动拍门通常为铁制,圆形,只能单向开启。当排水管内无水或水位较低时,活动拍门依靠自重关闭;当水位增高后,由于水流的压力而使拍门开启。如果为了既控制污水排放,又防止倒灌,也可在闸门井内设置能够人为启闭的闸门。闸门的启闭方式可以是手动的。也可以是电动的。闸门结构比较复杂,造价也较高。

(5)倒虹管

由于排水管道在园路下布置时有可能与其他管线发生交叉,而又是一种重力自流式的管道,因此,要尽可能在管线综合中解决好交叉时管道之间的标高关系,但有时受地形所限,如遇到要穿过沟渠和地下障碍物时,排水管道就不能按照正常情况敷设,而不得不以一个下凹的折线形式从障碍物下面穿过,这段管道就成了倒置的虹吸管,即所谓的倒虹管。

由图 3-18 中可以看到,一般排水管网中的倒虹管是由进水井、下行管、平行管、上行管和出水井等部分构成的,倒虹管采用的最小管径为 200mm,管内流速一般为 1.2 ~ 1.5m/s,同时不得低于 0.9m/s,并应大于上游管内流速。平行管与上行管之间的夹角不应小于 150°,要保证管内的水流有较好的水力条件,以防止管内污物滞留。为了减少管内泥砂和污物淤积,可在倒虹管进水井之前的检查井内,设一沉淀槽,使部分泥砂污物在此预沉下来。

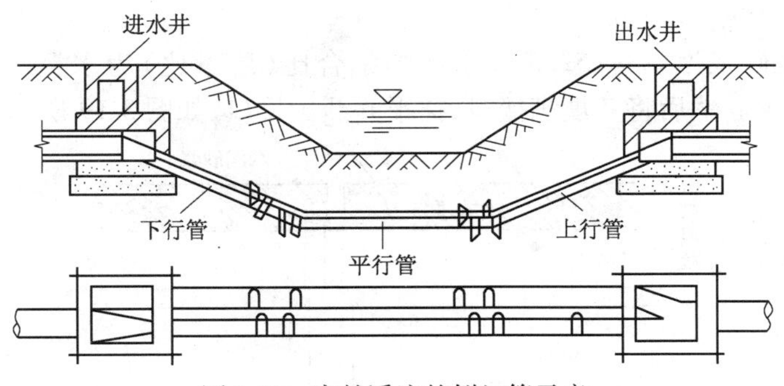

图 3-18　穿越溪流的倒虹管示意

(6) 出水口

出水口是排水管渠内水流排入水体的构筑物，其形式和位置视水位、水流方向而定，管渠出水口不要淹没于水中，最好令其露在水面上。为了保护河岸或池壁及固定出水口的位置，通常在出水口和河道连接部分做护坡或挡土墙。

3.3.4　排水管道工程施工

1. 常用管材

污水、雨(雪)水管道多采用混凝土或钢筋混凝土管。混凝土管也称为素混凝土管。钢筋混凝土管分为轻、重型两种，一般情况常用轻型。按照接口形式分为平口和承插口两种，一般情况常用平口式。混凝土管的常用规格有 *DN*75、*DN*100、*DN*150、*DN*200、*DN*250、*DN*300、*DN*350、*DN*400、*DN*450、*DN*500 等；轻型钢筋混凝土管的常用规格有 *DN*700、*DN*800、*DN*900、*DN*1000、*DN*1100、*DN*1120、*DN*1350、*DN*1500、*DN*1650、*DN*1800 等。其他雨(雪)水管道有的以条石砌成管渠，含有腐蚀性介质的生产(工业)污水通常采用带釉陶土管。陶土管分为无釉、单面釉(内表面)和双面釉三种。其接口形式通常为承插式。常用直径为 100 ~ 600mm，每根管的长度为 0.5 ~ 0.8mm。带釉陶土管内表面光滑，具有良好的抗腐蚀性能，用于排除含酸、碱等工业污、废水。

2. 排水管道安装

(1) 管沟的放线与开挖

参见第 3.2.6 节给水管道工程施工部分内容。

(2) 修筑管基

首先检查管沟的坐标、沟底标高、坡度坡向及检查井位置等，要符合设计要求；沟底土质良好，确保管道安装后不下沉。然后修筑管基，管基通常为现浇混凝土，其厚度及坡度坡向要符合设计要求。

(3) 铺管

1) 检查管材。混凝土(或钢筋混凝土)管的规格要符合设计要求，不得有裂纹、破损和蜂窝麻面等缺陷。

2) 清理管口。将每节管的两端接口以棉纱、清水擦洗干净。

3) 铺管。将沟边的管子以吊车(或人工)逐根放入沟内的管基上，使接口对正。然后通过直线管段上首、尾两检查井的中心点拉一粉线，该粉线即为管中心线。据此线来调整管子，使管道平直，并以水平尺检测其坡度、坡向，使之符合设计要求。

(4)抹口

通常采用水泥砂浆为填料，52.5 级水泥的配合比（质量比）为水泥：河砂 = 1：(2.5 ~ 3)，加适量的水拌匀。然后将其填满接口、抹平并凸出接口，如图 3-19 所示。

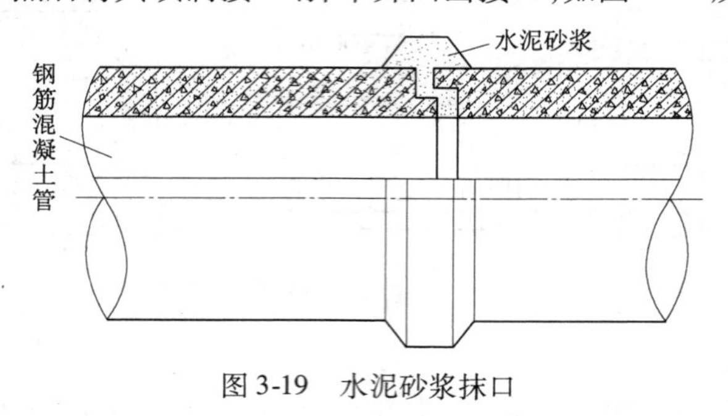

图 3-19　水泥砂浆抹口

(5)接口的养护

参见第 3.2.6 给水管道工程施工。

(6)筑井

检查井砌筑（或安装混凝土预制井圈）时，井壁要垂直，井底、上口标高以及截面尺寸应符合设计要求。

(7)灌水试验

也称为闭水试验，应在管道覆土前进行。

1)试验前的准备工作。将被试验管段的上、下游检查井内管端以钢制堵板封堵。在上游检查井旁设一试验用的水箱，水箱内试验水位的高度，对于铺设在干燥土层内的管道应高出上游检查井管顶 4m。试验水箱底与上游井内管端堵板以管子连接；下游井内管端堵板下侧接泄水管，并挖好排水沟。

2)试验过程。先由水箱向被试验管段内充水至满，浸泡 1 ~ 2 昼夜再进行试验。试验开始时，先量好水位；然后观察各接口是否渗漏，观察时间不少于 30min；渗出水量不应大于表 3-16 的规定。试验完毕应将水及时排出。

表 3-16　排水管道在一昼夜内允许渗出或渗入的水量

管道种类	允许渗水量[m^3/(d·km)]											
	管　径(mm)											
	150	200	300	400	500	600	700	800	900	1000	1500	2000
混凝土管	7	20	28	32	36	40	44	48	53	58	93	148
钢筋混凝土管	7	20	28	32	36	40	44	48	53	58	93	148
陶土管	7	12	18	21	23	23	—	—	—	—	—	—

在湿土壤内铺设的管道，需检查地下水渗入管道内的水量。当地下水位超过管顶 2 ~ 4m 时，渗入管内的水量不应大于表 3-14 的规定；当地下水位超过管顶 4m 以上时，每增加 1m 水头，允许增加渗入水量的 10%；当地下水位高出管顶 2m 以内时，可按干燥土层做渗出水量试验。

3)排除带有腐蚀性污水的管道,不允许渗漏。

4)雨水管道以及与雨水性质近似的管道,除大孔性土壤和水源地区外,可不做闭水试验。

(8)回填土

管顶上部500mm以内不得回填直径大于100mm的石块和冻土块;500mm以上回填的块石和冻土不得集中;用机械回填时,机械不得在管沟上行驶。

回填土应分层夯实,每层虚铺厚度:机械夯实为300mm以内,人工夯实为200mm以内。管道接口处必须仔细夯实。

3.4 景观喷灌系统

3.4.1 喷灌系统概述

1. 喷灌的特点

随着我国城镇建设的迅速发展,绿地面积不断大,绿地质量要求越来越高,绿地灌溉量增加许多,原有的灌溉方式已经越来越不适应发展的要求,因此实现灌溉的管道化和自动化已经逐步推广开来。园林景观灌溉有许多方法,如喷灌、涌灌、滴灌和地下渗灌等技术,这些方法可单独使用也可混合使用。理想的系统应是灌溉效率高,易于修理和维护,操作简单。

喷灌是一种较好的灌溉方式,它是借助一套专门的设备将具有压力的水喷射到空中散成水滴、降落地面,供给植物水分的一种灌溉方式,它近似于天然降水。喷灌时,能够在不破坏土壤通气和土壤结构的条件下,保证均匀地湿润土壤、湿润地表空气层,使地表空气清爽;还能够节约大量的灌溉用水,比普通浇水灌溉节约水量40%~60%。喷灌的最大优点在于它能使灌水工作机械化,显著提高灌溉的功效。

喷灌系统的设计,主要是解决用水量和水压方面的问题。至于水的水质要求,可稍低一些,只要水质对绿化植物没有害处即可。

2. 喷灌系统的组成

喷灌系统通常由喷头、管材和管件、控制设备、控制电缆、过滤装置、加压设备及水源等所构成。利用市政供水的中小型绿地的喷灌系统一般无须设置过滤装置和加压设备。

(1)喷头

喷头是喷灌系统中的重要设备。一般由喷体、喷芯、喷嘴、滤网、弹簧和止溢阀等部分组成。它的作用是将有压水流破碎成细小的水滴,按照一定的分布规律喷洒在绿地上。

1)按非工作状态分类

① 外露式喷头,指非工作状态下暴露在地面以上的喷头。这类喷头构造简单、价格便宜、使用方便,对供水压力要求不高,但其射程、射角及覆盖角度不便调节且有碍园林景观。因此一般用在资金不足或喷灌技术要求不高的场合。

② 地埋式喷头,是指非工作状态下埋藏在地面以下的喷头。工作时,这类喷头的喷芯部分在水压的作用下伸出地面,然后按照一定的方式喷洒;当关闭水源,水压消失,喷芯在弹簧的作用下又缩回地面。地埋式喷头构造复杂、工作压力较高,其最大优点是不影响园林景观效果、不妨碍活动,射程、射角及覆盖角度等喷洒性能易于调节,雾化效果好,适合于不规则区域的喷灌,能够更好地满足园林绿地和运动场草坪的专业化喷灌要求。

2）按工作状态分类

① 固定式喷头，指工作时喷芯处于静止状态的喷头。这种喷头也称为散射式喷头，工作时有压水流从预设的线状孔口喷出，同时覆盖整个喷洒区域。固定式喷头结构简单、工作可靠、使用方便，是庭园和小规模绿地喷灌系统的首选产品。

② 旋转式喷头，是指工作时边喷洒边旋转的喷头。多数情况下这类喷头的射程、射角和覆盖角度可以调节。这类喷头对工作压力的要求较高、喷洒半径较大。旋转式喷头的结构形式很多，可分为摇臂式、叶轮式、反作用式、全射流式等。采用旋转式喷头的喷灌系统有时需要配置加压设备。

3）按射程分类

① 近射程喷头，指射程小于8m的喷头。这类喷头的工作压力低，只要设计合理，市政或局部管网压力就能满足其工作要求。

② 中射程喷头，指射程为8～20m的喷头。这类喷头适合于较大面积园林绿地的喷灌。

③ 远射程喷头，指射程大于20m的喷头。这类喷头工作压力较高，一般需要配置加压设备，以保证正常的工作压力和雾化效果。多用于大面积观赏绿地和运动场草坪的喷灌。

（2）管材和管件

管材和管件在绿地喷灌系统中起着纽带的作用。它将喷头、闸阀、水泵等设备按照特定的方式连接在一起，构成喷灌管网系统，以保证喷灌的水量供给。在喷灌行业里，聚氯乙烯（PVC）、聚乙烯（PE）和聚丙烯（PP）等塑料管正在逐渐取代其他材质的管道，成为喷灌系统主要的管材。

（3）控制设备

控制设备构成了绿地喷灌系统的指挥体系，其技术含量和完备程度决定着喷灌系统的自动化程度和技术水平。根据控制设备的功能与作用的不同，可将控制设备分为状态性控制设备、安全性控制设备和指令性控制设备。

1）状态性控制设备，指喷灌系统中能够满足设计和使用要求的各类阀门，它们的作用是控制喷灌管网中水流的方向、速度和压力等状态参数。按照控制方式的不同可将这些阀门分为手控阀（如闸阀、球阀和快速连接阀）、电磁阀（包括直阀和角阀）与水力阀。

2）安全性控制设备，是指各种保证喷灌系统在设计条件下安全运行的各种控制设备，如减压阀、调压孔板、逆止阀、空气阀、水锤消除阀和自动泄水阀等。

3）指令性控制设备，是指在喷灌系统的运行和管理中起指挥作用的各种控制设备，其中包括各种控制器、遥控器、传感器、气象站和中央控制系统等。指令性控制设备的应用使喷灌系统的运行具有智能化的特征，不仅可以降低系统运行和管理的费用，而且还提高了水的利用率。

（4）控制电缆

即传输控制信号的电缆，它由缆芯（多为铜质）、绝缘层和保护层构成。根据保护层不同，控制电缆可分为铠装控制电缆、塑料护套控制电缆和橡胶护套控制电缆。根据铠装形式的不同，铠装控制电缆又可分为钢带铠装和钢丝铠装两类。

喷灌系统中，影响控制电缆选型的主要因素有使用要求与经济技术指标、铺设方式和铺设环境、喷灌区域中阀门井的分布和阀门井中电磁阀的数量以及电缆铺设长度等。

（5）过滤装置

当水中含有泥砂、固体悬浮物、有机物等杂质时，为了防止堵塞喷灌系统管道、阀门和喷头,必须使用过滤设备。绿地喷灌系统常用的过滤设备有离心过滤器、砂石过滤器、网式过滤器和叠片过滤器。类型不同,其工作原理及适用场合也各不相同。设计时应根据喷灌水源的水质条件进行合理选择。

(6)加压设备

当使用地下水或地表水作为喷灌用水,或者当市政管网水压不能满足喷灌的要求时,需要使用加压设备为喷灌系统供水,以保证喷头所需工作压力。常用的加压设备主要有各类水泵,如离心泵、井用泵、小型潜水泵等。水泵的性能参数主要包括扬程、流量、功率和效率等。设计时应根据水源条件和喷灌系统对水量、水压的要求等具体情况进行选择。

3. 喷灌系统的类型

(1)按管道铺设方式分类

1)移动式喷灌系统。此种形式要求灌溉区有天然地表水源(江、河、湖、池、沼等),其动力(电动机或汽油、柴油发动机)、水泵、管道和喷头等是可以移动的。由于不需要埋设管道等设备,所以投资较经济,机动性强,但管理工作强度大。适用于天然水源充裕的地区,尤其是水网地区的园林绿地、苗圃、花圃的灌溉。

2)固定式喷灌系统。泵站固定,干支管均埋于地下的布置方式,喷头固定于竖管上,也可临时安装。固定式喷灌系统的设备费用较高,但操作方便,节约劳力,便于实现自动化和遥控操作。适用于需要经常灌溉和灌溉期较长的草坪、大型花坛、花圃、庭园绿地等。

3)半固定式喷灌系统。其泵站和干管固定,支管和喷头可移动,优缺点介于上述两者之间。应视具体情况酌情采用,也可混合使用。如苗圃、花圃就是采用这种喷灌系统。

(2)按控制方式分类

1)程控型喷灌系统,指闸阀的启闭是依靠预设程序控制的喷灌系统。其特点是省时、省力、高效、节水,但成本较高。

2)手控型喷灌系统,指人工启闭闸阀的喷灌系统。

(3)按供水方式分类

1)自压型喷灌系统,指水源的压力能够满足喷灌系统的要求,无须进行加压的喷灌系统。自压型喷灌系统常见于以市政或局域管网为喷灌水源的场合,多用于小规模园林绿地的喷灌。

2)加压型喷灌系统,当喷灌系统是以江、河、湖、溪、井等作为水源,或水压不能满足喷灌系统设计要求时,需要在喷灌系统中设置加压设备,以保证喷头有足够的工作压力。

3.4.2 喷灌系统设计

1. 喷灌规划设计前基本资料的准备

规划设计前必须收集有关资料,了解与喷灌系统规划设计相关的自然条件和人文条件,并进行调查、分析。

(1)自然条件

包括喷灌区域的地形、土壤以及当地的水源和气象条件等。

借助地形图及现场勘察了解喷灌区域的几何形状、坡度、高程、地上和埋深小于1.50m的地下构筑物的位置及尺寸等。

通过查阅水文资料或实测,了解喷灌区域内的土壤质地、土壤结构、土壤密度和田间持水量等土壤特性,以便正确选择喷头、确定设计喷灌强度等。

影响喷灌设计的主要气象因素是平均风速和主风向,它们直接影响喷头的选型和布置、喷头水量分布及喷灌水的利用率。

喷灌系统的类型、设备选择、前期的工程造价和后期的运行费用等都与水源条件有关。应掌握水源的总量、流量、水质和水压(指自压型喷灌系统)等情况。如果采用地表水,应认真考虑水中固体悬浮物与有机物对喷灌设备及管网的堵塞影响;如使用地下水,水中的含砂量成为主要考虑的问题;如果利用市政或局域管网水源,管网管径、供水压力及(昼夜)压力波动则是设计中水力计算的重要依据。

(2)人文因素

人文因素包括喷灌区域的种植状况、喷灌系统的期望投资和期望年限。

种植状况是指绿地喷灌区域内种植区域及其植物的种类,需水量和最大允许水滴打击强度因植物种类的不同而异。

期望投资是指用户为修建喷灌系统计划投入的资金数额。喷灌系统方案应与用户的计划投资数额相协调。

期望年限是指拟建喷灌系统使用寿命的期望值。喷灌系统设备选型应当考虑绿地在城市总体和区域规划中的相对永久性和临时性,力求发挥投入资金的最大效益。对于临时性绿地的喷灌系统设计,应当在满足植物需水要求情况下,尽量降低工程造价,并追求较高的管材、设备的再次利用率,如优先选择移动型喷灌系统、尽量采用柔性材质等。

2. 喷灌设计计算

(1)确定喷灌用水量 Q

$$Q = nq \tag{3-8}$$

式中 Q——喷灌用水量(m^3/h);

n——喷头数;

q——单个喷头流量,$q = LbP/1000$。

其中 L——喷头间距;

b——支管距离;

P——设计喷灌强度(mm/h)。

(2)选择管径 DN

喷灌系统管径可通过喷灌用水量 Q 和喷灌经济流速 v 查水力计算表求得。

一般情况下,v 取 2m/s。

(3)计算水头损失 H

1)干管沿程水头损失计算

干管沿程水头损失可按给水管网水力计算方法,根据管内流量 Q 和所选管径 DN 从水力计算表中查得单位管长的水头损失值,最后乘以管道长度,便求得管道全长的沿程水头损失值。

2)支管沿程水头损失计算——多口系数

在喷灌系统的支管上,一般都装有若干个竖管、喷头,同时进行喷洒。此时支管每隔一定距离有部分水流出,即支管上流量是逐段减少的。这时可假定支管内流量沿程不变,一直流到管末端,按进口处最大流量计算水头损失(即不考虑分流),然后乘上一个多口系数 F 值进行校正。

3)局部水头损失计算

在计算精度要求不太高时,为了避免繁琐计算,可按沿程水头损失值的10%估算。

3. 喷灌系统的设计

根据规划设计各环节的工作性质和程序,喷灌系统规划设计流程如图3-20所示。

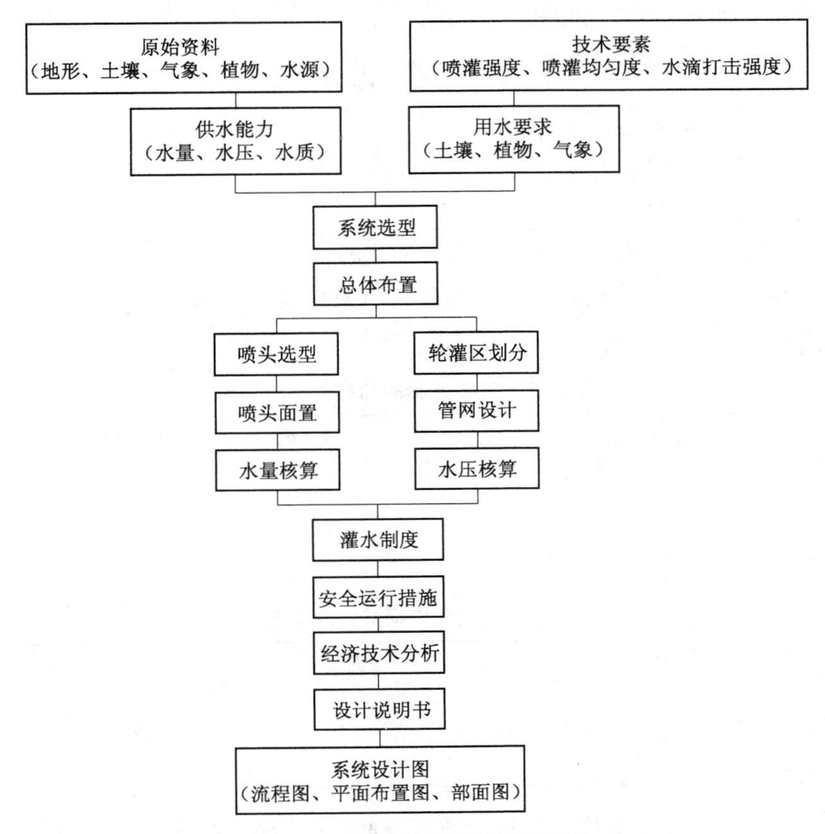

图3-20　喷灌系统规划设计流程

绿地喷灌系统规划设计的主要内容及方法如下。

(1)基本资料收集

设计中应收集如下资料:喷灌区范围、土壤条件、水文状况、气象资料、地形变化情况、坡度坡向、高程点、可能的射程范围及原有植物,特别是名木古树。其他资料还有:是否有管线(各种管道或线路)、构筑物、用水点、池塘水体等。

(2)喷灌用水分析

植物需水量受植物种类、气象、土壤等多种因素的影响,规划设计时应根据当地或临近地区有关资料或试验观察结果确定。

(3)喷灌系统选型

规划设计时,应根据喷灌区域的地形地貌、水源条件、可投入资金数量、期望使用年限等具体情况,选择不同类型的喷灌系统。

(4)喷头选型与布置

这是绿地喷灌系统规划设计的一个重要内容。喷头的性能和布置形式不但关系到喷灌系统的技术要素，也直接影响着喷灌系统的工程造价和运行费用。

1）技术要求：喷头选型与布置，首先应该满足技术方面的要求，包括喷灌强度、喷灌均匀度和水滴打击强度等。

① 设计喷灌强度和土壤允许喷灌强度。设计喷灌强度即单位时间内喷洒于田间的水层厚度，它主要取决于喷水量和喷洒面积的大小：

$$P = 1000 \times Q_p / S \tag{3-9}$$

式中 P——设计喷灌强度（mm/h）；

Q_p——喷水量（m^3/h）；

S——喷洒面积（m^2）。

土壤允许喷灌强度就是在短时间里不形成地表径流的最大喷灌强度。超过时会造成水资源浪费，同时，土壤的结构也受到破坏。土壤允许喷灌强度与土壤质地和地面坡度有关，见表3-17和表3-18。

表3-17 各类土壤的允许喷灌强度

土壤质地	允许喷灌强度（mm/h）	土壤质地	允许喷灌强度（mm/h）
砂土	20	轻质黏土	10
砂壤土	15	黏土	8
壤土	12		

表3-18 坡地允许喷灌强度降低值

地面坡度（%）	允许喷灌强度降低（%）	地面坡度（%）	允许喷灌强度降低（%）
<5	10	13～20	60
5～8	20	>20	75
9～12	40		

喷头选型时，首先根据土壤质地和地面坡度，确定土壤允许喷灌强度，然后再按照喷头布置形式推算单喷头喷灌强度。

② 喷灌均匀度是指在喷灌面积上水量分布的均匀程度。影响喷灌均匀度的因素有喷嘴结构、喷芯旋转均匀性、单喷头水量分布、喷头布置形式、布置间距、地面坡度和风速风向等。在设计风速下，喷灌均匀系数不应低于75%。

③ 水滴打击强度是指单位受水面积内水滴对植物或土壤的打击动能。它与水滴大小、降落速度和密集程度有关。为避免破坏土壤团粒结构造成板结或损害植物，水滴打击强度不宜过大。但是，将有压水流充分粉碎与雾化需要更多的能耗，会产生经济上的不合理性。同时，细小的水滴更易受风的影响，使喷灌均匀度降低，漂移和蒸发损失加大。一般常采用水滴直径和雾化指标间接地反映水滴打击强度，为规划设计提供依据。

④ 工程造价和运行费直接或间接地受喷头的射程、出水量、喷灌强度、工作压力和布置间距等影响。所以，在加压喷灌系统的设计中，选用喷头时应对不同的方案进行比较。

2）喷头选型应根据喷灌区域的地形、地貌、土壤、植物、气象和水源等条件，选择喷头的类型和性能，以满足规划设计的要求。

① 喷头类型。对自压型喷灌系统，应根据供水压力的大小选择喷头类型；对于加压型喷

灌系统,喷头工作压力的选择也应适当,其大小会分别影响工程造价和运行费用。喷头选定后,需要通过水力计算确定管网的水头损失,核算供水压力能否满足设计要求。

如果喷灌区域地貌复杂、构筑物较多,且不同植物的需水量相差较大,采用近射程喷头可以较好地控制喷洒范围,满足不同植物的需水要求;反之,如果绿地空旷、种植单一,采用中、远射程喷头可以降低工程造价。

② 喷洒范围。喷灌区域的几何尺寸和喷头的安装位置是选择喷头的喷洒范围的主要依据。如果喷灌区域是狭长的绿带,应首先考虑使用矩形喷洒范围的喷头。安装在绿地边界的喷头,最好选择可调角度或特殊角度的喷头,以便使喷洒范围与绿地形状吻合,避免漏喷或出界。

③ 工作压力。规划设计中,考虑到电压波动和水压波动,为了保证喷灌系统运行的安全可靠,确定喷头的设计压力时应在喷头的最小工作压力的1.1倍至喷头的最大工作压力的0.9倍之间。如果喷灌区域的面积较大,可采用减压阀进行压力分区,使所有喷头的工作压力都在上述范围内,以获得较高的喷灌均匀度。

④ 喷灌强度是喷头的重要性能参数,喷头选型时应根据土壤质地和喷头的布置形式加以确定,使其组合喷灌强度在土壤允许喷灌强度以内。

⑤ 射程、射角和出水量。射程的确定应考虑供水压力、管网造价和运行费用。喷洒射角的大小则取决于地面坡度、喷头的安装位置和当地在喷灌季节的平均风速。当射程一定时,对于自压型喷灌系统,喷头的出水量小有利于降低管材费用;对于加压型喷灌系统,小出水量的喷头则有利于降低喷灌系统的运行费用。

3)喷头布置。布置喷头时应结合绿化设计图进行,充分考虑地形地貌、绿化种植和园林设施对喷洒效果的影响,做到科学、合理。

① 喷灌区域分闭边界和开边界两类。闭边界就是喷灌区域有明确的外边界,如道路、隔墙和建筑物基础等,大多数园林绿化喷灌区域属于闭边界喷灌区域。开边界就是喷灌区域没有明确的外边界标志,只是在不同的区域里,喷灌技术的要求有所不同。

② 布置顺序,在闭边界喷灌区域,布置喷头的步骤是:首先在边界的转折点上布置喷头(图3-21a);然后在转折点之间的边界上,按照一定的间距布置喷头,要求喷头的间距尽量相等(图3-21b);最后在边界之间的区域里布置喷头,要求喷头的密度尽量相等(图3-21c)。

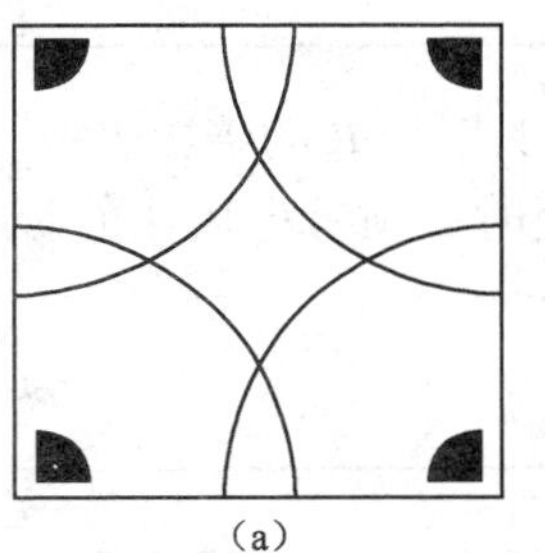
(a)

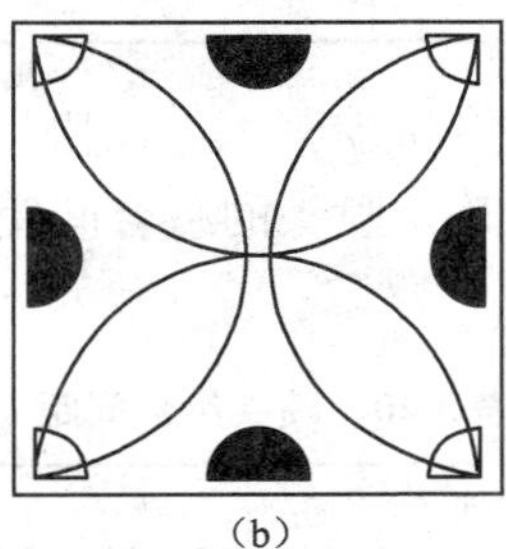
(b)

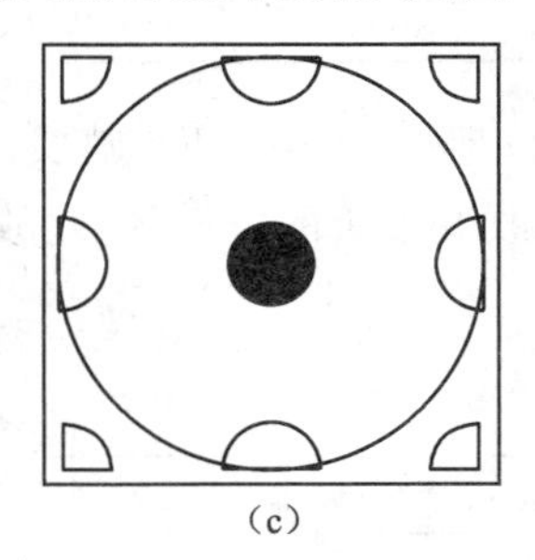
(c)

图3-21　喷头布置顺序

(a)在转折点上布置喷头;(b)沿边界布置喷头;(c)在区域内布置喷头

在开边界喷灌区域,布置喷头应首先从喷灌技术要求较高的区域开始,再向喷灌技术要求较低的区域延伸。

③ 组合形式是各喷头相对位置的安排，一般用相邻几个喷头的平面位置组成的图形表示。在喷头射程相同的情况下，布置形式不同，则其干、支管间距和喷头间距、喷洒的有效控制面积各异，适用情况也不同，见表3-19。多数情况下，采用三角形布置有利于提高组合喷灌均匀度和节水。

表3-19　常用喷头布置形式

项次	名称	喷头组合图	喷头方式	喷头间距 L、支管间距 b 与喷头射程 R 的关系	有效控制面积 S	适　用
1	正方形	L　b	全圆	$L=b=1.42R$	$S=2R^2$	在风向改变频繁的地方效果较好
2	正三角形	L　b	全圆	$L=1.73R$ $b=1.5R$	$S=2.6R^2$	在无风情况下喷灌均匀度最好
3	矩形	L　b	扇形	$L=R$ $b=1.73R$	$S=1.736R^2$	较第1、2两种节省管材
4	等腰三角形	L　b	扇形	$L=R$ $b=1.87R$	$S=1.865R^2$	较第1、2两种节省管材

④ 组合间距是指相邻两个喷头之间的距离，通常用喷头射程 R 的倍数表示。由于风会破坏喷洒水形、改变喷头的覆盖区域，故确定喷头的组合间距时必须考虑风速的影响，其参考值见表3-20。

表3-20　喷头组合间距

设计风速(m/s)	垂直风向	平行风向	无主风向
0.3～1.6	$1.1R$	$1.3R$	$1.2R$
1.6～3.3	$1.0R$	$1.2R$	$1.1R$
3.4～5.4	$0.9R$	$1.1R$	$1.0R$

⑤ 技术要素核算是在获得的所选喷头水量分布资料(生产厂家提供或实测取得)的基础上，根据喷头的布置形式和组合间距，核算喷灌系统的喷灌强度和喷灌均匀度。若与设计数值

不符，则需重新进行喷头选型和布置工作，直到满足设计要求为止。

(5)轮灌区划分

轮灌区是指受单一阀门控制且同步工作的喷头和相应管网构成的局部喷灌系统。轮灌区划分是指根据水源的供水能力将喷灌区域划分为相对独立的工作区域以便轮流灌溉。划分轮灌区还便于分区进行控制性供水以满足不同植物的需水要求，也有助于降低喷灌系统工程造价和运行费用。

1)划分原则

首先是最大轮灌区的需水量必须小于或等于水源的设计供水量 $Q_{供}$；其次轮灌区数量应适中。若过少(即单个轮灌区面积过大)会使管道成本较高，过多则会给喷灌系统的运行管理带来不便。再次，各轮灌区的需水量应该接近，以使供水设备和干管能够在比较稳定的情况下工作。最后，还应当将需水量相同的植物划分在同一个轮灌区里，以便在绿地养护时对需水量相同的植物实施等量灌水。

2)划分步骤

① 计算出水总量 Q，即喷灌系统中所有喷头出水量的总和。

② 计算轮灌区数量 N：

$$N = \frac{Q}{Q_{供}} + 1 \tag{3-10}$$

N 取整数即为该喷灌系统的最小轮灌区数。

(6)管网设计

包括管网布置和管径计算两个内容。

1)管网布置

① 布置原则：应根据实际地形、水源条件提出几种可能的布置方案，然后进行经济、技术比较，在设计中应该考虑以下基本原则。

第一，干管应沿主坡度方向布置，在地形变化不大的地区，支管应与干管垂直，并尽量沿等高线方向布置。

第二，在经常刮风的地区应尽量使支管与主风向垂直。这样在有风时可以加密支管上的喷头，以补偿由于风力造成喷头横向射程的缩短。

第三，支管不可太长，半固定式系统应便于移动，而且应使支管上首端和末端的压力差不超过工作压力的20%，以保证喷洒均匀。在地形起伏的地方干管应布置在高处，而支管应自高处向低处布置，这样支管上的压力可以比较均匀。

第四，泵站或主供水点应尽量布置在整个喷灌系统的中心，以减少输水的水头损失。

第五，喷灌系统应根据轮灌的要求设有适当的控制设备，一般每根支管都应装有闸阀。

② 布置形式：喷灌管网布置形式有两种：丰字形和梳子形。规划设计时根据水源位置选择适宜的形式。

2)管径选择

轮灌区划分和管网布置工作完成之后，各轮灌区的设计供水量和轮灌区内各级管道的设计流量已经确定。干管中的流量因轮灌区的不同而异，一般选用其中的最大流量作为设计流量，并根据这个流量来确定管道的管径。

喷灌管网选择管径的原则是在满足下一级管道流量和水压的前提下，管道的年费用最小。管道的年费用包括投资成本（常用折旧费表示）和运行费用。

对于一般规模的绿地喷灌系统，如采用塑料管材，可以利用公式(3-11)确定管径：

$$D = 22.36\sqrt{\frac{Q}{v}} \tag{3-11}$$

式中 D——管道的公称外径(mm)；

Q——设计流量(m^3/h)；

v——设计流速(m/s)。

式(3-11)的适用条件是：设计流量 $Q = 0.5 \sim 200 m^3/h$，设计流速 $v = 1.0 \sim 2.5 m/s$。同时，当管径≤50mm时，管道中的设计流速不要超过表3-21规定的数值。

表3-21 管道的最大流速

公称外径(mm)	15	20	25	32	40	50
最大流速(m/s)	0.9	1.0	1.2	1.5	1.8	2.1

另外，从喷灌系统运行安全的角度考虑，无论多大管径的管道，其中的水流速度不宜超过2.5m/s。

(7) 灌水制度

轮灌区划分和管网设计工作完成之后，必须制定一个合理的灌水制度，以保证植物适时适量地获得需要的水分。灌水制度的内容包括设计灌水定额、轮灌区的启动时间、启动次数和每次启动的喷洒时间。

1) 设计灌水定额

灌水定额指一次灌水的水层深度。而设计灌水定额是指作为设计依据的最大灌水定额。目的是使灌溉区获得合理的灌水量，既能使被灌溉的植物得到足够的水分，又不造成水的浪费。通常利用田间持水量（即在排水良好的土壤中，排水后不受重力影响而保持在土壤中的水分含量，参见表3-22）计算设计灌水定额。

表3-22 几种常见土壤的密度和田间持水量

土壤质地	密度(g/cm^3)	田间持水量(%)	土壤质地	密度(g/cm^3)	田间持水量(%)
紧砂土	1.45～1.60	16～22	重壤土	1.38～1.54	22～28
砂壤土	1.36～1.54	22～30	轻黏土	1.35～1.44	28～32
轻壤土	1.40～1.52	22～28	中黏土	1.30～1.45	25～35
中壤土	1.40～1.55	22～28	重黏土	1.32～1.40	30～35

$$m = 10\eta h(p_1 - p_2)/\eta_1 \tag{3-12}$$

式中 m——设计灌水定额(mm)；

η——土壤密度(kg/m^3)；

h——计算土层厚度(m)；

p_1——适宜的土壤含水率上限（取田间持水量的80%～100%）(%)；

p_2——适宜的土壤含水率下限（取田间持水量的60%～70%）(%)；

η_1——水的利用率，一般取0.7～0.9。

2）启动时间

根据种植类型和天气情况等，选择喷灌系统的启动时间。既要及时补充植物所需水分，又要避免过量供水。可以根据土壤及植物的颜色和物理外貌等来判断。当地的介绍和经验也是很好的参考。

3）启动次数

取决于土壤、植物、气象等因素。喷灌系统在一年中的启动次数可按下式确定：

$$n = \frac{M}{m} \tag{3-13}$$

式中 n——一年中喷灌系统的启动次数；

M——设计灌溉定额（即单位绿地面积在一年中的需水总量）（mm）；

m——设计灌水定额（mm）。

4）喷洒历时：每个轮灌区的喷洒历时可以依据设计灌水定额、喷头的出水量和喷头的组合间距大小来计算。

$$t = \frac{mS}{1000Q_p} \tag{3-14}$$

式中 t——喷洒历时（h）；

m——设计灌水定额（mm）；

S——喷洒面积（m^2）；

Q_p——喷水量（m^3/h）。

（8）安全措施

绿地喷灌系统的安全措施主要包括防止回流、水锤防护和管网的冬季防冻等。

1）防止回流。对于以饮用水（如市政管网）作为喷灌水源的自压型喷灌系统，必须采取有效的措施防止喷灌系统中的非洁净水倒流，污染饮用水源。导致喷灌水回流的原因是供水管网产生真空。附近管网检修、消防车充水、局部管网停水等都可能使管网中出现真空，造成喷灌管网中所有的水（包括喷头周围地面的积水）都可能被吸回供水管网。

防止回流的方法是在干管上或支管始端安装各类逆止阀。

2）水锤防护。在有压管道中，由于某种外界因素，流量发生急剧变化，引起流速急剧增减，导致水压产生迅速交替的变化，这种水力现象称为水锤。引起水锤的外界因素有闸阀的突然启闭和水泵的启动与停机，其中以事故停泵产生的水锤危害最大。水锤引起的水压变化有时可达正常工作水压的几十倍甚至几百倍，这种大幅度的水压波动现象，具有很大的破坏性，往往造成闸阀破坏、管道接头断开、管道变形甚至管道爆裂等重大事故。

在规划设计时选择较小的流速，在管道上安装减压阀，以及运行时适当延长闸阀的启闭历时等可有效地防止发生水锤危害。

3）冬季防冻。入冬前或冬灌后将喷灌系统管道内的水泄出，是防冻的有效办法。常用的泄水方法有自动泄水、手动泄水和空压机泄水。

自动泄水是通过在局部管网最低处安装自动泄水阀泄水，安装完成后一般不需维护管理。但其非冰冻季节的泄水会造成水的浪费。

手动泄水是在冰冻季节，通过人工操作启闭泄水阀的一种节水型防冻措施，其操作简便、可靠。

空压机泄水是借助空压机提供的气压排除管内积水的泄水防冻方法。特别适用于喷灌区域地形复杂或因绿地覆土较浅,难以靠管线找坡的方法实现泄水的场合。采用空压机泄水,虽然管理维护不太方便,但铺设管道时可不必考虑泄水坡度,并且可减少喷灌系统中泄水井的数量,有助于简化施工程序、降低工程造价。

3.4.3 喷灌系统施工

绿地喷灌系统的工作压力较高,隐蔽工程较多,工程质量要求严格。

1. 施工准备

现场条件准备工作的要求是施工场地范围内绿化地坪、大树调整、建构筑物的土建工程、水源、电源、临时设施应基本到位。还应掌握喷灌区域内埋深小于1m的各种地下管线和设施的分布情况。

2. 施工放样

施工放样应尊重设计意图,尊重客观实际。

对每一块独立的喷灌区域,放样时应先确定喷头位置,再确定管道位置。

对于闭边界区域,喷头定位时应遵循点、线、面的原则。首先确定边界上拐点的喷头位置,再确定位于拐点之间沿边界的喷头位置,最后确定喷灌区域内部位于非边界的喷头位置。

3. 沟槽开挖

因喷灌管道沟槽断面较小,同时也为了防止对地下隐蔽设施的损坏,一般不采用机械方法进行开挖。

沟槽应尽可能挖得窄些,只在各接头处挖成较大的坑。断面形式可取矩形或梯形。沟槽宽度一般可按管道外径加0.4m确定;沟槽深度应满足地埋式喷头安装高度及管网泄水的要求,一般情况下,绿地中管顶埋深为0.5m,普通道路下为1.2m(不足1m时,需在管道外加钢套管或采取其他措施);冻层深度一般不影响喷灌系统管道的埋深,防冻的关键是做好入冬前的泄水工作。因此,沟槽开挖时应根据设计要求保证槽床至少有0.5%的坡度,坡向指向指定的泄水点。

挖好的管槽底面应平整、压实,具有均匀的密实度。除金属管道和塑料管外,对于其他类型的管道,还需在管槽挖好后立即在槽床上浇筑基础(100~200mm厚碎石混凝土),再铺设管道。

4. 管道安装

管道安装是绿地喷灌工程中的主要施工项目。管材供货长度一般为4m或6m,现场安装工作量较大。管道安装用工约占总用工量的一半。

(1)管道连接

管道材质不同,其连接方法也不同。目前,喷灌系统中普遍采用的是硬聚氯乙烯(PVC)管。

硬聚氯乙烯管的连接方式有冷接法和热接法。其中冷接法无须加热设备,便于现场操作,故广泛用于绿地喷灌工程。根据密封原理和操作方法的不同,冷接法又分为以下三种:

1)胶合承插法适用于管径小于160mm的管道的连接,是目前绿地喷灌系统中应用最广泛的一种形式。本方法适用于工厂已事先加工成TS接头的管材和管件的连接,操作简便、迅速,步骤如下:

① 切割、修口。用专用切割钳(管径小于40mm时)或钢锯按照安装尺寸切割PVC管材,保证切割面平整并与管道轴线垂直。然后将插口处倒角锉成破口,以便于插接。

② 标记。将插口插入承口,用铅笔在插口管端外壁作插入深度标记。插入深度值应符合规定。

③ 涂胶、插接,用毛刷将胶合剂迅速、均匀地涂刷在承口内侧和插口外侧。待部分胶合剂挥发而塑性增强时,即可一边旋转管子一边用力插入(大口径管材不必旋转),同时使管端插入的深度至所画标线并保证插口顺直。

2)弹性密封圈承插法便于解决管道因温度变化出现的伸缩问题,适用于管径为63~315mm的管道连接。

操作过程中应注意:保证管道工作面及密封圈干净,不得有灰尘和其他杂物;不得在承口密封圈槽内和密封圈上涂抹润滑剂;大、中口径管道应利用拉紧器(如电动葫芦等)插接;两管之间应留适当的间隙(10~25mm)以供伸缩;密封圈不得扭曲。

3)法兰连接一般用于硬聚氯乙烯管与金属管件和设备等连接。法兰接头与硬聚氯乙烯管之间的连接方法同胶合承插法。

(2)管道加固

指用水泥砂浆或混凝土支墩对管道的某些部位进行压实或支撑固定,以减小喷灌系统在启动、关闭或运行时产生的水锤和震动作用,增加管网系统的安全性。一般在水压试验和泄水试验合格后实施。对于地埋管道,加固位置通常是:弯头、三通、变径、堵头以及间隔一定距离的直线管段。

5. 水压试验和泄水试验

管道安装完成后,应分别进行水压试验和泄水试验。水压试验的目的在于检验管道及其接口的耐压强度和密实性,泄水试验的目的是检验管网系统是否有合理的坡降,能否满足冬季泄水的要求。

(1)水压试验

试验内容包括严密试验和强度试验。其操作要点如下:

1)大型喷灌系统应分区进行,最好与轮灌区的划分相一致。

2)在被测试管道上应安装压力表,选用压力表的最小刻度不大于0.025MPa。

3)向试压管道中注水要缓慢,同时排出管道内的空气,以防发生水锤或气锤。

4)严密试验,将管道内的水压加到0.35MPa,保持2h。检查各部位是否有渗漏或其他不正常现象。在1h内压力下降幅度小于5%,表明管道严密试验合格。

5)强度试验,严密试验合格后再次缓慢加压至强度试验压力(一般为设计工作压力的1.5倍,并且不得大于管道的额定工作压力,且不得小于0.5MPa),保持2h。观察各部位是否有渗漏或其他不正常现象。在1h内压力下降幅度小于5%,且管道无变形,表明管道强度试验合格。

6)水压试验合格后,应立即泄水,进行泄水试验。

(2)泄水试验

泄水时应打开所有的手动泄水阀,截断立管堵头,以免管道中出现负压,影响泄水效果。只要管道中无满管积水现象即为合格。一般采用抽查的方法检验。抽查的位置应选地势较低处,并远离泄水点。检查管道中有无满管积水情况的较好方法是排烟法:将烟雾从立管排入管道，观察临近的立管有无烟雾排出，以此判断两根立管之间的横管是否满管积水。

6. 土方回填

管道安装完毕并经水压及泄水试验合格后，可进行管槽回填。分两步进行：

(1)部分回填

部分回填是指管道以上约100mm范围内的回填。一般采用砂土或筛过的原土回填，管道两侧分层踩实，禁止用石块或砖砾等杂物单侧回填。对于聚乙烯管（PE软管），填土前应先对管道压力充水至接近其工作压力，以防止回填过程中管道挤压变形。

(2)全部回填

全部回填采用符合要求的原土，分层轻夯或踩实。一次填土100~150mm，直至高出地面100mm左右。填土到位后对整个管槽进行水夯，以免绿化工程完成后出现局部下陷，影响绿化效果。

7. 设备安装

(1)首部安装

水泵和电机设备的安装施工必须严格遵守操作规程，确保施工质量。其操作要点主要是：安装人员应具备设备安装的必要知识和实际操作能力，了解设备性能和特点；核实预埋螺栓的位置与高程；安装位置、高度必须符合设计要求；对直联机组，电机与水泵必须同轴；对非直联卧式机组，电机与水泵轴线必须平行；电器设备应由具有低压电气安装资格的专业人员按电气接线图的要求进行安装。

(2)喷头安装

喷头安装施工应注意以下几点：

1)喷头安装前，应彻底冲洗管道系统，以免管道中的杂物堵塞喷头。

2)喷头的安装高度以喷头顶部与草坪根部或灌木的修剪高度平齐为宜。

3)在平地或坡度不大的场合，喷头的安装轴线与地面垂直；如果地形坡度大于20°，喷头的安装轴线应取铅垂线与地面垂线所形成的夹角的平分线方向，以最大限度保证组合喷灌均匀度。

4)为避免喷头将来自顶部的压力直接传给横管，造成管道断裂或喷头损坏，最好使用铰接杆或PE管连接管道和喷头。

8. 工程验收

(1)中间验收

绿地喷灌系统的隐蔽工程必须进行中间验收。中间验收的施工内容主要包括：管道与设备的地基和基础，金属管道的防腐处理和附属构筑物的防水处理，沟槽的位置、断面和坡度，管道及控制电缆的规格与材质，水压试验与泄水试验等。

(2)竣工验收

竣工验收的主要项目有：供水设备工作的稳定性，过滤设备工作的稳定性及反冲洗效果，喷头平面布置与间距，喷灌强度和喷灌均匀度，控制井井壁稳定性、井底泄水能力和井盖标高，控制系统工作稳定性，管网的泄水能力和进、排气能力等。

第4章 水景工程

4.1 水景工程概述

4.1.1 水景的作用

“水令人远，景得水而活”，水景是园林工程的灵魂。由于水的千变万化，在组景中水常用于借声、借形、借色、对比、衬托和协调园林中不同环境，从而构建出不同的富于个性化的园林景观。在具体景观营造中，水景具有以下作用。

1. 景观作用

(1) 基底作用

大面积的水面视域开阔、坦荡，能托浮岸畔和水中景观。即使水面不大，当水面在整个空间中仍具有面的感觉时，水面仍可作为岸畔和水中景观的基底，从而产生倒影，扩大和丰富空间。

(2) 系带作用

水面具有将不同的园林空间、景点连接起来产生整体感的作用，还具有作为一种关联因素，使散落的景点统一起来的作用。前者称为线形系带作用，后者称为面形系带作用。

(3) 焦点作用

喷涌的喷泉、跌落的瀑布等动态形式的水的形态和声响能引起人们的注意，吸引住人们的视线。此类水景通常安排在向心空间的焦点、轴线的交点、空间醒目处或视线容易集中的地方，以突出其焦点作用。

2. 生态作用

地球上以各种形式存在的水构成了水圈，与大气圈、岩石圈及土壤圈共同构成了生态物质环境。作为地球水圈一部分的水景，为各种不同的动植物提供了栖息、生长、繁衍的水生环境，有利于维护生物的多样性，进而维持水体及其周边环境的生态平衡，对城市区域的生态环境的维持和改善起到了重要的作用。

3. 调节气候，改善环境质量

水景中的水，对于改善居住区环境微气候以及城市区域气候都有着重要的作用，这主要表现在它可以增加空气湿度、降低温度、净化空气、增加负氧离子、降低噪声等。

4. 休闲娱乐作用

人类本能地喜爱水，接近、触摸水都会感到舒服、愉快。在水上还能从事多项娱乐活动，如划船、游泳、垂钓等。因此在现代景观中，水是人们消遣娱乐的一种载体，可以带给人们无穷的乐趣。

5. 蓄水、灌溉及防灾作用

水景中大面积的水体，可以在雨季起到蓄积雨水，减轻市政排污压力，减少洪涝灾害发生的作用。而蓄积的水源，又可以用来灌溉周围的树木、花丛、灌木和绿地等。特别是在干旱季节和震灾发生时，蓄水既可以用作饮用、洗漱等生活用水，还可用于地震引起的火灾的扑救等。

4.1.2 水景的类型

1. 按水体的来源和存在状态划分

(1)天然型

天然型水景就是景观区域毗邻天然存在的水体(江、河、湖等)而建,经过一定的设计,把自然水景“引借”到景观区域中的水景。

(2)引入型

引入型水景就是天然水体穿过景观区域,或经水利和规划部门的批准把天然水体引入景观区域,并结合人工造景的水景。

(3)人工型

人工型水景就是在景观区域内外均没有天然的水体,而是用人工开挖蓄水,其所用水体完全来自人工引入水源,纯粹为人造景观的水景。

2. 根据水流状态划分

可将水景分为静态水景和动态水景两种。静态水景,也称静水,一般指园林中以片状汇聚的水面为景观的水景形式,如湖、池等。其特点是宁静、祥和、明朗。它的作用主要是净化环境、划分空间、丰富环境色彩、增加环境气氛。

动态水景以流动的水体,利用水姿、水色、水声来增强其活力和动感,令人振奋。形式上主要有流水、落水和喷水三种。流水如小河、小溪、涧,多为连续的、有宽窄变化的;带状动态水景如瀑布、跌水等水景立面上必须有落水高差;喷水是水受压后向上喷出的一种水景形式,如喷泉等。

4.2 静态水景工程

4.2.1 静态水景的形式

静态水景一般是指成片状汇集的水面,在园林中它常以湖、塘、池、泉等形式出现。静态的水景让人感觉到宁静、舒适、幽雅。

1. 水庭

水庭是以水池为中心,并以水充满整个建筑空间的庭院,它具有平静、开朗、温柔的风格,在传统园林中使用很多。

2. 小水面

多采用变化单纯的中央水池,边角附着一至两个水湾。

3. 泮池

“天子之学有辟雍,诸侯之学有泮宫。”其辟雍源于西周天子为贵族子弟所设的大学,取四周有水,形如壁环之意。因此,我国各地孔庙及寺院多设泮池,其形式亦多种多样。

4. 阿字池

这种水池的水际线呈阿字形,主要代表佛教中阿字为众生之母的阿字观。阿字池一般设在阿弥陀堂的前面,池中有岛、拱桥、平桥,池内有荷花。

5. 泉与井

泉是地下水的天然露头,是水中的奇观,古往今来一直作为景观资源,并与中国园林文化紧密结合。从形式上看,它们或整形或自然,或半整形半自然,但都能巧妙地与环境相结合,进而融为一体。

井本是取水的构筑物，但也已成为我国园林景观之一。这不仅因为它有修饰精美的井围，还因其具有丰富的内涵。

6. 大水面

在大型园林中，结合地形改造，常常设大水面，它们或有“千顷之汪洋，收四时之烂漫”，或有“江干湖畔，深柳疏芦”。

4.2.2 湖的设计

1. 湖的布置要点

1）湖址常选地势低洼且土壤抗渗性好的园地。

2）湖的面积根据园林性质、水源条件和湖体功能等综合考虑确定。

3）湖的总平面形状可以是方形、长方形或带状，最好是上述各种形状的组合。

4）山水依傍、相互衬托。使湖与山地、丘陵组合造景形成湖光山影，利用地貌的起伏变化来加强水景的自然特征。

5）岸线处理要具有艺术性，有自然的曲折变化。宜借助岛、半岛、堤、桥、汀步、矶石等形式进行空间分割，以产生收放、虚实的变化。

6）湖岸形式多样，可根据周围环境性质和使用要求加以选择。如块石驳岸简洁大方，假山石驳岸灵活自然，仿竹桩驳岸自然多趣，草皮护坡亲切，毛料石护坡稳重等。

7）必须设置溢水和泄水通道。常水位要兼顾安全、景观和游人近水心理。

2. 湖的工程设计

（1）水源选择

1）蓄集雨水。

2）池塘本身的底部有泉。

3）引天然河湖水。

4）打井取水。

选择时应考虑地质、卫生、经济上的要求，并充分考虑节约用水。

（2）基址选择

人工湖平面设计完成后，要对拟挖湖所及的区域进行土壤探测，为施工技术设计做准备。

1）黏土、砂质黏土、壤土、土质细密、土层深厚或渗透力小的黏土夹层是最适合挖湖的土壤类型。

2）以砾石为主，黏土夹层结构密实的地段，也适宜挖湖。

3）砂土、卵石等容易漏水，应尽量避免在其上挖湖。如漏水不严重，要探明下面透水层的位置深浅，采用相应的截水墙或用人工铺垫隔水层等工程措施。

4）基土为淤泥或草煤层等松软层，须全部将其挖出。

5）湖岸立基的土壤必须坚实。黏土虽透水性小，但在湖水到达低水位时，容易开裂，湿时又会形成松软的土层、泥浆，故单纯黏土不能作为湖的驳岸。为实际测量漏水情况，在挖湖前对拟挖湖的基础进行钻探，要求钻孔之间的最大距离不得超过100m，待土质情况探明后，再决定这一区域是否适合挖湖，以及施工时应采取的工程措施。

（3）水量损失估算

水量损失主要是由于风吹、蒸发、溢流、排污和渗漏等原因造成的损失。一般按循环水流量或水池容积的百分数计算。其值参考表4-1。

表4-1　水量损失表

水景形式	风吹损失占循环水流量的百分比(%)	蒸发损失占循环水流量的百分比(%)	溢流、排污损失及每天排污量占水池容积的百分比(%)
喷泉	0.5～1.5	0.4～0.6	3～5
水膜、水塔、孔流	1.5～3.5	0.6～0.8	3～5
瀑布、水幕、叠流、涌泉、静池、珠泉	0.3～1.2	0.2	2～4

1)水面蒸发量的测定和估算。关于水面蒸发量,我国目前主要采用E-601型蒸发器测定,但测出的数值比实际的大,应乘以0.75～0.85的折减系数。

在缺乏实测资料时,可按式(4-1)估算:

$$E=22(1+0.17W_{200}^{1.5})(e_0-e_{200}) \tag{4-1}$$

式中　E——水面蒸发量;

e_0——对应水面温度的空气饱和水气压(Pa);

e_{200}——水面上200cm处的空气水气压(Pa);

W_{200}——水面上空200cm处的风速(m/s)。

2)渗透损失。计算水体的渗透损失是十分复杂的,对园林水体,可以参考表4-2所列。

表4-2　渗透损失表

渗透损失	全年水量损失(占水体体积的百分比)
良好	5%～10%
中等	10%～20%
不好	20%～40%

4.2.3　湖的施工

1. 湖底的施工

(1)湖底防渗透处理

部分湖的土层渗透性极小,基本不漏水,因此无须进行特别的湖底处理,适当夯实即可,同时,在部分基址地下水位较高的人工湖湖体施工时,为避免湖底受地下水的挤压而被抬高,必须特别注意地下水的排放。通常用15cm厚的碎石层铺设整个湖底,上面再铺5～7cm厚砂子。如果这种方法还无法解决,则必须在湖底开挖环状排水沟,并在排水沟底部铺设带孔PVC管,四周用碎石填塞(图4-1)。

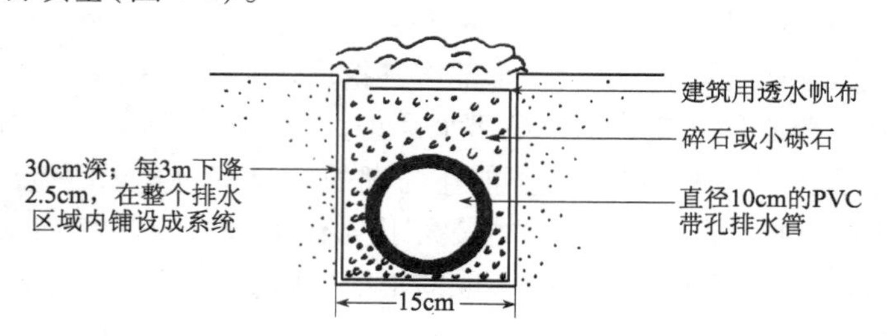

图4-1　PVC管排水铺设示意图

(2)湖底的常规处理

常规湖底从下到上一般可分为基层、防水层、保护层、覆盖层。

1)基层。一般土层经辗压平整即可。砂砾或卵石基层经辗压平整后,其上须再铺厚度为15cm的细土层。如遇有城市生活垃圾等废物应全部清除,用土回填压实。

2)防水层。用于湖底的防水层材料很多,主要有聚乙烯防水毯、聚氯乙烯防水毯、三元乙丙橡胶、膨润土防水毯、赛柏斯掺合剂、土壤固化剂等,详见表4-3所列。

表4-3 常用人工湖底防水层处理方法

序号	材料	性能	工程做法
1	聚乙烯防水毯	由乙烯聚合而成的高分子化合物。具热塑性,耐化学腐蚀,成品呈乳白色,含炭的聚乙烯能抵抗紫外线,一般防水用厚度为0.3mm	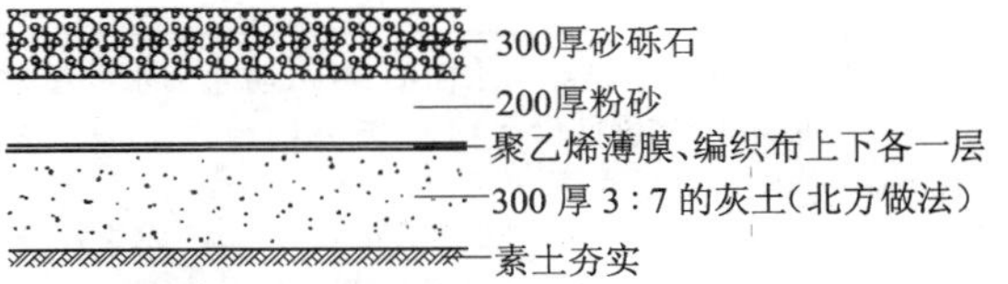 300厚砂砾石 200厚粉砂 聚乙烯薄膜、编织布上下各一层 300厚3:7的灰土(北方做法) 素土夯实
2	聚氯乙烯防水毯(PVC)	以聚氯乙烯为主合成的高聚化合物。其拉伸强度大于5MPa,断裂伸长率大于150%,耐老化性能好,使用寿命长,原料丰富,价格便宜	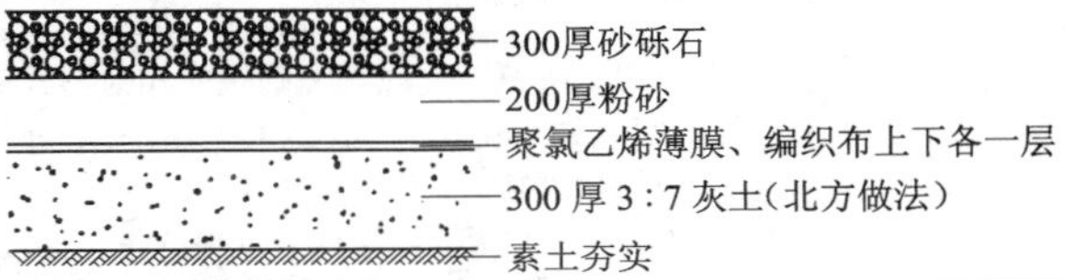 300厚砂砾石 200厚粉砂 聚氯乙烯薄膜、编织布上下各一层 300厚3:7灰土(北方做法) 素土夯实
3	三元乙丙橡胶	由乙烯、丙烯和任何一种非共轭二烯烃共聚合成的高分子聚合物,加上丁基橡胶混炼而成的防水卷材。耐老化,使用寿命可长达50年,拉伸强度高,断裂伸长率为45%,因此抗裂性能极佳,耐高低温性能好,能在-45~160℃环境中长期使用	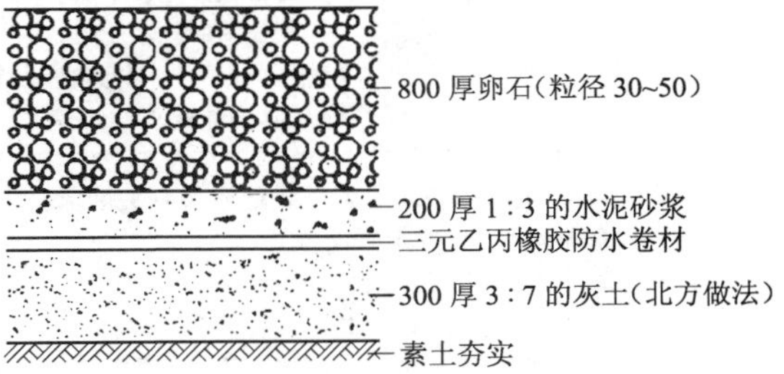 800厚卵石(粒径30~50) 200厚1:3的水泥砂浆 三元乙丙橡胶防水卷材 300厚3:7的灰土(北方做法) 素土夯实
4	膨润土防水毯	一种以蒙脱石为主的黏土矿物体。渗透系数为1.1×10-11m/s,土工合成材料,膨润土垫(GCL)经常采用有压安装,遇水后产生反向压力,具有修补裂隙的功能,可直接铺于夯实的土层上,安装容易,防水功能持久	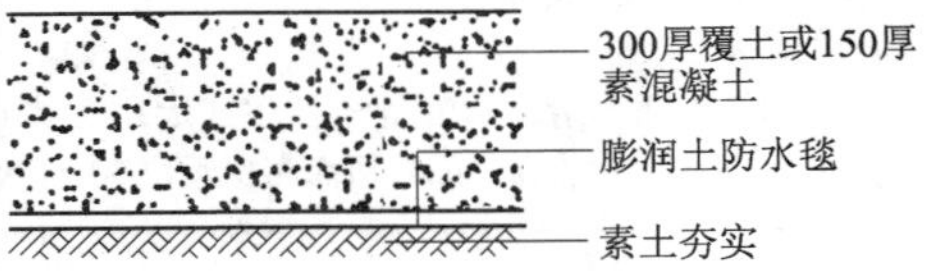 300厚覆土或150厚素混凝土 膨润土防水毯 素土夯实
5	赛柏斯掺合剂	水泥基渗透结晶型防水掺合剂,为灰色结晶粉末,遇水后形成不溶于水的网状结晶,充填混凝土中的微孔,达到防水目的	
6	土壤固化剂	由多种无机和有机材料配制而成的水硬性复合材料,适用于各种土质条件下的表层、深层土的改良加固,固化剂中的高分子材料通过交联形成三维网状结构,能提高土壤的抗压、抗渗、抗折性能,其渗透系数大于1×10^{-7}cm/s,固化剂元素无污染,对水的生态环境无副作用,水中动植物可健康生长	清除石块、杂草,松散土壤,均匀拌合固化剂并摊平、碾压、经胶结的土粒填充了其中的孔隙,将松散的土变为致密的土而固定

3)保护层。在防水层上平铺15cm厚的过筛细土,以保护防水材料不被破坏。

4)覆盖层。在保护层上覆盖50cm厚的回填土,防止防水层被撬动。其寿命可保持10~30年。

2. 驳岸工程与护坡工程

(1)驳岸与护坡的作用、形式及施工方法

作为水景组成的驳岸与护坡直接影响园景,必须从实用、经济、美观几个方面一起考虑。驳岸与护坡在作用、形式及施工方法上的不同见表4-4。

表4-4 驳岸与护坡在作用、形式及施工方法上的不同

性质	驳　　岸	护　　坡
定义	一面临水的挡土墙,是支持和防止坍塌的水工构筑物。多用岸壁直墙,有明显的墙身,岸壁大于45°	保护坡面、防止雨水径流冲刷及风浪拍击对岸坡的破坏的一种水工措施。在土壤斜坡45°内可用护坡
作用	1. 是维系陆地与水面的界限,防止因水的浸蚀、冻胀、风浪淘刷使岸壁塌陷,导致陆地后退,岸线变形,影响园林景观; 2. 是通过驳岸强化岸线的景观层次,丰富水景的立面层次,加强景观的艺术效果	防止滑坡,减少地面水和风浪的冲刷;保证岸坡稳定;自然的缓坡能产生自然的亲水效果
形式	1. 规则式。块石、砖、混凝土砌筑的几何形式的岸壁,简洁明快,缺少变化,一般为永久性,要求好的砌筑材料和较高的施工技术 2. 自然式。外观无固定形状或规格的岸坡处理,自然亲切、景观效果好,如假山石驳岸、卵石驳岸 3. 混合式。规则式与自然式驳岸相结合的驳岸造型。一般为毛石暗墙、自然山石岸顶,易于施工,具装饰性,适于地形许可并有一定装饰要求的湖岸	1. 草皮护坡。坡度在1:5~1:20之间的湖岸缓坡。可用假俭草、狗牙根 2. 灌木护坡。适于大水面平缓的坡岸,可用沼生植物 3. 铺石护坡。当坡岸较陡、风浪较大或因造景需要时,可采用铺石护坡。护坡石料可用石灰岩、砂岩、花岗岩
施工方法	1. 施工前调查。了解岸线地质及有关情况。放线:根据常水位线,确定平面位置 2. 挖槽。人工或机械开挖 3. 夯实地基。将地基夯实 4. 浇筑基础。块石之间要分隔,不得置于边缘 5. 砌筑岸墙。墙面平整、砂浆饱满。隔10~25m做伸缩缝 6. 砌筑压顶。用预制混凝土板块或大块方整石压顶,顶面向水中挑出5~6cm,顶面高出水位50cm为宜	以铺石护坡为例: 1. 开槽。按设计要求挖基础梯形槽,并夯实土基 2. 铺倒滤层、砌坡脚石。按要求分层填筑,坡脚石宜用大石块,并灌足砂浆 3. 铺砌块石、补缝勾缝。从坡脚石起,由下而上铺砌块石,石块呈品字形排列,保持与坡面平行,石间用砂浆和碎石填满、垫满、填平,用M7.5水泥砂浆勾缝

(2)驳岸工程

1)驳岸破坏的因素。护岸前造成岸壁破坏的因素如图4-2所示,护岸后造成岸壁破坏的因素如图4-3所示。

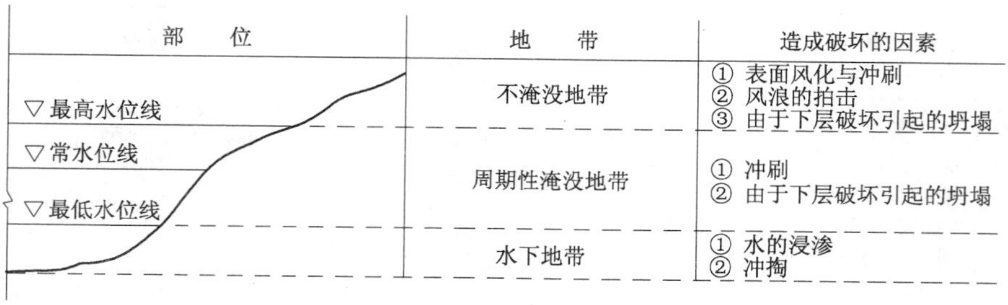

部　位	地　带	造成破坏的因素
▽最高水位线	不淹没地带	①表面风化与冲刷 ②风浪的拍击 ③由于下层破坏引起的坍塌
▽常水位线 ▽最低水位线	周期性淹没地带	①冲刷 ②由于下层破坏引起的坍塌
	水下地带	①水的浸渗 ②冲掏

图4-2 护岸前岸壁破坏的因素分析

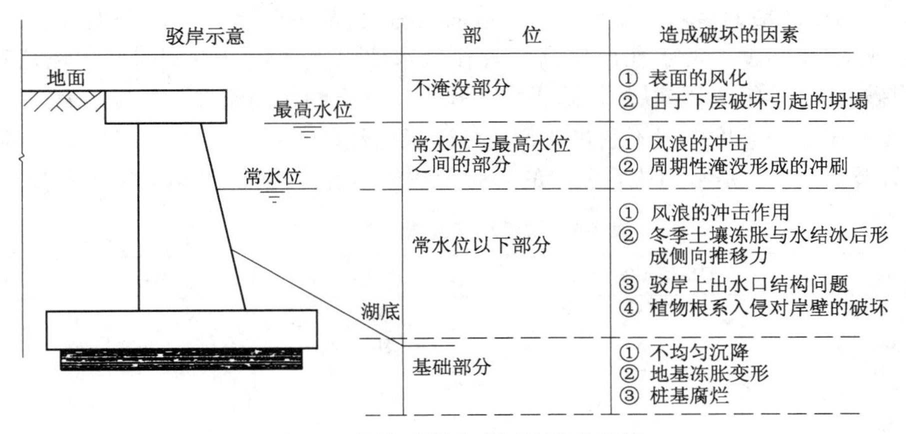

图 4-3　护岸后岸壁破坏的因素分析

2)驳岸平面位置与岸顶工程的确定。与城市河流接壤的驳岸按照城市河道系统规定平面位置建造,园林内部驳岸则根据湖体施工设计确定驳岸位置。平面图上常水位线显示水面位置。整形式驳岸岸顶宽度一般为 30 ~ 50cm,岸顶高程应比最高水位高出一段,以保证湖水不致因风浪拍岸而涌入岸边地面,一般高出 25 ~ 100cm。

从造景角度看,深潭和浅水面的要求也不一样。一般湖面驳岸贴近水面为宜,游人可亲近水面,并显得水面丰盈、饱满。

3)常见驳岸的结构。园林中使用的驳岸形式主要以重力式结构为主,其中砌石驳岸又是重力式驳岸最主要的形式。它主要依靠墙身自重来保证岸壁的稳定,抵抗墙后土壤的压力。如图 4-4 所示是园林驳岸的常见结构,它主要由基础、墙身和压顶三部分组成。具体构造及名称如图所示。

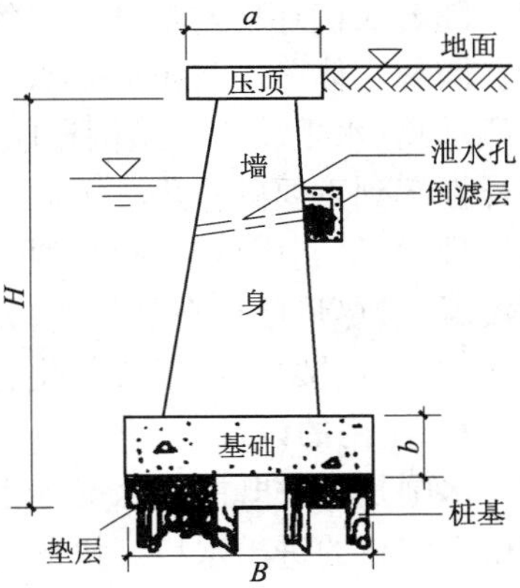

图 4-4　重力式驳岸结构示意图

压顶:驳岸之顶端结构,一般向水面有所悬挑,其作用是增强驳岸稳定性,阻止墙后土壤流失,美化水岸线。压顶一般用 C15 混凝土或大块石做成,宽度 30 ~ 50cm。

墙身:基础与压顶之间的主体部分,其承受的压力最大,主要来自垂直压力、水的水平压力及墙后土壤侧压力,为此墙身要确保一定厚度,多用混凝土、毛石、砖砌筑。

基础:驳岸的底层结构,常用材料有灰土、素混凝土、浆砌块石等。厚度一般为 400mm,埋入湖底深度不得小于 50cm,宽度一般在驳岸高度的 0.6 ~ 0.8 倍范围内。

垫层:在基础的下面,常用材料有矿渣、碎石、碎砖等,整平地坪,以保证基础与土基均匀接触。

基础桩:增加驳岸的稳定性,也是防止驳岸滑移或倒塌的有效措施,同时兼起加强土基承载能力的作用。常用材料有木桩、混凝土桩等。直径一般为 10 ~ 15cm,长 1 ~ 2m。

沉降缝:考虑到墙高不等、墙后土压力、地基沉降不均匀等因素的影响,必须设置断裂缝。缝距可采用:浆砌石结构为 15 ~ 20m,混凝土和钢筋混凝土结构为 10 ~ 15m。

伸缩缝:避免因混凝土收缩结硬和湿度、温度的变化所引起的破裂而设置的缝道。一般 10 ~ 25m 设置一道,宽度约 30mm,有时也兼作沉降缝用。

泄水孔：为排除地面渗入水或地下水在墙后的滞留，常用打通毛竹管，间距 3～5m 埋于墙身内，铺设成 1∶5 斜度。泄水孔出口高度宜在低水位以上 500mm。同时驳岸墙后孔口处需用细砂、粗砂、碎石等组成倒滤层，以防止泄水孔入口处土颗粒的流失而导致阻塞。

由于园林中驳岸高度一般不超过 2.5m，可以根据经验数据来确定各部分尺寸，而省去繁杂的结构计算。表 4-5 是常用块石驳岸的经验参数选用表，可结合图 4-4 配套使用。

表 4-5　常见块石驳岸参数选用表

H(mm)	驳岸压顶宽 a(cm)	驳岸基础宽 B(cm)	驳岸基础厚度 b(cm)
100	30	40	30
200	50	80	30
250	60	100	50
300	60	120	50
350	60	140	70
400	60	160	70
500	60	20	70

(3)护坡工程

护坡是保护河湖或路边坡面(一般在自然安息角以内)防止雨水径流冲刷及风浪拍击的一种水工措施。为了顺其自然，护坡没有如驳岸那样支撑土壤的岸壁直墙，而是在土壤斜坡上铺设各种材料护坡。护坡的作用主要是防止滑坡现象，减少地面水和风浪的冲刷，保证岸坡的稳定。自然式缓坡护坡能产生亲水的效果，在园林中使用很多。

随着人们环境与生态意识的提高，丰富多彩的、充满生机的岸边景观，受到人们的广泛喜爱。园林水体驳岸与护坡是水体生态景观的重要组成部分，除有保护岸壁等功能外，还具有为两栖动物、水生动物提供栖息地的功能，是水陆水分、营养交换的重要场所，对保护和恢复生物多样性起到重要的作用。因此，园林护岸应采用生态工程方法营造，即以生物学与生态学为基本原理，尽量利用自然材料，通过工程技术来设计一种可持续发展的系统。生态护岸要避免使用混凝土，尽量使用自然材料，如砂石、石头、石块、木头和植物等，并遵循“五化”原则：表面多孔化、驳岸低矮化、坡度缓坡化、材质自然化、施工经济化。

4.2.4　水闸的设计

水闸是一种既能挡水又能泄水的低水头水工构筑物，通过启闭闸门来控制水位和流量。常设于园林的进出水口。按形式分，水闸主要有叠梁式闸、上提式闸、橡胶坝三种，在园林景观水体中以上提式水闸最为普遍。

1. 水闸类型

按功能水闸可分为下列几类：

(1)进水闸

设于入水口处，联系上游和控制进水量。

(2)分水闸

用于控制水体支流分水。

(3)泄水闸

于水体出口处，联系下游和控制出水量。

2. 闸址的选择

1)闸址应分别设在所控水体的上游、下游。

2）闸体轴心线应与水体流动中心线相吻合，使水流通过水闸时畅通无阻。进水闸的取水口应设在弯道顶点以下水深最深、单宽流量大、环流强的地方，这样能引取表面清水，排走底砂。引水角应做成锐角，一般 $\theta=30°\sim60°$，如图 4-5 所示。

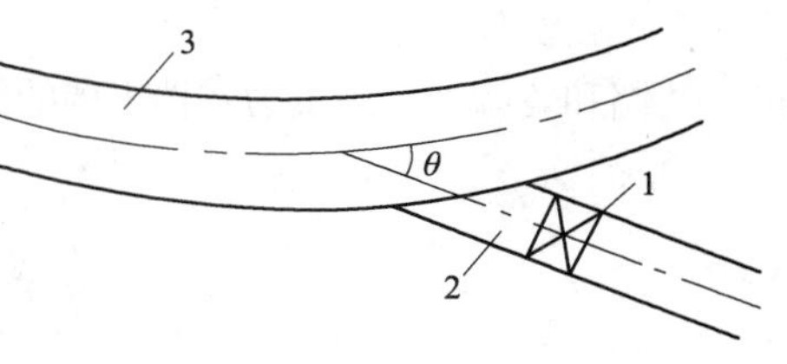

图 4-5　进水闸位置

1—进水闸；2—引水渠；3—河流

3）水体急弯处避免设闸，如一定要在转弯处设闸，则要改变局部水道使之呈平直或缓曲。

4）闸址应选择质地均匀、压缩性小、承载力大的地基，以避免发生大的沉陷。利用良好的岩层作为闸址最好，避免在砂壤土处设闸。

3. 水闸的结构

园林中常用的水闸的结构大致可分为三个部分，即地上部分（上层结构）、地下部分（下层结构）和地基。

（1）地上部分

地上部分主要包括闸墙、闸墩、闸门、翼墙（图 4-6）。

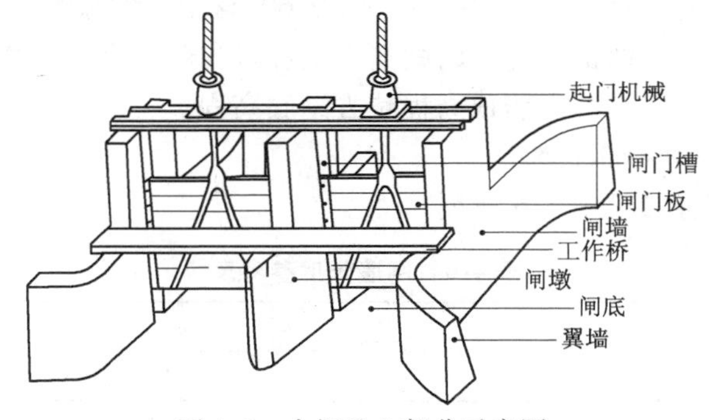

图 4-6　水闸地上部分示意图

（2）地下部分

地下部分主要包括闸底（承接地上部分建筑荷载等）、铺盖（不透水层，防渗）、护坦（消力池，半透水层，增加消能效果）、海漫（透水层，保护下游河床）四个部分（图 4-7）。

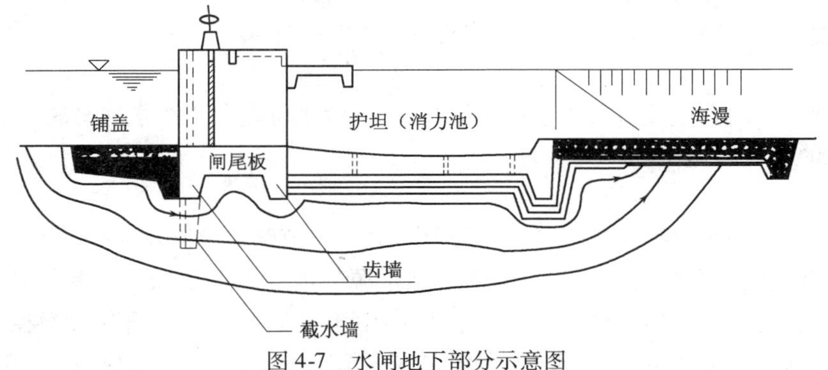

图 4-7　水闸地下部分示意图

（3）地基

地基承受着上部建筑物的重量和活荷载、闸身两侧土壤重量、土压力、水及水压力等全部压力，要避免地基超限度和不均匀沉降，同时注意防止地下渗流，出现管涌。

4. 水闸的结构设计

(1) 闸墙和翼墙

闸墙和翼墙多采用重力式挡土墙的结构。对于5m以下的挡土墙,其一般做法如图4-8所示。

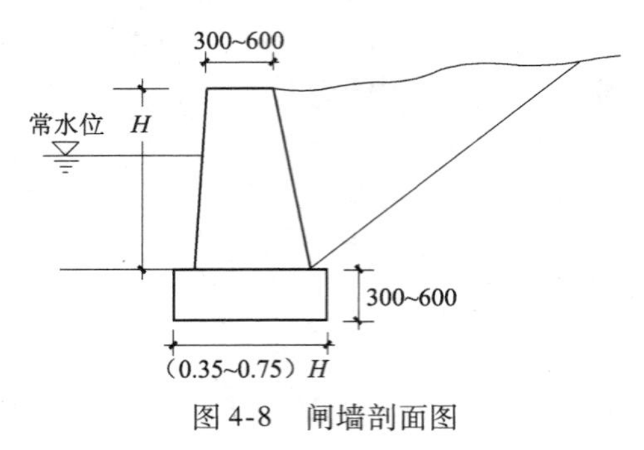

图4-8 闸墙剖面图

墙顶宽——一般为30~60cm。

墙底宽——用宽高比(B/H)表示。宽高比与土质有关:砂砾土的宽高比为1∶0.35~1∶0.40,湿砂土的宽高比为1∶0.58~1∶0.60,含根土的宽高比为1∶0.75。

墙顶高程及墙高度——墙顶高程为内湖高水位、风浪高、安全超高之和,并与堤顶同高;墙高度为墙顶高程减去湖底高程。

墙基厚——通常为30~60cm。

墙长——闸墙长度可参见表4-6所列。

表4-6 闸墙长度参考表

闸墙高度(m)	2.0	2.5	3.0	3.5	4.0	5.0
闸墙长度(m)	4.4	4.5	4.6	4.8	4.9	5.7

(2) 闸底

小型闸底板一般用M5、M7.5水泥砂浆砌块石或C10~C15混凝土建造。

闸底高程——与上游河底同高。

闸底长度——一般为上下游水位差的1.5~3倍,与闸墩长度相同。

底板厚度——为闸孔净宽的1/6~1/4,通常为40~60cm。

(3) 闸孔

宽度的确定。闸孔宽度应根据引用水流量、上下游水位差及下游水深来决定。

4.2.5 水池的设计和施工

1. 水池的分类

水池在园林中的用途很广泛,可用作处理广场中心、道路尽端以及和亭、廊、花架等各种建筑,形成富于变化的各种组合。可以在缺乏天然水源的地方开辟水面以改善局部的小气候条件,为种植、饲养有经济价值和观赏价值的水生动植物创造生态条件,并使园林空间富有生动活泼的景观。常见的喷水池、观鱼池、海兽池及水生植物种植池都属于这种水体类型。水池平面形状和规模主要取决于园林总体与详细规划中的观赏与功能要求,水景中水池的形态种类众多,深浅和池壁、池底材料也各不相同。

目前,园林景观用人工水池按修建的材料和结构可分为刚性结构水池、柔性结构水池、临时简易水池三种。

(1)刚性结构水池

刚性结构水池也称钢筋混凝土水池(图4-9)。特点是池底池壁均配钢筋,寿命长、防漏性好,适用于大部分水池。

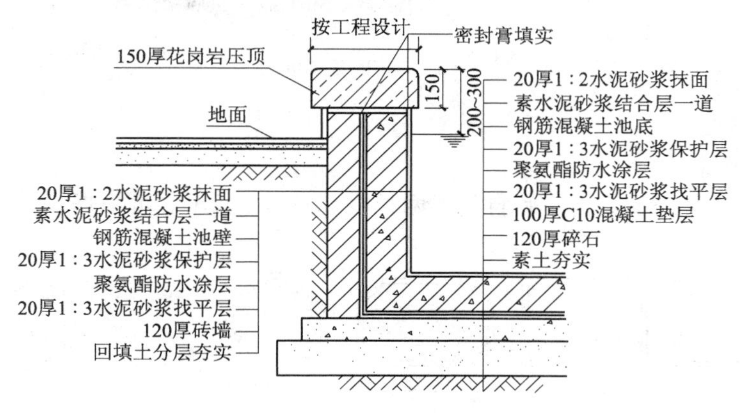

图4-9 刚性结构水池

(2)柔性结构水池

近几年,随着建筑材料的不断革新,出现了各种各样的柔性衬垫薄膜材料,改变了以往光靠加厚混凝土和加粗加密钢筋网防水的做法,例如北方地区水池的渗透冻害,开始选用柔性不渗水材料做防水层(图4-10)。其特点是寿命长,施工方便且自重轻,不漏水,特别适用于小型水池和屋顶花园水池。目前,在水池工程中常用的柔性材料有玻璃布沥青席、三元乙丙橡胶(EPDM)薄膜、聚氯乙烯(PVC)衬垫薄膜、膨润土防水毯等。

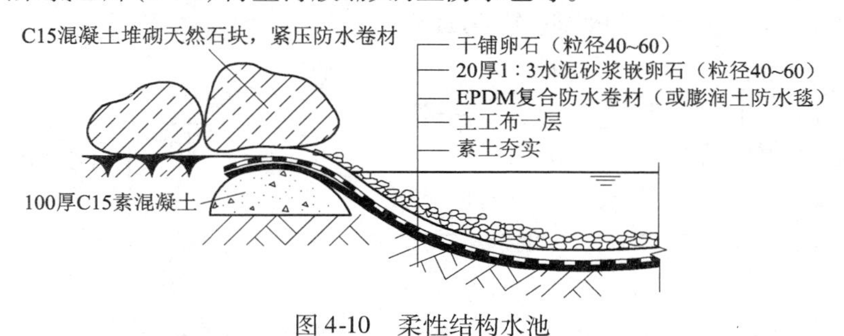

图4-10 柔性结构水池

(3)临时简易水池

此类水池结构简单,安装方便,使用完毕后能随时拆除,甚至还能反复利用。一般适用于节日、庆典、小型展览等水池的施工。

临时水池的结构形式不一。对于铺设在硬质地面上的水池,一般可采用角钢焊接、红砖砌筑或者泡沫塑料制成池壁,再用吹塑纸、塑料布等分层将池底和池壁铺垫,并将塑料布反卷包住池壁外侧,用素土或其他重物固定(图4-11)。内侧池壁可用树桩做成驳岸,或用盆花遮挡,池底可视需要再铺设砂石或点缀少量卵石。另外,还可用挖水池基坑的方法建造:先按设计要求挖好基坑并夯实,再铺上塑料布,塑料布应至少留15cm在池缘,并用天然石块压紧,池周按设计要求种上草坪或铺上苔藓,一个临时水池便可完成。

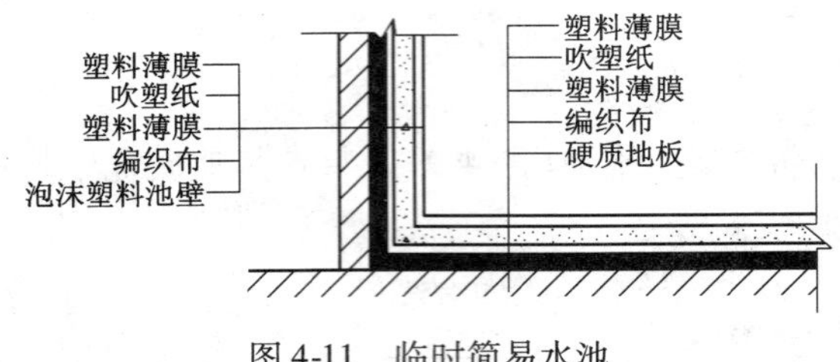

图 4-11　临时简易水池

2. 水池的形式

(1)池的平面形式

池的平面形式可分为规则式和自然式两种,如图 4-12 所示。可根据环境特点加以选择和设计。

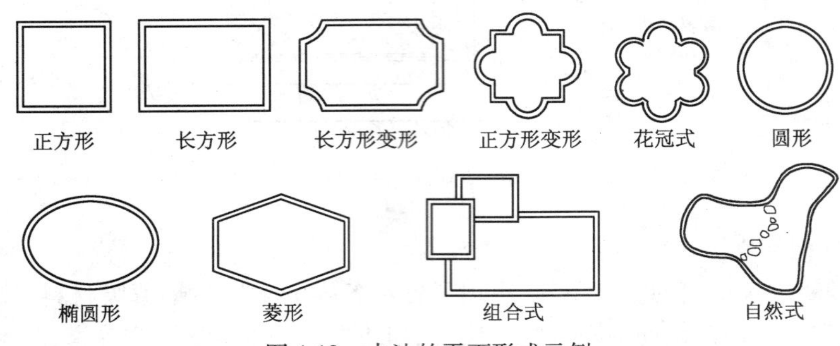

图 4-12　水池的平面形式示例

(2)池壁的形式

根据池壁压顶与地面高差的关系,池壁的形式可分为高于地面的池壁(图 4-13a)、与地面相平的池壁(图 4-13b)和沉床式池壁(图 4-13c)。

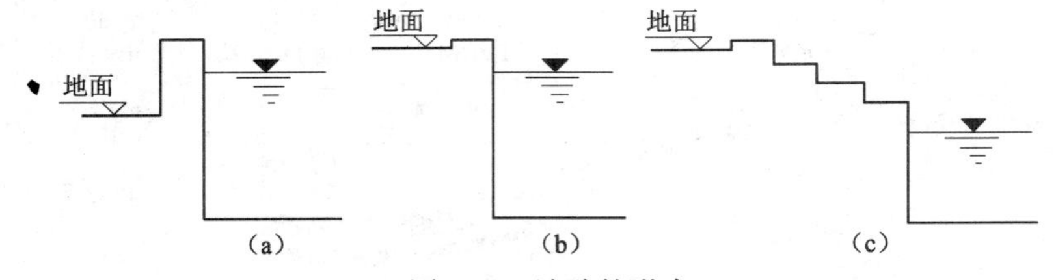

图 4-13　池壁的形式

(a)高于地面的池壁;(b)与地面相平的池壁;(c)沉床式池壁

(3)池壁的压顶形式

池壁的压顶可以处理成无沿口和有沿口,有沿口还可以做成平顶、单坡顶、双坡顶、圆弧顶等形式,以进一步丰富水池的平面、立面变化,如图 4-14 所示。

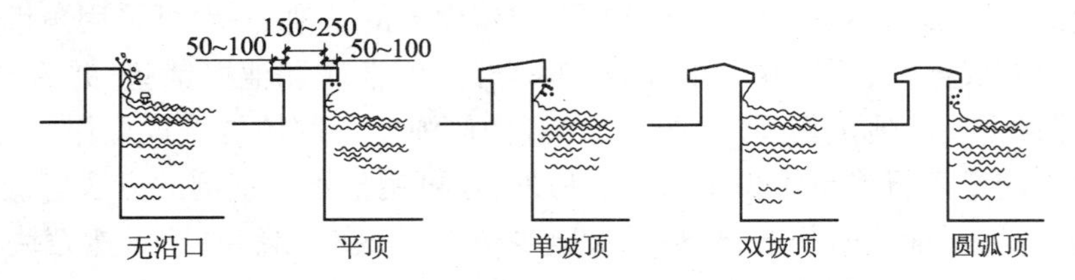

图 4-14　池壁的压顶形式

3. 水池的设计

水池设计包括平面设计、立面设计、剖面结构设计、管线设计及其他配套设计等。

(1)平面设计

水池的平面设计显示水池在地面以上的平面位置和尺寸。水池平面可以标注各部分的高程，标注进水口、溢水口、泄水口、喷头、集水坑、种植池等的平面位置以及所取剖面的位置等内容。

(2)立面设计

水池的立面设计可以反映主要朝向立面的高度和变化，水池的深度一般根据水池的景观要求和功能而定。水池池壁顶面与周围的环境要有合适的高程关系，一般以最大限度地满足游人的亲水性要求为原则。池壁顶除了使用天然材料，表现其天然特性外，还可用规整的形式，加工成平顶或挑伸，或中间折拱或曲拱，或向水池一面倾斜等多种形式。

(3)剖面设计

水池的剖面设计应从地基至池壁顶注明各层材料和施工要求。剖面应有足够的代表性，如一个剖面不足以反映时可增加剖面。

(4)管线设计

水池中的基本管线包括给水管、补水管、泄水管、溢水管等(图 4-15)。有时给水与补水管道使用同一根管子。给水管、补水管和泄水管为可控制的管道，以便更有效地控制水的进出。溢水管为自由管道，不加闸阀等控制设备以保证其畅通。对于循环用水的溪流、跌水、瀑布等还包括循环水的管道。

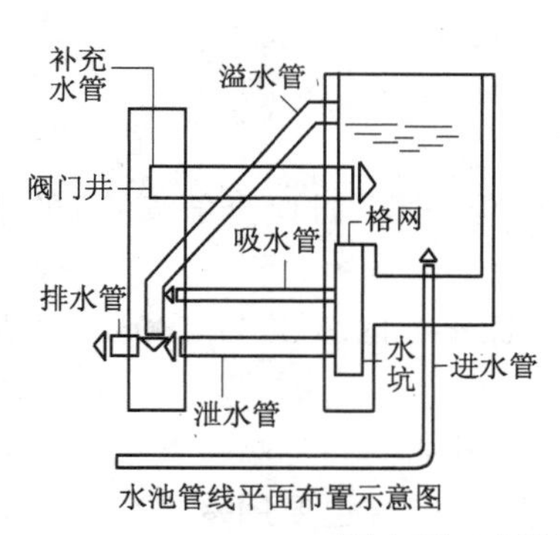

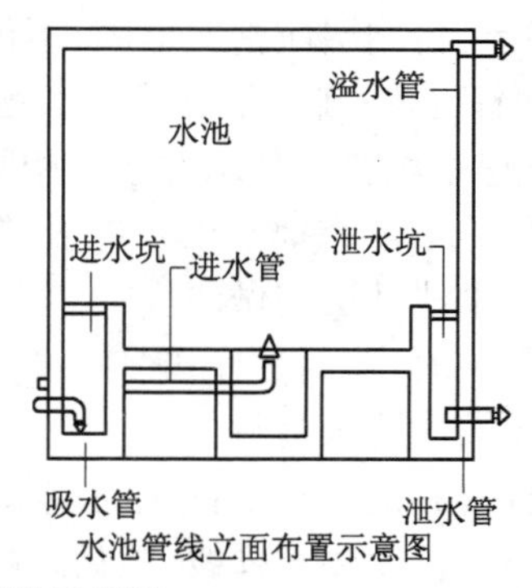

图 4-15　水池管线布置示意图

水池设置溢水管，以维持一定的水位和进行表面排污，保持水面清洁。溢水口应设格栅或格网，以防止较大漂浮物堵塞管道。

水池应设泄水口，以便于清扫、检修和防止停用时水质腐败或结冰，池底都应有不小于 0.01 的坡度，坡向泄水口或集水坑。水池一般采用重力泄水，也可利用水泵的吸水口兼作泄水口。

对配有喷泉、水下灯光的水池还存在供电系统设计问题。

一般水景工程的管线可直接敷设在水池内或直接埋在土中。大型水景工程中，如果管线多而且复杂，应将主要管线布置在专用管沟内。

(5)其他配套设计

在水池中可以布设卵石、汀步、跳水石、跌水台阶、置石、雕塑等景观设施。对于有跌水的水池，跌水线可以设计成规整或不规整的形式，这是设计时重点强调的地方。池底装饰可利用人工铺砌砂土、砾石或钢筋混凝土池底，再在其上选用池底装饰材料。

4. 水池的施工

(1)刚性材料水池:宜用于规则式水池。

1)放样。按设计图纸要求放出水池的位置、平面尺寸、池底标高对桩位。

2)开挖基坑。一般可采用人工开挖,如水面较大也可采用机挖;为确保池底基土不受扰动破坏,机挖必须保留200mm厚度,由人工修整。需设置水生植物种植槽的,在放样时应明确,以防超挖而造成浪费;种植槽深度应视设计种植的水生植物特性决定。

3)做池底基层。一般硬土层上只需用C10素混凝土找平约100mm厚,然后在找平层上浇捣刚性池底;如土质较松软,则必须经结构计算后设置块石垫层、碎石垫层、素混凝土找平层后,方可进行池底浇捣。

4)池底、壁结构施工。按设计要求,用钢筋混凝土作结构主体的,必须先支模板,然后扎池底、池壁钢筋;两层钢筋间需采用专用钢筋撑脚支撑,已完成的钢筋严禁踩踏或堆压重物。

浇捣混凝土需先底板、后池壁;如基底土质不均匀,为防止不均匀沉降造成水池开裂,可采用橡胶止水带分段浇捣;如水池面积过大,可能造成混凝土收缩裂缝的,则可采用后浇带法解决。

如要采用砖、石作为水池结构主体的,必须采用M7.5~M10水泥砂浆砌筑底板,灌浆饱满密实,在炎热季节要及时洒水养护砌筑体。

5)水池粉刷。为保证水池防水可靠,在做装饰前,首先应做好蓄水试验,在灌满水24h后未有明显水位下降后,即可对池底、池壁结构层采用防水砂浆粉刷,粉刷前要将池水放干清洗,不得有积水、污渍,粉刷层应密实牢固,不得出现空鼓现象。

(2)柔性材料水池:宜用于自然式水池。

1)放样、开挖基坑要求与刚性水池相同。

2)池底基层施工。在地基土条件极差(如淤泥层很深,难以全部清除)的条件下,才有必要考虑采用刚性水池基层的做法。

不做刚性基层时,可将原土夯实整平,然后在原土上回填300~500mm的黏性黄土压实,即可在其上铺设柔性防水材料。

3)水池柔性材料的铺设。铺设时应从最低标高开始向高标高位置铺设;在基层面应先按照卷材宽度及搭接长度要求弹线,然后逐幅分割铺贴,搭接也要用专用胶粘剂满涂后压紧,防止出现毛细缝。卷材底空气必须排出,最后在每个搭接边再用专用自粘式封口条封闭。一般搭接边,长边不得小于80mm,短边不得小于150mm。

如采用膨润土复合防水垫,铺设方法和一般卷材类似,但卷材搭接处需满足搭接200mm以上,且搭接处按0.4kg/m铺设膨润土粉压边,防止渗漏产生。

4)柔性水池完成后,为保护卷材不受冲刷破坏,一般需在面上铺压卵石或粗砂作保护。

4.3 动态水景工程

4.3.1 溪流工程

1. 溪流的组成和形态

自然界中的溪流多是在瀑布或涌泉下游形成,上通水源,下达水体。溪岸高低错落,流水晶莹剔透,且多有散石净砂,绿草翠树。如图4-16所示为溪流的一般模式。

从图中可以看出：

1）小溪狭长形带状，曲折流动，水面有宽窄变化。

2）溪中常分布砂心滩、砂漫滩，岸边和水中有岩石、矶石、汀步、小桥等。

3）岸边有可近可远的自由小径。

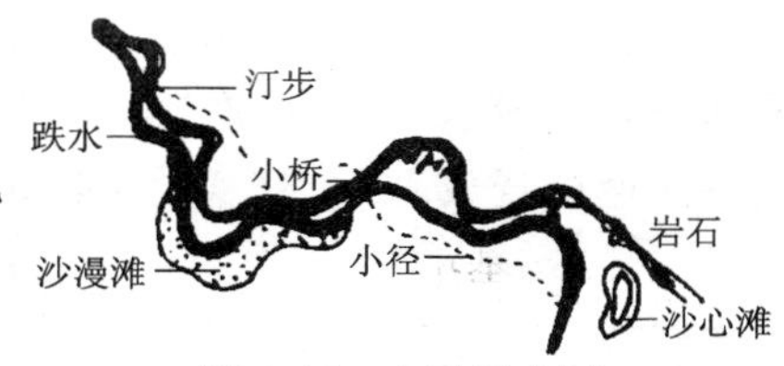

图 4-16　小溪模式图

2. 溪流的水力计算

人工溪流一般采用循环供水的方式，源头设溢水池或直接布管放水，下游蓄水池底部布置潜水泵，将水抽回源头，形成循环供水的溪流景观。为了使水泵从下游水池抽水到形成溪流流回下游水池的这段过程中，下游水池水位的下降要控制在理想的范围内，就要求下游水池有足够的容积。如果下游水池过小，水量不够小溪使用，那就会出现不堪设想的后果：下游水池水位下降很多，危及池内动植物生存，而且大部分池岸显露出来，非常难看；下大雨或水泵关闭时，水池又会被淹没。再精彩的设计都无法弥补水池大小计算错误所造成的后果。一般按照经验，下游蓄水池的容积为整个溪流的水流体积的 5 倍较为合适。

同时，为了使溪道中的水流满足设计要求，则必须算好其流量，选择合适的泵型，可参照河渠的水力计算公式进行计算。对于采用分层分段实现高度变化的溪流，可采用跌水的水力计算公式进行计算。

（1）流速

溪流流速的计算公式为

$$v = \frac{1}{n} R^{\frac{2}{3}} i^{\frac{1}{2}} \tag{4-2}$$

式中　v——流速（m/s）；

R——水力半径，即水流的过水断面积（水流垂直方向断面面积）与该断面湿周（水流与岸壁相接触的周界）之比；

n——河道粗糙系数（n 值查表 4-7）；

i——河道比降，即任一河段的落差与该段长度的比值。

表 4-7　河渠粗糙系数 n 值

	河渠特征		n
土质	$Q > 25m^3/s$	平滑顺直，养护良好	0.0225
		平滑顺直，养护一般	0.0250
		河渠多石，杂草丛生，养护较差	
	$Q = 1 \sim 25m^3/s$	平滑顺直，养护良好	0.0250
		平滑顺直，养护一般	0.0275
		河渠多石，杂草丛生，养护较差	0.030
	$Q < 1m^3/s$	渠床弯曲，养护一般	0.0275
		支渠以下的渠道	—
		河渠多石，杂草丛生，养护较差	—

	河渠特征	n
各种材料护面	光滑的水泥抹面	0.012
	不光滑的水泥抹面	0.014
	光滑的混凝土护面	0.015
	平整的喷浆护面	0.015
	料石砌护面	0.015
	砌砖护面	0.015
	粗糙的混凝土护面	0.017
	不平整的喷浆护面	0.018
	浆砌块石护面	0.025
	干砌石护面	0.033
岩石	经过良好修整的	0.025
	经过中等修整的无凸出部分	0.030
	经过中等修整的有凸出部分	0.033
	未经修整的有凸出部分	0.035 ~ 0.045

河道安全流速在河道的最大允许流速和最小允许流速之间。其最小允许流速（临界淤积流速或叫不淤积流速）根据含泥砂性质，可按相关公式计算，溪流一般不得小于0.2m/s。最大允许流速可查表4-8。在实际工作中，根据经验，人工溪流的流速一般控制在0.5～1.8m/s。

表4-8 河道与溪流的最大允许流速

土壤或砌护种类（河床）	最大流速（m/s）
泥炭分解的淤泥	0.25～0.50
瘠薄的砂质土及中等黄土	0.70～0.80
泥炭土	0.70～1.80
坚实黄土及黏壤土	1.00～1.20
黏土	1.20～1.80
草皮护面	0.80～1.00
卵石护面	1.50～3.50
混凝土护面	5.00～10.00

（2）流量

溪流流量的计算公式为：

$$Q = w \times v \tag{4-3}$$

式中 Q——流量（m^3/s）；

w——过水断面积（m^2）；$w=\frac{2}{3}$水面宽×高，或$w=\frac{1}{2}$（水面宽+底）×高；

v——平均流速（m/s）。

3. 溪流的布置要点

1）溪流的形态应根据环境条件、水量、流速、水深、水面宽和所用材料进行合理的设计。其布置讲究师法自然，宽窄曲直对比强烈，空间分隔开合有序。平面上要求蜿蜒曲折，立面上要求有缓有陡，整个带状游览空间层次分明，组合有致，富于节奏。

2）溪流的坡度应根据地理条件及排水要求而定。普通溪流的坡度宜为0.5%，急流处为3%左右，缓流处不超过1%。溪流宽度宜在1～3m，可通过溪流宽窄变化控制流速和流水形态（图4-17）。溪流水深一般为0.3～1m，分为可涉入式和不可涉入式两种。可涉入式溪流的水深应小于0.3m，以防止儿童溺水，同时水底应做防滑处理。可供儿童嬉水的溪流，应安装水循环和过滤装置。不可涉入式溪流超过0.4m时，应在溪流边采取防护措施（如石栏、木栏、矮墙等）。同时宜种养适应当地气候条件的水生动植物，增强观赏性和趣味性。

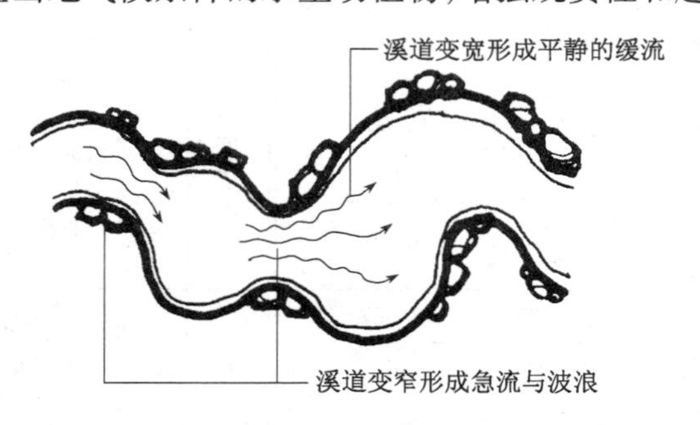

图4-17 溪道的宽窄变化对水流形态的影响

3）溪流的布置离不开石景，在溪流中配以山石可充分展现其自然风格，表4-9为石景在溪流中所起到的景观效果。在溪流设计中，通过在溪道中散点山石可创造水的各种流态及声响（图4-18）。同时，可利用溪底的平坦和凹凸不平产生不同的景观效果（图4-19）。

表4-9　溪流中石景的布置及景观效果

名　称	景　观　效　果	应　用　部　位
主景石	形成视线焦点，起到对景作用，点题，说明溪流名称及内涵	溪流的首尾或转向处
跌水石	形成局部小落差和细流声响	铺在局部水线变化位置
劈水石	使水产生分流和波动	不规则布置在溪流中间
溅水石	使水产生分流和飞溅	用于坡度较大、水面较宽的溪流
抱水石	调节水速和水流方向，形成隘口	溪流宽度变窄及转向处
垫脚石	具有力度感和稳定感	用于支撑大石块
河床石	观赏石材的自然造型和纹理	设在水面下
铺底石	美化水底，种植苔藻	多采用卵石、砾石、水刷石、瓷砖，铺在基底
踏步石	装点水面，方便步行	横贯溪流，自然布置

图4-18　利用水中置石创造不同景观

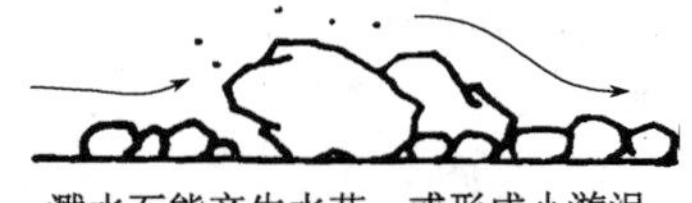

图4-19　溪底粗糙情况不同对水面波纹的影响

4）人工溪流时间一长，池内会滋生能产生黑水的藻类植物，使水质浑浊，因此可在溪流中某处加以拓宽形成沼泽植物过滤区，利用水生植物吸收水中营养成分。也可在沿途设置喷泉小品，利用其曝气充氧作用，使溪流清澈、自然。

4. 溪流的施工

（1）施工准备

主要是进行现场勘察，熟悉设计图纸，准备施工材料、施工机具、施工人员，对施工现场进行清理平整，接通水电，搭建必要的临时设施等。

（2）溪道放线

依据已确定的小溪设计图纸，用石灰、黄砂或绳子等在地面上勾画出小溪的轮廓，同时确定小溪循环用水的出水口和承水池间的管线走向。由于溪道宽窄变化多，放线时应加密打桩量，特别是在转弯点。各桩要标注清楚相应的设计高程，变坡点（即设计跌水之处）要做特殊标记。

（3）溪槽开挖

小溪要按设计要求开挖，最好掘成U形坑。因小溪多数较浅，表层土壤较肥沃，要注意将表土堆放好，作为溪涧种植用土。溪道要求有足够的宽度和深度，以便安装散点石。值得注意的是，一般的溪流在落入下一段之前都应有至少增加 10cm 的水深，故挖溪道时每一段最前面的深度都要深些，以确保小溪的自然。溪道挖好后，必须将溪底基土夯实，溪壁拍实。如果溪底用混凝土结构，先在溪底铺 10 ~ 15cm 厚碎石层作为垫层。

(4) 溪底施工

1) 混凝土结构。在碎石垫层上铺上砂子(中砂或细砂)，垫层 2.5 ~ 5cm，盖上防水材料(EPDM、油毡卷材等)，然后现浇混凝土(水泥强度等级、配比参阅水池施工)，厚度 10 ~ 15cm(北方地区可适当加厚)，其上铺水泥砂浆约 3cm，然后再铺素水泥浆 2cm，按设计放入卵石即可。

2) 柔性结构。如果小溪较小，水又浅，溪基土质良好，可直接在夯实的溪道上铺一层 2.5 ~ 5cm 厚的砂子，再将衬垫薄膜盖上。衬垫薄膜纵向的搭接长度不得小于 30cm，留于溪岸的宽度不得小于 20cm，并用砖、石等重物压紧，最后用水泥砂浆把石块直接粘在衬垫薄膜上。

(5) 溪壁施工

溪岸可用大卵石、砾石、瓷砖、石料等铺砌处理。和溪道底一样，溪岸也必须设置防水层，防止溪流渗漏。如果小溪环境开朗，溪面宽、水浅，可将溪岸做成草坪护坡，且坡度尽量平缓。临水处用卵石封边即可。

(6) 溪道装饰

为使溪流更自然有趣，可用较少的鹅卵石放在溪床上，这会使水面产生轻柔的涟漪。同时按设计要求进行管网安装，最后点缀少量景石，配以水生植物，饰以小桥、汀步等小品。

(7) 试水

试水前应将溪道全面清洁并检查管路的安装情况。而后打开水源，注意观察水流及岸壁，如达到设计要求，说明溪道施工合格。

4.3.2 瀑布、跌水工程

1. 瀑布的分类及设计要点

人工瀑布形态因所依附的构筑物不同而有着十分丰富的形式，可概括为两类：自然式和规则式，适用于不同场合。

(1) 自然式瀑布

指水流界面由自然山石或塑山塑石组成，模拟天然瀑布的落水景观，多与起伏地形和假山结合布置。

1) 落水形式：即瀑身的落水形态，常见形式有直落、段落、对落、滑落、幕落、雨落、乱落等。

2) 布置要点：

① 布置场合一般是在临水的绝壁处。

② 瀑布的上游应有深厚的背景，如：可在蓄水池三面布置山石和树木造成山峦层次，否则，“无源”之水不符合自然之理。

③ 落水口的质地对瀑身影响较大。光滑时瀑身平展如透明薄纱；粗糙时瀑身有较多皱折；极粗糙时产生水花，瀑身呈白色。

④ 承水潭的宽度要根据瀑身高度来确定。过宽影响观赏效果；过窄水花易溅出，若欲使游人能“身临其境”，可设置自然矶石汀步。

⑤ 瀑布的气势取决于用水量。落差越大，用水量越多，气势越壮观。瀑布用水量估算见表 4-10。

表 4-10 瀑布用水量估算表

瀑布落水高度(m)	堰顶蓄水池水深(mm)	用水量(L/s)	瀑布落水高度(m)	堰顶蓄水池水深(mm)	用水量(L/s)
0.30	6	3	3.00	19	7
0.90	9	4	4.50	22	8
1.50	13	5	7.50	25	10
2.10	16	6	>7.50	32	12

(2)规则式瀑布

指水流界面是由砖、石料或混凝土塑成的几何形状构筑物组成的落水景观。多布置在一个较大的水池中，以瀑布群的形式出现，池中常设置矩形汀步，任人行走。

1)落水形态与溢流沿形式：规则式瀑布的景观特征除了与瀑面宽度、落差大小、堰顶水深有关外，还取决于溢流沿的形式及水流界面的材质等。

① 圆池边：水流沿池壁从高水面平滑地下落到低水面。落水声音小，水流及池壁反射光线，可产生闪亮的装饰效果。

② 方角溢流沿：水流下落时产生不同的角度，形成瀑布的层次、落水声音大，有气势，并能产生大量水雾。

③ 圆角溢流沿：水流垂直下落，水流平稳，可形成一层透明反光的幕布。为加强“水幕”效果，可在落水口处加装不锈钢或青铜材料制作的唇堰。

2)布置要点

① 规则式瀑布宜布置在视线集中、空间较开敞的地方。地势若有高差变化则更为理想。

② 瀑布着重表现水的姿态、水声、水光，以水体的动态取得与环境的对比。

③ 水池平面轮廓多采用折线形式，便于与池中分布的瀑布池台(常为方形或长方形)协调一致。池壁高度宜小，最好采用沉床式或直接将水池置于低地中，有利于形成观赏瀑布的良好视域。

④ 瀑布池台应有高低、长短、宽窄的变化，参差错落，使硬质景观和落水均有一种韵律的变化。

⑤ 考虑游人近水、戏水的需要，池中应设置汀步。使池、瀑成为诱人的游乐场所。

⑥ 无论瀑布池台、池壁还是汀步，质地宜粗糙、硬朗，以便与瀑布的滑润、柔美产生对比变化，而且防滑。

2. 瀑布的水力计算

(1)瀑布规模

瀑布规模主要取决于瀑布的落差(跌落高度)、瀑布宽度及瀑身形状。如按落差高低区分，瀑布可分为三类：小型瀑布，落差<2m；中型瀑布，落差2~3m；大型瀑布，落差≥3m。

瀑布因其水量不同，会产生不同的视觉、听觉效果。因此，落水口的水流量和落水高差的控制成为设计的关键参数。以3m高的瀑布为例：当落水口(堰口)水厚3~5mm时为沿墙滑落，当水厚为10mm时为一般瀑布，当水厚为20mm时才能构成气势宏大的瀑布。同时一般瀑布落差越大，所需水量越多；反之，需水量越小。

(2)水力计算

1)瀑布跌落时间的计算公式为：

$$t = \sqrt{\frac{2h}{g}} \tag{4-4}$$

式中　t——瀑布跌落时间(s)；

h——瀑布跌落高度(m)；

g——重力加速度($9.8m/s^2$)。

2)瀑布体积计算

每米宽度瀑布所需水体积的计算公式为：

$$V = \alpha bh \tag{4-5}$$

式中　V——瀑布每米宽度所需水体积(m^3/m)；

α——系数，考虑瀑布在跌落过程中与空气摩擦造成的水量损失，可取1.05~1.1，大型瀑布取上限，小型瀑布取下限；

b——瀑身的厚度(m)；

h——瀑布的跌落高度(m)。

3)瀑布流量计算

为了使瀑布完整、美观与稳定，瀑布的流量必须满足在跌落时间为t(s)的条件下，达到瀑身水体体积为$V(m^3)$，故每米宽度的瀑布，设计流量Q为

$$Q = \frac{V}{t} \tag{4-6}$$

式中　Q——瀑布每米宽度的流量[$m^3/(s \cdot m)$]；

V——瀑布体积(m^3)；

t——瀑布的跌落时间(s)。

3. 跌水的形式及设计要点

(1)跌水的形式

跌水的形式有多种，就其落水的水态可分为以下几种形式：

1)单级式跌水也称一级跌水。溪流下落时，如果无阶状落差，即为单级跌水。单级跌水由进水口、胸墙、消力池及下游溪流组成。

进水口是水源的出口，应通过某些工程手段使进水口自然化，如配饰山石。胸墙也称跌水墙，它能影响到水态、水声和水韵。胸墙要坚固、自然。消力池即承水池，其作用是减缓水流冲击力，避免下游受到激烈冲刷，消力池底要有一定厚度，一般认为，当流量达到$2m^3/s$，墙高大于2m时，底厚要求达到50cm。对消力池长度也有一定要求，其长度应为跌水高度的1.4倍。连接消力池的溪流应根据环境条件设计。

2)二级式跌水即溪流下落时，具有二阶落差的跌水。通常上级落差小于下级落差。二级跌水的水流量较单级跌水小，故下级消力池底厚度可适当减小。

3)多级式跌水即溪流下落时，具有三阶以上落差的跌水，如图4-20所示。多级跌水一般水流量较小，因而

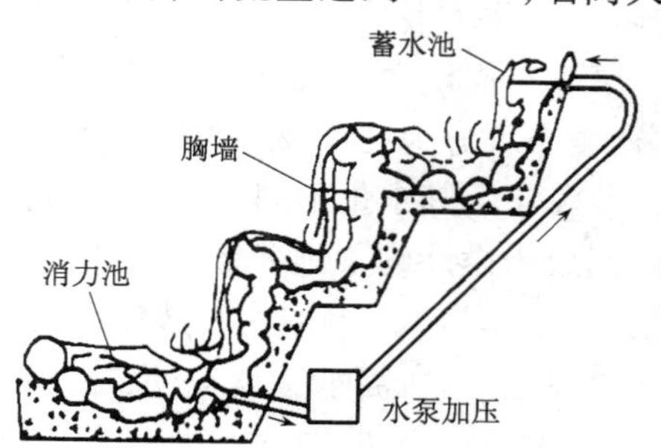

图4-20　多级跌水

各级均可设置蓄水池(或消力池)。水池可为规则式,也可为自然式,视环境而定。水池内可点铺卵石,以防水闸海漫功能削弱上一级落水的冲击。有时为了造景需要、渲染环境气氛,可配装彩灯,使整个水景景观盎然有趣。

4)悬臂式跌水的特点是其落水口的处理与瀑布落水口泻水石处理极为相似,它是将泻水石突出成悬臂状,使水能泻至池中间,因而使落水更具魅力。

5)陡坡跌水是以陡坡连接高、低渠道的开敞式过水构筑物。园林中多应用于上下水池的过渡。由于坡陡水流较急,需有稳固的基础,

(2)跌水的设计要点

首先要分析地形条件,重点在地势高低变化,水源水量情况及周围景观空间等。其次确定水的形式。水量大、落差小,可选择单级跌水;水量小,地形具有台阶落差,可选用多级式跌水。再者,跌水应结合泉、溪、涧、水池等其他水景综合考虑,并注重利用山石、树木、藤本植物隐蔽供水管、排水管、增加自然气息,丰富立面层次。

4. 跌水的水力计算

跌水水景实际上是水力学中的堰流和跌水在实际生活中的应用,跌水水景设计中常用的堰流形式为溢流堰。

根据 δ 和 H_0 的相对尺寸,堰流流态一般分为薄壁堰流、实用堰流、宽顶堰流三种形式。

当 $\delta/H_0<0.67$ 时为薄壁堰流。

$0.67<\delta/H_0<2.5$ 时为实用堰流。

$2.5<\delta/H_0<10$ 时为宽顶堰流。

$\delta/H_0>10$ 时为明渠水流,不是堰流。

在跌水水景设计中,常用堰流形态为宽顶堰流。

当跌水水景的结构尺寸确定以后,首先要确定跌水流量 Q,当水流从堰顶以一定的初速度 v_0 落下时,它会产生一个长度为 l_d 的水舌。若 l_d 大于跌水台阶宽度 l_t,则水流会跃过跌水台阶;若 l_d 太小,则有可能出现水舌贴着跌水墙而形成壁流的现象。这两种情况的出现主要与跌水流量 Q 的大小有关,设计时应尽量选择一个恰当的流量以避免上述现象的发生。

(1)跌水流量计算

根据水力学计算公式,跌水的流量计算公式可简化为

$$Q=m\cdot b\cdot H^{\frac{3}{2}} \tag{4-7}$$

式中 Q——流量(L/s);

m——流量系数,采用直角宽顶堰时,取1420;

b——堰口净宽(m);

H——堰前水头,$H=H_0+\frac{v_0^2}{2g}$(m);

H_0——堰前静水头,即堰口前水深(m);

v_0——堰前流速(m/s)。

由于 v_0 很小,可忽略不计,近似取 $H=H_0$。其中堰前水头一般先凭经验选定、试算,通常 H 的初试值可选为0.02~0.05m。H 初值选定后,根据上述计算式算出跌水流量 Q,由于 Q 值为试算结果,还须根据跌水水舌的长度对 Q 的大小做进一步的校核和调整。

(2)校核水舌长度

根据水力学的计算公式，溢流堰的跌落水舌长度为：

$$l_d = 4.30D^{0.27}p \tag{4-8}$$

式中 $D = \frac{q^2}{(g \cdot p^3)}$；

q——堰口单位宽度流量，$q = \frac{Q}{b}$[$(m^3/(s \cdot m))$]；

p——跌水墙高度(m)；

g——重力加速度，$g = 9.81 m/s^2$。

上式中各参数已知，可计算出跌水水舌长度 l_d。为了防止水舌跃过跌水台阶或贴着跌水墙，同时考虑到水舌落到跌水台阶(宽度为 l_t)上引起溅射，一般 l_d 应在 $0.1 \sim 2/3l_t$(m)之间，如计算的 l_d 不在此范围内，则应调整堰口前水深，重新试算流量 Q，并按上述步骤校核 l_d 直至满足要求。

一般情况下，跌水流量越小，则 l_d，越小，消耗的动力越小，对降低水景的长期运转费用十分有利。有时，当计算 l_d 较小，又不想增大 Q 时，可以在溢流堰的出口增加一段檐口，以改善堰流的出流条件，防止水流贴壁。

4.3.3 喷泉工程

1. 喷泉的分类

(1)根据喷水的造型特点分类

1)普通装饰性喷泉：指喷水形是由各种固定花型图案组成的喷泉。

2)雕塑喷泉：其喷水形与柱式、雕塑等共同组成景观。

3)水雕塑：指利用机械或设施塑造出各种大型水柱姿态的喷泉。

4)自控喷泉：利用各种电子技术，按预定设计程序控制水、光、音、色，形成具有旋律和节奏变化的综合动态水景。

(2)根据喷水池表面是否用盖板覆盖分类

1)水池喷泉：有明显水池和池壁，喷水跌落于池水中。喷水、池水和池壁共同构成景观。

2)旱喷泉：水池以盖板(多用花岗岩石材)覆盖，喷水从预留的盖板孔中向上喷出。旱喷泉便于游人近水、戏水，但受气候影响大，气温较低时，常常关闭。

2. 喷头及喷泉造型

(1)喷头类型

喷头是喷泉的一个主要组成部分。它的作用是把具有一定压力的水，经过喷嘴的造型作用，在水面上空喷射出各种预想的、绚丽的水花。喷头的形式、结构、材料、外观及工艺质量等对喷水景观具有较大的影响。

制作喷头的材料应当耐磨、不易锈蚀、不易变形。常用青铜或黄铜制作喷头。近年也有用铸造尼龙制作的喷头，耐磨、润滑性好、加工容易、轻便、成本低，但易老化、寿命短、零件尺寸不易严格控制等，因此主要用于低压喷头。

喷头的种类较多，而且新形式不断出现。常用喷头可归纳为以下几种类型：

1)单射流喷头：是压力水喷出的最基本的形式，也是喷泉中应用最广的一种喷头。可单独使用，组合使用时能形成多种样式的花型。

2)喷雾喷头：这种喷头内部装有一个螺旋状导流板，使水流螺旋运动，喷出后细小的水流弥漫成雾状水滴。在阳光与水珠、水珠与人眼之间的连线夹角为40°36′~42°18′时,可形成缤纷瑰丽的彩虹景观。

3)环形喷头:出水口为环状断面,使水形成中空外实且集中而不分散的环形水柱,气势粗犷、雄伟。

4)旋转喷头:利用压力由喷嘴喷出时的反作用力或用其他动力带动回转器转动,使喷嘴不断地旋转运动。水形成各种扭曲线形,飘逸荡漾,婀娜多姿。

5)扇形喷头:在喷嘴的扇形区域内分布数个呈放射状排列的出水孔,可喷出扇形的水膜或像孔雀开屏一样美丽的水花。

6)变形喷头:这种喷头的种类很多,它们的共同特点是在出水口的前面有一个可以调节的形状各异的反射器。当水流经过时反射器起到水花造型的作用,从而形成各种均匀的水膜,如半球形、牵牛花形、扶桑花形等。

7)吸力喷头:它利用压力水喷出时在喷嘴的喷口附近形成的负压区,在压差的作用下把空气和水吸入喷嘴外的套筒内,与喷嘴内喷出的水混合后一并喷出。其水柱的体积膨大,同时因混入大量细小的空气泡而形成白色不透明的水柱。它能充分反射阳光,特别在夜晚彩灯的照射下会更加光彩夺目。吸力喷头可分为吸水喷头、加气喷头和吸水加气喷头三种。

8)多孔喷头:这种喷头可以是由多个单射流喷嘴组成的一个大喷头,也可以是由平面、曲面或半球形的带有很多细小孔眼的壳体构成的喷头。多孔喷头能喷射出造型各异、层次丰富的盛开的水花。

9)蒲公英喷头:它是在圆球形壳体上安装多个同心放射状短管,并在每个短管端部安装一个半球形变形喷头,从而喷射出像蒲公英一样美丽的球形或半球形水花,新颖、典雅。此种喷头可单独使用,也可几个喷头高低错落地布置。

10)组合喷头:指由两种或两种以上、形体各异的喷嘴,根据水花造型的需要,组合而成的一个大喷头。它能够形成较复杂的喷水花型。

(2)喷泉的水形设计

喷泉水形是由喷头的种类、组合方式及俯仰角度等几个方面因素共同决定的。喷泉水形的基本构成要素,就是由不同形式喷头喷水所产生的不同水形,即水柱、水带、水线、水幕、水膜、水雾、水花、水泡等。由这些水形按照设计构思进行不同的组合,就可以创造出千变万化的水形设计。

水形的组合造型也有很多方式,既可以采用水柱、水线的平行直射、斜射、仰射、俯射,也可以使水线交叉喷射、相对喷射、辐状喷射、旋转喷射,还可以用水线穿过水幕、水膜,用水雾掩藏喷头,用水花点击水面等。从喷泉射流的基本形式来分,水形的组合形式有单射流、集射流、散射流和组合射流4种。常见的基本水形见表4-11。

表4-11 喷泉中常见的基本水形

序号	名称	水形	备注
1	单射形		单独布置
2	水幕形		布置在圆周上
3	拱顶形		布置在圆周上

续表

序号	名称		水形	备注
4	向心形			布置在圆周上
5	圆柱形			布置在圆周上
6	编织形	向外编织	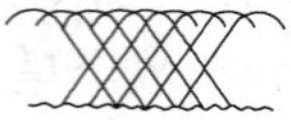	布置在圆周上
		向内编织		布置在圆周上
		篱笆形		布置在圆周或直线上
7	屋顶形			布置在直线上
8	喇叭形			布置在圆周上
9	圆弧形			布置在曲线上
10	蘑菇形			单独布置
11	吸力形			单独布置,此行可分为吸水形、吸气型、吸水吸气型
12	旋转形			单独布置
13	喷雾形			单独布置
14	洒水形			布置在曲线上
15	扇形			单独布置
16	孔雀形			单独布置
17	多层花形			单独布置
18	牵牛花形			单独布置
19	半球形			单独布置
20	蒲公英形			单独布置

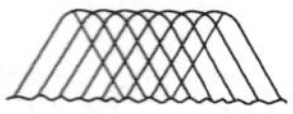

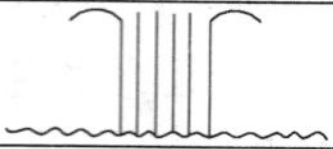

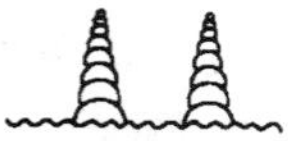

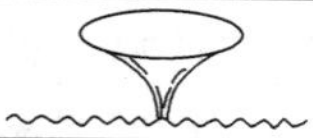

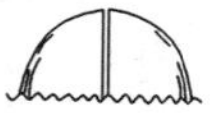

表4-11中各种水形除单独使用外,还可以将几种水形根据设计意图自由组合,形成多种美丽的水形图案。

(3)现代喷泉类型

随着喷头设计的改进、喷泉机械的创新以及喷泉与电子设备、声光设备等的结合,喷泉的自由化、智能化和声光化都将有更大的发展，将会带来更加美丽、更加奇妙和更加丰富多彩的喷泉水景效果。

1）音乐喷泉是在程序控制喷泉的基础上加入音乐控制系统，计算机通过对音频及 MIDI 信号的识别，进行译码和编码，最终将信号输出到控制系统，使喷泉及灯光的变化与音乐保持同步，从而达到喷泉水形、灯光及色彩的变化与音乐情绪的完美结合，使喷泉表演更生动，更加富有内涵。

2）程控喷泉是将各种水形、灯光，按照预先设定的排列组合进行控制程序的设计，通过计算机运行控制程序发出控制信号，使水形、灯光实现多姿多彩的变化。另外，喷泉在实际制作中还可分为水喷泉、旱喷泉及室内盆景喷泉等。

3）旱泉是将喷泉放置在地下，表面饰以光滑美丽的石材，可铺设成各种图案和造型。水花从地下喷涌而出，在彩灯照射下，地面犹如五颜六色的镜面，将空中飞舞的水花映衬得无比娇艳，使人流连忘返。停喷后，不阻碍交通，可照常行人，非常适合于宾馆、饭店、商场、大厦、街景小区等。

4）跑泉尤其适合于江、河、湖、海及广场等宽阔的地点。计算机控制数百个喷水点，随音乐的旋律超高速跑动，或瞬间形成排山倒海之势，或形成委婉起伏波浪式，或组成其他的水景，衬托景点的壮观与活力。

5）室内喷泉，各类喷泉都可采用。控制系统多为程控或实时声控。娱乐场所建议采用实时声控，伴随着优美的旋律，水景与舞蹈、歌声同步变化，相互衬托，使现场的水、声、光、色达到完美的结合，极具表现力。

6）层流喷泉又称波光喷泉，采用特殊层流喷头，将水柱从一端连续喷向固定的另一端，中途水流不会扩散，不会溅落。白天，就像透明的玻璃拱柱悬挂在天空，夜晚在灯光照射下，尤如雨后的彩虹，色彩斑斓。适用于在各种场合与其他喷泉相组合。

7）趣味喷泉

① 子弹喷泉：在层流喷泉基础上，将水柱从一端断续地喷向另一端，犹如子弹出膛般迅速准确射到固定位置，适用于各种场合，与其他的喷泉相结合使用。

② 鼠跳泉：一段水柱从一个水池跳跃到另一个水池，可随意启动，当水柱在数个水池之间穿梭跳跃时即构成鼠跳喷泉的特殊情趣。

③ 时钟喷泉：用许多水柱组成数码点阵，随时反映日期、小时、分钟及秒的运行变化，构成独特趣味。

④ 游戏喷泉：一般是旱泉形式，地面设置机关控制水的喷涌或控制音乐，游人在其间不小心碰触到机关，则忽而这里喷出雪松状水花，忽而那里喷出摇摆飞舞的水花，令人防不胜防，可嬉戏性很强，具有较强的营业性能。适合于公园、旅游景点等。

⑤ 乐谱喷泉：用计算机对每根水柱进行控制，其不同的动态与时间差反映在整体上即构成形如乐谱般起伏变化的图形，也可把 7 个音阶做成踩键，控制系统根据游人所踩旋律及节奏控制水形变化，娱乐性强，具有营业性能。适用于公园，旅游景点等。

⑥ 喊泉：由密集的水柱排列成坡型，当游人通过话筒时，实时声控系统控制水柱的开与停，从而显示所喊内容，趣味性很强，具有极强的营业性能。适用于公园、旅游景点等。

8）激光喷泉是配合大型音乐喷泉设置一排水幕，用激光成像系统在水幕上打出色彩斑斓的图形、文字或广告，既渲染美化了空间，又起到宣传、广告的作用。适用于各种公共场合，具有极佳的营业性能。激光表演系统由激光头、激光电源、控制器及水过滤器等组成。

9）水幕电影是通过高压水泵和特制水幕发生器，将水自上而下，高速喷出，雾化后形成扇形“银幕”，由专用放映机将特制的录影带投射在“银幕”上，形成水幕电影。当观众在观看电影时，扇形水幕与自然夜空融为一体，当人物出入画面时，好似人物腾起飞向天空或自天而降，产生一种虚无缥缈和梦幻的感觉，令人神往。

3. 喷泉水力计算

喷泉设计中为了达到预定的水形，必须进行水力计算。主要是计算喷泉的总流量、管径和扬程，为喷泉的管道布置和水泵的选择提供参数。

（1）求单个喷头的流量

$$q = uf\sqrt{2gH} \times 10^{-3} \tag{4-9}$$

式中 q——单个喷头流量（L/s）；

u——流量系数，一般在0.62～0.94之间；

f——喷嘴断面积（mm^2）；

g——重力加速度（m/s^2）；

H——喷头入口水压（米水柱）。

（2）总流量

喷泉总流量Q是指在某一段时间内同时工作的各个喷头流量之和的最大值。其中单个喷头的流量可按上式求出，也可以直接从所选喷头所提供的参数中获取。

$$Q = q_1 + q_2 \cdots + q_n \tag{4-10}$$

（3）管径计算

$$D = \sqrt{\frac{4Q}{\pi v}} \tag{4-11}$$

式中 D——管径（mm）；

Q——管段流量（L/s）；

π——圆周率，取3.1416；

v——流量（m/s）。

注：在喷泉的管网计算中，根据喷泉管网的特点以及为了获得等高的射流，按经验一般采用经济流速值$v \leqslant 1.5$m/s。

（4）扬程计算

$$H = h_1 + h_2 + h_3 \tag{4-12}$$

式中 H——总扬程（m）；

h_1——设备扬程（即喷头工压力，也即垂直直射喷头设计最大喷高）（m）；

h_2——损失扬程（水头损失）（m）；

h_3——地形扬程（水泵最高供水点至抽水水位的高差）（m）。

其中损失扬程是计算的关键。损失扬程分为沿程水头损失和局部水头损失，其简化公式为

$$h_2 = 1.2 \times L \times i + 3 \tag{4-13}$$

式中 $L \times i$——管道沿程水头损失（m）；

L——计算管段的长度（m）；

i——管道单位长度的水头损失（可根据管道内水流量和流速查水力计算表）（mmH_2O/m）；

1.2——按经验，管道局部水头损失占沿程水头损失的20%；

3——水泵管道阻力扬程。

在实际工作中，由于损失扬程计算仍较复杂，一般可粗略取 h_1+h_2 之和的10%～30%作为损失扬程。

4. 喷泉给排水系统

喷泉的水源需用无色无味、不含杂质、较为纯净的水，以防堵塞喷头。大多数采用城市自来水，有条件的地方也可利用天然水源，如河水、湖水等。目前，最为常用的供水方式为循环供水和非循环供水两种。循环供水又分离心泵和潜水泵循环供水两种方式。非循环供水主要是自来水供水。

（1）自来水供水

对于小型喷泉，可直接引用城市自来水。自来水供水管直接接入喷水池内与喷头相接，利用自来水水压给水喷射后即经溢流管排走（图4-21）。其优点是供水系统简单，占地少，造价低，管理简单。但也有很大缺点，即给水不能重复使用，耗水量大，运行费用高，不符合节约用水要求，同时由于供水管网水压不稳定，水形难以保证。

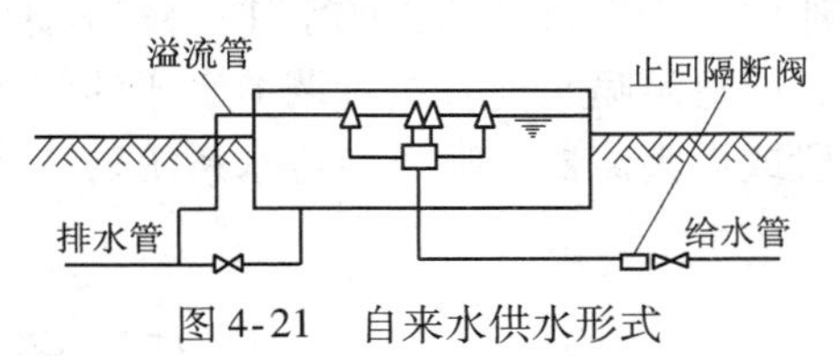

图4-21　自来水供水形式

（2）循环供水

1）循环供水系统原理

其工作原理是水源通过水泵提水将其送到供水管，进入配水槽（主要使各喷头有同等压力），再经过控制阀门，最后经喷嘴喷出。当水回落至水池，经过滤、净化后回流到水泵循环供水。如果喷水池水位超过设计水位，水就经溢流口流出，进入排水井排走。当水池水质太差时可通过格栅沉泥井进入泄水管排出（图4-22）。

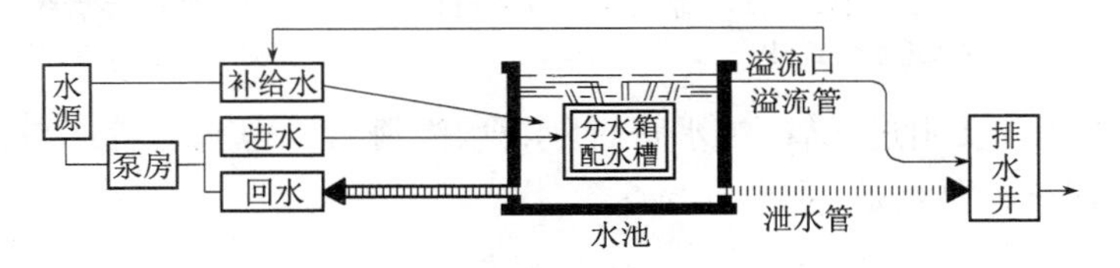

图4-22　喷泉循环水系统原理

2）离心泵循环供水

离心泵循环供水能保证喷水稳定的高度和射程，适合各种规模和形式的水景工程。该供水方式特点是要另设计泵房和循环管道，水泵将池水吸入后经加压送入供水管道至水池中，使水得以循环利用（图4-23）。其优点是耗水虽小，运行费用低，符合节约用水原则，在泵房内即可调控水形变化，操作方便，水压稳定。缺点是系统复杂、占地大、造价高、管理复杂。

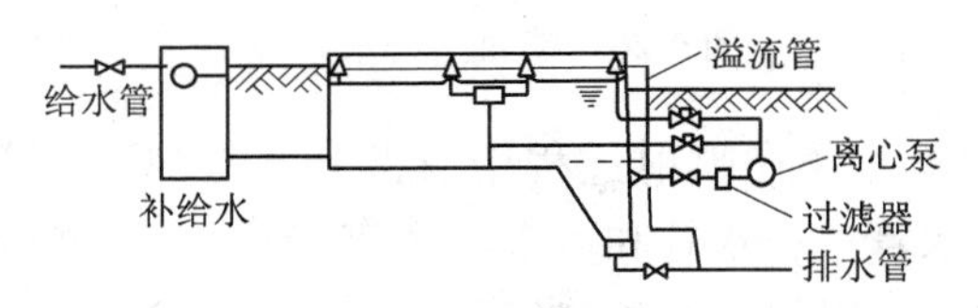

图4-23　离心泵循环供水形式

3）潜水泵循环供水

潜水泵供水与离心泵供水一样都适合于各种类型的水景工程，只是安装的位置不同。潜水泵直接安装在水池内与供水管道相连，水经喷头喷射后落入池内，直接吸入泵内循环使用（图 4-24）。其优点是布置灵活，系统简单，不需另建泵房，占地小，管理容易，耗水量小，运行费用低。缺点是其调控不如离心泵专设泵房那样方便。

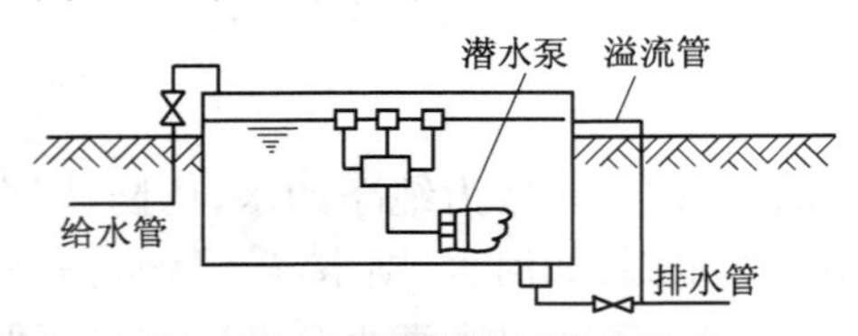

图 4-24　潜水泵循环供水形式

（3）喷泉管线布置

大型水景工程的管道可布置在专用或共用管沟内，一般水景工程的管道可直接敷设在水池内。为保持各喷头的水压一致，宜采用环状配管或对称配管，并尽量减少水头损失。每个喷头或每组喷头前宜设置调节水压的阀门。对于高射程喷头，喷头前应尽量保持较长的直线管段或设整流器。喷泉给排水系统的构成如图 4-25 所示。

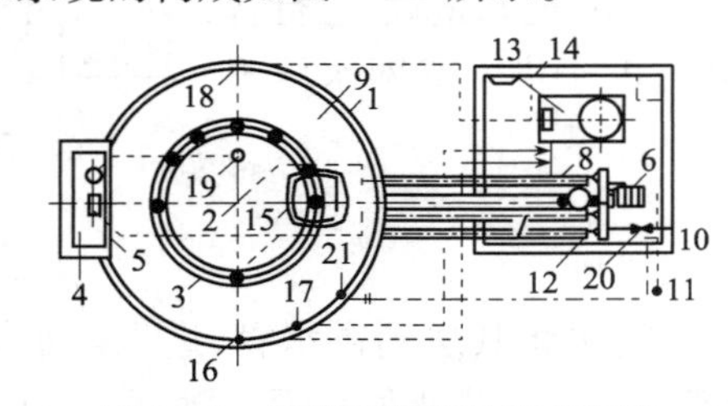

图 4-25　喷泉工程的给排水系统

1—喷水池；2—加气喷头；3—装有直射流喷头的环状管；4—高位水池；5—堰；6—水泵；7—吸水滤网；8—吸水关闭阀；9—低位水池；10—风控制盘；11—风传感计；12—平衡阀；13—过滤器；14—泵房；15—阻涡流板；16—除污器；17—真空管线；18—可调眼球状进水装置；19—溢流排水口；20—控制水位的补水阀；21—液位控制器

喷泉给排水管网主要由进水管、配水管、补水管、溢流管和泄水管等组成。水池管线布置如图 4-26 所示。其布置要点是：

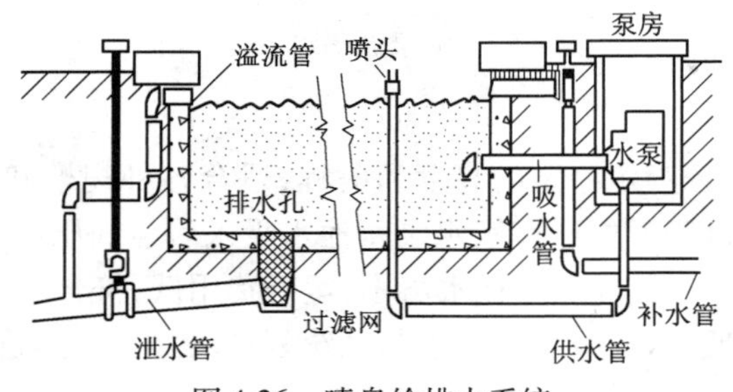

图 4-26　喷泉给排水系统

1）由于喷水池中水的蒸发及在喷射过程中有部分水被风吹走等，造成喷水池内水量损失，因此，在水池中应设补水管。补水管和城市给水管相连接，并在管上设浮球阀或液位继电器，随时补充池内水量的损失，以保持水位稳定。

2)为了防止因降雨使池水上涨而设的溢水管，应直接接通雨水管网，并应有不小于3%的坡度。溢水口的设置应尽量隐蔽，在溢水口处应设拦污栅。

3)泄水管直通雨水管道系统或与园林湖池、沟渠等连接起来，使喷泉水泄出后作为园林其他水体的补给水。也可供绿地喷灌或地面洒水用，但需另行设计。

4)在寒冷地区，为防冻害，所有管道均应有一定坡度，一般不小于2%，以便冬季将管道内的水全部排空。

5)连接喷头的水管不能有急剧变化，如有变化，必须使管径由大逐渐变小。另外，在喷头前必须有一段适当长度的直管，管长一般不小于喷头直径的20~30倍，以保持射流稳定。

5. 喷泉的控制方式

目前，喷泉系统控制方式常采用手动控制、程序控制、音响控制三种。

(1)手动控制

手动控制是最常见和最简单的控制方式，仅用开关水泵来控制喷泉的运行。其特点是各管段的水压和流量、喷水姿态比较固定，缺乏变化，但成本低廉，适用于简单的小型喷泉。

(2)程序控制

程序控制通常是利用时间继电器按照编好的时间程序控制水泵、电磁阀、彩色灯等的启闭，从而实现可以自动变换的喷水水姿。相比手动控制，程序控制有丰富的水形变化。

(3)音响控制

喷泉的音响控制是使喷泉水形、彩灯与音乐的旋律同步变化，将音乐与水形变化完美结合，同时给人们以视觉和听觉的享受。其原理是将声音信号转变为电信号，经放大及其他一些处理，推动继电器或电子式开关，再去控制设在管道上的电磁阀的启闭，从而达到控制喷水的目的。喷泉一般音响控制的工作框图如图4-27所示。

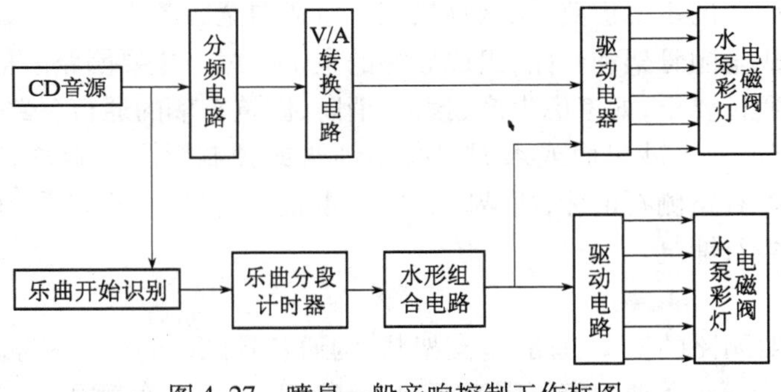

图4-27　喷泉一般音响控制工作框图

第5章　园路工程

5.1　园路概述

5.1.1　园路的分类

从不同的方面考虑,园路有不同的分类方法,但最常见的有根据功能、结构类型、铺装材料及路面的排水性分类。

1. 根据功能划分

园(景)路既是交通线,又是风景线。园之路,犹眉目,如脉络,既是分隔各个景区的景界,又是联系各个景点的纽带,是造园的要素,具有导游、组织交通、分划空间界面、构成园景的艺术作用。这种艺术形式,常常会成为景园风格形成的艺术导向。西方景园追求形式美、建筑美,园路宽大笔直,交叉对称,成为"规则式景园"。东方景园,特别是我国造园,讲究含蓄、崇尚自然,安排园路则曲径通幽,以"自然式景园"为特点。

园路分主要园路、次要园路和游步道。主要园路连接各景区,次要园路连接诸景点,游步道则通幽。只有主次分明、层次分布合理,才能将风景、景致联缀在一起,组成一个完整的艺术景区。

(1)主要园路

主要园路是景园内的主要道路,从园林景区入口通向全园各主景区、广场、公共建筑、观景点、后勤管理区,形成全园骨架和环路,组成导游的主干路线。主要园路一般宽7~8m,并能适应园内管理车辆的通行要求,如考虑生产、救护、消防、游览车辆的通行。路面结构一般采用沥青混凝土、黑色碎石加沥青砂封面或水泥混凝土铺筑或预制混凝土板块(500mm×500mm×100mm)拼装铺设,设有路侧石道牙,拼装图案要庄重且富有特色,全园尽量统一协调,盛产石材的地方可采用青条石铺筑。

(2)次要园路

次要园路是主要园路的辅助道路,呈支架状,沟通各景区内的景点和景观建筑。路宽依公园游人容量、流量、功能及活动内容等因素而定,一般宽3~4m,车辆可单向通过,为园内生产管理和园务运输服务。次要园路的自然曲度大于主要园路的曲度,用优美舒展富有弹性的曲线线条构成有层次的风景画面。为体现这一特征,路面可不设道牙,这样可使园路外侧边缘平滑,线型流畅。若设置道牙,最好选用平石(条石)道牙,体现浓郁的自然气息,符合次要园路的特征。

(3)游步道

游步道是园路系统的最末梢,是供游人休憩、散步、游览的通幽曲径,可通达园林绿地的各个角落,是到广场、园景的捷径。双人行走游步道1.2~1.5m宽,单人行走游步道0.6~1.0m宽,多选用简洁、粗犷、质朴的自然石材(片岩、条板石、卵石等)、条砖层铺或用水泥仿塑各类仿生预制板块(含嵌草皮的空格板块),并采用材料组合以表现其光彩与质感,精心构图,结合园林植物小品建设和起伏的地形，形成亲切自然、静谧幽深的自然游览步道。

2. 根据构造形式划分

由于园路所处的绿地环境不同，造景目的和造景环境等都有所不同，在园林中园路可采用不同的结构类型。在结构上，一般园路可分为三种基本类型。

(1)路堑型

凡是园路的路面低于周围绿地，道牙高于路面，起到阻挡绿地水土流失作用的园路都属路堑型园路，如图 5-1 所示。

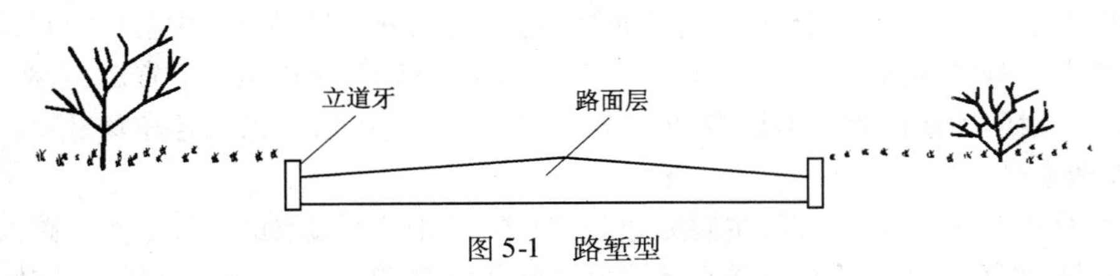

图 5-1 路堑型

(2)路堤型

路堤型园路路面高于两侧地面，平道牙靠近边缘处，道牙外有路肩，常利用明沟排水，路肩外有明沟和绿地加以过渡，如图 5-2 所示。

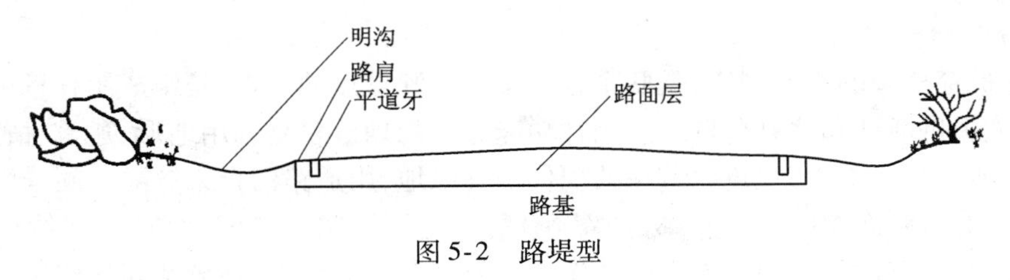

图 5-2 路堤型

(3)特殊型

特殊型园路包括步石、汀步、磴道、攀梯等。

3. 根据铺装材料划分

修筑园路所用的材料非常多，所以形成的园路类型也非常多，但大体上有以下几种类型。

(1)整体路面

整体路面是在园林建设中应用最多的一类，是用水泥混凝土或沥青混凝土铺筑而成的路面。它具有强度高、耐压、耐磨、平整度好的特点，但不便维修，且一般观赏性较差。由于养护简单、便于清扫，所以多为大公园的主干道所采用。但它色彩多为灰、黑色，在园林中使用不够美观。但近年来已经出现了彩色沥青路和彩色水泥路。

(2)块料路面

块料路面是用大方砖、石板等各种天然块石或各种预制板铺装而成的路面，如木纹板路、拉条水泥板路、假卵石路等。这种路面简朴、大方，尤其是各种拉条路面，利用条纹方向变化产生的光影效果，加强了花纹的效果，不仅有很好的装饰性，而且可以防滑和减少反光强度，并能铺装成形态各异的图案花纹，不仅美观舒适，也便于进行地下施工时拆补，所以在绿地中被广泛应用。

(3)碎料路面

碎料路面是用各种碎石、瓦片、卵石及其他碎状材料组成的路面。这类路面铺装材料价廉,能铺成各种花纹,一般多用在游步道中。

(4)简易路面

简易路面是由煤屑、三合土等构成的路面,多用于临时性或过渡性园路。

4. 根据路面的排水性划分

(1)透水性路面

透水性路面是指下雨时,雨水能及时通过路面结构渗入地下,或者储存于路面材料的空隙中,减少地面积水的路面。其做法既有直接采用吸水性好的面层材料,也有将不透水的材料干铺在透水性基层上,包括透水混凝土、透水沥青、透水性高分子材料及各种粉粒材料路面、透水草皮路面和人工草皮路面等。这种路面可减轻排水系统负担,保护地下水资源,有利于生态环境,但平整度、耐压性往往存在不足,养护量较大,故主要应用于游步道、停车场、广场等处。

(2)非透水性路面

非透水性路面是指吸水率低,主要靠地表排水的路面。不透水的现浇混凝土路面、沥青路面、高分子材料路面以及各种在不透水基层上用砂浆铺贴砖、石、混凝土预制块等材料铺成的园路都属于此类。这种路面平整度和耐压性较好,整体铺装的可用作机动交通、人流量大的主要园路,块材铺筑的则多用作次要园道、游步道、广场等。

5.1.2 园路的作用

1. 划分和组织空间

园路是贯穿全园的交通网络,是联系若干个景区和景点的纽带,是组成园林景观的要素之一,可为游人提供活动和休息的场所。园林功能分区的划分多是利用地形、建筑、植物、水体或道路。对于地形起伏不大、建筑比重小的现代园林绿地,用道路围合来分隔不同景区是主要方式。同时,借助道路面貌(线形、轮廓、图案等)的变化可以暗示空间性质、景观特点的转换以及活动形式的改变,从而起到组织空间的作用。尤其在专类园中,划分空间的作用十分明显。

2. 组织交通和导游

首先,经过铺装的园路能耐践踏、碾压和磨损,可满足各种园务运输的要求,并为游人提供舒适、安全、方便的交通条件;其次,园林景点间的联系是依托园路进行的,为动态序列的展开指明了游览的方向,引导游人从一个景点进入另一个景点;再次,园路还为欣赏园景提供了连续的不同的视点,可以取得步移景异的效果。

3. 提供活动场地和休息场地

在建筑小品周围、花坛边、水旁、树下等处,园路可扩展为广场(可结合材料、质地和图案的变化),为游人提供活动和休息的场所。

4. 参与造景

园路作为空间界面的一个方面而存在着,自始至终伴随着游览者,影响着风景的效果,它与山、水、植物、建筑等,共同构成优美丰富的园林景观。主要表现在以下四个方面:

(1)创造意境

如中国古典园林中园路的花纹和材料与意境相结合,有其独特的风格与完善的构图,很值得学习和借鉴。

(2)构成园景

主要是通过园路的引导,将不同角度、不同方向的地形地貌、植物群落等园林景观一一展现在眼前,形成一系列动态画面,此时园路也参与了风景的构图,即因景得路。再者,园路本身的曲线、质感、色彩、纹样、尺度等与周围环境的协调统一,也是园林中不可多得的风景。

(3)统一空间环境

即通过与园路相关要素的协调,在总体布局中,使尺度和特性上有差异的要素处于共同的铺装地面,相互间连接成一体,在视觉上统一起来。

(4)构成个性空间

园路的铺装材料及其图案和边缘轮廓,具有构成和增强空间个性的作用,不同的铺装材料和图案造型,能形成和增强不同的空间感,如细腻感、粗犷感、安静感、亲切感等。并且,丰富而独特的园路可以创造视觉趣味,增强空间的独特性和可识别性。

5. 组织排水

道路可以借助其路缘或边沟组织排水。一般园林绿地都高于路面,方能实现以地形排水为主的原则。道路汇集两侧绿地径流之后,利用其纵向坡度即可按照预定方向将雨水排除。

5.2 园路设计

5.2.1 园路的线形设计

1. 平面线形设计

园路的线形即园路中心线的水平投影形态。

(1)线形种类

1)直线:在规则式园林绿地中,多采用直线形园路。

2)圆弧曲线:道路转弯或交汇时,弯曲部分应取圆弧曲线连接,并具有相应的转弯半径。

3)自由曲线:半径不等且随意变化的自然曲线,多应用于自然式园林中。

(2)设计要求

1)园路平面位置及宽度应根据设计环境定,做到主次分明。在满足交通的情况下,道路宽度应尽量小,以扩大绿地面积的比例。游人及各种车辆的最小运动宽度,见表5-1。

表5-1　游人及车辆的最小运动宽度表

交通种类	最小宽度(m)	交通种类	最小宽度(m)
单人	≥0.75	小轿车	2.00
自行车	0.6	消防车	2.06
三轮车	1.24	卡车	2.50
手扶拖拉机	0.84~1.5	大轿车	2.66

2)行车道路转弯半径在满足机动车最小转弯半径的条件下,可结合地形、景物灵活处置。

3)园路的曲折迂回应有目的性。一方面曲折应是为了满足地形及功能上的要求,如避绕障碍物、串联景点、围绕草坪、组织景观、增加层次、延长游览路线、扩大视野;另一方面应避免无艺术性、无功能性和无目的性的过多弯曲。

(3)平曲线最小半径

车辆在弯道上行驶时,为保证行车安全,要求弯道部分应为圆弧曲线,该曲线称为平曲线,如图5-3所示。自然式园路曲折迂回,在平曲线变化时主要由下列因素决定:

1)园林造景的需要。

2)当地地形、地物条件的要求。

3)在通行机动车的地段上,要注意行车安全。在条件困难的个别地段上,可以采用小的转弯半径,最小转弯半径为12m。

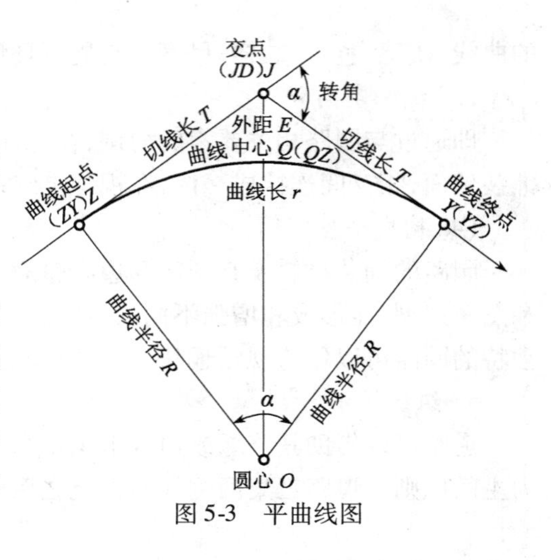

图5-3 平曲线图

(4)曲线加宽

当汽车在弯道上行驶时,由于前轮的轮迹较大,后轮的轮迹较小,出现轮迹内移现象。另外,汽车转弯时所占道路宽度也比直线行驶时宽,而弯道半径越小,这一现象越严重。为了防止后轮驶出路外,车道内侧(尤其是小半径弯道)需适当加宽,称为曲线加宽,如图5-4所示。

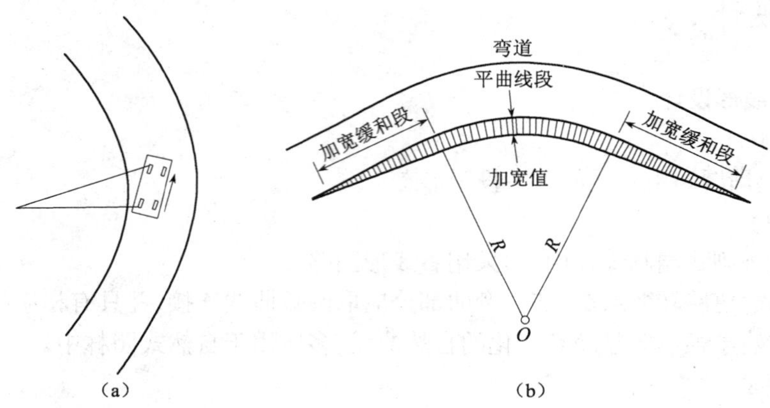

图5-4 平曲线加宽

(a)弯道行车道后轨迹;(b)弯道路面加宽

1)曲线加宽值与车体长度的平方成正比,与弯道半径成反比。

2)当弯道中心线平曲线半径$R \geq 200$m时可不必加宽。

3)为了使直线路段上的宽度逐渐过渡到弯道上的加宽值,需设置加宽缓和段。

4)园路的分支和交汇处,为了通行方便,应加宽其曲线部分,使其线形圆润、流畅,形成优美的视觉效果。

(5)平曲线设计方法

当道路由一段直线转到另一段直线上去时,其转角的连接部分采用圆弧形曲线,这个圆弧曲线就叫做平曲线。平曲线设计是为了缓和行车方向的突然改变,保证汽车行驶的平稳安全,或保证游步道的自然顺畅,它的半径即是平曲线半径,如图5-5所示,平曲线最小半径取值为10~30m。

1)自然式园路曲折迂回,在平曲线变化时主要由下列因素决定:

① 园林造景的需要。

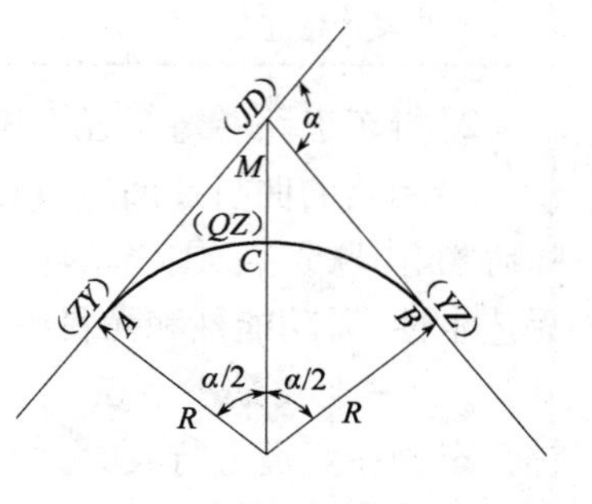

图5-5 平曲线半径R

② 当地地形、地物条件的要求。

③ 在通行机动车的地段上行车安全的要求。在条件困难的个别地段上，且不考虑行车速度的情况下，只要满足汽车本身的最小转弯半径即可。因此，其转弯半径不得小于6m。

2）曲线加宽

如前所述。

3）行车视距

车辆行驶中，必须保证驾驶员在一定距离内能观察到路上的一切情况，以便有充分时间采用适当的措施，以防止交通事故的发生，这个距离称为行车视距。

行车视距的长短与车辆的制动效果、车速及驾驶员的技术反应时间有关。行车视距又分停车视距和会车视距。停车视距是指驾驶员在行驶过程中，从看到同一车道上的障碍物时，开始刹车到达障碍物前安全行车的最短距离。会车视距是指两辆汽车在同一条行车道上相对行驶发现对方时来不及或无法错车，只能双方采取制动措施，使车辆在相撞之前安全停车的最短距离。常见的停车及会车视距见表5-2。

表5-2　常用停车和会车视距

视　距	道　路　等　级		
	主　干　道	次　干　道	园路及居住区道路
停车视距（m）	75～100	50～75	25～30
会车视距（m）	150～200	100～150	50～60

为保证行车安全，道路转弯处必须空出一定的距离，使司机在这个范围内能看到对面或侧方来往的车辆，并有一定的刹车和停车时间，而不致发生撞车事故。根据两条相交道路的两个最短视距，这段距离即为行车的安全视距，如图5-6的 S，一般采用30～35m安全视距为宜。在交叉路口平面图上绘出的三角形，叫做视距三角形，在视距三角形内障碍物的高度（包括绿化）不得超过车辆驾驶员的视线高度（1.2～1.5m），一般植物高度为0.65～0.7m，或者在视距三角形内不设置任何植物。

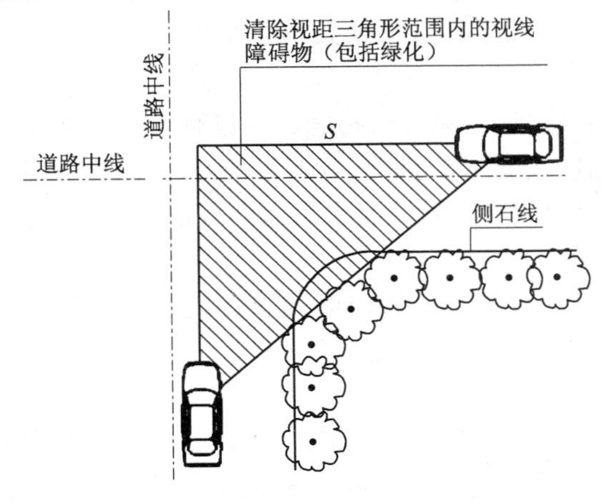

图5-6　行车安全视距

(6)平曲线的衔接

平曲线的衔接是指两条相邻近的平曲线相接,分为以下三种情况。

1)同向曲线。即相邻曲线直接同向衔接。同向曲线如在两曲线上所设超高横坡不等时,则在半径较大的曲线内,设置由一个超高过渡到另一个超高的缓和段。当同向曲线间有一短直线段插入,其长度小于超高缓和段所需的长度时,则最好把同向两曲线改成一条曲线,可增大其中一条曲线的半径,使两曲线直接相接。无法改变时,在短直线段内不宜做成双向横坡,而要做成单向横坡。

2)反向曲线。即相邻曲线直接反向衔接。半径大到不设超高的反向曲线,可直接相接;反向曲线段均设超高时,则需在其中插入一直线段,以便将两边的不同超高在直线段上实施。

3)断背曲线。即相邻曲线间插入直线段。

2. 纵断面线形设计

(1)线形种类

1)直线:表示路段中坡度均匀一致,坡向和坡度保持不变。

2)竖曲线:两条不同坡度的路段相交时,必然存在一个变坡点。为使车辆安全平稳通过变坡点,须用一条圆弧曲线把相邻两个不同坡度线连接,这条曲线因位于竖直面内,故称竖曲线。当圆心位于竖曲线下方时,称为凸型竖曲线;当圆心位于竖曲线上方时,称为凹型竖曲线。如图5-7所示。

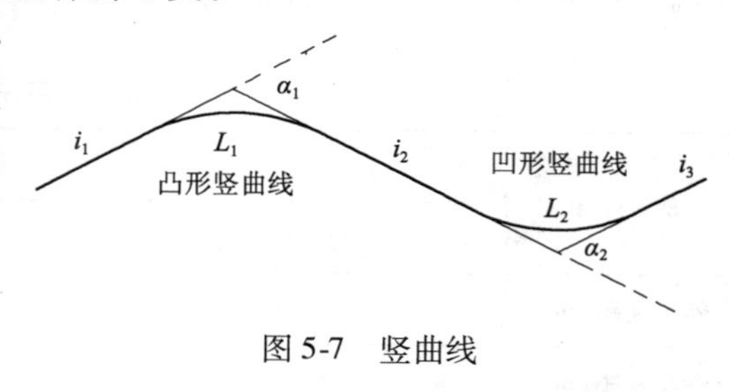

图 5-7　竖曲线

(2)园路纵断面设计的主要内容

1)确定路线合适的标高。

2)设计各路线的纵坡和坡长。

3)保证视距要求,选择竖曲线半径。

(3)园路纵断面线形设计要求

1)园路一般根据造景的需要,随地形的变化而起伏变化,线形平顺,保证行车安全并满足设计车速。

2)在满足造园艺术要求的情况下,尽量利用原地形,保证路基的稳定,并减少土方量,清除过大的纵坡和过多的折点。

3)保证与相交的道路、广场、沿路建筑物和出入口有平顺的衔接。

4)园路应配合组织园内地面水的排除,并与各种地下管线密切配合,共同达到经济合理的要求;应保证路两侧的街道或草坪及路面水的通畅排泄,必要时还应辅以锯齿形边沟设计,以解决纵坡过于平坦的问题。

5)纵断面控制点(如相交道路、铁路、桥梁、最高洪水位、地下建筑物等)必须与道路平面控制点一起加以考虑。

(4)园路纵横坡及竖曲线

1)园路的纵横坡度:一般园路面应有坡度为8%以下的纵坡和坡度为1% ~4%的横坡,以保证路面水的排除。当车行路的纵坡在1%以下时,方可用最大横坡。不同材料路面的排水能力不同,因此,各类型路面对纵横坡度的要求也不同,见表5-3。

表 5-3　各种类型路面的纵横坡度表

路面类型	纵坡(%)				横坡(%)	
	最小值	最大值		特殊值	最小值	最大值
		游览大道	园路			
水泥混凝土路面	3	60	70	100	1.5	2.5
沥青混凝土路面	3	50	60	100	1.5	2.5
块石、砾石路面	4	60	80	110	2	3
拳石、卵石路面	5	70	80	70	3	4
粒料路面	5	60	80	80	2.5	3.5
改善土路面	5	60	60	80	2.5	4
游步小道	3	—	80	—	1.5	3
自行车道	3	30	—	—	1.5	2
广场、停车场	3	60	70	100	1.5	2.5
特别停车场	3	60	70	100	0.5	1

在游步道上，道路的起伏可以更大一些，一般坡道在 12°以下较舒适，超过 12°则行走较费力。

2）竖曲线：一条道路总是上下起伏的，在起伏转折的地方，由一条圆弧连接，这种圆弧是竖向的，工程上把这样的弧线叫竖曲线。竖曲线应考虑会车安全。

（5）弯道与超高

当汽车在弯道上行驶时，产生的横向推力叫做离心力。离心力的大小与车行速度的平方成正比，与平曲线半径成反比。为了防止车辆向外侧滑移，抵消离心力的作用，就要把路的外侧抬高。当受到地形、地物的限制，但仍要保证一定车速时，需要将弯道外侧横坡抬起来，形成单一向内倾斜的路面横坡，这就是超高横坡的设计。在设计时，应考虑到在道路曲线段维持路中线标高不变，抬高路面外边缘的标高，使此处路面横坡达到超高横坡。而超高横坡从曲线的起点一开始就应达到全值，但直线路段的双面横坡不能一下子突变到曲线起点的单向超高横坡值，所以在曲线起点前，需有一超高缓和段插入，以便在此缓和段内把双向横坡逐渐过渡到单向超高横坡值。

（6）园路的无障碍设计

园林绿地的各种效能要便于残障人士使用，园路的设计也应该实现无障碍设计。

1）路面宽度不宜小于 1.2m，回车路段路面宽度不宜小于 2.5m。

2）道路纵坡一般不宜超过 4%，且坡长不宜过长，在适当距离应设水平路段，并不应有阶梯。

3）应尽可能减小横坡。

4）坡道坡度为 1/20～1/15 时，其坡长一般不宜超过 9m；每个转弯处，应设不小于 1.8m 的休息平台。

5）园路一侧为陡坡时，为防止轮椅从边侧滑落，应设高度为 10cm 以上的挡石，并设扶手栏杆。

6）排水沟箅子等不得突出路面，并注意避免箅子孔等卡住轮椅的车轮和盲人的拐杖。

5.2.2 园路的结构设计

1. 结构设计原则

园路结构是园路工程的一个重要组成部分,良好的园路结构对于交通及创造良好的景观都有重大作用。

(1)园路结构设计中的影响因素

1)大气中的水分和地面湿度。

2)气温变化对地面的影响。

3)冰冻和融化对路面的危害。

(2)园路结构应具有的特性

1)强度与刚度,其中刚度指的是路面的抗弯能力。

2)稳定性,是指随着时间的变化,路面抵抗温度、水的侵蚀的能力。

3)耐久性,是指路面的抗疲劳和老化的能力。

4)表面平整度。

5)表面抗滑性能。

6)少尘性。

在园路施工中,往往存在重面不重基的现象,结果导致新修建的园路中看不中用,一条铺装很美的路面,没有使用多长时间就变得坎坷不平,破烂不堪,失去了使用价值,没有了造景效果,反而对园林整体景观有破坏作用。造成这种现象的主要原因有两点:一是园林地形大多经过整理,其基土本身就不够坚实,修路时又没有充分夯实;二是园路的基层强度不够。所以,在既要节省投资,又要保证园路的美观、结实、耐用的情况下,应尽量保证面层要薄、基础要强、土基要稳定。

2. 园路的结构组成

(1)园路的面层

路面面层的结构组合形式是多种多样的,但园路路面层的结构比城市道路简单。典型的面层图示如图 5-8 所示。

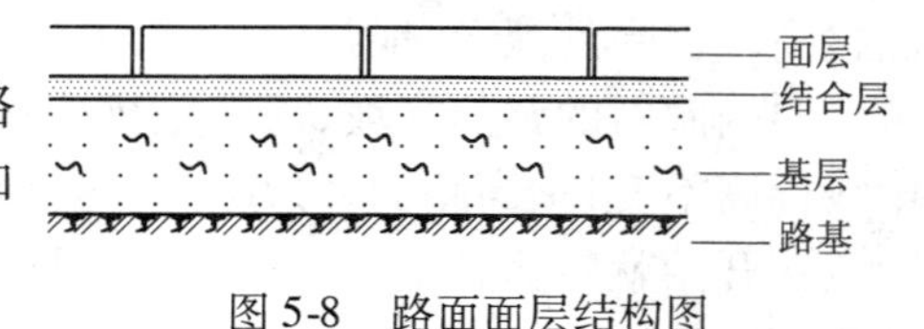

图 5-8 路面面层结构图

(2)园路的结合层

1)结合层的作用

结合层是指在采用块料铺筑面层时,面层和基层之间的一层。结合层的主要作用是结合面层和基层,同时起到找平的作用,一般用 3~5cm 粗砂、水泥砂浆或白灰砂浆即可。

2)结合层的材料选择

① 混合砂浆:由水泥、白灰、砂组成,强度高,黏性、整体性好,适合铺块料面层,但造价高。

② 白灰干砂:施工操作简单,遇水自动凝结。由于白灰体积膨胀,密实性好,是一种比较好的结合层材料。

③ 净干砂:施工简单,造价低廉,但最大的缺点是砂子遇水会流失,造成结合层不平整,下雨时面层以下积水,行人行走时往往挤出泥浆,使行人不便,现在应用较少。

(3)园路的基层

1)基层的施工原则

基层在路基之上,主要起承重作用,它一方面承受由面层传下来的荷载,一方面把荷载传给路基。由于基层不外露．不直接造景，不直接承受车辆、人为及气候条件等因素的影响，因此需要满足的要求如下。

① 就地取材的原则。基层是路面结构层中最大的一部分，同时对材料的要求很低，一般用碎（砾）石、灰土或各种矿物废渣等即可，可就地取材来满足设计施工要求。

② 满足路面荷载的原则。基层起着支撑层面的荷载并将其传向路基的作用，所以在材料的选择与厚度等方面一定要满足荷载要求。

③ 依据气候特点及土壤类型而变的原则。由于不同土壤的坚实度不同，以及不同地区气候特点，特别是降雨及冰冻情况不同，二者都决定了对基层的设计选择要求。

④ 经济实用的原则。在满足各项技术设计要求的前提下节省资金。

2）基层的材料选择

① 自然土基层。在冰冻不严重、基土坚实、排水良好的地区，铺筑游步道时，只要把路基稍做平整，就可以铺砖修路。

② 灰土基层。它是由一定比例的白灰和土拌合后压实而成，使用较广，具有一定的强度和稳定性，不易透水，后期强度接近刚性物质。在一般情况下使用一步灰土（压实后为15cm），在交通量较大或地下水位较高的地区，可采用压实后为20～25cm或二步灰土。

③ 几种隔温材料基层。在季节性冰冻地区，地下水位较高时，为了防止园路翻浆现象的发生，基层应选用隔温性较好的材料。

a. 砂石基层。据研究，砂石的含水量少，导温率大，故该结构的冰冻深度大，如用砂石做基层，需要做得较厚，不经济。

b. 石灰土基层。石灰土的冰冻深度与土壤相同。石灰土结构的冻胀量仅次于亚黏土，说明密度不足的石灰土（压实密度小于85%）不能有效防止冻胀，一般用于无冰冻区或冰冻不严重的地区。

c. 煤、矿渣石灰土基层。用7：1：2的煤渣、石灰、土混合料，隔温性较好，冰冻深度最小，在地下水位较高时，能有效防止冻胀。

(4) 园路的路基

1）路基的作用

路基是路面的基础，它为园路提供一个平整的基面，承受由路面传下来的荷载，并保证路面有足够的强度和稳定性。如果土基的稳定性不良，应采取措施，以保证路面的使用寿命。

2）路基设计施工

路基设计在园路中相对简单，在具体设计时应因地制宜，一般有以下几种设计类型。

① 对于未压实的下层填土，经过雨季被水浸润后，能使其自身沉陷稳定，其容重为180g/cm^3，可以用于路基。

② 一般黏土或砂性土不开挖则用蛙式夯，夯实三遍，如无特殊要求，就可以直接作路基。

③ 在严寒、湿冻地区，一般宜采用1：9或2：8的灰土加固路基，其夯实后的厚度通常为15cm。

(5) 园路的附属工程

1）道牙

① 道牙的作用。道牙是安置在路面两侧的园路附属工程。它使路面与路肩在高程上衔接起来，起到保护路面、便于排水、标志行车道、防止道路横向伸展的作用，同时，作为控制路面排水的阻挡物，还可以对行人和路边设施起到保护作用。道牙的设计不能只看作是满足特定

工程方面的要求，而应全面考虑周围绿地及铺装的特色，综合选择材料进行道牙的设计。对每一个给定的道牙设计任务，应当综合以下几个方面来考虑。

a. 保护路面边缘和维持各铺砌层。

b. 标志和保护边界。

c. 标志不同路面材料之间的拼接。

d. 形成结构缝以及起集水和控制车流作用。

e. 具有装饰作用。

② 道牙的结构形式。道牙是路缘石的俗称，是分隔道路与绿地的设施，一般分为立道牙（图 5-9）和平道牙（图 5-10），现在又出现了弧形道牙，是将二者结合在一起的一种结构形式。

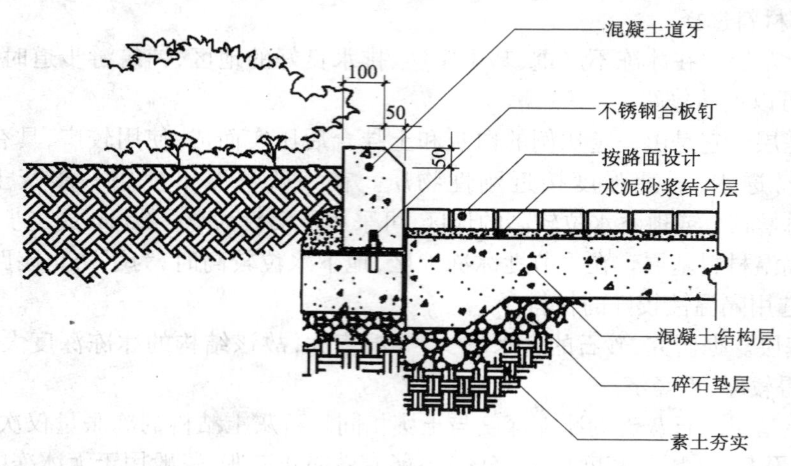

图 5-9　标准立道牙剖面图

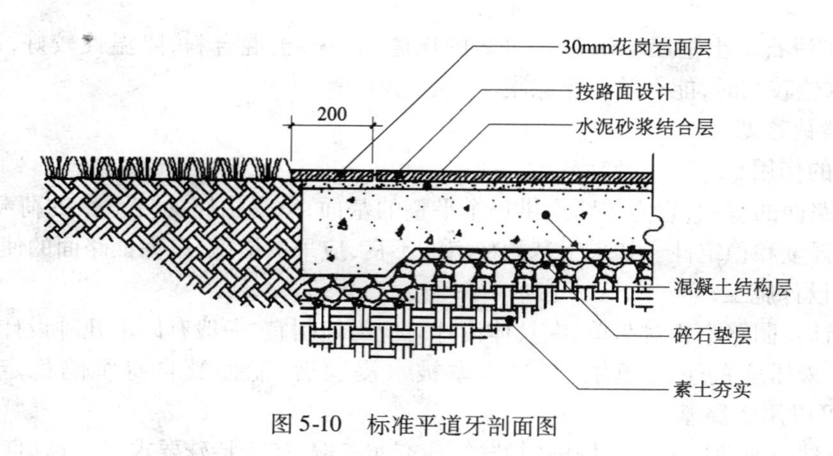

图 5-10　标准平道牙剖面图

③ 道牙类型及施工。园林中园路道牙的类型多种多样，一般有以下几种。

a. 预制混凝土道牙。这种道牙结实耐用、整齐美观，一般在主要园路及规则式园林中的次要园路中应用较多，且以立道牙为主。

b. 砖砌道牙。砖砌道牙有两种形式：一种是直接用砖砌成不同花纹形式的道牙，多用于自然式园林小路，形式多样；另一种是用砖砌成，外涂水泥砂浆面层，这种道牙一般在冬季不结冰、无冻结的地方较适用。

c. 瓦、大卵石道牙。这类道牙主要用于自然式园林中，能起到很好的造景作用，也能因地制宜、就地取材。

2）明沟和雨水井

明沟和雨水井是为收集路面雨水而建的构筑物，在园林中常用砖块砌成。明沟一般多用于平道牙的路肩外侧，而雨水井则主要用于立道牙的道牙内侧。

① 作用及设置要点。建筑前场地或者道路表面（无论是斜面还是平面）的排水均需要使用排水边沟。排水边沟的宽度必须与水沟的栅板宽度相对应。排水沟同样可以用于普通道和车行道旁，为道路设计提供一个富有趣味性的设计点，并能为道路建立独有的风格。这种设计方法在许多受保护的老建筑区域内可以看到。排水边沟应成为路面铺设模式的组成部分之一，当水沿路面流动时它可以作为路的边缘装饰。

② 类型及材料。排水沟可采用盘形剖面或平底剖面，并可采用多种材料，例如现浇混凝土、预制混凝土、花岗岩、普通石材或砖。很少使用砂岩。花岗岩铺路板和卵石的混合使用可使路面有质感的变化，卵石由于其粗糙的表面会使水流的速度减缓，这在某些环境中显得十分重要。

排水沟的形式必须与周围建筑和环境的风格保持一致。在有新老风格衔接的区域，由于经济原因，这一点一般很难做到，特别是在与古文化保持地区相邻的一些地区。盘形边沟多为预制混凝土或石材构成，而石材造价相对较高。平底边沟应具有压模成型的表面，以承受流经排水边沟的雨水或污水的荷载。

3）台阶、礓礤、磴道

① 台阶。当路面坡度超过12°时，为了便于行走，在不通行车辆的路段上，可设台阶。在设计中应注意以下几点。

a. 台阶的宽度与路面相同，每级台阶的高度为12～17cm、宽度为30～38cm。

b. 一般台阶不宜连续使用，如地形许可，每10～18级后应设一段平坦的地段，使游人有恢复体力的机会。

c. 为了防止台阶积水、结冰，每级台阶应有1%～2%的向下的坡度，以利排水。

d. 台阶的造型及材料可以结合造景的需要，如利用天然山石、预制混凝土做成仿木桩、树桩等各种形式，装饰园景。为了夸张山势，造成高耸的感觉，台阶的高度也可增至15cm以上，以增加趣味。

② 礓礤。礓礤又叫慢道路，在坡度较大的地段上，一般纵坡大于15%时，本应设台阶，但是为了车辆通行而设置的锯齿形坡道，其形式和尺寸如图5-12所示。

③ 磴道。在地形陡峭的地段，可结合地形或利用露岩设置磴道，当其纵坡大于60%时，应做防滑处理，并设扶手护栏等。

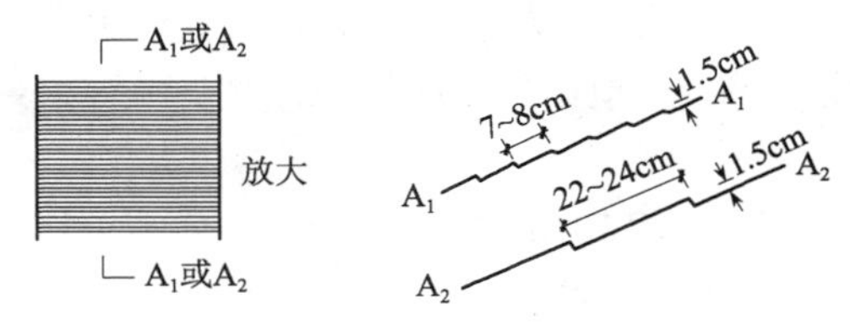

图5-11　礓礤做法

4）种植池

在路边或广场上栽种植物，一般应留种植池。种植池的大小应由所栽植物的要求而定，栽种高大乔木的种植池应设保护栅。

5.2.3　园路的铺装设计

1. 园路铺装的原则

园路的地面铺装是园路景观中的一个重要界面，而且是与用路者接触最亲密的一个界面。

路面铺装不但能强化视觉效果，影响环境特征，表达不同的立意和主题，对游人的心理产生影响，还有引导和组织游览的功能，在园路的铺装设计与施工中应遵循以下原则。

(1)铺装要符合生态环保的要求

园林是人类为了追求更美好的生活环境而创造的。园路的铺装设计也是其中一个重要方面。它涉及很多内容，一方面是，是否采用环保的铺装材料，包括材料来源是否破坏环境、材料本身是否有害，另一方面是，是否采取环保的铺装形式。

(2)铺装要符合园路的功能特点

除建设期间外，园路车流频率不高，重型车也不多，因此铺装设计要符合园路的这些特点，既不能弱化甚至妨害园路的使用，也不能因盲目追求某种不合时宜的外观效果而妨害道路的使用。

若是一条位于风景幽胜处的小路，为了不影响游人的行进和对风景的欣赏，铺装应平整、安全，不宜过多变化。色彩、纹样的变化同样可以起到引导人流和方向的作用。如在需提示景点或某个可能作为游览中间站的路段，可利用与先前对比较强烈的纹样、色彩、质感的铺装变化，提醒游人并供游人停下来观赏。出于驾驶安全的考虑，行车道路也不能铺得太花哨以致干扰司机的视觉。但在十字路口、转弯处等交通事故多发路段，可以铺筑彩色图案以规范道路类别，保证交通安全。

(3)铺装要与其他造园要素相协调

园路路面设计应充分考虑到与地形、植物、山石及建筑的结合，使园路与之统一协调，适应园林造景要求，如嵌草路面不仅能丰富景色，还可以改变土壤的水分和通气状态等。在进行园路路面设计时，如为自然式园林，园路路面应具有流畅的自然美，无论从形式和花纹上都应尽量避免过于规整；如为规则式平地直路，则应尽量追求有节奏、有规律、整齐的景观效果。

(4)铺装要与园景的意境功能相协调

园路路面是园林景观的重要组成部分，路面的铺装既要体现装饰性的效果，以不同的类型形态出现，同时在建材及花纹图案设计方面必须与园景意境相结合。路面铺装不仅仅要配合周围环境，还应该强化和突出整体空间的立意和构思。

(5)铺装的可持续性

园林景观建设是一个长期过程，要不断补充完善。园路铺装应适于分期建设，如临时放个过路沟管，抬高局部路面等，完全不必如刚性路面那样开肠剖肚。因此，路面铺装是否有令人愉悦的色彩、让人耳目一新的创意和图案，是否和环境协调，是否有舒适的质感，对于行人是否安全等，都是园路铺装设计的重要内容之一，也是最能表现“设计以人为本”这一主题的手段之一。

2. 常见园路铺装类型

(1)整体路面

1)水泥混凝土路面

用水泥、粗细骨料(碎石、卵石、砂等)、水按一定的配合比拌匀后现场浇筑的路面。整体性好，耐压强度高，养护简单，便于清扫。初凝之前，还可以在表面进行纹样加工(图5-12)。在园林中，多用于主干道。为增加色彩变化也可添加不溶于水的无机矿物颜料(图5-13)。另外一些园路的边带或作障碍性铺装的路面，常采用混凝土。

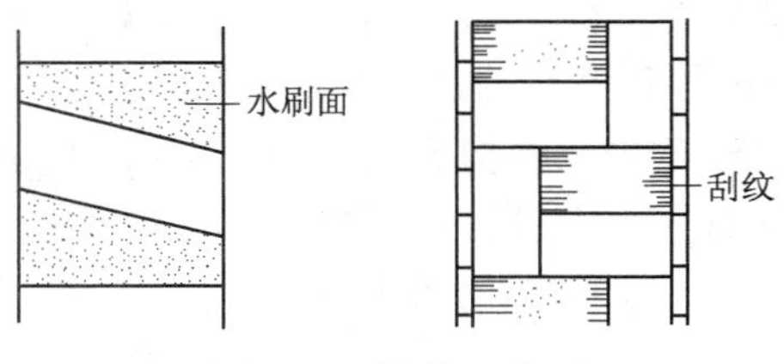

图 5-12　混凝土路面

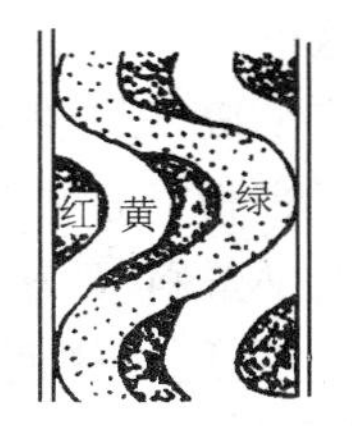

图 5-13　水磨石路面

露骨料方法饰面，做成装饰性边带。这种路面立体感较强，能够和其旁的平整路面形成鲜明的质感对比。

2）沥青混凝土路面

用热沥青、碎石和砂的拌合物现场铺筑的路面。颜色深，反光小，易于与深色的植被协调，但耐压强度和使用寿命均低于水泥混凝土路面，且夏季沥青有软化现象。在园林中，多用于主干道。

（2）块料路面

1）砖铺地

我国机制标准砖的大小为 240mm × 115mm × 53mm，有青砖和红案，以席纹和同心圆弧放射式排列为多。砖铺地适用于庭院和古建筑物附近。因其耐磨性差，容易吸水，适用于冰冻不严重和排水良好之处，坡度较大和阴湿地段不宜采用，因易生青苔而行走不便。

2）冰纹路

是用大理石、花岗岩、陶质或其他碎片模仿冰裂纹样铺砌的路面，碎片间接缝呈不规则折线，用水泥砂浆勾缝。多为平缝和凹缝，以凹缝为佳。也可不勾缝，便于草皮长出成冰裂纹嵌草路面，还可做成水泥仿冰纹路，即在现浇水泥混凝土路面初凝时，模印冰裂纹图案，表面拉毛，效果也较好。冰纹路适用于池畔，山谷、草地、林中之游步道。

3）乱石路

是用天然块石大小相间铺筑的路面，采用水泥砂浆勾缝。石缝曲折自然，表面粗糙，具粗犷、朴素、自然之感。冰纹路、乱石路也可用彩色水泥勾缝，增加色彩变化。

4）条石路

是用经过加工的长方体石料铺筑的路面。路面平整规则，庄重大方，坚固耐久，多用于广场、殿堂和纪念性建筑物周围。条石一般被加工成 497mm × 497mm × 50mm、697mm × 497mm × 60mm、997mm × 697mm × 70mm 等规格。

5）预制水泥混凝土方砖路

用预先模制成的水泥混凝土方砖铺砌的路面，形状多变，图案丰富（如各种几何图形、花卉、木纹、仿生图案等）。也可添加无机矿物颜料制成彩色混凝土砖，色彩艳丽。方砖常见有 250mm × 250mm × 50mm、297mm × 297mm × 60mm、397mm × 397mm × 60mm 等规格。此种路面平整、坚固、耐久。

这种路面也可做成预制混凝土砌块和草皮相间铺装路面，能够很好地透水透气，绿色草皮呈点状或线状有规律地分布，在路面形成美观的绿色纹理，美化了路面。这种具有鲜明生态特点的路面铺装形式，现在已越来越受到人们的欢迎。采用砌块嵌草铺装的路面，主要用在人流量不太大的公园散步道、小游园道路、草坪道路或庭院内道路等处，一些铺装场地如停车场等，也可采用这种路面。预制混凝土砌块按照设计可有多种形状,大小规格也有很多种,也可做成各种彩色的砌块,但其厚度都不小于80mm,一般厚度都设计为100~150mm。砌块的形状基本可分为实心和空心两类。由于砌块是在相互分离状态下构成路面,使得路面特别是在边缘部分容易发生歪斜、散落。因此,在砌块嵌草路面的边缘,最好要设置道牙加以规范和保护路面。另外,也可用板材铺砌作为边带,使整个路面更加稳定,不易损坏。

6)步石、汀步

步石是置于陆地上的天然或人工整形块石,多用于草坪、林间、岸边或庭院等处。汀步是设在水中的步石,即补充性园路,可自由地布置在溪涧、滩地和浅池中。块石间距离按游人步距放置(一般净距为200~300mm)。

步石、汀步块料可大可小,形状不同,高低不等,间距也可灵活变化,路线可直可曲,最宜自然弯曲,轻松、活泼、自然,极富野趣。也可用水泥混凝土仿制成树桩或荷叶形状。

7)台阶与磴道

当道路坡度过大时(一般超过12%),需设梯道实现不同高程地面的交通联系,即称台阶(或踏步)。室外台阶一般用砖、石、混凝土筑成,形式可规则也可自然,根据环境条件而定。台阶也用于建筑物的出入口及有高差变化的广场(如下沉式广场)。台阶能增加立面上变化,丰富空间层次,表现出强烈的节奏感。

当台阶路段的坡度超过70%(坡角35°,坡值1∶1.4)时,台阶两侧需设扶手栏杆,以保证安全。

风景名胜区爬山游览步道,当路段坡度超过173%(坡角60°,坡值1∶0.58)时,需在山石上开凿坑穴形成台阶,并于两侧加高栏杆铁索,以利于攀登,确保游人安全,这种特殊台阶即称磴道。磴道可错开成左右台阶,便于游人相互搀扶。

(3)碎料路面

1)花街铺地。是指用碎石、卵石、瓦片、碎瓷等碎料拼成的路面。图案精美丰富,色彩素艳和谐,风格或圆润细腻或朴素粗犷,做工精细,具有很好的装饰作用和较高的观赏性,有助于强化园林意境,具有浓厚的民族特色和情调,多见于古典园林中。

2)雕砖卵石路面。又被誉为"石子画",它是选用精雕的砖、细磨的瓦和经过严格挑选的各色卵石拼凑成的路面。图案内容丰富,如以寓言、故事、盆景、花鸟虫鱼、传统民间图案等为题材进行铺砌加以表现。多见于古典园林中的道路。

3)卵石路。是以各色卵石为主嵌成的路面。借助卵石的色彩、大小、形状和排列的变化可以组成各种图案,具有很强的装饰性,能起到增强景区特色、深化意境的作用。这种路面耐磨性好,防滑,富有江南园路的传统特点,但清扫困难,且卵石容易脱落。多用于花间小径、水旁亭榭周围。

5.3 园路施工

5.3.1 园路施工的方法

1. 施工放线

按道路设计的中线,在地面上每隔20~50m放一中心桩,在弯道的曲线上,应在曲头(起点)、曲中(中点)和曲尾(结点)各放一中心桩。园路多为自由曲线,应加密中心桩。并在各中心桩上写明桩号，再以中心桩为准，根据路面宽度定边桩，最后放出路面的平曲线。

2. 修筑路槽

按设计路面的宽度，每侧放出 20cm 挖路槽，路槽的深度应等于路面的厚度，槽底应有 2% ~3% 的横坡度，并用蛙式夯夯压 2 ~3 遍，路槽平整度允许误差不大于 2cm。如土壤干燥，待路槽挖开后，在槽底上洒水，使其潮湿，然后再夯。

3. 基层施工

基层是园路的主要承重层，其施工的质量直接影响道路强度及使用。基层的做法常用的有干结碎石基层、天然级配砂砾基层和石灰土基层。

(1) 干结碎石基层

碎石粒径多为 30 ~80mm，摊铺厚度一般为 8 ~16cm。常用平地机或人工摊铺，碎石间结构空隙要用粗砂、石灰土等材料填充。用 10 ~20t 压路机碾压至无明显轮迹为止。平整度允许误差为 ±1cm，厚度允许误差为 ±10%。

(2) 天然级配砂砾基层

砂砾应颗粒坚韧，大于 20mm 的粗骨料含量占 40% 以上，层厚多在 10 ~20cm。施工时用平地机或人工摊铺，注意粗细骨料要分布均匀。碾压前要洒水至全部石料湿润，碾压方法和要求同干结碎石。此法适用于园林中各级路面，如草坪停车场等。

(3) 石灰土基层

其施工方法有路拌法、厂拌法和人工拌和法三种。

1) 路拌法：机械或人工铺土后再铺灰。拌和机沿路边缘线纵向行驶拌和（呈螺旋形线路）至中心，每次拌和的纵向接茬应重叠不小于 20cm，并随时检查边部及拌和深度是否达到要求。干拌一遍后洒水渗透 2 ~3h 再进行湿拌 2 ~3 遍。机械不易拌到的地方要用人工补拌。

2) 厂拌法：是采用专门的拌和机械设备在工厂或移动拌和站进行集中拌和混合料，再将拌好的混合料运至工地摊铺的施工方法。该法可加快施工进度，提高工程质量。

3) 人工拌和法：备料时以人工运输和拌和为主，有时辅以运输车运输。拌和方式有筛拌法和翻拌法。前者是将土和石灰混合或交替过孔径 15mm 的筛，过筛后适当加水拌和到均匀为止；后者是将过筛的土和石灰先干拌 1 ~2 遍，然后加水拌和，要求拌和 2 ~3 遍，直到均匀为止。为使混合料的水分充分、均匀，可在当天拌和后堆放闷料，第二天再摊铺。

石灰土基层的厚度为 15cm（即一步灰土），其虚铺厚度为 21 ~24cm。交通量大的路段或严寒冻胀地区基层厚度可适当增加，并注意要分层压实。石灰土混合料以平地机整平和整形，并刮出路拱，然后再进行压料作业。用 12t 以上三轮压路机或振动压路机在路基全宽内进行碾压（小型园路用蛙式夯）。碾压时应遵守先轻后重、先慢后快、先边后中、先低后高的压实规则。一般需碾压 6 ~7 遍，密实度达到无明显轮迹为止。碾压中如碰到松散、起皮等现象，要及时翻开重新拌和。

4. 结合层施工

一般用 M7.5 水泥、白灰、砂混合砂浆或 1：3 白灰砂浆。砂浆摊铺宽度应大于铺装面 5 ~10cm 左右，已拌好的砂浆应当日用完。也可用 3 ~5cm 的粗砂均匀摊铺而成。特殊的石材料铺地，如整齐石块和条石块，结合层采用 M10 水泥砂浆。

5. 面层施工

在完成的路面基层上，重新定点、放线，每 10m 为一施工段，根据设计标高、路面宽度定边桩、中桩，打好边线、中线。设置整体现浇路面边线处的施工挡板，确定砌块路面列数及拼装方式，面层材料运入施工现场。以下为几种常见面层的施工：

(1)水泥路面的铺筑

水泥路面装饰的方法有很多种，要按照设计的路面铺装方式来选用合适的施工方法。常见的施工方法及其施工技术要领主要有以下几种。

1)普通抹灰与纹样处理。用普通灰色水泥配制成1：2或1：2.5水泥砂浆，在混凝土面层浇注后尚未硬化时进行抹面处理，抹面厚度为10～15mm。当抹面层初步收水、表面稍干时，再用下面的方法进行路面纹样处理。

① 滚花。用钢丝网做成的滚筒，或者用模纹橡胶裹在直径300mm的铁管外做成的滚筒，在经过抹面处理的混凝土面板上滚压出各种细密纹理。滚筒长度在1m以上比较好。

② 压纹。利用一块边缘有许多整齐凸点或凹槽的木板或木条，在混凝土抹面层上挨着压下，一面压一面移动，就可以将路面压出纹样，起到装饰作用。用这种方法时要求抹面层的水泥砂浆含砂量较高，水泥与砂的配合比可为1：3。

③ 锯纹。在新浇的混凝土表面，用一根直木条如同锯割一般来回动作，一面锯一面前移，既能够在路面锯出平行的直纹，有利于路面防滑，又有一定的路面装饰作用。

④ 刷纹。最好使用弹性钢丝做成刷纹工具。刷子宽450mm，刷毛钢丝长100mm左右，木把长1.2～1.5m。用这种钢丝在未硬化的混凝土面层上可以刷出直纹、波浪纹或其他形状的纹理。

2)彩色水泥抹面装饰。水泥路面的抹面层所用水泥砂浆，可通过添加颜料调制成彩色水泥砂浆，用这种材料可做出彩色水泥路面。彩色水泥调制中使用的颜料，需选用耐光、耐碱、不溶于水的无机矿物颜料，如红色的氧化铁红、黄色的柠檬铬黄、绿色的氧化铬绿、蓝色的钴蓝和黑色的炭黑等。不同颜色的彩色水泥及其使用颜料见表5-4。

表5-4　彩色水泥的调制

调制水泥色	水泥及其用量	颜料及其用量
红色、紫砂色水泥	普通水泥500g	铁红20～40g
咖啡色水泥	普通水泥500g	铁红15g、铬黄20g
橙黄色水泥	白色水泥500g	铁红25g、铬黄10g
黄色水泥	白色水泥500g	铁红10g、铬黄25g
苹果绿色水泥	白色水泥1000g	铬绿150g、钴蓝50g
青色水泥	普通水泥500g	铬绿0.25g
蓝色水泥	白色水泥1000g	钴蓝0.1g
灰黑色水泥	普通水泥500g	炭黑适量

3)露骨料饰面。采用这种饰面方式的混凝土路面和混凝土铺砌板，其混凝土应该用粒径较小的卵石配制。混凝土露骨料主要是采用刷洗的方法，在混凝土浇好后2～6h内就可以进行处理，最迟不超过浇好后的16～18h。刷洗工具一般用硬毛刷子和钢丝刷子。刷洗应当从混凝土板块的周边开始，要同时用充足的水把刷掉的泥砂洗去，把每一粒暴露出来的骨料表面都洗干净。刷洗后3～7天内，再用5%的盐酸水洗一遍，使暴露的石子表面色泽更明净，最后还要用清水把残留盐酸完全冲洗掉。

(2)块料路面的铺筑

块料铺筑时，在面层与道路基层之间所用的结合层做法有两种：一种是用湿性的水泥砂浆、石灰砂浆或混合砂浆作结合材料；另一种是用干性的细砂、石灰粉、灰土（石灰和细土）、水泥粉砂等作为结合材料或垫层材料。

1）湿性铺筑。用厚度为 15 ~ 25mm 的湿性结合材料。如用 1 : 2.5 或 1 : 3 水泥砂浆、1 : 3石灰砂浆、M2.5 混合砂浆或 1 : 2 灰泥浆等粘结，在面层之下作为结合层，然后在其上砌筑片状或块状贴面层。砌块之间的结合以及表面抹缝，亦用这些结合材料。用花岗石、釉面砖、陶瓷广场砖、碎拼石片、马赛克等材料铺地时，一般要采用湿法铺砌。用预制混凝土方砖、砌块或黏土砖铺地，也可以用此法。

2）干法砌筑。以干粉砂状材料，作路面面层砌块的垫层和结合层。如用干砂、细砂土、1 : 3水泥干砂、3 : 7 细灰土等作结合层。砌筑时，先将粉砂材料在路面基层上平铺一层，其厚度为：干砂、细土为 30 ~ 50mm，水泥砂、石灰砂、灰土为 25 ~ 35mm。铺好后找平，然后按照设计的砌块砖块拼装图案，在垫层上拼砌成路面面层。路面每拼装好一段，就用平直木板垫在顶面，以铁锤在多处振击，使所有砌块的顶面都保持在一个平面上，这样可将路面铺装得十分平整。路面铺好后，再用干燥的细砂、水泥粉、细石灰粉等撒在路上并扫入砌块缝隙中，使缝隙填满，最后将多余的灰砂清扫干净。以后，砌块下面的垫层材料将慢慢硬化，使面层砌块和下面的基层紧密地结合成一体。适宜采用这种干法砌筑的路面材料主要有：石板、整形石块、预制混凝土方砖和砌块等。传统古建筑庭园中的青砖铺地、金砖墁地等，也常采用干法砌筑。

(3)碎料路面的铺筑

施工前，要根据设计的图样，准备好镶嵌地面用的砖石材料。

施工时，先要在已做好的道路基层上，铺垫一层结合材料，厚度一般可在 40 ~ 70mm 之间。垫层结合材料主要用 1 : 3 石灰砂浆、3 : 7 细灰土、1 : 3 水泥砂浆等，用干法砌筑或湿法砌筑都可以，但干法施工更为方便一些。在铺平的松软垫层上，按照预定的图样开始镶嵌拼花。一般用立砖、小青瓦瓦片来拉出线条、纹样和图形图案，再用各色卵石、砾石镶嵌作花，或拼成不同颜色的色块，以填充图形大面。然后，经过进一步修饰和完善图案纹样，并尽量整平铺地后，就可以定稿。定稿后的铺地地面仍要用水泥干砂、石灰干砂撒布其上，并扫入砖石缝隙中填实。最后，除去多余的水泥石灰干砂，清扫干净，再用细孔喷壶对地面喷洒清水，稍使地面湿润即可，不能用大水冲击或使路面有水流淌。完成后，养护 7 ~ 10 天。

(4)嵌草路面的铺砌

无论用预制混凝土铺路板、实心砌块、空心砌块，还是用顶面平整的乱石、整形石块或石板，都可以铺装成砌块嵌草路面。

施工时，先在整平压实的路基上铺垫一层栽培壤土作垫层。填土要求比较肥沃，不含粗颗粒物，铺垫厚度为 100 ~ 150mm。然后在垫层上铺砌混凝土空心砌块或实心砌块，其缝中半填壤土，并播种草籽。

实心砌块的尺寸较大，草皮嵌种在砌块之间预留的缝中。草缝设计宽度可在 20 ~ 50mm 之间，缝中填土达砌块的 2/3 高。砌块下面如上所述用壤土作垫层并起到找平作用，砌块要铺装得尽量平整。实心砌块嵌草路面上，草皮形成的纹理是线网状的。

空心砌块的尺寸较小，草皮嵌种在砌块中心预留的孔中。砌块与砌块之间不留草缝，常用水泥砂浆粘结。砌块中心孔填土亦为砌块的 2/3 高；砌块下面仍用壤土作垫层找平，使嵌草路面保持平整。空心砌块嵌草路面上，草皮呈点状而有规律地排列。空心砌块的设计制作，一定要保证砌块的结实坚固和不易损坏，因此，其预留孔径不能太大，孔径最好不超过砌块边长的1/3。

采用砌块嵌草铺装的路面，砌块和嵌草是道路的结构面层，其下面只能有一个壤土垫层，在结构上没有基层，只有这样的路面结构才能有利于草皮的存活与生长。

6. 道牙施工

道牙基础宜与路床同时填挖碾压，以保证密度均匀，具有整体性。弯道处的道牙最好事先预制成弧形，道牙的结合层常用2cm厚M5水泥砂浆，应安装平稳牢固。道牙间缝隙为1cm，用M10水泥砂浆勾缝。道牙背后路肩用白灰土夯实，其宽度为50cm、厚度为15cm。亦可用自然土夯实代替。

7. 附属工程

主要指雨水口及排水明沟的施工。对于先期的雨水口，园路施工（尤其是机具压实或车辆通行）时应注意保护。若有破坏，应及时修筑。一般雨水口进水箅子的上表面低于周围路面2~5cm。

土质明沟按设计挖好后，应对沟底及边坡适当夯压。

砖（或块石）砌明沟，按设计将沟槽挖好后，充分夯实。通常以MU7.5砖（或80~100mm厚块石）用M2.5水泥砂浆砌筑，砂浆应饱满，表面平整、光洁。

5.3.2 园路常见病害及原因

园路的"病害"是指园路被破坏的现象。一般常见的病害有裂缝、凹陷、啃边、翻浆等。

1. 裂缝与凹陷

造成这种破坏的主要原因是基土过于湿软或基层厚度不够，强度不足，在路面荷载超过土基的承载力时造成的。

2. 啃边

路肩和道牙直接支撑路面，使之横向保持稳定。因此路肩与其基土必须紧密结实，并有一定的坡度，否则由于雨水的侵蚀和车辆行驶时对路面边缘的啃食作用，使之损坏，并从边缘起向中心发展，这种破坏现象叫啃边，如图5-14所示。

3. 翻浆

在季节性冰冻地区，地下水位高，特别是对于粉砂性土基，由于毛细管的作用，水分上升到路面下，冬季气温下降，水分在路面下形成冰粒，体积增大，路面就会出现隆起现象。到春季上层冻土融化，而下层尚未融化，这样使土基变成湿软的橡皮状，路面承载力下降。这时如果车辆通过，路面下陷，邻近部分隆起，并将泥土从裂缝中挤出来，使路面破坏，这种现象叫翻浆，如图5-15所示。

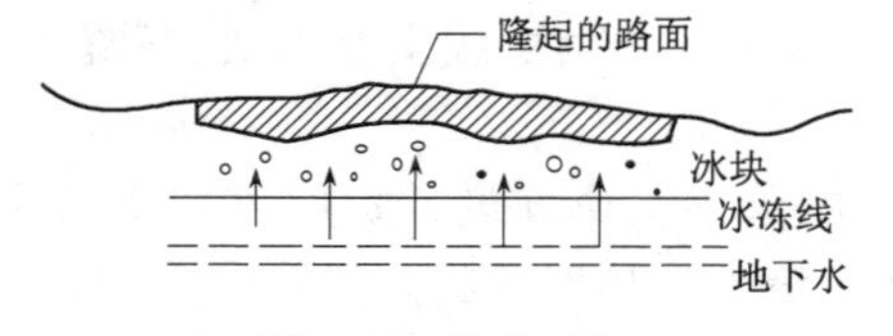

图5-14　翻浆破坏

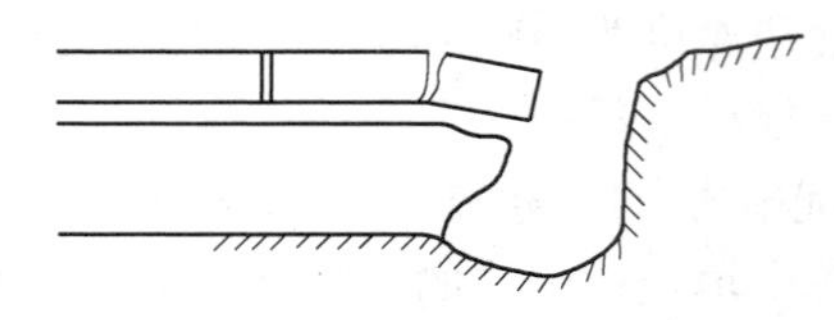

图5-15　啃边破坏

第6章 园林景石假山工程

6.1 景石工程

6.1.1 景石的布局形式

景石通常所用石材较少,结构较简单,对施工技术也没有专门的要求,容易掌握。但是,因为景石是被单独欣赏的对象,所以对石材的可观性要求较高,对景石平面位置安排、立面强调、空间趋势等也有特别的要求。景石的特点是:以少胜多、以简胜繁、量少质高、篇幅不大,但要求目的明确、布局严谨、手法简练。依布置形式不同,景石可分为如下几类。

1. 特置

特置也称孤置、孤赏、峰石,大多由单块山石布置成为独立性的石景。特置山石要求具备以下特点的至少两个以上:①体量巨大;②色彩突出;③姿态多变;④轮廓线突出。

置石的共同特点是巨、透、漏、象形。特置就是要充分发挥单体山石的观赏价值,做到物尽其用。特置石设计一般包括三个方面。

(1)平面布置设计

特置石应作为局部的构图中心,一般观赏性较强,可观赏的面较多,所以,设计时可以将它放在多个视线的交点上,例如大门入口处、多条道路交汇处、有道路环绕的一个小空间等。特置石一般以其石质、纹理轮廓等适宜于中近距离观赏的特征吸引人,所以要求有恰当的视距。在主要观赏面前必须给游人留出停留的空间视距,一般应在25~30m,以石质取胜者可近些,而轮廓线突出、优美,或象形者,视距应适当远些。设计时视距要限制在要求范围内,视距L与石高H要符合$H/L=2/8\sim3/7$的数量关系。为了将视距限制在要求范围内,在主要观赏面之前,可在局部扩大路面,或植可供活动的草皮、建平台等,也可在适当的位置设少量的坐凳等。特置石也可安置在大型建筑前的绿地中。

(2)立面布置设计

一般特置石应放在平视的高度上,可以建台来抬高山石。主要观赏面要求变化丰富、特征突出。如果山石有某处缺陷,可用植物或其他办法来弥补。为了强调其观赏效果,可用粉墙等背景来衬托置石,也可构框作框景。在空间处理上,或利用园路环绕,或在天井中间、廊之转折处,或近周为低矮草皮、地面铺设而较远处用高密植物围合,以形成一种凝聚的趋势,并选沉重、厚实的基层来突出特置石。

(3)工程结构设计

特置石在工程结构方面要求稳定和耐久,关键是掌握山石的重心线,使山石本身保持重心的平衡。我国传统的做法是用石榫头稳定,榫头一般不用很长,大致十几厘米到二十几厘米,根据石之体量而定。但榫头的直径要比较大,周围留有3cm左右即可。石榫头必须正好在重心线上,基磐上的榫眼比石榫的直径略大一点,但应该比石榫头的长度要深一点,这样可以避免因石榫头顶住榫眼底部而石榫头周边不能和基磐接触。吊装山石之前,只需在石榫眼中浇灌少量黏合材料,待石榫头插入时,黏合材料便自然地充满了空隙的地方。

2. 对置

两个山石布置在相对的位置上,呈对称或者对立、对应状态,这种置石方式即是对置。两块山石的体量大小、姿态方向和布置位置,可以对称,也可以不对称。前者就叫对称对置,而后者则叫不对称对置。

对置的石景可起到装饰环境的配景作用,其布置一般是在庭院门前两侧、园林主景两侧、路口两侧、园路转折点两侧、河口两岸等环境条件下。

选用对置石的材料要求稍高,石形应有一定的奇特性和观赏价值,多选能够作为单峰石使用的山石。两块山石的形状不必对称,大小高矮可以一致也可以不一致。在取材困难的地方,也可以小石拼成单峰石形状,但需用两三块稍大的山石封顶,并掌握平衡,使之稳固而无倾倒的隐患。

3. 散置

散置是将山石零星放置,所谓"攒三聚五",散漫布置,有立有卧,或大或小。散置之石既要不使人感到零乱散漫或整齐划一,又要有自然的情趣,若断若续、相互连贯、彼此呼应。散置的运用范围广大,在掇山的山脚、山坡、山头,在池畔水际、溪涧河流,在林下,在花径中,在路旁,都可以散置而得到意趣。例如山脚部分常以岩石横卧,半含土中,然后又有或大或小,或横或竖的块石散置直到平坦的山麓,仿若山岩余脉和山间巨石散落或风化后残存的岩石。一般山石的散置要力求自然,为种植、保持水土创造条件;山顶的散置要好似强烈风化过程中留下的较坚固的岩石。总之,散置无定式,随势随形而定点。

4. 群置

山石成群布置,作为一个群体来表现,称为群置,也称为聚点。

群置的手法看气势,关键在于一个"活"字,要求石块大小不等、体形各异,布置时疏密有致、前后错落、左右呼应、高低不一,形成生动的自然石景。

5. 山石器设

用自然山石作室外环境中的家具器设,如作为石桌、石凳、石几、石水钵、石屏风等,既有实用价值,又有一定的造景效果。这种石景布置的方式即是山石器设。

作为一类休息用地的小品设施,山石器设宜布置在其侧方或后方有树木遮荫之处,如在林中空地、树林边缘地带、行道树下等,以免因夏季日晒而游人无法使用。除承担一些实用的功能外,山石器设还用来点缀环境,以增强环境的自然气息。特别是在起伏曲折的自然式地段,山石器设能够很容易地与周围的环境相协调,而且不怕日晒雨淋,不会锈蚀腐烂,可在室外环境中代替铁木制作的桌子、椅子。

用作山石器设的石材,应根据其用途来选择。如果作为石几或石桌的面材,则应选片状山石,或至少有一个平整表面的块状山石;如果用作桌、几的脚柱,则要选敦实的块状山石;如果是用作香炉的,则应选孔洞密布的玲珑形山石。江南园林也常结合花台做几案处理,这种做法可以说是一种无形的、附属于其他景物的山石器设。

6.1.2 景石与水、建筑及植物的结合

1. 景石与水结合

山水是自然景观的基础,"山因水而润,水因山而活",园林工程建设中将山水结合得好,

就可造出优美的景观。例如用条石作湖泊、水池的驳岸，坚固、耐用，能够经受住大的风吹浪打；同时在周围平面线条规整的环境中应用，不但比较统一，而且可使这个园林空间显得更规整、有条理、严谨、肃穆而有气势。

由于景石轮廓线条比较丰富，有曲折变化、凹凸变化，石体不规则，有透、漏、皱、窝等特征，这些石体用在溪流、水池、湖泊等最低水位线以上部分堆叠、点缀，可使水域总体上有很自然、丰富的景观效果，非常富有情趣和诗情画意。

景石也常用来点缀湖面，作小岛或礁石，使水域的水平面变化更为丰富。

2. 景石与建筑结合

在许多自然式园林中，园林建筑多建在自然山石上。在自然山石上建房有许多优点。首先，用坚硬的整体山石作基地，不易进水、不易冻裂，并且承载力较大，不仅稳固，而且不易发生不均匀的沉降；其次，节约资金，建筑房屋的基础部分往往占投资费用的很大部分，包括材料费、运输费、人工费等方面。如果在坚实的山石上建房，地基就容易处理得多，可以节约一大笔费用；再次，在山上设置建筑，可以让人与大自然充分亲近，因为和自然分布的山石、植物或水体结合，可以营造一种舒适的居住、生活环境。

在园林特别是自然山水园林和写意园林中，经常通过用山石对人工的整体性建筑作以下几种局部处理，造成一种建筑物就建在自然的山上、崖边或山隅的效果，借用这一错觉来满足人们亲近自然的愿望。

(1) 山石踏跺

山石踏跺是用扁平的山石台阶的形式连接地面，强调建筑出入口的山石堆叠体。山石踏跺不仅可作为台阶出入建筑，而且有助于处理由人工建筑到自然环境之间的过渡。石材选择扁平状的，不一定都要求为长方形，各种角度的梯形甚至是不等边的三角形，更富于自然的外观表现力。每级高度为 10 ~ 30cm，或更高一些，各阶的高度不一定完全相等。每阶山石向下坡方向有 2% 的倾斜坡度，以便排水。石阶截面要求上挑下收，以免人们上台阶时脚尖碰到石阶上沿。用小石块拼合的石级，要注意“压茬”，即在上面的石头压住下面的石缝。

踏跺常和蹲配配合使用，来装饰建筑的入口，其作用与垂带、石狮、石鼓等装饰品的作用相当，但外形不像前者那样呆板，而是富于变化。它一方面作为石块两端支撑的梯形基座，也可用来遮挡踏跺层叠后的最后茬口。与踏跺配合使用的蹲配在构图时须对比鲜明、相互呼应、联系紧密，务必在建筑轴线两旁保持均衡。

(2) 抱角和镶隅

建筑物相邻的墙面相交成直角，直角内的围合空间称为内拐角，而直角外的发散空间称为外拐角。外拐角之外以山石环抱之势紧抱基角墙面，称为抱角；内拐角以山石填其内，称为镶隅。本来是用山石抱外角和镶内角，反而像建筑坐落在自然的山岩上，效果非常精妙。抱角和镶隅的体量均须与墙体所在的空间取得协调。一般情况下，大体量的建筑抱角和镶隅的体量需较大，反之宜较小。抱角和镶隅的石材及施工，必须使山石与墙体，特别是可见部位能密切吻合。

镶隅的山石常结合植物，一部分山石紧砌墙壁，另一部分与其自然围合成一个空间，内部添土，栽植潇洒、轻盈的观赏植物。植物、山石的影子投放到墙壁上，植物在风中摇曳，使本来呆板、僵硬的直角线条和墙面显得柔和，壁山也显得更加生动。与镶隅相似，沿墙建的折廊，与墙形成零碎的空间，在其间缀以山石、植物，既可补白，又可丰富沿途景观。

(3)粉壁置石

粉壁置石就是以墙为背景,在建筑物出口对面的墙面或山墙的基础部位做山石布置,也称壁山。这是传统的园林手法,即"以粉壁为纸,以石为绘也"。山石多选湖石、剑石,仿古山石画的意境,主次分明,有起有伏,错落有致。常配以松柏、古梅、修竹或以框收之,好似美妙的画卷。山石布置时,不能全部靠墙,应限定距离,以使石景有一定的景深和层次变化。山石与墙之间要做好排水,以免长期积水泡胀墙体。

在园林中,往往单独专门建一段墙体,用粉壁置石来构景,常做障景、隔景等。

(4)尺幅窗和无心画

这种手法是清代李渔首创的。他把墙上原本挂山水画的位置做成漏窗,然后在窗外布置竹石小品之类,使景入画,以景代画,比之于画又有不同。阳光洒下有倩影,微风吹来能摇动,且伴有悦耳的沙沙声。以粉墙为背景,山石、植物投影其上,有窗花剪影的效果,精美绝妙,这个窗就称尺幅窗,窗内景称为无心画。

尺幅窗和无心画形式考究,精致的边框,精雕细刻,或用简洁、大方的图案作饰边;所叠山石最高处,在镜框高度的$\frac{1}{2} \sim \frac{3}{4}$之间,其他地方留白;旁植修竹或其他姿态潇洒的树种,将一部分枝叶或全株纳入画中,构成虚实对比;以粉墙为背景,相当于宣纸;画的左右两边可题对联,用以点题。茶室、展览室、音乐间等相对幽静、高雅的空间环境,可布置此景。

(5)云梯

用山石扒砌的室外楼梯,山石凹凸起伏,梯阶时隐时现,故称云梯。设计云梯时,应注意以下几点:

① 必须与环境相协调,不能孤立使用。周围环境必须有置石、假山或真实的山体,云梯是假山或真山体的延续和必要组成部分。从云梯上楼,仿佛有上山的感受,每一石阶高程可适当加大,从而使人爬云梯时感觉费力,创造高的境界。离开了山石的环境,云梯就会显得做作和突然。

② 最忌云梯暴露无遗。完全显露出来的云梯,缺乏含蓄的意味,散失了"云"形态多变、隐现不定的意境,云梯也就没有了价值。设计时,云梯的一面沿墙或绕壁山,而另一面堆叠的山石,大多应高出台阶的高程,有时甚至可以与人同高,使阶梯大多隐藏。在一定视距范围内仰视云梯,梯阶上的人如同在云山中出没的仙人。

③ 起步向里缩。开始时在阶梯之外,用立石、大石、叠石等遮挡大部分视线。也可与花池、花台、山洞等相连,融入到环境中,使起步比较隐蔽。

④ 要求占空间小,视距短。因云梯是以山石蹬道代替楼梯或于梯旁点缀山石,故要求满足功能上的需要,体量无须过大。为了减少云梯基部的山石工程量,往往采用大石悬、挑等作法,而作为景观观赏视距应该尺寸小,以增加高入云端的感觉。

3. 景石与植物结合

景石与植物主要以花台的形式结合,即用山石堆叠花台的边台,内填土,栽植植物;或在规则的花台中,用植物和山石组景。

景石花台提高了栽植土壤的高度,使一部分不耐水渍的花木,如牡丹、芍药、兰花等花大、香浓、色正的花木能够健康生长。山石花台也可与自然式的游园道取得协调,还可以增大视角,使花木景石在正常观赏视角范围内,不至于使游客蹲下观花闻香,所以景石花台被南方园林广泛采用。

花台与驳岸的功能相似,一个为挡水,另一个为挡土。两者的砌法基本相同,均有基础、墙体,以自然山石镇压。不同之处在于,驳岸着重观赏临水面,而景石花台主要观赏背土面,故要尽可能使山石堆砌手法多变,以丰富花台的平面和立面构图。

6.1.3 景石施工

1. 施工要点

(1)特置景石施工要点

特置景石布置的关键在于相石立意,景石体量与环境应协调。通过前置框景、背景衬托,以及利用植物弥补景石的缺陷等手法表现景石的艺术特征。

1)特置景石应选择体量大、造型轮廓突出、色彩纹理奇特、颇有动势的山石。

2)特置景石一般置于相对封闭的小空间,成为局部构图的中心。

3)石高与观赏距离一般介于1∶2~1∶3之间。如石高3~6.5m,则观赏距离为8~18m之间。在这个距离内才能较好地品玩石的体态、质感、线条、纹理等。

4)特置景石可采用整形的基座,也可以坐落于自然的景石面上,这种自然的基座称为磐。景石要稳定、耐久,关键在于结构合理。传统立峰一般用石榫头固定。石榫头必须正好在景石的重心线上,并且榫头周边要与基磐接触以受力。榫头只定位,并不受力。安装景石时,在榫眼中浇灌少量粘合材料(如纯水泥浆)。待石榫头插入时,粘合材料便可自然充满空隙。

在没有合适的自然基座的情况下,亦可采用混凝土基础方法加固景石,方法是:先在挖好的基础坑内浇筑一定体量的块石混凝土基础,并预留出榫眼,待基础完全干透后,再将景石吊装,并用粘合材料粘合。

特置景石还可以结合台景布置。台景也是一种传统的布置手法。其做法为:用石料或其他建筑材料做成整形的台,内盛土壤,底部有排水设施,然后在台上布置山石和植物,模仿大盆景布置。

(2)群置景石施工要点

布置时要主从有别,宾主分明,搭配适宜,根据“三不等”原则(即石之大小不等,石之高低不等,石之间距不等)进行配置。构成群置状态的石景,所用山石材料要求不高,只要是大小相间、高低不同、具有风化石面的同种岩石碎块即可。

(3)散置景石施工要点

1)造景目的性要明确,格局严谨。

2)手法洗练,“寓浓于淡”,有聚有散,有断有续,主次分明。

3)高低曲折,顾盼呼应,疏密有致,层次丰富,散而有物,寸石生情。

2. 施工过程

(1)选石

1)选择具有原始意味的石材。如:未经切割过,并显示出风化痕迹的石头;被河流、海洋强烈冲击或侵蚀的石头;生有锈迹或苔藓的岩石。这样的石头能显示出平实、沉着的感觉。

2)最佳的石料颜色是蓝绿色、棕褐色、红色或紫色等柔和的色调。白色缺乏趣味性,金属色彩容易使人分心,应避免使用。

3)具有动物等象形的石头或具有特殊纹理的石头最为珍贵。

4)石形选择要选自然形态的,纯粹圆形或方形等几何形状的石头或经过机器打磨的石头均不为上品。

5）造景选石时无论石材的质量高低，石种必须统一，不然会使局部与整体不协调，导致总体效果不伦不类，杂乱不堪。

6）选石无贵贱之分，应该“是石堪堆”，就地取材，有地方特色的石材最为可取。

总之，在选石过程中，应首先熟知石性、石形、石色等石材特性；其次应准确把握置石的环境，如建筑物的体量、外部装饰、绿化、铺地等诸多因素。

（2）景石吊运

选好石品后，按施工方案准备好吊装和运输设备，选好运输路线，并查看整条运输线路有无桥梁，桥梁能否满足运输荷载需要。在山石起吊点采用汽车起重机吊装时，要注意选择承重点，做到起重机的平衡。景石吊到车厢后，要用软质材料，如黄泥、稻草、甘蔗叶等填充，山石上原有的泥土杂草不要清理。整个施工现场要注意工作安全。

（3）拼石

当所选到的山石不够高大，或石形的某一局部有重大缺陷时，就需要使用几块同种的山石拼合成一个足够高大的峰石。如果只是高度不够，可按高差选到合适的石材，拼合到大石的底部，使大石增高。如果是由几块山石拼合成一块大石，则要严格选石，尽量选择接口处形状比较吻合的石材，并且在拼合中特别要注意接缝严密和掩饰缝口，使拼合体完全成为一个整体。

（4）基座设置

基座可由砖石材料砌筑成规则形状，基座也可以采用稳实的墩状座石做成。座石半埋或全埋于地表，其顶面凿孔作为榫眼。

埋于地下的基座，应根据山石预埋方向及深度定好基址开挖面，放线后按要求挖方，然后在坑底先铺混凝土一层，厚度不得小于15cm，再准备吊装山石。

（5）景石吊装

景石吊装常用汽车起重机或葫芦吊，施工时，施工人员要及时分析山石主景面，定好方向，最好标出吊装方向，并预先摆置好起重机，如碰到大树或其他障碍时，应重新摆置，使得起重机长臂能伸缩自如。吊装时要选派一人指挥，统一负责。当景石吊到预装位置后，要用起重机挂钩定石，不得用人定或支撑摆石定石。此时可填充块石，并浇注混凝土充满石缝。之后将铁索与挂钩移开，用双支或三支方式做好支撑保护，并在景石高度的两倍范围内设立安全标志，保养7天后才能开放。

置石的放置应力求平衡稳定，给人以宽松自然的感觉。石组中石头的最佳观赏面均应朝向主要的视线方向。对于特置，其特置石安放在基座上固定即可。对于散置、群置一般应采取浅埋或半埋的方式安置景石。景石布置好后，应当像是地下岩石、岩石的自然露头，而不要像是临时性放在地面上似的。散置石还可以附属于其他景物而布置。如半埋于树下、草丛中、路边、水边等。

（6）修饰

一组置石布局完成后，可利用一些植物和石刻来加以修饰，使之意境深邃，构图完整，充满诗情画意。但必须注意一个原则：尽量减少过多的人工修饰。石刻艺术是我国文化宝库中的重要组成部分，园林人文景观的“意境”多以石刻题咏来表现。石刻应根据置石来决定字体形式、字体大小、阴刻阳刻、疏密曲直，做到置石造景与石刻艺术互为补充，浑然一体。植物修饰的主要目的是采用灌木或花草来掩饰山石的缺陷，丰富石头的层次，使置石更能与周边环境和谐统一。但种植在石头中间或周围泥土中的植物应能耐高温、干旱，如丝兰、麦冬、苏铁、蕨类等。

6.2 假山工程

6.2.1 假山概述

1. 假山的概念

假山是指用人工的方法堆叠起来的山，是仿自然山水经艺术加工而制作的。随着叠石为山技巧的进步，假山在园林中的应用也愈来愈普遍。不论是叠石为山，还是土山、石山，只要它是人工堆成的，均可称为假山。

人们通常所说的假山实际上包括假山和置石两个部分。所谓的假山，是以造景、游览为主要目的，充分地结合其他多方面的功能作用，以土、石等为材料，以自然山水为蓝本并加以艺术的提炼和夸张，用人工再造的山水景物的通称。假山的主要特点是具有完整的山形。

假山在现代园林中应用十分广泛，取材方便、应用灵活，可以信手拈来，以较少的花费取得良好的效果。假山石还可以和溪流、驳岸、瀑布、树木、园林建筑、小品等配合使用，在园林建筑的室内也有一定的应用范围。

2. 假山的材料

园林中用于堆山、置石的山石种类极其繁多，而且产石之地也分布极广。

(1) 太湖石（又称南太湖石）

太湖石是一种石灰岩的石块，因主产于太湖而得名。其中以洞庭湖西山消夏湾一带出产的最著名。好的太湖石有大小不同、变化丰富的窝或洞，有时窝洞相套，疏密相通，颜色浅灰色，扣之有声，石面上还形成沟缝坳坎，纹理纵横。太湖石在水中和土中皆有所产，尤其是水中所产者，经浪雕水刻，形成玲珑剔透、瘦骨突兀、纤巧秀润的风姿，常被用作特置石峰以体现秀奇险怪之势。

(2) 房山石（北太湖石）

房山石属砾岩，因产于北京房山县而得名。又因其某些方面像太湖石，因此亦称北太湖石。这种石块的表面多有蜂窝状的大小不等的环洞，扣之无声，质地坚硬、有韧性，多产于土中，色为淡黄或略带粉红色，它虽不像南太湖石那样玲珑剔透，但端庄、深厚、典雅，别有一番风采。年久的石块，在空气中经风吹日晒，变为深灰色后更有俊逸、清幽之感。

(3) 黄石与青石

黄石与青石皆墩状，形体顽夯，见棱见角，节理面近乎垂直。色橙黄者称黄石，色青灰者称青石，系砂岩或变质岩等。与湖石相比，黄石堆成的假山浑厚挺括、雄奇壮观、棱角分明、粗犷而富有力感。

(4) 青云片

青云片是一种灰色的变质岩，具有片状或极薄的层状构造。在园林假山工程中，横纹使用时叫青云片，多用于表现流云式叠山。变质岩还可以竖纹使用如作剑石，假山工程中有青剑、慧剑等。

(5) 象皮石

属石灰岩，在我国南北广为分布。石块青灰色，常夹杂着白色细纹，表面有细细的粗糙皱纹，很像大象的皮肤，因之得名。一般没有透、漏、环窝，但整体有变化。

(6)灵璧石

石灰岩，产于安徽灵璧县磬山，石产于土中，被赤泥渍满。用铁刀刮洗方显本色。石灰色，清润，叩之铿锵有声。石面有坳坎变化。可特置几案，亦可掇成小景。灵璧石掇成的山石小品，峙岩透空，多有婉转之势。

(7)英德石

属石灰岩，产于广东英德县含光、真阳两地，因此得名。粤北、桂西南亦有之。英德石一般为青灰色，称灰英。亦有白英、黑英、浅绿英等数种，但均罕见。英德石形状瘦骨铮铮，嶙峋剔透，多皱褶的棱角，清奇俏丽。石体多皴皱，少窝洞，质稍润，坚而脆，叩之有声，亦称音石。在园林中多用作山石小景。

(8)石笋和剑石

这类山石产地颇广。主要以沉积岩为主，采出后宜直立使用形成山石小景。园林中常见的有：

1)子母剑是一种角砾岩。在青色的细砂岩中，沉积了一些白色的角砾石，因此称子母石，在园林中作剑石用，称"子母剑"。又因此石沉积的白色角砾岩很像白果（银杏的果），因此亦称白果笋。

2)慧剑色黑如炭或青灰色，片状形似宝剑，因此称"慧剑"。

3)钟乳石笋是将石灰岩经溶融形成的钟乳石用作石笋以点缀园景。

(9)木化石

木化石是古代树木的化石，地质学上称硅化木。亿万年前，古代树木被火山灰包埋，因隔绝空气，未及燃烧而整株、整段地保留下来，再由含有硅质、钙质的地下水淋滤、渗透，矿物取代了植物体内的有机物，木头变成了石头。

(10)菊花石

地质学上称红柱石，是一种热变质的矿物。其晶体属正交（斜方）晶系的岛状结构硅酸盐，化学组成为 Al_2SiO_5。集合体形态多呈放射状，因此俗称菊花石，有很高的观赏性。红柱石加热至1300℃时变成英来石，是高级耐火材料，亦可作宝石。

以上是古典园林中常用的石品。另外还有黄蜡石、石蛋、石珊瑚等，也用于园林山石小品。总之，我国山石的资源是极其丰富的。

6.2.2 假山的设计

1. 假山的基本结构

假山的外形虽然千变万化，但就其基本结构而言，可分为基础、拉底、中层、收顶和做脚五部分。

(1)基础

"假山之基，约大半在水中立起。先量顶之高大，才定基之浅深。掇石须知占天，围土必然占地，最忌居中，更宜散漫。"此段文字说明假山由设计到施工的要领。基础是首位工程，其质量的优劣直接影响假山艺术造型的使用功能。基础做法有以下几种：

1)桩基，是一种传统的基础做法，用于水中的假山或山石驳岸。桩有木桩和混凝土桩。木桩多选用柏木桩、松类桩或杉木桩，木桩顶面的直径约在10~15cm，平面布置按梅花形排列，故称"梅花桩"。桩边至桩边的距离约为20cm。其宽度视假山底脚的宽度而定。如做驳岸，少则三排，多则五排，大面积的假山即在基础范围内均匀分布。打到坚硬土层的桩，称为“支撑桩”。用以挤实土壤的桩，称为“摩擦桩”。桩长一般有1米多。桩木顶端露出湖底十几厘米至几十厘米，其间用块石嵌紧，再用花岗石压顶，条石上面才是自然形态的山石，此即所谓“大块满盖桩顶”的做法，如图6-1所示。条石应置于低水位线以下，自然山石的下部亦在水位线下。这样不仅美观，也可减少桩木腐烂。江南园林还有打“石钉”挤实土壤的做法。

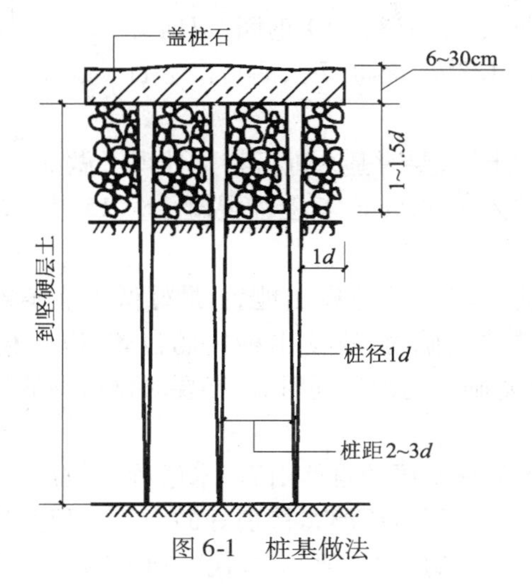

图6-1　桩基做法

2）灰土基础，北方地区地下水位一般不高，雨季比较集中，使灰土基础有比较好的凝固条件。灰土一旦凝固便不透水，而且强度很高，可以减少土壤冻胀的破坏。

灰土基础的宽度应比假山底面积的宽度宽出0.5m左右，术语称为“宽打窄用”，以保证假山的压力沿压力传递的角度均匀地分布到素土层。灰槽深度一般为50~60cm。2m以下的假山一般是打一步素土，一步灰土（一步灰土即布灰土25~30cm厚，夯实到15cm厚）。2~4m高的假山用一步素土，两步灰土。石灰一定要选用新出窑的块灰，在现场泼水化灰。灰土的比例采用3∶7，素土要求是黏性土壤不含杂质。

3）毛石基础，常有两种，打石钉和铺石。对于土壤比较坚实的土层，可采用毛石基础，多用于中小型园林假山。毛石基础的厚度随假山体量而定。毛石基础应分层砌筑，每皮厚40~50cm，上层比下层每侧应收回，即40cm为大放脚。一般山高2m砌毛石40cm，山高4m砌毛石50cm。毛石应选用质地坚硬未经风化的石料，用M5水泥砂浆砌筑，砂浆必须饱满，不得出现空洞和干缝，如图6-2所示。

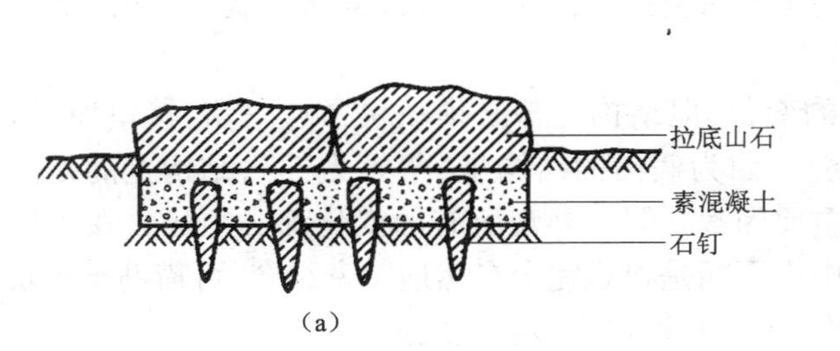

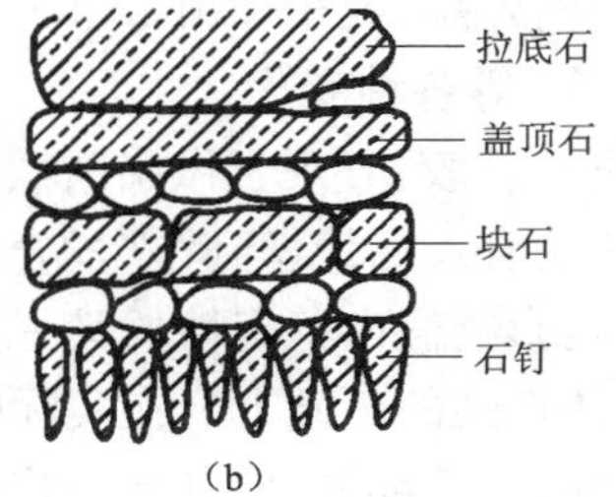

图6-2　毛石基础
（a）打石钉；（b）铺石

4）混凝土基础，现代假山多采用混凝土基础。混凝土基础耐压强度大，施工进度快。如基土坚实可利用素土槽浇灌。做法是基槽夯实后直接浇灌混凝土。混凝土厚度陆地上一般为10～20cm，水中约30cm，混凝土配合比常用水泥、砂和碎石的质量比为1：2：4或1：2：6。对于大型假山，基础必须牢固，可采用钢筋混凝土替代混凝土加固，如图6-3所示。30cm厚C15～C20混凝土，配置ϕ10钢筋，双向分布，间距200mm；应置于下部1/3处，养护7天后再砌毛石基础。

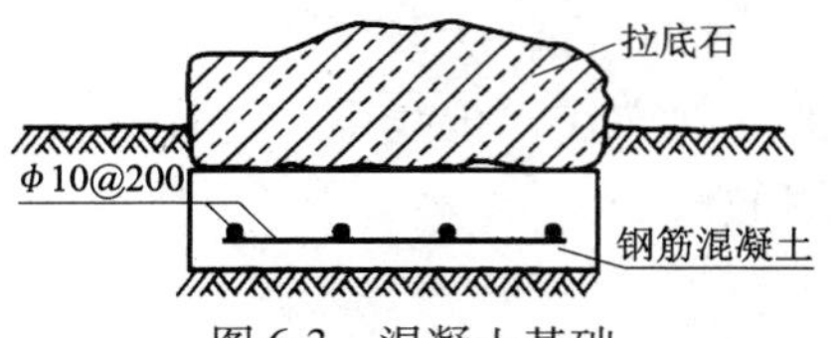

图6-3　混凝土基础

如果地基为比较软弱的土层，要对基土进行特殊处理。做法是先将基槽夯实，在素土层上铺石钉（尖朝下）20cm厚，夯入土中6cm，其上铺混凝土（C15或C20）30cm厚，养护7天后再砌毛石基础。

假山无论采用哪种基础，其表面不宜露出地表，最好低于地表20cm。这样不仅美观，还易在山脚种植花草。在浇筑整体基础时，应留出种树的位置，以便树木生长，这就是俗称的要“留白”。如在水中叠山，其基础应与池底同时做，必要时做沉降缝，防止池底漏水。

（2）拉底

在基础上铺置假山造型的最底层的自然山石，术语称为拉底。这层山石大部分在地面以下，只有小部分露出地面以上，并不需要形态特别好的山石。但此层山石受压最大，要求有足够的强度，因此应选用坚实、平大的山石打底。古代匠师把“拉底”看做叠山之本，因为假山空间的变化都立足于这一层，如果底层未打破整形的格局，则中层叠石亦难以变化。拉底的要点有以下几个方面：

1）统筹向背：根据造景的立地条件，特别是游览路线和风景透视线的关系，确定假山的主次关系，再根据主次关系安排假山的组合单元，从假山组合单元的要求来确定底石的位置和发展的走向。要精于处理主要视线方向的画面以作为主要朝向，然后再照顾到次要的朝向，简化处理那些视线不可及的部分。

2）曲折错落：假山底脚的轮廓线要破平直为曲折，变规则为错落。在平面上要形成具有不同间距、不同转折半径、不同宽度、不同角度和不同支脉走向的变化，或为斜八字形，或为“S”形，或为各式曲尺形，为假山的虚实、明暗变化创造条件。

3）断续相间：假山底石所构成的外观不是连绵不断的，要为中层做出“一脉既毕，余脉又起”的自然变化作准备。因此在选材和用材方面要灵活运用，或因需要选材，或因材施用。用石之大小和方向要严格地按照皴纹的延展来决定。大小石材成不规则的相间关系安置，或小头向下渐向外挑，或相邻山石小头向上预留空挡以便往上卡接，或从外观上做出“下断上连”、“此断彼连”等各种变化。

4）密接互咬：外观上做出断续的变化，但结构上却必须一块紧连一块，接口力求紧密，最好能互相咬合。尽量做到“严丝合缝”，因为假山的结构是“集零为整”，结构上的整体性最为重要，它是影响假山稳定性的又一重要因素。假山外观所有的变化都必须建立在结构上重心稳定、整体性强的基础上。在实际中山石间是很难完全自然地紧密结合，可借助于小块的石皮填入石间的空隙部分，使其互相咬合，再填充以水泥砂浆使之连成整体。

5）找平稳固：拉底施工时，大多数要求基石以大而平坦的面向上，以便于后续施工，向上垒接。通常为了保持山石平稳，要在石之底部用“刹片”垫平以保持重心稳定、上面水平。北方掇山多采用满拉底石的办法，即在假山的基础上满铺一层，形成一整体石底。而南方则常采用先拉周边底石再填心的办法。

(3) 中层

中层即底石与顶层之间的部分。这部分体量最大，观赏部位最多。用材广泛，单元组合和结构变化多端，可以说是掇山造型的主要部分。假山的堆叠也是一个艺术创作的过程，对于中层施工来说是发挥艺术创作的主要部分。

掇山无论其规模大小都是由一块块形态、大小不一的山石拼叠起来的。掇山施工中，应对每一块石料的特性有所了解，观察其形状、大小、重量、纹理、脉络、色泽等，并熟记在心，在堆叠时先在想象中进行组合拼叠，然后在施工时能信手拈来并发挥灵活机动性，寻找合适的石料进行组合。掇山造型技艺中的山石拼叠实际上就是相石拼叠的技艺。其过程顺序是从相石选石——→想象拼叠——→实际拼叠——→造型相形，而后再从造型后的相形回到相石选石——→想象拼叠——→实际拼叠——→造型相形，如此反复循环，直到整体的堆叠完成。

(4) 收顶

收顶即处理假山最顶层的山石。从结构上讲，收顶的山石要求体量大，以便合凑收压。从外观上看，顶层的体量虽不如中层大，但有画龙点睛的作用，因此要选用轮廓和体态都富有特征的山石。收顶一般分峰、峦和平顶三种类型。峰又可分为剑立式（上小下大，竖直而立，挺拔高矗）、斧立式（上大下小，形如斧头侧立，稳重而又有险意）、流云式（横向挑伸，形如奇云横空，参差高低）、斜劈式（势如倾斜山岩，斜插如削，有明显的动势）、悬垂式（用于某些洞顶，犹如钟乳倒悬，滋润欲滴，以奇制胜）、分峰式（山的顾盼）和合峰式（山的有形、节奏性组合）等，其他如莲花式、笔架式、剪刀式等，不胜枚举。

收顶往往是在逐渐合凑的中层山石顶面加以重力的镇压，使重力均匀地分层传递下去。往往用一块收顶的山石同时镇压下面几块山石，如果收顶面积大而石材不够完整时，就要采取“拼凑”的手法，并用小石镶缝使成一体。

(5) 做脚

做脚就是用山石砌筑成山脚，它是在假山的上面部分山形山势大体施工完成以后，于紧贴起脚石外缘部分拼叠山脚，以弥补起脚造型不足的一种操作技法。所做的山脚石虽然无需承担山体的重压，但必须与主山的造型相适应，既要表现出山体余脉延伸之势，如同从土中生出的效果，又要陪衬主山的山势和形态的变化。

2. 假山的布置技巧

(1) 山水结合，相映成趣

中国园林把自然风景看成是一个综合的生态环境景观，山水又是自然景观的主要组成部分。如果片面地强调堆山掇石而忽略了其他因素，其结果必然是“枯山”、“童山”而缺乏自然的活力。上海豫园黄石大假山的特色主要在于以幽深曲折的山涧破山腹后流入山下的水池；假山在古代称为“山子”，足见“有假为真”指明真山是造山之母。真山是以自然山水为骨架的自然综合体，那就必须基于这种认识来布置假山才有可能获得“做假成真”的效果。

(2) 相地合宜，造山得体

自然山水景物是丰富多样的，在一个具体的园址上究竟要在什么位置上造山，造什么样的山，采用哪些山水地貌组合单元，都必须结合相地、选址因地制宜地把主观要求和客观条件的可能性和所有的园林组成因素作统筹的安排。

(3)巧于因借，混假于真

这也是因地制宜的一个方面，就是充分利用环境条件造山。如果园之远近有自然山水相因，那就要灵活地加以利用。在真山附近造假山是用混假于真的手段取得真假难辨的造景效果。混假于真的手法不仅可用于布局取势，也用于细部处理。

(4)独立端严，次相辅弼

在假山设计时要主景突出，先立主体，再考虑如何搭配，以次要景物突出主体景物。假山必须根据其在总体布局中的地位和作用来安排，最忌不顾大局和喧宾夺主。确定假山的布局地位后，假山本身还有主从关系的处理问题。

(5)三远变化，移步换景

假山在处理主次关系的同时还必须结合"三远"的理论来安排，"三远"即高远、平远和深远。

假山在处理三远变化时，高远、平远比较容易做到，而深远做起来却不是很容易。它要求在游览路线上能给人山体层层深厚的观感。这就需要统一考虑山体的组合和游览路线的开辟两个方面。

(6)远观山势，近看石质

"远观势，近观质"也是山水画理。这里既强调了布局和结构的合理性，又重视细部处理。"势"是指山水的形势，亦即山水的轮廓、组合与所体现的动势和性格特征。置石和掇山亦如作文，一石即一字，数石组合即用字组词，由石组成峰、峦、洞、壑、岫、坡、矶等组合单元又有如造句，由句成段落即类似一部分山水景色，然后由各部山水景组成一整篇文章，这就像造一个园子，园之功能和造景的意境结合便是文章的命题，这就是"胸有成山"的内容。

就一座山而言，其山体可分为山麓、山腰和山头部分。

合理的布局和结构还必须落实到假山的细部处理上。这就是"近观质"的内容，与石质和石性有关。例如湖石类属石灰岩，因降水中有碳酸的成分，对湖石可溶于酸的石质产生溶蚀作用使石面产生凹面。由凹成涡，涡向纵向发展成为纹，纹深成隙，隙冲宽了成沟，沟向深度溶蚀成环，环被溶透成洞，洞与环的断裂面便形成锐利的曲形锋面。于是，大小沟纹交织，层层环洞相套，这就形成湖石外观圆润柔曲、玲珑剔透、涡洞相套、皴纹疏密的特点，亦即山水画中荷叶皴、披麻皴、解索皴大多所宗之本。而黄石作为一种细砂岩，是方解型节理，由于对成岩过程的影响和风化的破坏，它的崩落是沿节理面而分解，形成大小不等，凹凸成层和不规则的多面体。石之各方面的石面平如削斧劈，面和面的交线又形成锋芒毕露的棱角线或称峰面。于是外观方正刚直、浑厚沉实、层次丰富、轮廓分明，亦即山水画皴法中大斧劈、小斧劈、折带皴等所宗。但是，石质和皴纹的关系是很复杂的，也有花岗岩的大山具有荷叶皴，砂岩也有极少数具有湖石的外观，只能说一般的规律是这样的。如果说得更简单一些，至少要分竖纹、横纹和斜纹几种变化。掇山置石必须讲究皴法才能做到"掇山莫知山假"。

(7)寓情于石，情景交融

假山很重视内涵和外表的统一，常运用外形、比拟和激发联想的手法造景。所谓"片山有致，寸石生情"，也是要求无论置石或掇山都讲究"弦外之音"。中国自然山水园林的外观是力求自然的，但究其内在的意境而言又完全受人的意识支配。

6.2.3 假山的施工

假山施工过程如下：

(1)假山模型制作

1)熟悉图纸。图纸包括假山底层平面图、顶层平面图、立体图、剖面图及洞穴、结顶等大样图。

2)按比例放大底层平面图，确定假山范围及各山景的位置。

3)选择、准备制作模型材料。可选择石膏、水泥砂浆、橡皮泥或泡沫塑料等可塑材料。

4)制作假山模型。根据设计图纸尺寸要求，结合山体总体布局、山体走向、山峰位置、主次关系和沟壑、洞穴、溪涧的走向，尽量做到体量适宜，布局精巧，能充分体现出设计的意图，为掇山施工提供参考。

(2)施工放线

根据设计图纸的位置与形状在地面上放出假山的外形形状。由于基础施工比假山的外形要宽，放线时应根据设计适当放宽。在假山有较大幅度的外挑时，要根据假山的重心位置来确定基础的大小。

(3)挖槽

根据基础的深度与大小挖槽。假山堆叠南北方各不相同，北方一般满拉底，基础范围覆盖整个假山；南方一般沿假山外形及山洞位置设基础，山体内多为填石，对基础的承重能力要求相对较低。因此挖槽的范围与深度需要根据设计图纸的要求进行。

(4)基础施工

基础是影响假山稳定和艺术造型的基础，掇山必先有成局在胸，才能准确确定假山基础的位置、外形和深浅。否则假山基础一旦做成，再想改变就很困难，因为假山的重心不可超出基础之外。

1)基础类型。假山如果能坐落在天然岩上是最理想的，其他的都需要做基础。做法主要有以下几种：

① 桩基。这是一种传统的基础做法，特别是水中的假山或山石驳岸用得很广泛。桩基施工详见 P148 的有关内容。

② 灰土基础。详见 P149 灰土基础的有关内容。

③ 毛石基础或混凝土基础。现代的假山多采用浆砌毛石或混凝土基础。这类基础耐压强度大，施工速度快。详见 P149、P150。

2)基础浇注。确定了主山体的位置和大致的占地范围，就可以根据主山体的规模和土质情况进行钢筋混凝土基础的浇注了。浇注基础，是为了保证山体不倾斜不下沉。如果基础不牢，使山体发生倾斜，也就无法供游人攀爬了。

浇注基础的方法很多，首先是根据山体的占地范围挖出基槽，或用块石横竖排立，于石块之间注进水泥砂浆。或用混凝土与钢筋扎成的块状网浇注成整块基础。在基土坚实的情况下可利用素土槽浇注，基槽宽度同灰土基。陆地上选用不低于 C10 的混凝土，水中采用 M15 水泥砂浆浆砌块石，混凝土的厚度陆地上约 10～20cm，水中基础约为 50cm。水泥、砂和碎石配合的重量比约为 1：2：4～1：2：6。如遇高大的假山酌情加厚或采用钢筋混凝土替代砂浆混凝土。毛石应选未经风化的石料，用 M15 水泥砂浆浆砌，砂浆必须填满空隙，不得出现空洞和缝隙。如果基础为较软弱的土层，要对基土进行特殊处理。做法是先将基槽夯实，在素土层上铺钉石 20cm 厚,尖头向下夯入土中 6cm 左右,其上再铺设混凝土或砌毛石基础。至于砂石与水泥的混合比例、混凝土的基础厚度,所用钢筋的直径粗细等,则要根据山体的高度、体积以及重量和土层情况而定。叠石造山浇注基础时应注意以下事项:

① 调查了解山址的土壤立地条件,地下是否有阴沟、基窟、管线等。

② 叠石造山如以石山为主配植较大植物的造型,预留空白要确定准确。仅靠山石中的回填土常常无法保证足够的土壤供植物生长需要,加上满浇混凝土基础,就形成了土层的人为隔断,地气接不上来,水也不易排出去,使得植物不易成活和生长不良。因此,在准备栽植植物的地方根据植物大小需预留一块不浇混凝土的空白处,即是留白。

③ 从水中堆叠出来的假山,主山体的基础应与水池的底面混凝土同时浇注形成整体。如先浇主山体基础,待主山基础完成后再做水池池底,则池底与主体山基础之间的接头处容易出现裂缝。产生漏水,而且日后处理极难。

④ 如果山体是在平地上堆叠,则基础一般低于地平面至少 2m。山体堆叠成形后再回填土,同时沿山体边缘栽种花草,使山体与地面的过渡更加自然生动。

(5)拉底

参照 P150 页内容。

(6)中层施工

1)中层施工的技术要点:除了底石所要求平稳等方面以外,还应做到以下几点:

① 接石压茬。山石上下的衔接要求石石相接、严密合缝。除有意识地大块面闪进以外,避免在下层石上面闪露一些很破碎的石面。这是皴纹不顺的一种反映。会使山体失去自然气氛而流露出人工的痕迹。如果是为了做出某种变化,故意预留石茬,则另当别论。

② 偏侧错安。在下层石面之上,再行叠放应放于一侧,破除对称的形体,避免成四方、长方、正品或等边、等角三角等形体。要因偏得致,错综成美。掌握每个方向呈不规则的三角形变化,以便为向各个方向的延伸发展创造基本的形体条件。

③ 仄立避“闸”。将板壮山石直立或起撑托过河者,称为“闸”。山石可立、可蹲、可卧,但不宜像闸门板一样仄立。仄立的山石很难和一般布置的山石相协调,显得呆板生硬,而且向上接山石时接触面较小,影响稳定。但有时也不是绝对的,自然界中也有仄立如闸的山石,特别是作为余脉的卧石处理等,但要求用得很巧。有时为了节省石材而又能有一定高度,可以在视线不可及之处以仄立山石空架上层山石。

④ 等分平衡。掇山到中层以后,平衡的问题就很突出了。《园冶》中“等分平衡法”和“悬崖使其后坚”便是此法的要领。无论是挑、挎、悬、垂等,凡有重心前移者,必须用数倍于“前沉”的重力稳压内侧,把前移的重心再拉回到假山的重心线上。

2)叠山的技术措施:

① 压。“靠压不靠拓”是叠山的基本常识。山石拼叠,无论大小,都是靠山石本身重量相互挤压、咬合而稳固的,水泥砂浆只是一种补连和填缝的作用。

② 刹。刹石虽小,却承担平衡和传递重力的重任,在结构上很重要,打“刹”也是衡量叠山技艺水平的标志之一。打刹一定要找准位置,尽可能用数量最少的刹片而求得稳定,打刹后用手推试一下是否稳定,两石之间不着力的空隙要用石皮填充。假山外围每做好一层,最好即用块石和灰浆填充其中,称为“填肚”,凝固后便形成一个整体。

③ 对边。叠山需要掌握山石的重心,应根据底边山石的中心来找上面山石的重心位置,

并保持上、下山石的平衡。

④ 搭角。是指石与石之间的相接，石与石之间只要能搭上角，便不会发生脱落倒塌的危险，搭角时应使两旁的山石稳固。

⑤ 防断。对于较瘦长的石料应注意山石的裂缝，如果石料间有夹砂层或过于透漏，则容易断裂，这种山石吊装困难且易发生危险，另外此类山石也不宜作为悬挑石用。

⑥ 忌磨。“怕磨不怕压”是指叠石数层以后，其上再行叠石时如果位置没有放准确，需要就地移动一下，则必须把整块石料悬空起吊，不可将石块在山体上磨转移动来调整位置，否则会因带动下面石料同时移动，从而造成山体倾斜倒塌。

⑦ 勾缝和胶结。掇山之事虽在汉代已有明文记载，但宋代以前假山的胶结材料已难以考证。不过，在没有发明石灰以前，只可能是干砌或用素泥浆砌。从宋代李诫撰《营造法式》中可以看到用灰浆泥假山、并用粗墨调色勾缝的记载，因为当时风行太湖石，宜用色泽相近的灰白色灰浆勾缝。此外勾缝的做法还有桐油石灰（或加纸筋）、石灰纸筋、明矾石灰、糯米浆拌石灰等多种，湖石勾缝再加青煤，黄石勾缝后刷铁屑盐卤等，使之与石色相协调。

现代掇山，广泛使用1:1水泥砂浆，勾缝用“柳叶抹”，有勾明缝和暗缝两种做法。一般是水平向缝都勾明缝，在需要时将竖缝勾成暗缝，即在结构上结成一体，而外观上若有自然山石缝隙。勾明缝务必不要过宽，最好不要超过2cm，如缝过宽，可用随形之石块填后再勾浆。

3）叠山的艺术处理：石料通过拼叠组合，或使小石变成大石，或使石形组成山形，这就需要进行一定的技术处理使石块之间浑然一体，做假成真。在叠山过程中要注意以下几方面：

① 同质。指掇山用石，其品种、质地、石性要一致。如果石料的质地不同，品种不一，必然与自然山川岩石构成不同，同时不同石料的石性特征不同，强行混在一起拼叠组合，必然是乱石一堆。

② 同色。即使是同一种石质，其色泽相差也很大，如湖石类中，有黑色、灰白色、褐黄色、发青色等。黄石有淡黄、暗红、灰白等色泽变化。所以，同质石料的拼叠在色泽上也应一致才好。

③ 接形。将各种形状的山石外形互相组合拼叠起来，既有变化而又浑然一体，这就叫做“接形”。在叠石造山这门技艺中，造型的艺术性是第一位的，因此，用石不应一味地求得石块形大。但石料的块形太小也不好，块形小，人工拼量的石缝就多，接缝一多，山石拼叠不仅费时费力，而且在观赏时易显得破碎，同样不可取。

正确的接形除了石料的选择要有大有小、有长有短等变化外，石与石的拼叠面应力求形状相似，石形互接，讲究就势顺势，如向左则先用石造出左势；如向右则先用石造出右势；欲高先接高势，欲低先出低势。

④ 合纹。纹是指山石表面的纹理脉络。当山石拼叠时，合纹不仅仅指山石原来的纹理脉络的衔接，而且还包括外轮廓的接缝处理。

⑤ 过渡。山石的“拼整”操作，常常是在千百块石料的拼整组合过程中进行的，因此，即使是同一品质的石料也无法保证其色泽、纹理和形状上的统一。因此在色彩、外形、纹理等方面有所过渡，这样才能使山体具有整体性。

（7）收顶

收顶即处理假山最顶层的山石，是假山立面上最突出、最集中视线的部位，顶部的设计和施工直接关系到整个假山的艺术形象。从结构上讲，收顶的山石要求体量大的，以便紧凑收压。从外观上看，顶层的体量虽不如中层大，但有画龙点睛的作用，因此要选用轮廓和体态都富有特征的山石。收顶一般有峰顶、峦顶、崖顶和平顶四种类型。

1）峰顶：峰顶又可分为剑立式，上小下大，竖直而立，挺拔高矗；斧立式，上大下小，形如斧头侧立，稳重而又有险意；流云式，峰顶横向挑伸，形如奇云横空，参差高低；斜立式，势如倾斜山岩，斜插如削，有明显的动势；分峰式，一座山体上用两个以上的峰头收顶、合峰式，峰顶为一主峰，其他次峰、小峰的顶部融合在主峰的边部，成为主峰的肩部等。

2）峦顶：峦顶可以分为圆丘式峦顶，顶部为不规则的圆丘状隆起，像低山丘陵，此顶由于观赏性差，一般主山和重要客山多不采用，个别小山偶尔可以采用；梯台式峦顶，形状为不规则的梯台状，常用板状大块山石平伏压顶而形成；玲珑式峦顶，山顶有含有许多洞眼的玲珑型山石堆叠而成；灌丛式峦顶，在隆起的山峦上普遍栽植耐旱的灌木丛，山顶轮廓由灌木丛顶部构成。

3）崖顶：山崖是山体陡峭的边缘部分，既可以作为重要的山景部分，又可作为登高望远的观景点。山崖主要可以分为平顶式崖顶，崖壁直立，崖顶平伏；斜坡式崖顶，崖壁陡立，崖顶在山体堆砌过程中顺势收结为斜坡；悬垂式崖顶，崖顶石向前悬出并有所下垂，致使崖壁下部向里凹进。

4）平顶：园林中，为了使假山具有可游、可憩的特点，有时将山顶收成平顶。其主要类型有平台式山顶、亭台式山顶和草坪式山顶。

所有这些收顶的方式都在自然地貌中有本可寻。收顶往往是在逐渐合凑的中层山石顶面加以重力的镇压，使重力均匀地分层传递下去。往往用一块收顶的山石同时镇压下面几块山石，如果收顶面积大而石材不够整时，就要采取“拼凑”的手法，并用小石镶缝使成一体。在掇山施工的同时，如果有瀑布；水池、种植池等构景要素，应与假山一起施工，并通盘考虑施工的组织设计。

（8）做脚

做脚就是用山石堆叠山脚，它是在掇山施工大体完工以后，于紧贴拉底石外缘部分拼叠山脚，以弥补拉底造型的不足。根据主山的上部造型来造型，既要表现出山体如同土中自然生长的效果，又要特别增强主山的气势和山形的完美。

1）山脚的造型：假山山脚的造型应与山体造型结合起来考虑，施工中的做脚形式主要有：凹进脚、凸出脚、断连脚、承上脚、悬底脚、平板脚等造型形式。当然，无论是哪一种造型形式，它在外观和结构上都应当是山体向下的延续部分，与山体是不可分割的整体。即使采用断连脚、承上脚的造型，也还要“形断迹连，势断气连”，在气势上连成一体。

2）做脚的方法：具体做脚时，可以采用点脚法、连脚法或块面脚法三种做法。

① 点脚法。主要运用于具有空透型山体的山脚造型。所谓点脚，就是先在山脚线处用山石做成相隔一定距离的点、点与点之上再用片状石或条状石盖上这样就可在山脚的一些局部造出小的空穴，加强假山的深厚感和灵秀感。

② 连脚法。做山脚的山石依据山脚的外轮廓变化，成曲线状起伏连接，使山脚具有连续、弯曲的线形，同时以前错后移的方式呈现不规则的错落变化。

③ 块面脚法。一般用于拉底厚实、造型雄伟的大型山体。这种山脚也是连续的，但与连脚法不同的是，做出的山脚线呈现大进大退的形象，山脚突出部分与凹陷部分各自的整体感都

要强,而不是连脚法那样小幅度的曲折变化。

6.3 塑山、塑石工艺

6.3.1 塑山、塑石的种类及特点

1. 塑山、塑石的种类

园林塑山、塑石根据其材料的不同,可分为两类。一是砖骨架塑山,即以砖作为塑山的骨架,适用于小型塑山及塑石;二是钢骨架塑山,即以钢材作为塑山的骨架,适用于大型假山。

2. 塑山、塑石的特点

(1)方便

塑山、塑石所用的砖、水泥等材料来源广泛,取用方便,可就地解决,无须采石、运石。

(2)灵活

塑山、塑石在造型上不受石材大小和形态限制,可完全按照设计意图进行造型。

(3)省时

塑山、塑石的施工期短、见效快。

(4)逼真

好的塑山、塑石无论是在色彩还是质感上都能取得逼真的石山效果。

由于塑山、塑石所用的材料毕竟不是自然山石,因而在神韵上还是不及石质假山,同时使用期限较短,需要经常维护。

6.3.2 塑山、塑石的施工

1. 基架设置

根据山形、体量和其他条件选择基架结构,如砖石基架、钢筋钢丝网基架、混凝土基架或三者结合基架。坐落在地面的塑山要有相应的地基处理,坐落在室内的塑山要根据楼板的结构和荷载条件进行结构计算,包括地梁和钢梁、柱及支撑设计等。基架多以内接的几何形体为桁架,以作为整个山体的支撑体系,并在此基础上进行山体外形的塑造。施工中应在主基架的基础上加密支撑体系的框架密度,使框架的外形尽可能接近设计山体的形状。凡用钢筋混凝土基架的,都应涂两遍防锈漆。

2. 铺设钢丝网

钢丝网在塑山中主要起成形及挂泥的作用。砖石骨架一般不设钢丝网,但型体宽大者也需铺设,钢骨架必须铺设钢丝网。钢丝网要选择易于挂泥的材料。铺设之前,先做分块钢架附在形体简单的钢骨架上并焊牢,变几何形体为凹凸的自然外形,其上再挂钢丝网。钢丝网根据设计造型用木锤及其他工具成型。

3. 打底及造型

塑山骨架完成后,若为砖石骨架,一般以 M7.5 混合砂浆打底,并在其上进行山石皴纹造型;若为钢骨架,则应先抹白水泥麻刀灰两遍,再堆抹 C20 碎石混凝土,然后于其上进行山石皴纹造型。

4. 抹面及上色

人工塑山是否逼真,关键在于抹面层的材料、颜色和施工工艺水平。要仿真,就要尽可能采用相近的颜色,并通过精心的抹面和石面皴纹、棱角的塑造,达到做假如真的效果。因此塑

山骨架基本成型后，用1：2.5或1：2水泥砂浆对山石皴纹找平，再用石色水泥浆进行面层抹灰，最后修饰成型。

6.3.3 塑山、塑石新工艺

1. GRC假山造景

GRC是玻璃纤维强化水泥Glass Fiber Reinforced Cement的缩写，它是将抗碱玻璃纤维加入到低碱水泥砂浆中硬化后产生的高强度的复合物。随着现代科技的发展，20世纪80年代在国际上开始出现用GRC造假山。它使用机械化生产制造假山石元件，使其具有重量轻、强度高、抗老化、耐水湿、易于工厂化生产、施工方法简便快捷、成本低等特点，是目前理想的人造山石材料。这种山石材料质感和皴纹都很逼真，为假山的艺术创作提供了更广阔的空间和可靠的物质保证。

GRC假山元件的制作主要有两种方法：一为席状层积式手工生产法；二为喷吹式机械生产法。现简要介绍喷吹式工艺。

(1)模具制作

根据生产"石材"的种类、模具使用的次数和野外工作条件等选择制模的材料。常用模具的材料可分均软模(如橡胶模、聚氨酯模、硅模等)、硬模如铜模、铝模、GRC模、FRP(Fibre Glass Reinforced Plastics)模、石膏模等。制模时应以天然岩石皴纹好的部位和便于复制操作为选择条件，脱制模具。

(2)GRC假山元件的制作

此方法是将低碱水泥与一定规格的抗碱玻璃纤维以二维乱向的方式同时均匀分散地喷射于模具中，凝固成型。在喷射时应随吹射随压实，并在适当的位置预埋铁件。

(3)GRC假山元件的组装

将GRC假山元件按设计图进行假山的组装。经焊接、修饰、做缝，使其浑然一体。

(4)表面处理

主要是使"石块"表面具憎水性，达到防水的作用，并具有真石的润泽感。GRC假山生产工艺流程如图6-4所示。

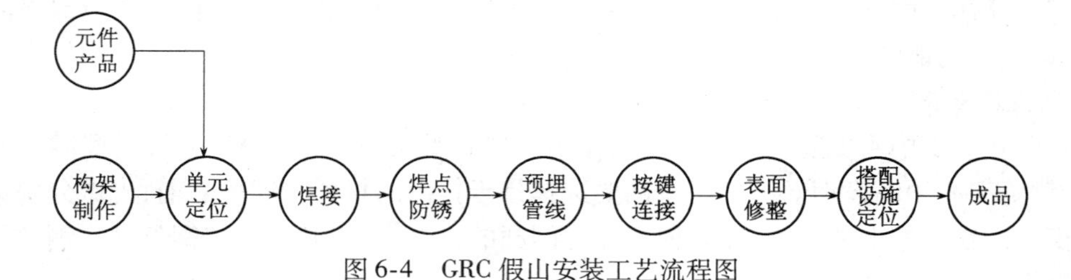

图6-4 GRC假山安装工艺流程图

2. FRP材料塑山

继GRC现代塑山材料后，目前又出现了一种新型的塑山材料——FRP，FRP是玻璃纤维强化树脂(Fibre Glass Reinforced Plastics)的缩写，是用不饱和树脂及玻璃纤维结合而成的一种复合材料。该种材料具有刚度好、质轻、耐用、价廉、造型逼真等特点，同时可预制分割，方便运输，特别适用于大型的、异地安装的塑山工程。

FRP塑山施工工序为泥模制作——→翻制石膏——→玻璃钢制作——→模件运输——→基础和钢框架制作安装——→玻璃钢预制件拼装——→修补打磨——→油漆——→成品。现将主要环节介绍如下。

(1)泥模制作

按设计要求足样制作泥模。应放在一定比例(多用1∶15~1∶20)的小样基础上制作。泥模制作应在临时搭设的大棚(规格可采用50m×20m×10m)内进行。制作时要避免泥模脱落或冻裂。因此,温度过低时要注意保温,并在泥模上加盖塑料薄膜。

(2)翻制石膏

采用分割翻制,主要是考虑翻模和今后运输的方便。分块的大小和数量根据塑山的体量来确定,其大小以人工能搬动为好。每块要按一定的顺序标注记号。

(3)玻璃钢制作

玻璃钢原料采用191号不饱和聚酯及固化体系,一层纤维表面毡和五层玻璃布,以聚乙烯醇水溶液为脱模剂。要求玻璃钢表面硬度大于34,厚度为4mm,并在玻璃钢背面粘配$\phi8$的钢筋。制作时注意预埋铁件以便供安装固定之用。

(4)基础和钢框架安制

基础用钢筋混凝土,基础厚大于80cm,双层双向配$\phi18$配筋,C20预拌混凝土。框架柱梁可用槽钢焊接,柱距1m×(1.5~2)m。必须确保整个框架的刚度与稳定。框架和基础用高强度螺栓固定。

(5)玻璃钢预制件拼装

根据预制件大小及塑山高度,先绘出分层安装剖面图和立面分块图,要求每升高1~2m就要绘一幅分层水平剖面图,并标注每一块预制件四个角的坐标位置与编号,对变化特殊之处要增加控制点。然后按顺序由下往上逐层拼装,做好临时固定。全部拼装完毕后,由钢框架深处的角钢悬挑固定。

(6)修补打磨、油漆

拼装完毕后,接缝处用同类玻璃钢补缝、修饰、打磨,使之浑然一体。最后用水清洗,罩以土黄色玻璃钢油漆即成。

3. CFRC塑石

CFRC是碳纤维增强混凝土(Carbon Fibre Reinforced Cement or Concrete)的缩写。20世纪70年代,英国首先制作了聚丙烯腈基(PAN)碳素纤维增强水泥基材料的板材,并应用于建筑物中,开创了CFRC研究和应用的先例。

CFRC与GRC相比较,其抗盐浸蚀、抗水性、抗光照能力等方面均明显优于GRC,并具有抗高温、抗冻融干湿变化等优点。因此,其强度保持力长,是耐久性优异的水泥基材料,适合于河流、港湾等各种自然环境的护岸、护坡。由于其具有电磁屏蔽功能和可塑性,可用于隐蔽工程等。CFRC更适用于园林假山造景、彩色路石、浮雕、广告牌等各种景观的再创造。

第7章 园林建筑小品工程

7.1 景亭

7.1.1 景亭的基本构造

景亭一般由亭顶、亭柱(亭身)、台基(亭基)三部分组成。景亭的体量宁小勿大,形制也应较细巧,以竹、木、石、砖瓦等地方性传统材料修建。如今更多的是用钢筋混凝土或兼以轻钢、铝合金、玻璃钢、镜面玻璃、充气塑料等新材料组建而成。

1. 亭顶

亭的顶部梁架可用木材制成,也可用钢筋混凝土或金属铁架等。亭顶一般分为平顶和尖顶两类。形状有方形、圆形、多角形、仿生形、十字形和不规则形等。顶盖的材料则可用瓦片、稻草、茅草、树皮、木板、树叶、竹片、柏油纸、石棉瓦、塑胶片、铝片、铁皮等。

2. 亭柱(亭身)

亭柱的构造因材料而异。制作亭柱的材料有钢筋混凝土、石料、砖、树干、木材、竹竿等。亭一般无墙壁,故亭柱在支撑顶部重量及美观要求上都极为重要。亭身大多开敞通透,置身其间有良好的视野,便于眺望、观赏。柱间下部常设半墙、坐凳或鹅颈椅,供游人坐憩。柱的形式有方柱(海棠柱、长方柱、下方柱等)、圆柱、多角柱、梅花柱、瓜楞柱、多段合柱、包镶柱、拼贴棱柱、花篮悬柱等。柱的色泽各有不同,可在其表面上绘成或雕成各种花纹以增加美观性。

3. 台基(亭基)

台基(亭基)多以混凝土为材料,若地上部分的负荷较重,则需加钢筋、地梁;若地上部分负荷较轻,如用竹柱、木柱盖以稻草的亭,则仅在亭柱部分掘穴以混凝土作基础即可。

7.1.2 景亭的施工

1. 普通亭的施工

(1)施工准备工作

根据施工方案配备好施工技术人员、施工机械及施工工具,按计划购进施工材料。认真分析施工图,对施工现场进行详细踏勘,做好施工准备。

(2)施工放线

在施工现场引进高程标准点后,用方格网控制出建筑基面界线,然后按照基面界线外边各加1~2m放出施工土方开挖线。放线时注意区别桩的标志,如角桩、台阶起点桩、柱桩等。

(3)基础、柱体施工(详见本教材7.4节)

(4)亭顶的施工方法

景亭的顶,有攒尖顶、歇山顶、硬山顶、盝顶、卷棚顶等,现代景亭以钢筋混凝土平顶居多。

攒尖顶在构造上比较特殊,它一般应用于正多边形和圆形平面的景亭上。攒尖顶的各戗脊由各柱向中心上方逐渐集中成一尖顶,用"顶饰"来结束,外形呈伞状。屋顶的檐角一般反翘。北方起翘比较轻微，显得平缓、持重；南方戗角兜转耸起，如半月形翘得很高，显得轻巧、潇洒。

翼角的做法，北方的官式建筑，从宋到清都是不高翘的。一般是仔角梁贴伏在老角梁背上，前段稍稍昂起，翼角的出椽也是斜出并逐渐向角梁处抬高，以构成平面上及立面上的曲势，它和屋面曲线一起形成了中国建筑所特有的造型美。

江南的屋角反翘式样，通常分成嫩戗发戗与水戗发戗两种。嫩戗发戗的构造比较复杂，老戗的下端伸出于檐柱之外，在它的尺头上向外斜向镶合嫩戗，用菱角木、箴木、扁檐木等把嫩戗与老戗固牢，这样就使屋檐两端升起较大，形成展翅欲飞的态势。水戗发戗没有嫩戗，木构体本身不起翘，仅戗脊端部利用铁件及泥灰形成翘角，屋檐也基本上是平直的，因此构造上比较简便。

屋面构造一般把桁、椽搭接于梁架之上，再在上面铺瓦做脊。北方宫廷园林中的景亭，一般采用色彩艳丽、锃光闪亮的琉璃瓦件，红色的柱身，以蓝、绿等冷色为基调的檐下彩画，及洁白的汉白玉石栏、基座，显得庄重而富丽堂皇。南方景亭的屋面一般铺小青瓦，梁枋、柱等木结构刷深褐色油漆，在白墙青竹的陪衬下，看上去宛若水墨勾勒一般，显得清素雅洁，另有一番情趣。

2. 混凝土亭的施工

(1) 仿传统亭

可分预制和现浇两种，构件截面尺寸全仿木结构。亭顶梁架构手法多用仿抹角梁法、井字交叉梁法和框圈法。

(2) 仿竹和仿树皮亭

亭采用仿竹和仿树皮装修，工序简单，具有自然野趣，可不使用木模板，造价低，工期短。

① 施工工艺。在砌好的地面台座上，将成型钢筋放置就位，焊牢成网片，进行空间吊装就位，并与周围从柱头及屋面板上皮甩出的钢筋焊牢，再满铺钢板网一层，并与下面钢筋网片焊牢。在钢板网上、下同时抹水泥麻刀灰一遍，再堆抹 C20 细石混凝土（坍落度为 0 ~ 2mm），并压实抹平，同时抹 1 : 2.5 水泥砂浆找平层，并将各个方向的坡度找顺、找直、找平。分两次，各抹 1mm 厚水泥砂浆，压光。

② 装修

a. 仿竹亭装修，将亭顶屋面坡分成若干竹垅，截面仿竹搭接成宽 100mm，高 60 ~ 80mm，间隔 100mm 的连续曲波形。自宝顶往檐口处，用 1 : 2.5 水泥砂浆堆抹成竹垅，表面抹 2mm 厚彩色水泥浆，压光出亮，再分竹节、抹竹芽，将亭顶脊梁做成仿竹竿或仿拼装竹片。做竹节时，加入盘绕的石棉纱绳会更逼真。

b. 仿树皮亭装修，顺亭顶屋面坡分 3 ~ 4 段，弹线。自宝顶向檐口处按顺序压抹仿树皮色水泥浆，并用工具使仿树皮纹路翘曲自然、接槎通顺。

角梁戗背可仿树干，不必太直，略有弯曲。做好节疤，划上年轮。做假树桩时可另加适量棕麻，用铁皮拉出树皮纹。

c. 钢筋混凝土材料在传统园林建筑中的运用

首先抓住神似和合适尺度体量是关键，逼真的外观不仅要依靠选用合适的尺度，还要求细部处理精致和优良的施工质量，而不是粗糙的装模作样，该用木材处还得用木材等传统材料（如挂落、扶手、小木作等），不必硬性划一。

③ 色浆配合比。色浆配合比见表7-1。

表7-1 色浆配合比表

仿色	材料名称							
	白水泥	普通水泥	氧化铁黄	氧化铁红	氧化铬绿	群青	108胶	黑墨汁
黄竹	100	—	5	0.5	—	—	适量	适量
绿竹	100	—	1	—	3(6)	—	适量	适量
紫竹	100	10	—	3	—	3	适量	适量
通用树皮色	80	20	2.5	—	—	—	适量	适量
松树皮	100	—	—	3	少量	—	适量	适量
树桩树皮	—	—	100	3	—	—	适量	适量

④ 色彩调配。如图7-1所示。

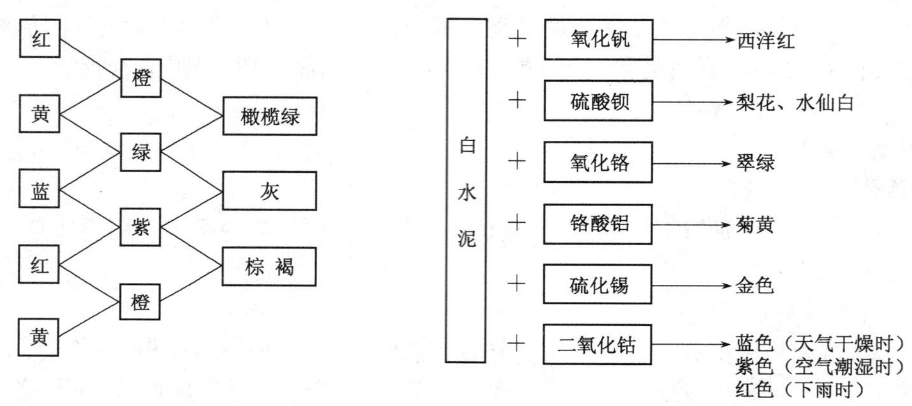

图7-1 色彩调配

7.2 景桥

7.2.1 景桥的基本构造

景桥由上部结构、下部支撑结构两大部分组成。上部结构包括梁(或拱)、栏杆等,是景桥的主体部分,要求既坚固,又美观。下部结构包括桥台、桥墩等支撑部分,是景桥的基础部分,要求坚固耐用,耐水流的冲刷。桥台、桥墩要有深入地基的基础,上面应采用耐水流冲刷材料,还应尽量减少对水流的阻力,如图7-2所示。

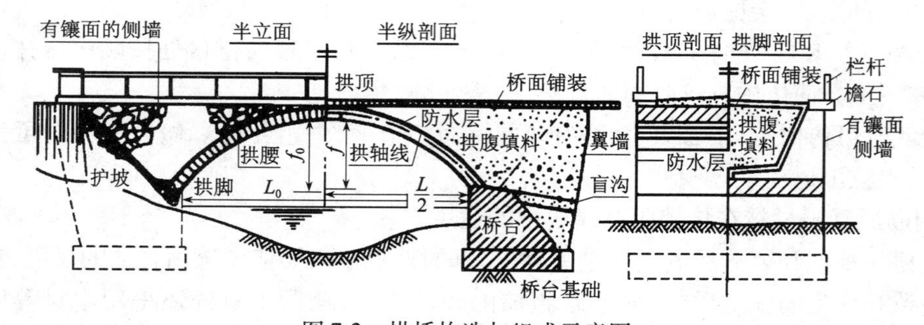

图7-2 拱桥构造与组成示意图

7.2.2 景桥的施工

1. 石板平板桥

常用石板宽度在0.7～1.5m之间，以1m左右居多，长度1～3m不等，石料不加修琢，仿真、自然，也不设或只在单侧设栏杆。若游客流量较大，则并列加拼一块石板使宽度在1.5～2.5m之间，甚至更大可至3～4m。为安全起见，一般都加设石栏杆，栏杆不宜过高，在450～650mm之间。石板厚度宜200～220mm。常用石料石质见表7-2。

表7-2 石桥常用石料石质表

岩石种类	重度（kN/m^3）	极限抗压（MPa）	平均弹性模量（MPa）	色泽
花岗石	23～28	$98\times10^3\sim20\times10^3$	52×10^5	蓝色、微黄、浅黄、有红色或紫黑色斑点
砂石	17～27	$15\times10^3\sim120\times10^3$	227×10^5	淡黄、黄褐、红、红褐、灰蓝
石灰岩	23～27	$19\times10^3\sim137\times10^3$	502×10^5	灰白不透明、结晶透明灰黑、青石
大理石	23～27	$69\times10^3\sim108\times10^3$	—	白底黑色条纹、汉白玉色（青白色、纯白色）
片麻石	23～26	$8\times10^3\sim98\times10^3$	—	浅黄、青灰、均带黑色芝麻色
凝辉石	16～24	$40\times10^3\sim8\times10^3$	—	灰白、青灰、内夹褐红或绿色结核块

2. 石拱桥

园林桥多用石料，统称石桥，以石砌筑拱券成桥，故称石拱桥。

石拱桥在结构上分成无铰拱与多铰拱，如图7-3和图7-4所示。拱桥主要受力构件是拱券，拱券由细料石榫卯拼接构成。拱券石能否在外荷载作用下共同工作，不但取决于榫卯方式，还有赖于拱券石的砌置方式。

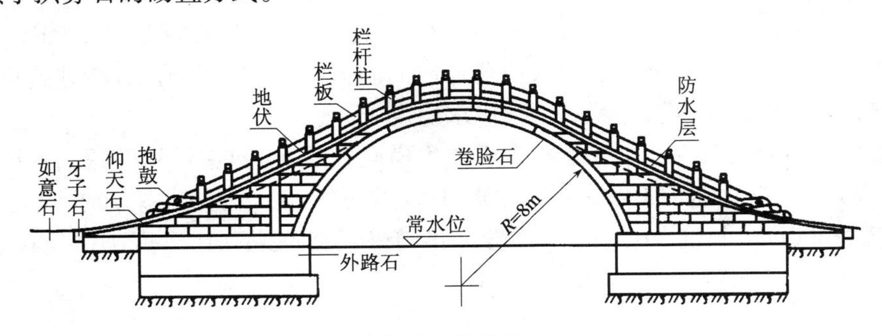

图7-3 无铰拱

(1)无铰拱的砌筑方式

1)并列砌筑，这是一种将若干独立拱券栉比并列，逐一砌筑合龙的砌筑法。一圈合龙，即能单独受力，并有助于毗邻拱券的施工。

并列砌筑的优点：一是施工简单安全，省工料，便于维护，只要搭起宽0.5～0.6m的脚手架，便能施工；二是即使一道或几道拱券损坏倒塌，也不会影响全桥；三是对桥基的多种沉陷有较大的适应性。其缺点是各拱券之间的横向联系较差。

2)横联砌筑，是拱券在横向交错排列的砌筑方法，券石横向联系紧密，从而使全桥拱石整体工作性大大加强。由于景桥建筑立面处理和用料上的需要，横联拱券又演变出镶边和框式两种。北京颐和园的玉带桥，即为镶边横联砌筑，在拱券两外侧各用高级汉白玉石镶箍成拱券，全桥整体性好。

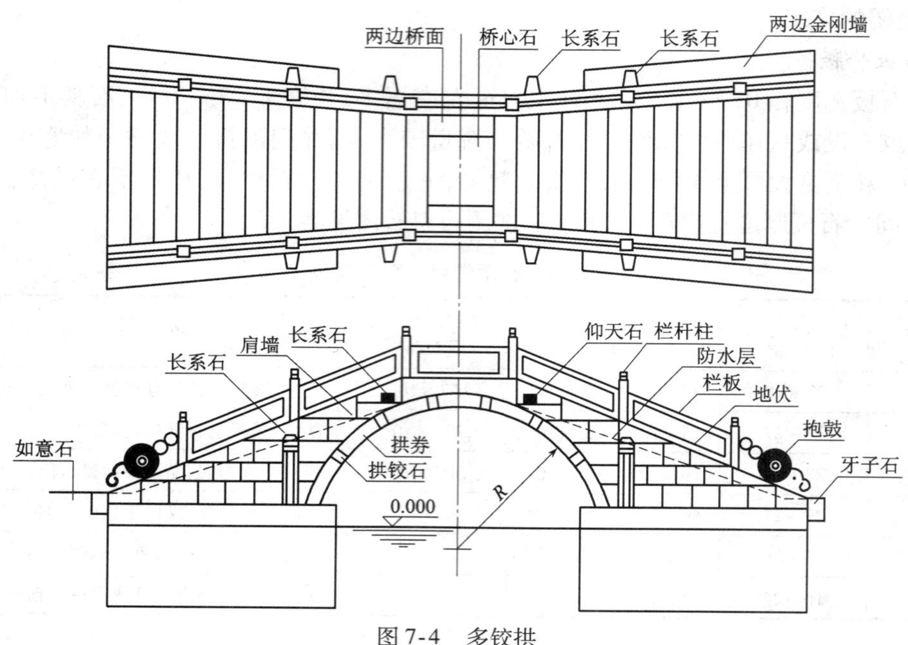

图 7-4　多铰拱

框式横联拱券吸取了镶边横联拱券的优点,又避免了边券单独受力与中间诸拱无联系的缺点,使得拱桥外券材料与加工可高级些,而内券可降低些,也不影响拱桥相连成整体。两者共同的缺点是施工时需要满堂脚架。

3)毛石(卵石)砌筑,完全用不规则的毛石(花岗石、黄石)或卵砾石干砌的一种方法,是我国石拱桥中大胆杰出之作,江南尤多,跨径多在 6 ~7m。截面多为变截面的圆弧拱。施工多用满堂脚手架或堆土成胎模,桥建成,挖去桥孔径内的胎模土即成。目前,有些地方由于施工质量水平所限,乱石拱底皮也灌入少量砂浆,以求稳定。

目前园林工程中无铰拱通常采用拱券石镶边横联砌筑法,即在拱券的两侧最外券各用高级石料(如大理石、汉白玉精琢的花岗石等)镶嵌砌成一独立拱券(又称卷脸石),宽度≥400mm,厚度≥300mm,长度≥600mm。内券之拱石采用横联纵列错缝嵌砌,拱石间紧密层重叠砌筑。

(2)多铰拱的砌筑方式

1)有长铰石:每节拱券石的两端接头用可转动的铰来联系。具体做法是将宽 600 ~700mm,厚 300 ~400mm,每节长大约为 1m 的内弯的拱板石(即拱券石)上下两端琢成榫头,上端嵌入长铰石的卯眼(300 ~400mm)中,下端嵌入台石卯眼中。靠近拱脚处的拱板石较长些,顶部则短些。

2)无长铰石:即拱板石两端直接琢制卯接以代替有长铰石时的榫头。榫头要紧密吻合,连接面必须严紧合缝,外表看起来不知其中有榫卯。

多铰拱的砌置,不论有无长铰石,实际上都应使拱背以上的拱上建筑与拱券一起成整体工作。

在多铰拱券砌筑完成之后,在拱背肩墙两端各筑有间壁一道,即在桥台上垒砌一条长石作为间壁基石,再于基石之上竖立一排长石板,下端插入基石,上端嵌入长条石底面的卯槽中。

间壁和拱顶之间另用长条石一对(300~400mm 的长方或正方形),叠置平放于联系肩墙之上。长条石两端各露出 250~400mm 于肩墙之外,端部琢花纹,回填三合土(碎石、泥砂、石灰土)。最后,在其上铺砌桥面石板、栏杆柱、栏板石、抱鼓石等。

7.3 景观花架

7.3.1 花架的基本构造及分类

1. 花架的基本构造

花架大体由柱子和格子条构成。柱子的材料可分为:木柱、铁柱、砖柱、石柱、水泥柱等。柱子一般用混凝土做基础;柱顶端架着格子条,其材料一般为木条(也可用竹竿、铁条),格子条主要由横梁、椽、横木组成。

2. 花架的分类

花架常用的分类方式,一是按结构形式分,二是按平面形式分,三是按施工材料分。

(1)按结构形式分

1)单柱花架。即在花架的中央布置柱,在柱的周围或两柱间设置休息椅凳,供游人休息、聊天、赏景。

2)双柱花架。又称两面柱花架,即在花架的两边用柱来支撑,并且布置休息椅凳,游人可在花架内漫步游览,也可坐在其间休息。

(2)按平面形式分

有直线形、曲线形、三边形、四边形、五边形、六边形、八边形、圆形、扇形以及它们的变形图案。

(3)按施工材料分

一般有木制花架、竹制花架、仿竹仿木花架、混凝土花架、砖石花架、钢质花架等。木制、竹制与仿竹木花架整体比较轻,适于屋顶花园选用,也可用于营造自然灵活、生活气息浓的园林小景。钢质花架富有时代感,且空间感强,适于与现代建筑搭配,在某些规划水景观景平台上采用效果也很好。混凝土花架寿命长,且能有多种色彩,样式丰富,可用于多种设计环境。

7.3.2 花架的施工

1. 施工方法

1)对于竹木花架、钢花架可在放线且夯实柱基后,直接将竹、木、钢管等正确安放在定位点上,并用水泥砂浆浇筑。水泥砂浆凝固达到一定强度后,进行格子条施工,修整清理后,最后进行装修刷色。

2)对于混凝土花架,现浇装配均可。花架格子条断面的选择、间距大小、两端外挑长度、内跨径等要根据设计规格进行施工。花架上部格子条断面选择结果常在 50mm×(120~160)mm 之间,间距为 500mm,两端外挑 700~750mm,内跨径多数为 2700mm、3000mm 或 3300mm。为减少构件的尺寸及节约粉刷,可用高强度等级混凝土浇捣,一次成型后刷色即可。修整清理后,最后按要求进行装修。

混凝土花架悬臂挑梁有起拱和上翘要求,以求视觉效果。一般起翘高度为 60~150mm,视悬臂长度而定,搁置在纵梁上的支点可采用 1~2 个。

3)对于砖石花架,花架柱在夯实地基后以砖块、石板、块石等虚实对比或镂花砌筑,花架纵横梁用混凝土斩假石或条石制成,其他同上。

2. 施工要点

1)柱子地基要坚固,定点要准确,柱子间距及高度要准确。

2)花架要格调清新,注意与周围建筑及植物在风格上的统一。

3)不论现浇和预制混凝土及钢筋混凝土构件,在浇筑混凝土前,都必须按照设计图纸规定的构件形状、尺寸等施工。

4)涂刷带颜色的涂料时,配料要合适,保证整个花架都用同一批涂料,并宜一次用完,确保颜色一致。

5)混凝土花架装修格子条可用104涂料或丙烯酸酯涂料,刷白两遍;纵梁用水泥本色、斩假石、水刷石(汰石子)饰面均可;柱用斩假石或水刷石饰面即可。

6)刷色要防止漏刷、流坠、刷纹明显等现象发生。

7)模板安装前,先检查模板的质量,不符合质量标准的不得投入使用。

8)花架安装时要注意安全,严格按操作规程、标准进行施工。

9)对于采用混凝土基础或现浇混凝土做的花架或花架式长廊,如施工环境多风、地基不良或这些花架要种瓜果类植物,因其承重较大,容易破坏基础。因此,施工时多用"地龙",以提高抗风抗压力。"地龙"是基础施工时加固基础的方法。施工时,柱基坑不是单个挖方,而是所有柱基均挖方,成一坑沟,深度一般为60cm,宽60~100cm。打夯后,在沟底铺一层素混凝土,厚15cm,稍干后配钢筋(需连续配筋),然后按柱所在位置,焊接柱配钢筋。在沟内填入大块石,用素混凝土填充空隙,最后在其上再现浇一层混凝土。保养4~5天后可进行下道工序。

7.4 基础与装饰施工

7.4.1 混凝土基础施工

1. 施工准备

(1)混凝土配料

水泥:细砂:粒料=1:2:4,所配的混凝土强度等级为C20。

(2)添加剂

混凝土中有时需要加入适量添加剂,常见的有:U型混凝土膨胀剂、加气剂、氯化钙促凝剂、缓凝剂、着色剂等。

基础用混凝土必须采用42.5级以上的水泥,水灰比小于等于0.55;骨料直径不得大于40mm,吸水率不大于1.5%。注意按施工图准备好钢筋。

2. 场地放线

根据建筑等施工设计图纸定点放线。为使施工方便,外沿各边加宽2m,用石灰或黄砂放出起挖线,打好边界桩,并标记清楚。方形地基,角度处要校正;圆形地基,应先定出中心点,再用线绳(足够长)以该点为圆心,建筑投影宽的一半为半径,画圆,石灰标明,即可放出圆形轮廓。

3. 地基开挖

根据现场施工条件确定挖方方法,可用人工挖方,也可人工结合机械挖方。开挖时一定要注意基础厚度及加宽要求。挖至设计标高后，基底应整平并夯实，再铺上一层碎石为底座。

基底开挖有时会遇到排水问题，一般可采用基坑排水，这种施工方法简单而经济。在土方开挖过程中，沿基坑边挖成临时性的排水沟，相隔一定距离，在底板范围外侧设置集水井，用人工或机械抽水，使地下水位经常处于土表面以下60cm处。如地下水较高，应采用深井抽水以降低地下水位。

4. 施工方法

1）钢筋混凝土底板浇筑前，应当检查土质是否与设计资料相符或被扰动。如有变化时，需针对不同情况加以处理。如基土为稍湿而松软时，可在其上铺以厚10cm的砾石层，并加以夯实，然后浇灌混凝土垫层。

2）混凝土垫层浇完隔1～2天（应视施工时的温度而定），在垫层面测定底板中心，再根据设计尺寸进行放线，定出柱基以及底板的边线，画出钢筋布线，依线绑扎钢筋，接着安装柱基和底板外围的模板。

3）在绑扎钢筋时，应详细检查钢筋的直径、间距、位置、搭接长度、上下层钢筋的间距、保护层及埋件的位置和数量，均应符合设计要求。上、下层钢筋均用铁撑（铁马凳）加以固定，使之在浇捣过程中不发生变位。

4）底板应一次连续浇完，不留施工缝。施工间歇时间不得超过混凝土的初凝时间。如混凝土在运输过程中产生初凝或离析现象，应在现场拌板上进行二次搅拌，方可入模浇捣。

底板厚度在20cm以内，可采用平板振动器。当板的厚度较厚，则采用插入式振动器。混凝土浇捣后，其强度未达162N/mm^{2}时禁止振动，不得在底板上搭设脚手架、安装模板和搬运工具，并做好混凝土的养护工作。

5）对于景亭基础，柱基预埋的钢筋要焊接牢固，配筋符合设计要求，并注意预留出柱梁、美人靠等下道工序的焊接钢筋接头。

6）基础保养3～5天后，可进行亭柱施工，亭柱因形状的差异而要采取不同的施工方法。

对于方柱，一般采用木模板法，先按设计规格将模板钉好，模板外侧最好加几道铁线捆绑。而后现浇混凝土，要求一次性浇完，不得间隔。浇时要注意将模板内空全部填充。

对于圆柱，施工稍难些，目前多用双层商用油毛毯施工法。即先按柱的设计直径用钢筋预制圆圈（直径与柱一致），一般单柱每20cm放一个，然后将钢筋圆圈与柱配筋绑扎好（或焊好），将已绑扎好的柱筋立起和基础预留的钢筋接口采用焊接法固定，此时最好用木条支撑一下。用单层油毛毯绕柱包被，先用玻璃胶或粘贴胶固定好，再包一层油毛毯，拉紧后，封死，并用粗铁线捆牢（每20cm一圈），便可现浇混凝土了。

应注意的是，不论是木模法还是油毛毯法，固定模架前都要在其内侧涂刷脱模剂，最方便的方法就是涂肥皂水。现浇混凝土保养5～7天后可以脱模。

7.4.2 装饰施工

装饰是指为了满足人们视觉要求和对建筑主体结构的保护作用而进行的艺术处理和加工，主要解决建筑的外观问题。

1. 抹灰工程

（1）一般抹灰工程

一般抹灰是指用石灰砂浆、水泥砂浆、麻刀灰、纸筋灰和石膏灰等材料进行分层和分等级的抹灰工程。一般抹灰工程分为普通抹灰、中级抹灰和高级抹灰三级。普通抹灰分底层和面层两层，中级抹灰分底、中、面三层，高级抹灰分底、多中层及面层。

(2)施工程序

1)墙面检测。对普通和中级抹灰先用托线板检查墙面平整度和垂直度，根据检查结果决定抹灰厚度，一般最薄处不小于7mm。对高级抹灰先给墙体做基线，做方尺规方。如墙面面积较大，则在地上先弹出十字线，作为墙角抹灰准线，在离墙角约100mm处用线坠吊直，在墙上弹一立线。

2)做灰饼和标筋。在距两边墙角100~200mm、距地面1.5m左右处，用1:3水泥砂浆或1:3:9水泥混合砂浆各做一个5cm×5cm见方的灰饼。用托线板或线锤在此灰饼面挂垂直，在其上下的墙面上再各做一个灰饼，它们分别距顶棚、地面150~200mm。其后用钉子钉在左右灰饼两外侧墙内，用尼龙线拴在钉上拉横线。以横线标高为准，每隔1.2~1.5m做灰饼。

3)做护角。在室内墙面、柱面和门洞口的阳角处做护角。护角用1:2水泥砂浆，砂浆收水稍干后用捋角器抹成小圆角。高度不低于2m(视建筑高度)，每侧宽度不小于50mm。

4)抹底、中层灰。即刮糙。待标筋有了一定强度后，洒水湿润墙面，然后抹上底灰，并用木抹子压实搓毛，底层要低于标筋。待底层干至六七成后可抹中层灰，其厚度以垫平标筋为准，但略高于标筋，其后用木杠按标筋刮平，如有不平，可补灰后再刮平。在灰浆凝固前应交叉画出斜痕，使其面层粘接更加牢固。在墙面阴角处，先用方尺上下核对方正，再用阴角器上下搓动使四角方正。在墙面阳角处，先将靠尺在墙角的一面用线锤找直，然后在另一面顺靠尺抹砂浆。

5)抹墙裙踢脚板。先按设计弹出上口水平线。用1:3水泥砂浆或水泥混合砂浆抹底层。1天后用1:2水泥砂浆抹面层，面层应原浆压光，比墙面抹灰层突出3~5mm，用八字靠尺靠在线上用铁抹子切齐，修边清理。

6)抹面层灰。待中层有六七成干时可做面层。一般应从阴角处开始，抹石膏面时，应在石膏灰浆内掺缓凝剂，使之在15~20min内凝结，分两遍进行，阴阳角应用阴、阳角抹子捋光，最好随抹随压实抛光。

7)清理。清理施工后所有的建筑垃圾和影响景观的细节问题。

2. 水泥、石灰类装饰抹灰

(1)扒拉石

扒拉石是一种用钉耙子对罩面层进行扒拉的施工方法，扒拉后的面层有一种细凿石材的质感。因为扒拉掉砾石的地方出现一个凹坑，而未有砾石的地方有一个凸出的水泥丘。扒拉石面层为水泥细石浆，细石以3~5mm绿豆砂为宜。一般采用贴分格条的办法，水泥细石浆稍稠，一次抹够硬度，找平后用铁抹子反复压平，并按设计要求四边留出4~6cm不扒拉作边框。扒拉时间以不粘钉耙为准。

(2)拉条灰

拉条灰是将带凹凸槽形模具在罩面层上下拉动，使墙面呈现规则的细条或粗条、半圆条、波形条、梯形条等。面层抹灰前按设计弹墨线，用纯水泥浆贴10mm×20mm的木条。或从上到下加钉1条18号铁线作滑道，让木模直线滑动。罩面砂浆按设计的条形采用不同的砂浆，操作时应按竖格连续作业，一次抹完，上下端灰口应齐平。

(3)假面砖

罩面层稍收水后,用靠尺板使铁梳子或铁辊由上到下画纹,纹深1mm左右,然后按面砖的宽度用铁钩子沿靠尺横向画沟,深度以露出垫层灰为准,面层抹灰是用水泥、石灰膏配一定量的矿物颜料制成彩色砂浆。

抹面层灰前,先弹水平线,一般每步架高度内弹上、中、下三条水平通线,然后在中层灰上抹1∶1水泥垫层砂浆,厚3mm,面层厚3~4mm。

(4)搓毛灰

搓毛灰是在罩面灰初凝时用硬木抹子从上到下搓出一条细而直的纹路,也可从水平方向搓出一条L形细纹路。

(5)拉毛灰

拉毛灰是用铁抹子、硬棕毛刷子或白麻缠成的圆形刷子,把面层砂浆拉出一条天然石质感的饰面。拉毛灰有拉长毛、短毛、粗毛和细毛多种,其墙面吸声效果好。

面层为纸筋石灰时,应两人配合,一人先抹纸筋灰,另一人随即用硬棕毛刷垂直拍拉,面层厚度根据拉毛长度而定,一般为4~20mm。

面层为水泥石灰砂浆时,也是两人配合,但用白麻的圆形刷子拉毛,把砂浆一点一带,带出毛疙瘩来。

面层用水泥石灰加纸筋灰时,根据石灰膏和纸筋的掺入量分别拉粗毛(5%的石灰膏和其质量3%的纸筋),中毛(10%~20%的石灰膏和其质量3%的纸筋)和细毛(25%~30%的石灰膏和适量砂子)。拉粗、中毛时用铁抹子,拉细毛或中毛用棕毛刷,一般这种面层适用于内墙。

另外,还可用专用刷子,在水泥石灰砂浆拉毛的墙面上,蘸1∶1水泥石灰浆刷出条筋。条筋比拉毛面凸出2~3mm。

(6)洒毛灰

洒毛灰与拉毛灰工艺相似,是用茅草、高粱穗或竹条绑成的茅紫帚,蘸罩面砂浆,往中层砂浆面上洒,也有的在刷色的中层上,不均匀地洒上罩面灰浆,并用抹子轻轻压平,部分露出底色,形成云朵状饰面。面层灰一般用1∶1水泥砂浆。

(7)仿石抹灰

仿石(或仿假石)抹灰是在墙面上按设计要求大小分格,一般为矩形格。然后用竹丝帚人工扫出横竖毛纹或斑点,形成石的质感。

3. 石粒类装饰抹灰

(1)水刷石

也称汰石子,在中层砂浆六七成干(终凝)时,刮一道素水泥浆,面层水泥石粒浆抹在分格内后应从下往上分遍拍平拍实,并用直尺检查平整度。一般面层砂浆中宜加石灰膏,而彩色水刷石不宜加,以免泛灰。

当面层达六七成干时,就可喷水冲刷,喷刷分两遍进行,第一遍用软毛刷蘸水刷掉面层水泥露出石粒;第二遍由上至下喷水,使石粒露出1/3~1/2粒径,如表面水泥浆已结硬,可用5%稀盐酸溶液冲洗。

(2)干粘石

干粘石是在建筑物表面抹粘结石砂浆,即把彩色石碴粘在粘结层上,使石碴外露形成一种人造石料装饰。

抹粘结层前先刷一道素水泥浆，粘结层厚度按石碴粒径而定，待干湿度适宜时即可甩石碴。人工操作时，一手拿盛料盘，一手拿木拍，先甩分格四周易于操作部位，甩撒分布均匀，再用铁抹子将石碴嵌入，嵌入深度以不少于1/2粒径为宜，要拍平拍实。未粘上的石碴用盛料盘拦住，边甩边接。

机喷干粘石要注意喷头距墙面的距离和喷气压强(0.6～0.8MPa)。在抹粘结层前，先刷胶水溶液。粘结层分块分格喷抹，厚度2～3mm。待干湿适宜时，用喷头从左向右，自下而上喷粘石屑、石碴。

(3)斩假石

斩假石又名剁斧石，是用剁斧、齿斧和各种凿子，把硬化的水泥白石屑浆细凿成一种天然石感的装饰抹灰。面层抹灰一般分两次进行，先薄涂一层砂浆，稍收水后再抹一遍砂浆与分格条齐平，用刮尺赶平，待收水后再用木抹子打磨压实。养护2～3天，注意不能暴晒或冰冻。试斩以石子不脱落为准。

斩前应先弹顺线，相距约为10cm，按线向剁斩。如墙面太干应蘸水，使剁斩时墙面湿润；剁柱子时，2m以上处从上往下剁，2m以下部分从下往上剁，一般以剁去石屑的1/4～1/3为宜。

(4)拉假石

拉假石是斩假石的另一种做法，面层抹灰(1：2.5水泥白石屑浆)前先用1：2.5水泥砂浆打底，并刷素水泥浆一道。面层厚2～10mm，收水后用木抹子搓平，压子压光压实。水泥初凝后，用抓耙依着靠尺直抓。

(5)水磨石

水磨石面层是采用水泥石碴浆铺设在水泥砂浆或混凝土垫层上，硬化后经磨光、打蜡而成。一般应在墙面、顶棚粉刷后进行水磨石面层施工，先刷素水泥浆一道，做灰饼、标筋，然后抹底灰，并用木抹子搓实。待底灰强度达1.2MPa后，在其上按要求弹线分格。

铺面层水泥石碴浆前，应在基层上刷一道与面层同色的水灰比为0.4～0.5的水泥浆做结合层，并随刷随铺。水泥石碴浆的施工配合比为1：2，稠度为6cm左右，拌合前预留1/5的石子作为撒面用，留少量干灰作修补用。水泥石碴浆铺完后，立即在面层上均匀撒一层石碴，然后用钢抹子从嵌条向中间将石碴拍入面层中，再用滚筒纵横碾压平实，边压边在少石面层部位补撒石碴。当表面出浆后，再用钢抹子抹平。开磨时间应根据水泥、色粉品种、气候情况及养护情况而定。在开磨前应做试磨，以表面石碴不松动为准。水磨一般采用“三磨二浆水法”。头遍用60～80号粗金刚石，边磨边加水，磨匀磨平使全部分格条外露。磨后用水冲洗干净，再擦一遍同色水泥浆，以填补面层的孔隙。第二遍在擦浆养护2～3天后用100～150号金刚石进行，磨至表面平滑后，用水冲洗并擦浆。养护2天后第三遍用180～240号金刚石磨至表面光亮。高级水磨石面层应适当增加磨光遍数，并逐步提高磨石的号数，或采用油石来研磨。

涂草酸、打蜡是水磨石装饰施工很重要的一环，操作方法为：

1)磨面用水冲洗干净后，经3～4天干燥，用20%～30%草酸溶液擦洗，并可辅以280号油石研磨，至石子表面光滑，再用清水冲洗、擦干。

2)蜡的配制。用1kg川蜡、5kg煤油放在桶里熬至冒白烟(约130℃)，再加入0.35kg松香水,0. 06kg 鱼油调制而成。

3)将制成的蜡包在薄布内,在面层上薄涂一层,待干后,用包上细帆布的木块在磨石机上进行研磨,直至光滑亮洁为止,并用锯末满铺进行养护。

此外,切割分格是在现浇水磨石面层头遍磨光并上浆养护后,用大理石切割机按面层上弹出的分格线,切割出深 5mm 的分格缝,再嵌入 108 胶水泥色浆,经细磨、酸洗、上蜡而成。

第8章　园林种植绿化工程

8.1　概述

8.1.1　园林种植及其特点

种植，就是人为地栽种植物。人类种植植物的目的，除了取得收获物以外，就是利用植物营造人类的生活氛围。前者以农业、林业为主，后者以风景园林、环境保护为主。园林种植则是利用植物形成环境和保护环境，构成人类的生活空间。这个空间，小到日常居住场所；大到风景区、自然保护区乃至全部国土范围。

园林种植是利用有生命的植物材料来构成空间，这些材料本身就具有“生物的生命现象”的特点，因此园林种植生长发育就有着明显的季节性。由于植物有萌芽、抽梢、展叶、开花、结果、叶色变化、落叶等季节性变化，使植物形态、色彩、种类呈现多样性特征。

8.1.2　种植土

1. 一般规定

1）园林栽植土必须具有满足园林栽植植物生长所需要的水、肥、气、热的能力。严禁混入建筑垃圾和有害物质。

2）盐碱土必须进行改良，达到脱盐土标准，即含盐量小于1g/kg，方能栽植植物。

3）黏土、砂土等应根据栽植土质量要求进行改良后方可进行栽植。

4）栽植喜酸性植物的土壤，pH值必须控制在5.0～6.5，无石灰反应。

2. 理化性状要求

1）花坛土、花境土的主要理化性状应符合表8-1的规定。

表8-1　花坛土、花境土的主要理化性状

项目指标类别	pH值	EC值（mS/cm）	有机质（g/kg）	容量（mg/m^3）	通气孔隙度（%）	有效土层（cm）	石灰反应（g/kg）	石砾	
								粒径（cm）	含量（%）
一级花坛	6.0～7.0	0.50～1.50	≥30	≤1.00	≥15	≥30	<10	≥1	≤5
二级花坛	6.0～7.0	0.50～1.50	≥25	≤1.20	≥10	≥30	<10	≥1	≤5
一级花境	6.5～7.5	0.35～1.20	≥25	≤1.25	≥10	≥50	10～50	≥3	≤10
二级花境	7.1～7.5	0.35～1.20	≥20	≤1.30	≥5	≥50	10～50	≥3	≤10

2）树坛土的主要理化性应符合表8-2的规定。

3）草坪土的主要理化性状应符合表8-3的规定。

表 8-2　树坛土的主要理化性状

项目指标类别	pH 值	EC 值（mS/cm）	有机质（g/kg）	容量（mg/m^3）	通气孔隙度（%）	有效土层（cm）	石灰反应（g/kg）	石砾	
								粒径（cm）	含量（%）
乔木	6.0～7.8	0.35～1.20	≥20	≤1.30	≥8	≥100	10～50	≥5	≤10
灌木	6.0～7.5	0.50～1.20	≥25	≤1.25	≥10	≥80	<10	≥5	≤10
行道树	6.0～7.8	0.35～1.20	≥25	≤25	≥8	长度深≥100	10～50	≥5	≤10

表 8-3　草坪土的主要理化性状

项目指标类别	pH 值	EC 值（mS/cm）	有机质（g/kg）	容量（mg/m^3）	通气孔隙度（%）	有效土层（cm）	石灰反应（g/kg）	备注
一般草坪	6.5～7.5	0.35～0.75	≥20	≤1.30	≥8	≥25	10～50	直播进土块分<2cm，且不允许有石砾
运动型草坪	6.5～7.5	0.50～1.50	≥30	≤1.30	≥10	≥25	<10	

4）容器栽植土的主要理化性状应符合表 8-4 的规定。

表 8-4　容器栽植土的主要理化性状

项目指标类别	pH 值	EC 值（mS/cm）	有机质（g/kg）	容量（mg/m^3）	通气孔隙度（%）	石灰反应（g/kg）	石砾含量（%）
通用	6.5～7.5	0.50～2.00	≥50	≤1.00	≥15	<10	0
喜酸性	5.0～7.5	0.35～1.50	≥50	≤1.05	≥15	0	0

5）保护地栽植土的主要理化性状应符合表 8-5 的规定。

表 8-5　保护地栽植土的主要理化性状

项目指标类别	pH 值	EC 值（mS/cm）	有机质（g/kg）	容量（mg/m^3）	通气孔隙度（%）	石灰反应（g/kg）	石砾含量（%）
通用	6.5～7.5	0.50～1.50	≥25	≤1.20	≥30	<10	0

6）屋顶栽植土的主要理化性状应符合表 8-6 的规定。

表 8-6　屋顶栽植土的主要理化性状

项目指标类别	pH 值	EC 值（mS/cm）	有机质（g/kg）	容量（mg/m^3）	通气孔隙度（%）	有效土层（cm）	石灰反应（g/kg）	石砾含量（%）
通用	6.5～7.5	0.50～1.50	≥25	≤1.00	≥10	≥60	<10	0

3. 土壤不同酸碱度的植物生态类型

据我国土壤酸碱性情况，可把土壤碱度分为五级：pH 值 <5 为强酸性；pH 值 5～6.5 为酸性；pH 值 6.5～7.5 为中性；pH 值 7.5～8.5 为碱性；pH 值 >8.5 为强碱性。

酸性土壤植物在碱性土或钙质土上不能生长或生长不良。它们分布在高温多雨地区，土壤中盐质（如钾、钠、钙、镁）被淋溶，而铝的浓度增加，土壤呈酸性。另外，在高海拔地区，由于气候冷凉，潮湿，在针叶树为主的森林区，土壤中形成富里酸，含灰分较少，因此土壤也呈酸性。这类植物如柑橘类、茶、山茶、白兰、含笑、珠兰、茉莉，继木、构骨、八仙花、肉桂、高山杜鹃等。

土壤中含有碳酸钠、碳酸氢钠时，则 pH 值可达 8.5 以上，称为碱性土。如土壤中所含盐类为氯化钠、硫酸钠，则呈中性。能在盐碱土上生长的植物叫耐盐碱土植物，如新疆杨、合欢、丈冠果、黄栌、木槿、柽柳、油橄榄、木麻黄等。

土壤中含有游离的碳酸钙称钙质土，有些植物在钙质土上生长良好，这称为“钙质土植物”（喜钙植物），如南天竺、柏木、青檀、臭椿等。

4. 种植用土

1）种植土应是理化性能好，结构疏松、通气、保水、保肥能力强，适宜于园林植物生长的土壤，其 pH 值应控制在 6.5 ~ 7.5。在屋顶绿化、平台绿化的种植土应以腐殖土为主，并掺蛭石、珍珠岩及经腐烂的木屑等质轻、排水良好的基质。用于珍贵珍稀树木的种植土应进行消毒处理（表 8-7）。

表 8-7　树木种植土土层厚度要求

栽植种类	乔木（cm）		灌木（cm）		藤木（cm）		备　　注
	深根	浅根	大	小	大	小	—
一般栽植	≥120	80 ~ 100	60	40	60	40	—
屋顶、平台	100		40		30		宜栽亚乔木、花灌木

2）种植土严禁使用建筑垃圾土、盐碱土、重黏土、砂土及含有其他有害成分的土壤。严禁在种植土下有不透水层。

3）种植土壤及地下水位深度必须满足种植植物的生长要求，并达到施工规范的要求。

4）在种植土层下若遇有不透水层必须设法粉碎、穿孔使其透水。

5）地下水位必须在中等（100cm）水位以上，若地表水位属于 50cm 的浅水位时，必须做排水设施处理。

6）种植地属于混凝土块（板）、坚土、废基、重黏土、低洼地等不透气或积水时必须打碎、穿孔、开排水沟或垫碎石，然后在碎石面层加倒适合不同植物生长要求的土层。

7）土方造型

① 土方造型必须符合设计要求。

② 谷、脊、坡的位置及走向必须符合设计要求。

③ 地形改造的标高必须在允许偏差之内，即 >100cm，允许偏差 ±5cm；100 ~ 300cm，允许偏差 +20cm；>300cm，允许偏差 ±50cm。

④ 园林植物的品种、数量、定向、排列等都必须符合设计要求，若需变更，施工企业必须填报技术核定单，监理部复核后，呈建设单位批准方可实施。

⑤ 地形改造后的种植地，必须做到坡度恰当，无积水，无严重水土流失。

⑥ 地形改造后的种植地，若采用地下管道排水，必须符合国家有关规定。种植土中影响植物生长发育的石砾、瓦砾、砖块，树根、杂草根、玻璃、塑料废弃物、泡沫等混杂物，必须清除。

8.2　乔灌木种植工程

8.2.1　概述

1. 移植期

移植期是指栽植树木的时间。树木是有生命的机体,在一般情况下,夏季树木生命活动最旺盛,冬天其生命活动最微弱或近乎休眠状态。可见,树木的种植是有季节性的。移植多选择树木生命活动最微弱的时候进行移植,也有因特殊需要进行非植树季节栽植树木的情况,但需经特殊处理。

华北地区大部分落叶树和常绿树在3月上中旬至4月中下旬种植。常绿树、竹类和草皮等,在7月中旬左右进行雨季栽植。秋季落叶后可选择耐寒、耐旱的树种,用大规格苗木进行栽植。这样可以减轻春季植树的工作量。一般常绿树、果树不宜秋天栽植。

华东地区落叶树的种植,一般在2月中旬至3月下旬,在11月上旬至12月中下旬也可以。早春开花的树木,应在11—12月种植。常绿阔叶树以3月下旬最宜,6—7月、9—10月进行种植也可以。香樟、柑橘等以春季种植为好。针叶树春、秋都可以栽种,但以秋季为好。竹子一般在9—10月栽植为好。

东北和西北北部严寒地区,在秋季树木落叶后,土地封冻前种植成活更好。冬季采用带冻土移植大树,其成活率也很高。

2. 种植对环境的要求

1)对温度的要求。植物的自然分布和气温有密切的关系,不同的地区就应选用能适应该区域条件的树种。并且栽植当日平均温度等于或略低于树木生物学最低温度时,栽植成活率高。

2)对光的要求。一般光合作用的速度,随着光的强度的增加而加强。在光线强的情况下,光合作用强,植物生命特征表现强;反之,光合作用减弱,植物生命特征表现弱,故在阴天或遮光的条件下,对提高种植成活率有利。

3)对土壤的要求。土壤是树木生长的基础,它是通过其中水分、肥分、空气、温度等来影响植物生长的。

土壤水分和土壤的物理组成有密切的关系,对植物生长有很大影响。当土壤不能提供根系所需的水分时,植物就会枯萎,当达到永久枯萎点时,植物便死亡。因此,在初期枯萎以前,必须开始浇水。掌握土壤含水率,即可及时补水。

土壤养分充足对于种植的成活率、种植后植物的生长发育有很大影响。

树木有深根性和浅根性两种。种植深根性的树木应有深厚的土壤,在移植大乔木时比小乔木、灌木需要更多的根土,所以栽植地要有较大的有效深度。具体可见表8-8。

表8-8　植物生长所必需的最低限度土壤厚度　(cm)

种别	植物生存的最小厚度	植物培育的最小厚度
草类、地被	15	30
小灌木	30	45
大灌木	45	60
浅根性乔木	60	90
深根性乔木	90	150

8.2.2 种植前的准备

1. 明确设计意图及施工任务量

在接受施工任务后应通过工程主管部门及设计单位明确以下问题:

1)工程范围及任务量。其中包括种植乔灌木的规格和质量要求以及相应的建设工程,如土方、上下水、园路、灯、椅及园林小品等。

2)工程的施工期限。包括工程总的进度和完工日期以及每种苗木要求种植完成日期。

3)工程投资及设计概(预)算。包括主管部门批准的投资数和设计预算的定额依据。

4)设计意图。即绿化的目的、施工完成后所要达到的景观效果。

5)了解施工地段的地上、地下情况。有关部门对地上建筑物的保留和处理要求等;地下管线特别是要了解地下各种电缆及管线情况,和有关部门配合,以免施工时造成事故。

6)定点放线的依据。一般以施工现场及附近水准点作定点放线的依据,如条件不具备,可与设计部门协商,确定一些永久性建筑物作为依据。

7)工程材料来源。其中以苗木的出圃地点、时间、质量为主要内容。

8)运输情况。行车道路、交通状况及车辆的安排。

2. 编制施工组织计划

在前项要求明确的基础上,还应对施工现场进行调查,主要项目有:施工现场的土质情况,以确定所需的客土量;施工现场的交通状况,各种施工车辆和吊装机械能否顺利出入;施工现场的供水、供电;是否需办理各种拆迁,施工现场附近的生活设施等。根据所了解的情况和资料编制施工组织计划,其主要内容有:

1)施工组织领导。

2)施工程序及进度。

3)制定劳动定额。

4)制定工程所需的材料、工具及提供材料工具的进度表。

5)制定机械及运输车辆使用计划及进度表。

6)制定种植工程的技术措施和安全、质量要求。

7)绘出平面图,在图上应标有苗木假植位置、运输路线和灌溉设备等的位置。

8)制定施工预算。

3. 清理障碍物

在施工场地上,凡对施工有碍的一切障碍物如堆放的杂物、违章建筑、坟堆、砖石块等要清除干净。一般情况下已有树木凡能保留的要尽可能保留。

4. 整理现场

根据设计图纸的要求,将绿化地段与其他用地界限区划开来,整理出预定的地形,使其与周围排水趋向一致。整理工作一般应在栽植前3个月以上的时期内进行。

1)对8°以下的平缓耕地或半荒地,应满足植物种植必需的最低土层厚度要求(表8-8)。通常翻耕30~50cm深度,以利蓄水保墒。并视土壤情况,合理施肥以改变土壤肥性。平地整地要有一定倾斜度,以利排除过多的雨水。

2)对工程场地宜先清除杂物、垃圾,随后换土。种植地的土壤含有建筑废土及其他有害成分,如强酸性土、强碱土、盐碱土、重黏土、砂土等,均应根据设计规定,采用客土或改良土壤的技术措施。

3)对低湿地区,应先挖排水沟降低地下水位防止返碱。通常在种植前一年,每隔20m左右就挖出一条深1.5~2.0m的排水沟,并将掘起来的表土翻至一侧培成垅台,经过一个生长季,土壤受雨水的冲洗,盐碱减少,杂草腐烂了,土质疏松,不干不湿,即可在垅台上种树。

4)对新堆土山的整地,应经过一个雨季使其自然沉降,才能进行整地植树。

5)对荒山整地,应先清理地面,刨出枯树根,搬除可以移动的障碍物,在坡度较平缓,土层较厚的情况下,可以采用水平带状整地。

8.2.3 施工现场

1. 定点放线

定点放线即是在现场测出苗木种植位置和株行距。由于树木种植方式各不相同,定点放线的方法也有很多种,常用的有以下三种。

(1)自然式配置乔、灌木放线法

1)坐标定点法。根据植物配置的疏密度先按一定的比例在设计图及现场分别打好方格,在图上用尺量出树木在某方格的纵横坐标尺寸,再按此位置用皮尺确定在现场相应的方格内。

2)仪器测放。用经纬仪或小平板仪依据地上原有基点或建筑物、道路将树群或孤植树依照设计图上的位置依次定出每株的位置。

3)目测法。对于设计图上无固定点的绿化种植,如灌木丛、树群等可用上述两种方法划出树群树丛的种植范围,其中每株树木的位置和排列可根据设计要求在所定范围内用目测法进行定点,定点时应注意植株的生态要求并注意自然美观。定好点后,多采用白灰打点或打桩,标明树种、种植数量(灌木丛树群)、穴径。

(2)整形式(行列式)放线法

对于成片整齐式种植或行道树的放线法,可用仪器和皮尺定点放线,定点的方法是先将绿地的边界、园路广场和小建筑物等的平面位置作为依据,量出每株树木的位置,钉上木桩,写明树种名称。

一般行道树的定点是以路牙或道路的中心为依据,可用皮尺、测绳等,按设计的株距,每隔10株钉一木桩作为定位和种植的依据,定点时如遇电杆、管道、涵洞、变压器等障碍物应躲开,不应拘泥于设计的尺寸,而应遵照与障碍物相距的有关规定距离。

(3)等距弧线的放线

若树木种植为一弧线,如街道曲线转弯处的行道树,放线时以路牙或中心线为准可从弧的开始到末尾,每隔一定距离分别画出与路牙垂直的直线,在此直线上,按设计要求的树与路牙的距离定点,把这些点连接起来就成为近似道路弧度的弧线,于此线上再按株距要求定出各点来。

2. 苗木准备

(1)选苗

苗木的选择,除了根据设计提出对规格和树形的要求外,还要注意选择生长健壮、无病虫害、无机械损伤、树形端正和根系发达的苗木,而且应该是在育苗期内经过移栽,根系集中在树蔸的苗木。育苗期中没经过移栽的留床老苗最好不用,其移栽成活率比较低,移栽成活后多年的生长势都很弱,绿化效果不好。做行道树种植的苗木分枝点应不低于2.5m,由于双层大巴及集装箱运输车辆的增多,城市主干道行道树苗木分枝点应不低于3.5m。选苗时还应考虑起苗包装运输的方便,苗木选定后,要挂牌或在根基部位划出明显标记,以免挖错。

(2)起苗前的准备工作

起苗时间最好是在秋天落叶后或冻土前、解冻后,因此时正值苗木休眠期,生理活动微弱,起苗对它们影响不大,起苗时间和种植时间最好能紧密配合,做到随起随栽。为了便于挖掘,起苗前1~3天可适当浇水使泥土松软,对起裸根苗来说也便于多带宿土,少伤根系。

(3)起苗方法

起苗时,要保证苗木根系完整。裸根乔木、灌木根系的大小,应根据掘苗现场的株行距及树木高度、干径而定。一般情况下,灌木根系可按灌木高度的1/3左右确定。而常绿树带土球种植时,其土球的大小可按树木胸径的8~10倍左右确定,且土球要完整。

起苗的方法常用裸根起苗法及土球起苗法。裸根起苗的根系范围可比土球起苗稍大一些,并应尽量多保留较大根系,留些宿土。如掘出后不能及时运走,应埋土假植,并要求埋根的土壤湿润。

掘土球苗木时,土球规模视各地气候及土壤条件不同而各异,一般土球直径为苗木胸径的8倍。对于特别难成活的树种或非适宜季节栽植,一定要考虑加大土球;对于在适宜栽植期栽植且易于成活的树种,土球直径可适当小些。土球的高度一般可比宽度少5~10cm。土球要削光滑,包装要严,草绳要打紧,土球底部要封严不能漏土。

3. 挖种植穴

在栽苗木之前应以所定的灰点为中心沿四周向下挖穴,种植穴的大小依土球规格及根系情况而定。带土球的种植穴应比土球大20~30cm,栽裸根苗的穴应保证根系充分舒展,穴的深度一般比土球高度稍深,穴的形状一般为圆形,但必须保证上下口大小一致。种植穴、槽的规格,可参见表8-9~表8-13。

表8-9 常绿乔木类种植穴规格 (cm)

树高	土球直径	种植穴深度	种植穴直径
150	40~50	50~60	80~90
150~250	70~80	80~90	100~110
250~400	80~100	90~110	120~130
400以上	140以上	120以上	180以上

表8-10 落叶乔木类种植穴规格 (cm)

胸径	种植穴深度	种植穴直径	胸径	种植穴深度	种植穴直径
2~3	30~40	40~60	5~6	60~70	80~90
3~4	40~50	60~70	6~8	70~80	90~100
4~5	50~60	70~80	8~10	80~90	100~110

表8-11 花灌木类种植穴规格 (cm)

冠径	种植深度	种植穴深度
200	70~90	90~110
100	60~70	70~90

表 8-12　竹类种植穴规格　（cm）

种植穴深度	种植穴直径
盘根或土球深 20～40	比盘根或土球大 40～50

表 8-13　绿篱类种植槽规格　（cm）

苗高	单行（深×宽）	双行（深×宽）
50～80	40×40	40×60
100～120	50×50	50×70
120～150	60×60	60×80

种植穴的形状应为直筒状，穴底挖平后把底土稍耙细，保持平底状。穴底不能挖成尖底状或锅底状。在新土回填的地面挖穴，穴底要用脚踏实或夯实，以免后来灌水时渗漏太快。在斜坡上挖穴时，应先将坡面铲成平台，然后再挖种植穴，而穴深则按穴口的下沿计算。

种植穴挖好后，可在穴内填些表土，如果穴内土质差或瓦砾多，则要求清除瓦砾垃圾，最好是换新土。如果种植土太瘠瘦，就先要在穴底垫一层基肥。基肥一定要经过充分腐熟的有机肥，如堆肥、厩肥等。基肥上还应当铺一层壤土，厚度5cm以上。

4. 包装运输

落叶乔木、灌木在掘苗后装车前应进行粗略修剪，以便于装车运输、减少树木水分的蒸腾和提高移栽成活率。

苗木的装车、运输、卸车、假植等各项工序，都要保证树木的树冠、根系、土球的完好，不应折断树枝、擦伤树皮或损伤根系。

落叶乔木装车时应排列整齐，使根部向前、树梢向后，注意树梢不要拖地。装运灌木可直立装车。凡远距离的裸根苗运送时，常把树木的根部浸入事先调制好的泥浆中，然后取出，用蒲包、稻草、草席等物包装，并在根部衬以青苔或水草，再用苫布或湿草袋盖好根部，以有效地保护根系而不致使树木干燥受损，影响成活。运输过程中，还要经常向树冠部浇水，以免失水过多而影响成活。

装运高度在2m以下的土球苗木，可以立放；2m以上的应斜放，土球向前，树干向后，土球应放稳，垫牢挤严。

5. 假植

苗木运到现场，如不能及时种植或是栽种后苗木有剩余的，都要进行假植。所谓假植，就是暂时进行的栽植。假植有带土球苗木假植与裸根苗木假植两种情况。

（1）带土球苗木假植

假植时，可将苗木的树冠捆扎收缩起来，使每一棵树苗都是土球挨土球，树冠靠树冠，密集地挤在一起；然后，在土球层上面盖一层壤土，填满土球间的缝隙；再对树冠及土球均匀地洒水，使上面湿透，以后仅保持湿润就可以了。或者把带土球的苗木临时性地栽到一块绿化用地上，土球埋入土中1/3～1/2深，株距则视苗木假植时间长短和土球、树冠的大小而定。一般土球与土球之间相距15～30cm即可。苗木成行列式栽好后，浇水保持一定湿度即可。

(2)裸根苗木假植

对裸根苗木，一般采取挖沟假植方式。先在地面挖浅沟，沟宽1.5～2m、深40～60cm；然后将裸根苗木一棵棵紧靠着呈30°斜栽到沟中，使树梢朝向西边或朝向南边；苗木密集斜栽好以后，在根蔸上分层覆土，使根系间充满土壤；以后，经常对枝叶喷水，保持湿润。不同的苗木假植时，最好按苗木种类、规格分区假植，以方便绿化施工。

假植区的土质不宜太泥泞，地面不能积水，在周围边沿地带要挖沟排水。假植区内要留出起运苗木的通道。在太阳特别强烈的日子里，假植苗木上面应该设置遮光网，减弱光照强度。此外，在假植期还应注意防治病虫害。

6. 定植

(1)定植前的修剪

在种植前，苗木必须经过修剪，其主要目的是减少水分的散发，保证树势平衡，以使树木成活。

修剪时其修剪量依不同树种而有所不同，一般对常绿针叶树及用于植篱的灌木不多剪，只剪去枯病枝、伤枝即可。对于较大的落叶乔木，尤其是生长势较强，容易抽出新枝的树木(如杨、柳、槐等)可进行强修剪，树冠可剪去1/2以上，这样可减轻根系负担，维持树木体内水分平衡，也使得树木栽后稳定，不致招风摇动。对于花灌木及生长较缓慢的树木可进行疏枝，短截去全部叶或部分叶，去除枯病枝、过密枝、交叉枝，对于过长的枝条可剪去1/3～1/2。

修剪时要注意分枝点的高度。灌木的修剪要保持其自然树形，短截时应保持外低内高。

树木种植之前，还应对根系进行适当修剪，主要是将断根、劈裂根、病虫根和过长的根剪去。修剪时剪口应平而光滑，并及时涂抹防腐剂以防过分蒸发、干旱、冻伤及病虫危害。

(2)定植方法

定植应根据树木的习性和当地的气候条件，选择最适宜的时期进行。

1)将苗木的土球或根蔸放入种植穴内，使其居中。

2)再将树干立起扶正，使其保持垂直。

3)然后分层回填种植土，填土后将树根稍向上提一提，使根群舒展开，每填一层土就要用锄把将土压紧实，直到填满穴坑，并使土面能够盖住树木的根茎部位。

4)检查扶正后，把余下的穴土绕根茎一周进行培土，做成环形的拦水围堰。其围堰的直径应略大于种植穴的直径。堰土要拍压紧实，不能松散。

5)种植裸根树木时，将原根际埋下3～5cm即可，应将种植穴底填土呈半圆土堆，置入树木填土至1/3时，应轻提树干使根系舒展，并充分接触土壤，随填土分层踏实。

6)带土球树木必须踏实穴底土层，而后置入种植穴，填土踏实。

7)绿篱成块种植或群植时，应由中心向外顺序退植。坡式种植时应由上向下种植。大型块植或不同彩色丛植时，宜分区分块。

8)假山或岩缝间种植，应在种植土中掺入苔藓、泥炭等保湿透气材料。

9)落叶乔木在非种植季节种植时，应根据不同情况分别采取以下技术措施。

① 苗木必须提前采取疏枝、环状断根或在适宜季节起苗用容器假植等处理。

② 苗木应进行强修剪，剪除部分侧枝，保留的侧枝也应疏剪或短截，并应保留原树冠的1/3，同时必须加大土球体积。

③ 可摘叶的应摘去部分叶片，但不得伤害幼芽。

④ 夏季可搭棚遮荫、树冠喷雾、树干保湿，保持空气湿润；冬季应防风防寒。

⑤ 干旱地区或干旱季节，种植裸根树木应采取根部喷布生根激素、增加浇水次数等措施。

10）对排水不良的种植穴，可在穴底铺 10～15cm 砂砾或铺设渗水管、盲沟。

（3）种植后的养护管理

种植较大的乔木时，在种植后应设支柱支撑，以防浇水后大风吹倒苗木。

种植树木后 24h 内必须浇上第一遍水，水要浇透，使泥土充分吸收水分，和树根紧密结合，以利根系发育，树木种植后的浇水量见表8-14。并应时常注意树干四周泥土是否下沉或开裂，如有这种情况应及时加土填平踩实。此外，还应进行及时的中耕，扶直歪斜树木，并进行封堰，封堰时要使泥土略高于地面。要注意防寒，其措施应按树木的耐寒性及当地气候而定。

表 8-14　树木栽植后的浇水量

乔木及常绿树胸径（cm）	灌木高度（m）	绿篱高度（m）	树堰直径（m）	浇水量（kg）
—	1.2～1.5	1～1.2	60	50
—	1.5～1.8	1.2～1.5	70	75
3～5	1.8～2	1.5～2	80	100
5～7	2～2.5	—	90	200
7～10	—	—	100	250

8.3　大树移植

8.3.1　大树移植前的准备工作

1. 大树的选择

凡胸径在 10cm 以上，高度在 4m 以上的树木，园林工程中均可称之为“大树”。但对具体的树种来说，也可有不同的规格。

（1）影响大树移植成活的因素

大树移植较常规园林苗木成活困难，原因主要有以下几个方面：

1）大树年龄大，阶段发育老，细胞的再生能力较弱，挖掘和栽植过程中损伤的根系恢复慢，新根发生能力差。

2）由于幼、壮龄树的离心生长的原因，树木的根系扩展范围很大（一般超过树冠水平投影范围），而且扎入土层很深，使有效的吸收根处于深层和树冠投影附近，造成挖掘大树时土球所带吸收根很少，且根多木栓化严重，凯氏带阻止了水分的吸收，根系的吸收功能明显下降。

3）大树形体高大，枝叶的蒸腾面积大，为使其尽早发挥绿化效果和保持其原有优美姿态而多不进行过重截枝。加之根系距树冠距离长，给水分的输送带来一定的困难，因此大树移植后难以尽快建立地上、地下的水分平衡。

4）树木大，土球重，起挖、搬运、栽植过程中易造成树皮受损、土球破裂、树枝折断，从而危及大树成活。

（2）树木选择

移植的大树其绿化装饰效果和栽植后的生长发育状况，很大程度上取决于大树的选择是否恰当。一般应按照下列要求选择移植的大树。

1）能适应栽植地点的环境条件，做到适地适树。

2）形态特征合乎景观要求。应该选择合乎绿化要求的树种，树种不同则形态各异，因而它们在绿化上的用途也不同。如行道树，应考虑选择干直、冠大、分枝点高，有良好的遮荫效果的树种，而庭院观赏树中的孤立树就应讲究树姿造型。

3）幼、壮龄大树生长健壮，无病虫害和机械损伤。

4）原环境条件要适宜挖掘、吊装和运输操作。

5）如在森林内选择树木，必须选疏密度不大的林分中，且最近 5 ~ 10 年生长在阳光下的树，则易成活，树形美观、装饰效果佳。应尽量避免挖掘森林内的树木，以免破坏生态环境。

选定的大树，用油漆或绳子在树干胸径处做出明显的标记，以利识别选定的单株和栽植朝向；同时，要建立登记卡，记录树种、高度、干径、分枝点高度、树冠形状和主要观赏面，以便进行分类和确定栽植顺序。

2. 大树移植的时间

如果掘起的大树带有较大的土球，在移植过程中严格执行操作规程，移植后又注意养护，那么，在任何时间都可以进行大树移植。但在实际中，最佳移值时间是早春，因为这时树液开始流动并开始生长、发芽，挖掘时损伤的根系容易愈合和再生，移植后经过从早春到晚秋的正常生长，树木移植的受伤的部分已复原，给树木顺利越冬创造了有利条件。

在春季树木开始发芽而树叶还没全部长成以前，树木的蒸腾还未达到最旺盛时期，此时带土球移植，缩短土球暴露的时间，栽后加强养护也能确保大树的存活。

盛夏季节，由于树木的蒸腾量大，此时移植对大树成活不利，在必要时可加大土球，加强修剪、遮荫、尽量减少树木的蒸腾量，也可成活，但费用较高。

在北方的雨季和南方的梅雨期，由于空气中的湿度较大，因而有利于移植，可带土球移植一些针叶树种。

深秋及冬季，从树木开始落叶到气温不低于 -15℃这段时间，也可移植大树，这个期间，树木虽处于休眠状态，但地下部分尚未完全停止活动，故移植时被切断的根系能在这段时间进行愈合，给来年春季发芽生长创造良好的条件，但在严寒的北方，必须对移植的树木进行土面保护，才能达到这一目的。南方地区尤其在一些气温不太低、温度较大的地区一年四季可移植，落叶树还可裸根移植。

3. 大树预掘

为了保证树木移植后能很好地成活，可在移植前采取一些措施，促进树木的须根生长，这样也可以为施工提供方便条件，常用下列方法。

（1）多次移植

在专门培养大树的苗圃中多采用多次移植法，速生树种的苗木可以在头几年每隔 1 ~ 2 年移植一次，待胸径达 6cm 以上时，可每隔 3 ~ 4 年再移植一次。而慢生树待其胸径达 3cm 以上时，每隔 3 ~ 4 年移一次，长到 6cm 以上时，则隔 5 ~ 8 年移植一次，这样树苗经过多次移植，大部分的须根都聚生在一定的范围，因而再移植时可缩小土球的尺寸和减少对根部的损伤。

（2）预先断根法（回根法）

适用于一些野生大树或一些具有较高观赏价值的树木的移植，一般是在移植前 1 ~ 3 年的春季或秋季，以树干为中心，2.5 ~ 3 倍胸径为半径或以较小于移植时土球尺寸为半径画一个圆或方形，再在相对的两面向外挖30～40cm宽的沟（其深度则视根系分布而定，一般为50～80cm），对较粗的根应用锋利的锯或剪，齐平内壁切断，然后用沃土（最好是砂壤土或壤土）填平，分层踩实，定期浇水，这样便会在沟中长出许多须根。到第二年的春季或秋季再以同样的方法挖掘另外相对的两面，到第三年时，在四周沟中均长满了须根，这时便可移走（图8-1）。挖掘时应从沟的外缘开挖，断根的时间可按各地气候条件有所不同。

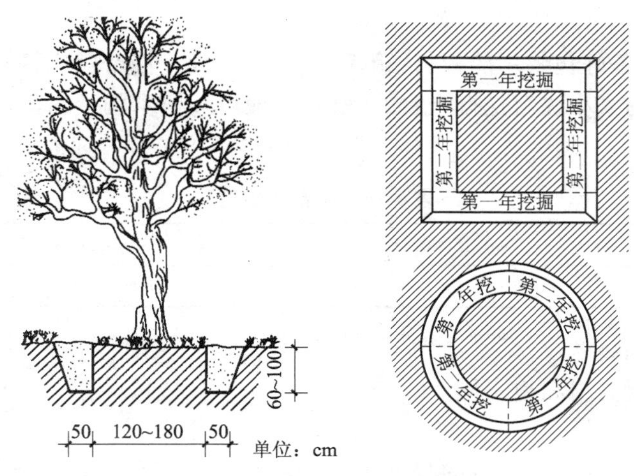

图8-1　大树分期断根挖掘法示意

8.3.2　大树移植的技术措施

1. 树木的挖掘

1）土球大小的确定。起掘前，要确定土球直径，对于未经切根处理的大树，可根据树木胸径的大小来确定挖土球的直径和高度。一般来说，土球直径为树木胸径的7～10倍，土球过大，容易散球且会增加运输困难，土球过小，又会伤害过多的根系以影响成活。实施过缩坨断根的大树，所起土球应在断根坨基础上向外放宽10～20cm。土球具体规格见表8-15。

表8-15　土球规格

树木胸径（cm）	土球规格		
	土球直径（cm）	土球高度（cm）	留底直径（cm）
10～12	胸径的8～10倍	60～70	土球直径的1/3
13～15	胸径的7～10倍	70～80	

2）土球的挖掘。挖掘前，先用草绳将树冠围拢，其松紧程度以不折断树枝又不影响操作为宜，然后铲除树干周围的浮土，以树干为中心，比规定的土球大3～5cm划一圆，并顺着此圆圈往外挖沟，沟宽60～80cm，深度以到土球所要求的高度为止。

3）土球的修整。修整土球要用锋利的铁锨，遇到较粗的树根时，应用锯或剪将根切断，不要用铁锨硬扎，以防土球松散。当土球修整到1/2深度时，可逐步向里收底，直到缩小到土球直径的1/3为止，然后将土球表面修整平滑，下部修一小平底，土球就算挖好了。

4）土球的包装。土球修好后，应立即用草绳打上腰箍，腰箍的宽度一般为20cm左右，然后用蒲包或蒲包片将土球包严并用草绳将腰部捆好，以防蒲包脱落，然后即可打花箍：将双股草绳的一头拴在树干上，然后将草绳绕过土球底部，顺序拉紧捆牢。草绳的间隔在8～10cm，土质不好的，还可以密些。花箍打好后，在土球外面结成网状，最后再在土球的腰部密捆10道左右的草绳，并在腰箍上打成花扣，以免草绳脱落。土球打好后，将树推倒，用蒲包将底堵严，用草绳捆好，土球的包装就完成了。

2. 带土块起掘方箱包装

此法适于胸径0.15～0.3m或更大的树木，可以保证吊装运输的安全而不散坨。

1）移植前的准备。

移植前首先要准备好包装用的板材：箱板，底板和上板。掘苗前应将树干四周地表的浮土铲除，然后根据树木的大小决定挖掘土台的规格，一般可按树木胸径的7～10倍作为土台的规格，具体可见表8-16。

表8-16　土台的规格

树木胸径（m）	0.15～0.18	0.18～0.24	0.25～0.27	0.28～0.30
土台规格（m）（上边长×高）	1.5×0.6	1.8×0.70	2.0×0.70	2.2×0.80

2）工具材料的准备。

包装方法不同，所需材料也不同。

3）掘苗。

掘苗前，以树干为中心，较规定的尺寸大0.1m划一正方形，作为土台的规格，以线为准，在线外开沟挖掘，沟的宽度一般为0.6～0.8m，以容纳一人操作为准，土台四角要比预定的规格最大不超过0.05m，土台要修得平整，侧面中间比两边为凸出，以使上完箱板后，箱板能紧贴土台。土台修好后，应立即安装箱板，以免土台坍塌。

4）装箱。

安装箱板时是先将箱板沿土台的四壁放好，箱板中心与树干必须成一条直线，木箱上边应略低于土台0.01m作为吊运时土台下沉时的余量。两块箱板的端头在土台的角上要相互错开，可露出土台一部分，再用蒲包片将土包好，两头压在箱板下，然后在木箱的上下套好两道钢丝绳，每根钢丝绳的两头装好紧线器，两个紧线器在两个相反方向的箱板中央带上，以便收紧时受力均匀。

紧线器在收紧时，必须两道同时进行，箱板被收紧后即可在四角上钉上铁皮，每角钉铁皮8～10道，铁皮钉完后用小锤敲击铁皮，发出铛铛的声音时表示铁皮紧固，即可松开紧线器，取下钢丝绳，即可进行掏底。

掏底时先沿箱板下端往下挖0.35m，然后用小板镐、小平铲掏挖土台下部，可两侧同时进行，每次掏底宽度应与底板宽度相等，不可过宽，当掏够宽度时则应上底板。在上底板前，应量好底板所需要的长度，并在底板的两头，钉好铁皮，上底板时，先将板底的一头钉在木箱带上，钉好后用木墩顶紧，另一头底板用油压千斤顶顶起与土贴紧，将铁皮钉好后，撤下千斤顶再顶好木墩，两边底板上完后，即可继续向中间掏底，掏中间底时，底面应凸出稍成弧形，以利收紧底板，上中间底板时，应与上两侧底板相同底板之间的距离要一致，一般应保持0.1～0.15m，如土质疏松，可适当加密。

底板全部钉好后，即可钉装上板，钉上板前，土台应满铺一层蒲包片，上板一般2块到4块，其长度应与箱板上端相等，上板与底板的走向应相互垂直交叉。如需要多次调运，上板应钉成井字形。

3. 冻土球移植法

在冻土层较深的北方，在土壤冻结期挖掘土球，可不必包装，且土球坚固，根系完好，便于运输，有利于成活，是一种节约经费的好方法。

冻土球移植法适用于耐严寒的乡土树种，待气温降至 -12 ~ -15℃，冻土深达 0.2m 时，开始挖掘，对于下部没冻部分，需停放 2 ~3 天，待其冻结，再行挖掘，也可泼水，促其冻结，树木挖好后，如不能及时移栽，可填入枯草落叶覆盖，以免晒化或寒风侵袭冻坏根系。

一般冻土球移植重量较大，运输时也需使用吊车装卸，由于冬季枝条较脆，吊装运输过程中要格外注意保护树木不受伤害。

树坑最好于结冻前挖好，可省工省力。栽植时应填入化土、夯实，灌水支撑，为了保墒和防冻，应于树干基部堆土成台。春季解冻后，将填土部位重新夯实，灌水，养护。

4. 机械移植法

近年来在国内产生一种新型的植树机械，名为树木种植机（Tree Transplanter），又名树铲（Tree Spades），主要用来种植带土球的树木，可以连续完成挖种植穴、起树、运输种植等全部种植作业。

树木种植机分自行式和牵引式两类，目前各国大量发展的都为自行式树木种植机，它由车辆底盘和工作装置两大部分组成。车辆底盘一般都是选择现成的汽车、拖拉机或装载机等，稍加改装而成，然后再在上面安装工作装置：包括铲树机构、升降机构、倾斜机构和液压支腿 4 部分（图 8-2）。铲树机构是树木种植机的主要装置，也是其特征所在，它有切出土球和在运移中作为土球的容器以保护土球的作用。树铲能沿铲轨上下移动。当树铲沿铲轨下到底时，铲片曲面正好能包容出一个曲面圆锥体，这也就是土球的形状。起树时通过升降机构导轨将树铲放下，打开树铲框架，将树围合在框架中心，锁紧和调整框架以调节土球直径打大小和压住土球，使土球不致在运输和移植过程中松散。切土动作完成后，把树铲机构连同它所包容的土球和树一起往上提升，即完成了起树动作。

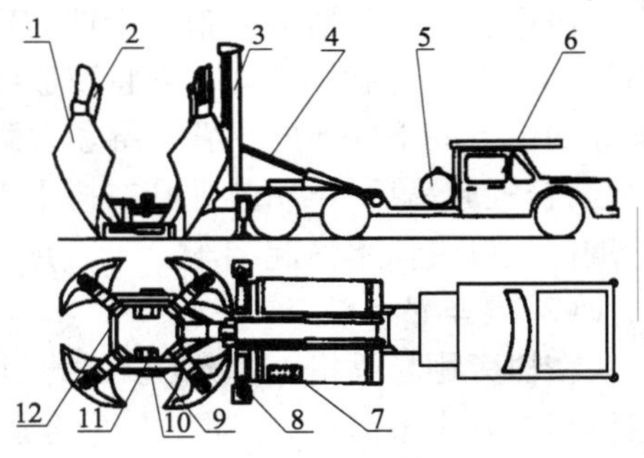

图 8-2　树木移植机结构简图

1—树铲；2—铲轨；3—升降机构；4—倾斜机构；5—水箱；6—车辆底盘；7—液压操纵阀；8—液压支腿；9—框架；10—开闭油缸；11—调平垫；12—锁紧装置

倾斜机构是使门架在把树木提升到一定高度后能倾斜在车架上，以便于运输。液压支腿则在作业时起支承作用，以增加底盘在作业时的稳定性和防止后轮下陷。

树木移植机的主要优点是：

1）生产率高，一般能比人工提高 5 ~6 倍以上，而成本可下降 50% 以上，树木径级越大效果越显著。

2）成活率高，几乎可达 100% 。

3）可适当延长移植的作业季节，不仅春季而且夏天雨季和秋季移植时成活率也很高，即使冬季在南方也能移植。

4）能适应城市的复杂土壤条件，在石块、瓦砾较多的地方作业。

5）减轻了工人劳动强度，提高了作业的安全性。

目前我国主要发展 3 种类型移植机，即：

① 能挖土球直径160cm的大型机，一般用于城市园林部门移植径级20cm以下的大树。

② 挖土球直径100cm的中型机。主要用于移植径级12cm以下的树木，可用于城市园林部门、果园、苗圃等处。

③ 能挖60cm土球的小型机，主要用于苗圃、果园、林场、橡胶园等移植径级6cm左右的大苗。

5. 大树的吊运

大树的吊运工作也是大树移植中的重要环节之一。吊运的成功与否，直接影响到树木的成活、施工的质量以及树形的美观等。

(1)起重机吊运法

目前我国常用的是汽车起重机，其优点是机动灵活，行动方便，装车简捷。

木箱包装吊运时，用两根7.5～10mm的钢索将木箱两头围起，钢索放在距木板顶端20～30cm的地方(约为木板长度的1/5)，把4个绳头结在一起，挂在起重机的吊钩上，并在吊钩和树干之间系一根绳索，使树木不致被拉倒，还要在树干上系1～2根绳索，以便在起动时用人力来控制树木的位置，以便于不损伤树冠，有利于起重机工作。在树干上束绳索处，必须垫上柔软材料，以免损伤树皮。

吊运软材料包装的或带冻土球的树木时，为了防止钢索损坏包装的材料，最好用粗麻绳，因为钢丝绳容易勒坏土球。先将双股绳的一头留出1m多长结扣固定，再将双股绳分开，捆在土球的由上向下3/5的位置上绑紧，然后将大绳的两头扣在吊钩上，在绳与土球接触处用木块垫起，轻轻起吊后，再用脖绳套在树干下部，也扣在吊钩上即可起吊。这些工作做好后，再开动起重机就可将树木吊起装车。

(2)滑车吊运法

在树旁用杉篙搭一木架(杉篙的粗细根据所起运树木的大小而定)，把滑车挂在架顶，利用滑车将树木吊起后，立即在穴面铺上两条50～60cm宽的木板，其厚度根据汽车和树木的重量及坑的大小来决定。

(3)运输

树木装进汽车时，使树冠向着汽车尾部，土块靠近司机室，树干包上柔软材料放在木架或竹架上，用软绳扎紧，土块下垫一块木衬垫，然后用木板将上球夹住或用绳子将土球缚紧于车厢两侧。

通常一辆汽车只装一株树，在运输前，应先进行行车道路的调查，以免中途遇故障无法通行，行车路线一般都是城市划定的运输路线，应了解其路面宽度、路面质量、横架空线、桥梁及其负荷情况、人流量等，行车过程中押运员应站在车厢尾一面检查运输途中土球绑扎是否松动、树冠是否扫地、左右是否影响其他车辆及行人，同时要手持长竿，不时挑开横架空线，以免发生危险。

6. 大树的栽植

1)按设计位置挖种植穴，种植穴的规格应根据根系、土球、木箱规格的大小而定。

① 裸根和土球树木的种植穴为圆坑，应较根系或土球的直径加大60～80cm，深度加深20～30cm。坑壁应平滑垂直。掘好后坑底部放20～30cm的土堆。

② 木箱树木，挖方坑，四周均较木箱大出80～100cm，坑深较木箱加深20～30cm。挖出的坏土和多余土壤应运走。将种植土和腐殖土置于坑的附近待用。

2）种植的深浅应合适，一般与原土痕平或略高于地面5cm左右。

3）种植时应选好主要观赏面的方向，并照顾朝阳面，一般树弯应尽量迎风，种植时要栽正扶植，树冠主尖与根在一垂直线上。

4）还土，一般用种植土加入腐殖土（肥土制成混合土）使用，其比例为7：3。注意肥土必须充分腐熟，混合均匀。还土时要分层进行，每30cm一层，还后踏实，填满为止。

5）立支柱，一般为3～4根杉木高，或用细钢丝绳拉纤埋深立牢，绳与树干相接处应垫软物。

6）开堰

① 裸根、土球树开圆堰，土堰内径与坑沿相同，堰高20～30cm左右，开堰时注意不应过深，以免挖坏树根或土球。

② 木箱树木，开双层方堰，内堰里边在土台边沿处，外堰边在方坑边沿处，堰高25cm左右。堰应用细土、拍实，不得漏水。

7）浇水三遍，第一遍水水量不宜过大，水流要缓慢灌，使土下沉，一般栽后两三天内完成第二遍水，一周内完成第三遍水，此两遍水的水量要足，每次浇水后要注意整堰，填土堵漏。

8）种植裸根树木根系必须舒展，剪去劈裂断根，剪口要平滑。有条件可施入生根剂。

9）种植土球树木时，应将土球放稳，随后拆包取出包装物，如土球松散，腰绳以下可不拆除，以上部分则应解开取出。

10）种植木箱树木，先在坑内用土堆一个高20cm左右，宽30～80cm的一长方形土台。如图8-3所示，将树木直立，如土质坚硬，土台完好，可先拆去中间3块底板，用两根钢丝绳兜住底板，绳的两头扣在吊钩上，起吊入坑，置于土台上。注意树木起吊入坑时，树下、吊臂下严禁站人。木箱入坑后，为了校正位置，操作人员应在坑上部作业，不得立于坑内，以免挤伤。树木落稳后，撤出钢丝绳，拆除底板填土。将树木支稳，即可拆除木箱上板及蒲包。坑内填土约1/3处。则可拆除四边箱板，取出，分层填土夯实至地平。

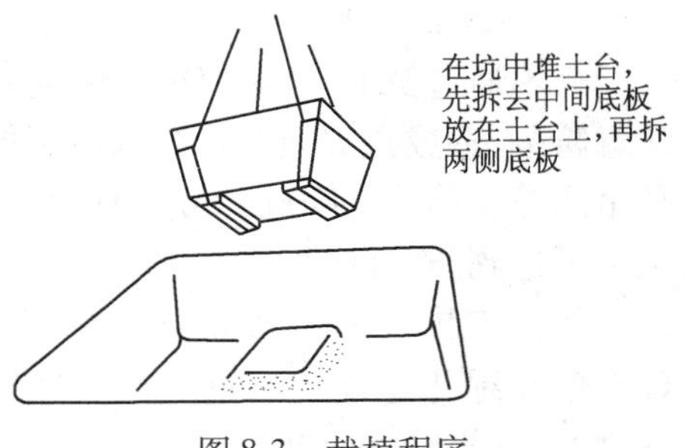

图8-3　栽植程序

11）支撑与固定

① 大树的支撑宜用扁担桩十字架和三角撑，低矮树可用扁担桩，高大树木可用三角撑，风大树大的可两种桩结合起来用。

② 扁担桩的竖桩不得小于2.3m、入土深度1.2m，桩位应在根系和土球范围外，水平桩离地1m以上，两水平桩十字交叉位置应在树干的上风方向，扎缚处应垫软物。

③ 三角撑宜在树干高2/3处结扎，用毛竹或钢丝绳固定，三角撑的一根撑杆（绳）必须在主风向上位，其他两根可均匀分布。

④ 发现土面下沉时，必须及时升高扎缚部位，以免吊桩。

8.3.3　栽植后的养护管理

1. 移栽后的水、肥管理

（1）旱季的管理

6～9月，大部分时间气温在28℃以上，且湿度小，是最难管理的时期。如管理不当造成根干缺水、树皮龟裂，会导致树木死亡。这时的管理要特别注意：一是遮阳防晒，可以树冠外围东西方向搭“几”字型，盖遮阳网，这样能较好地挡住太阳的直射光，使树叶免遭灼伤；二是根部灌水，往预埋的塑料管或竹筒内灌水，此方法可避免浇“半截水”，能一次浇透，平常能使土壤见干见湿，也可往树冠外的洞穴灌水，增加树木周围土壤的湿度；三是树南面架设三角支架，安装一个高于树 1m 的喷灌装置，尽量调成雾状水，因为夏、秋季大多吹南风，安装在南面可经常给树冠喷水，使树干树叶保持湿润，也增加了树周围的湿度，并降低了温度，减少了树木体内有限水分、养分的消耗。没条件时可采用“滴灌法”，即在树旁搭一个三脚架，上面吊一只储水桶，在桶下部打若干孔，用硅胶将塑料管粘在孔上，另一端用火烧后封死，将管螺旋状绕在树干和树枝上，按需要的方向在管上打孔至滴水，同样可起到湿润树干树枝、减少水分、养分消耗的作用。

(2)雨季的管理

南方春季雨水多，空气湿度大，这时主要应抗涝。由于树木初生芽叶，根部伤口未愈合，往往造成树木死亡。雨季用潜水泵逐个抽干穴内水，避免树木被水浸泡。

(3)寒冷季节的管理

要加强抗寒、保暖措施。一是要用草绳绕干，包裹保暖，这样能有效地抵御低温和寒风的侵害；二是搭建简易的塑料薄膜温室，提高树木的温、湿度；三是选择一天中温度相对较高的中午浇水或叶面喷水。

(4)移栽后的施肥

由于树木损伤大，第一年不能施肥，第二年根据树的生长情况施农家肥或叶面喷肥。

2. 移栽后病虫害的防治

树木通过锯截、移栽，伤口多，萌芽的树叶嫩，树体的抵抗力弱，容易遭受病害、虫害，如不注意防范，造成虫灾或树木染病后可能会迅速死亡，所以要加强预防。可用多菌灵或托布津、敌杀死等农药混合喷施。分 4 月、7 月、9 月三个阶段，每个阶段连续喷药，每星期一次，正常情况下可达到防治的目的。

大树移栽后，一定要加强养护管理。俗话说得好，“三分种，七分管”。由此可见，养护管理环节在绿化建设中的重要性。当然，要切实提高大树移栽后的成活率，还要在绿地规划设计、树种选择等方面动脑筋，下工夫。

3. 风害防治

北方早春的大风，使树木常发生风害，出现偏冠和偏心现象，偏冠会给树木整形修剪带来困难，影响树木功能作用的发挥；偏心的树易遭受冻害和日灼，影响树木正常发育。移栽大树，如果根盘起的小，则因树身大，易遭风害。所以大树移栽时一定要立支柱，以免树身吹歪。在多风地区栽植，坑应适当大，如果小坑栽植，树会因根系不舒展，发育不好，重心不稳，易受风害。对于遭受大风危害的风树及时顺势扶正，培土为馒头形，修去部分枝条，并立支柱。对裂枝要捆紧基部伤面，促其愈合，并加强肥水管理，促进树势的恢复。

8.4 垂直绿化

8.4.1 垂直绿化概述

1. 攀缘植物

攀缘植物主要依靠自身缠绕或具有特殊的器官而攀缘。攀缘植物自身不能直立生长，需要依附它物。由于适应环境而长期演化，形成了不同的攀缘习性，攀缘能力各不相同，因而有着不同的园林用途。通过对攀缘习性的研究，可以更好地为不同的垂直绿化方式选择适宜的植物材料。有些植物具有两种以上的攀缘方式，称为复式攀缘，如倒地铃既具有卷须又能自身缠绕它物。攀缘植物主要分为以下几类。

(1)缠绕类

依靠自身缠绕支持物而攀缘。常见的有紫藤属、崖豆藤属、木通属、五味子属、铁线莲属、忍冬属、猕猴桃属、牵牛属、月光花属、茑萝属等，以及乌头属、茄属等的部分种类。缠绕类植物的攀缘能力都很强。

(2)卷须类

依靠卷须攀缘。其中大多数种类具有茎卷须，如葡萄属、蛇葡萄属、葫芦科、羊蹄甲属的种类。有的为叶卷须，如炮仗藤和香豌豆的部分小叶变为卷须，菝葜属的叶鞘先端变成卷须，而百合科的嘉兰和鞭藤科的鞭藤则由叶片先端延长成一细长卷须，用以攀缘它物。牛眼马钱的部分小枝变态为螺旋状曲钩，应是卷须的原始形式，珊瑚藤则由花序轴延伸成卷须。卷须的类别、形式多样，这类植物的攀缘能力都较强。

(3)吸附类

依靠吸附作用而攀缘。这类植物具有气生根或吸盘，均可分泌粘胶将植物体粘附于它物之上。爬山虎属和崖爬藤属的卷须先端特化成吸盘；常春藤属、络石属、凌霄属、榕属、球兰属及天南星科的许多种类则具有气生根。此类植物大多攀缘能力强，尤其适于墙面和岩石的绿化。

(4)蔓生类

此类植物为蔓生悬垂植物，无特殊的攀缘器官，仅靠细柔而蔓生的枝条攀缘，有的种类枝条具有倒钩刺，在攀缘中起一定作用，个别种类的枝条先端偶尔缠绕。主要有蔷薇属、悬钩子属、叶子花属、胡颓子属的种类等。相对而言，此类植物的攀缘能力最弱。

2. 垂直绿化的形式

垂直绿化的形式很多，在选择植物材料时首先应当充分利用当地植物资源，这不仅因为从生态适应性而言，这些植物最适于本地生长，而且从园林艺术角度考虑，极易形成地方特色。

(1)棚架式

棚架式绿化在园林中可单独使用，也可用作由室内到花园的类似建筑形式的过渡物，一般以观果遮荫为主要目的。卷须类和缠绕类的攀缘植物均可使用，木质的如猕猴桃类、葡萄、木通类、五味子类、山柚藤、菝葜类、木通马兜铃等，草质的如西番莲、蓝花鸡蛋果、观赏南瓜、观赏葫芦、落葵等。花格、花架、绿亭、绿门一类的绿化方式也属于棚架式的范畴，但在植物材料选择上应偏重于花色鲜艳、枝叶细小的种类，如铁线莲、三角花、蔓长春花、双蝴蝶、探春等。部分蔓生种类也可用作棚架式，如木香和野蔷薇及其变种七姊妹、荷花蔷薇等，但前期应当注意设立支架、人工绑缚以帮助其攀附。

(2)凉廊式

凉廊式绿化是以攀缘植物覆盖长廊的顶部及侧方，从而形成绿廊或花廊、花洞。应选择生长旺盛、分枝力强、叶幕浓密而且花朵秀美的种类，一般多用木质的缠绕类和卷须类攀缘植物。因为廊的侧方多有格架，不必急于将藤蔓引至廊顶，否则容易造成侧方空虚。在北方可选用紫藤、金银花、木通、南蛇藤、太行铁线莲、蛇葡萄等落叶种类，在南方则有三角花、炮仗花、鸡血藤、常春油麻藤、龙须藤、使君子、红茉莉、串果藤等多种可供应用。

(3)篱垣式

篱垣式主要用于矮墙、篱架、栏杆、钢丝网等处的绿化,以观花为主要目的。由于一般高度有限,对植物材料攀缘能力的要求不太严格,几乎所有的攀缘植物均可用于此类绿化,但不同的篱垣类型各有适宜的材料。竹篱、钢丝网、小型栏杆的绿化以茎柔叶小的草本种类为宜,如牵牛花、月光花、香豌豆、倒地铃、打碗花、海金砂、金钱吊乌龟等,在背阴处还可选用瓜叶乌头、两色乌头、荷包藤、竹叶子等;普通的矮墙、钢架等可选植物更多,如蔓生类的野蔷薇、藤本月季、云实、软枝黄蝉,缠绕类的使君子、金银花、探春、北清香藤,具卷须的炮仗藤、甜果藤、大果菝契,具吸盘或气生根的五叶地锦、蔓八仙、凌霄等。

(4)附壁式

附壁式绿化只能选用吸附类攀缘植物,可用于墙面、裸岩、桥梁、假山石、楼房等设施的绿化。较粗糙的表面可选择枝叶较粗大的种类如有吸盘的爬山虎、崖爬藤,有气生根的薜荔、珍珠莲、常春卫矛、凌霄、钻地枫、海风藤、冠盖藤等,而表面光滑、细密的墙面如马赛克贴面则宜选用枝叶细小、吸附能力强的种类如络石、石血、紫花络石、小叶扶芳藤、常春藤等。在华南地区,阴湿环境还可选用蜈蚣藤、崖角藤、绿萝、量天尺、球兰等。

(5)立柱式

随着城市建设的加快,各种立柱如电线杆、灯柱、高架桥立柱、立交桥立柱等不断增加,它们的绿化已经成为垂直绿化的重要内容之一。另外,园林中一些枯树如能加以绿化也可给人一种枯木逢春的感觉。从一般意义上讲,缠绕类和吸附类的攀缘植物均适于立柱式绿化,用五叶地锦、常春油麻藤、常春藤、木通、南蛇藤、络石、金银花、南五味子、爬山虎、软枣猕猴桃、蝙蝠葛、扶芳藤等耐荫种类。一般的电线杆及枯树的绿化可选用观赏价值高的如凌霄、络石、素方花、西番莲等。植物材料宜选用常绿的耐荫种类如络石、常春藤、扶芳藤、南五味子、海金砂等,以防止内部空虚,影响观赏效果。

8.4.2 阳台、窗台绿化

在城市住宅区内,多层与高层建筑逐渐增多,尤其在用地紧张的大城市,住宅的层数不断增多,使住户远离地面,在心理上容易产生与大自然隔离的失落感,人们渴望借助阳台、窗台的狭小空间创造与自然亲近的“小花园”。阳台、窗台绿化不仅便于生活,而且增加家庭生活的乐趣,对建筑立面与街景起到装饰美化作用。

1. 阳台绿化

阳台是居住空间的扩大部分,首先要考虑满足住户生活功能的要求,把狭小空间布置成符合使用功能、美化生活的阳台花园。阳台的空间有限,常栽种攀缘或蔓生植物,采用平行垂直绿化或平行水平绿化。

(1)常见阳台绿化方式

可通过盆栽或种植槽栽植。在阳台内和栏板混凝土扶手上,除摆放盆花外,值得推广的种植方式是与阳台建筑工程同步建造各种类型的种植槽。它可设置在阳台板的周边上和阳台外沿栏杆上。当然,还可结合阳台实心栏板做成花斗槽形,这样既丰富了阳台栏板的造型,又增加了种植花卉的功能。在阳台的栏杆上悬挂各种种植盆,可采用方形、长方形、圆形花盆,近年来各种色彩的硬塑料盆已普遍应用于阳台绿化。悬挂种植盆既能满足种植要求,又能起到装饰作用。

(2)阳台绿化的植物选择

南阳台和西阳台夏季日晒严重,采用平行垂直绿化较适宜。植物形成绿色帘幕,遮挡着烈日直射,起到隔热降温的作用,使阳台形成清凉舒适的小环境。在朝向较好的阳台,可采用平行水平绿化。为了不影响生活功能要求,根据具体条件选择适合的构图形式和植物材料,如选择落叶观花观果的攀缘植物,不影响室内采光,栽培管理好的可采用观花观果的植物,如金银花、葡萄等。

2. 窗台绿化

窗台似乎是微不足道的可绿化场所,但对于长期居住在闹市的居民来说,它却是一处丰富住宅建筑环境景观的"乐土"。当人们平视窗外时,可以欣赏到窗台的"小花园",感受到接触自然的乐趣。窗台因此便成为建筑立面美化的组成部分,也是建筑纵向与横向绿化空间序列的一部分。

(1)窗台种植池的类型

窗台种植池的类型,根据窗台的形式、大小而定,设置的位置取决于开窗的形式。当窗户为外开式时,种植池可以用金属托座固定在墙上或窗上;当窗户为内开式时,种植池可以在窗两边拉撑臂连接。外开式的窗户,种植池中植物生长的空间不要妨碍窗户的开关。种植池安置在墙上,如果在视平线或视线以下观赏,种植池的托座可安置在池的下方,或托座位置在池后方;如果从下面观看种植池,最好安装有装饰性的托座。最简单的窗台种植是将盆栽植物放置窗台上,盆下用托盘防止漏水。

(2)窗台种植池的土肥与排水

种植池使用肥沃的混合土肥,以含有机质丰富和保持湿度较好的泥炭为培养土。在植物生长期需要定期供给液体肥料补充养料。

种植池底设有排水孔,使浇水时过剩的水流出。为保证充分排水,可用装有塑料插头的排水孔排出剩余水。在种植池里用金属托盘衬里,这样在重新种植时便于搬动。

(3)窗台绿化材料与配置方式

可用于窗台绿化的材料较为丰富,有常绿的、落叶的,有多年生的与一二年生的,有木本、草本与藤本的。根据窗台的朝向等自然条件和住户的爱好选择适合的植物种类和品种。有的需要有季节变化,可选择春天开花的球根花卉,如风信子,然后夏秋换成秋海棠、天竺葵、碧冬茄、藿香蓟、半枝莲等,使窗台鲜花络绎不绝,五彩缤纷。这些植物材料也可用于阳台绿化。

植物配置方式,有的采用单一种类的栽培方式,用一种植物绿化多层住宅的窗台。有的采用常绿的与落叶的、观叶的与观花的相配置,相映生辉。窗台上种植常春藤、秋海棠、桃叶珊瑚等,形态各异,琳琅满目。有的则用一种藤本或蔓生的花灌木,姿态秀丽,花香袭人。

8.4.3 墙面绿化

墙面绿化是垂直绿化的主要绿化形式,是利用具有吸附、缠绕、卷须、钩刺等攀缘特性的植物绿化建筑墙面的绿化形式。

1. 墙面绿化种植要素

墙面绿化是一种占地面积少而绿化覆盖面积大的绿化形式,其绿化面积为栽植占地面积的几十倍以上。墙面绿化要根据居住区的自然条件、墙面材料、墙面朝向和建筑高度等选择适宜的植物材料。

(1)墙面材料

我国住宅建筑常见的墙面材料多为水泥墙面或拉毛、清水砖墙、石灰粉刷墙面及其他涂料墙面等。经实践证明,墙面结构越粗糙越有利于攀缘植物的蔓延与生长,反之,植物的生长与攀缘效果较差。

(2)墙面朝向

墙面朝向不同,适宜于采用不同的植物材料。一般来说,朝南、朝东的墙面光照较充足,而朝北和朝西的光照较少,有的住宅墙面之间距离较近,光照不足,因此要根据具体条件选择对光照等生态因子相适合的植物材料。如在朝南墙面,可选择爬山虎、凌霄等;朝北的墙面可选择常春藤、薜荔、扶芳藤等。在不同地区,适于不同朝向墙面的植物材料不完全相同,要因地制宜,选择植物材料。

(3)墙面高度

攀缘植物的攀缘能力不尽相同,根据墙面高度选择适应的植物种类。多层住宅建筑墙面可选择爬山虎等生长能力强的种类;对低矮的墙面可种植扶芳藤、薜荔、常春藤、络石、凌霄等。

(4)墙面绿化的种植形式

1)地栽。常见的墙面绿化种植多采用地栽。地栽有利于植物生长,便于养护管理。一般沿墙种植,种植带宽0.5~1m,土层厚为0.5m。种植时,植物根部离墙15cm左右。为了较快地形成绿化效果,种植株距为0.5~1m。如果管理得当,当年就可见到效果。

2)容器种植。在不适宜地栽的条件下,砌种植槽,一般高0.6m,宽0.5m。根据具体要求决定种植池的尺寸,不到半立方米的土壤即可种植一株爬山虎。容器需留排水孔,种植土壤要求有机质含量高、保水保肥、通气性能好的人造土或培养土。

3)堆砌花盆。在这种构件中可种植非藤本的各种花卉与观赏植物,使墙面构成五彩缤纷的植物群体。在市场上可以选购到各色各样的构件,砌成有趣的墙体表面,让植物茂密生长构成立体花坛。

这种建筑技术与观赏园艺的有机结合使墙面绿化更受欢迎。

2. 围墙与栏杆绿化

居住区用高矮的围墙、栏杆来组织空间,常与绿化相结合,既增加绿化覆盖面积,又使围墙、栏杆更富有生气,扩大绿化空间。可采用木本或草本攀缘植物附着在围墙和栏杆上,也可采用花卉美化围墙栏杆。在高低错落、地形起伏变化的居住区,设有挡土墙。这些挡土墙与绿化有机结合,可使居住环境呈现丰富的自然景色。

3. 墙面绿化的养护与管理

墙面绿化的养护管理一般较其他立体绿化形式要简单,因为用于立体绿化的藤本植物大多适应性强,极少病虫害。但实施墙面绿化后,也不能放任不管。而是要从改善植物生长条件、加强水肥管理、修剪、人工牵引和种植保护篱等几项措施着手,全面提高墙面绿化的养护技术。只有经过良好绿化设计和精心的养护管理才能保持墙面绿化恒久的效果。

(1)改善植物生长条件

对藤本植物所生长的环境,要加强管理。在土壤中拌入动物粪便、锯末和蘑菇肥等有机质,改善贫瘠板结的土壤结构,为植物提供良好的生长基质。同时,在光滑的墙面上拉钢丝网或农用塑料网或用锯末、砂、水泥按2∶3∶5的比例混合后刷到墙上,以增加墙面的粗糙度,有利于攀缘植物向上攀爬和固定。

(2)加强水肥管理

在立体墙面上可以安装滴灌系统,一方面保证植物的水分供应,另一方面又提高了墙面的湿润程度而更利于植物的攀爬。同时,通过每年春秋季各施1次动物粪便、锯末等有机肥,每月薄施复合肥,保证植物有足够的水肥供应。

(3)修剪

改变传统的修剪技术,采取保枝、摘叶修剪等方法,该方法主要用于那些有硬性枝条的树种。适当对下垂枝和弱枝进行修剪,促进植株生长,防止因蔓枝过重过厚而脱落或引发病虫害。

(4)人工牵引

对于一些攀援能力较弱的藤本植物,应在靠墙处插放小竹片,牵引和按压蔓枝,促使植株尽快往墙上攀援,也可以避免基部叶片稀疏,横向分枝少的缺点。

(5)种植保护篱

在垂直绿化中人为干扰常常成为阻碍藤本植物正常生长乃至成活的主要因素之一。种植槽外可以栽植杜鹃篱、迎春、连翘、剑麻等植物,既防止人行践踏和干扰破坏,又解决藤本植物下部光秃不够美观的缺点。

8.5 花坛绿化

8.5.1 花坛绿化前的准备

开辟花坛之前,一定要先整地,将土壤深翻40~50cm,挑出草根、石头及其他杂物。如果栽植深根性花木,还要翻得更深一些;如土质很坏,则应全都换成好土。根据需要,施加适量肥性平和、肥效长久、经充分腐熟的有机肥作底肥。

为便于观赏和有利排水,花坛表面应处理成一定坡度,可根据花坛所在位置,决定坡的形状,若从四面观赏,可处理成尖顶状、台阶状、圆丘状等形式;如果只单面观赏,则可处理成一面坡的形式。

花坛的地面,应高出所在地平面,尤其是四周地势较低之处,更应该如此。同时,应作边界,以固定土壤。

8.5.2 花坛施工

1. 定点放线与图案放样

种植花卉的各种花坛(花带、花境等),应按照设计图定点放线,在地面准确画出位置、轮廓线。面积较大的花坛,可用方格线法,按比例放大到地面。

放样时,若要等分花坛表面,可从花坛中心桩牵出几条细线,分别拉到花坛边缘各处,用量角器确定各线之间的角度,就能够将花坛表面等分成若干份。以这些等分线为基准,比较容易放出花坛面上对称、重复的图案纹样。有些比较细小的曲线图样,可先在硬纸板上放样,然后将硬纸板剪成图样的模板,再依照模板把图样画到花坛土面上。

2. 花坛边缘石砌筑

(1)基槽施工

沿着已有的花坛边线开挖边缘石基槽;基槽的开挖宽度应比边缘石基础宽10cm左右,深度可在12~20cm之间。槽底土面要整平、夯实;有松软处要进行加固,不得留下不均匀沉降的隐患。在砌基础之前，槽底还应做一个3～5cm厚的粗砂垫层，作基础施工找平用。

(2)矮墙施工

边缘石多以砖砌筑15～45cm高的矮墙，其基础和墙体可用1∶2水泥砂浆或M2.5混合砂浆砌MU10标准砖做成。矮墙砌筑好之后，回填泥土将基础埋上，并夯实泥土。再用水泥和粗砂配成1∶2.5的水泥砂浆，对边缘石的墙面抹面，抹平即可，不可抹光。最后，按照设计，用磨制花岗石石片、釉面墙地砖等贴面装饰，或者用彩色水磨石、干粘石等方法饰面。

(3)花饰施工

对于设计有金属矮栏花饰的花坛，应在边缘石饰面之前安装好。矮栏的柱脚要埋入边缘石，用水泥砂浆浇筑固定。待矮栏花饰安装好后，才进行边缘石的饰面工序。

3. 栽植

(1)起苗

1)裸根苗。应随栽随起，尽量保持根系完整。

2)带土球苗。如果花圃土地干燥，应事先灌水。起苗时要保持土球完整，根系丰满；如果土壤过于松散，可用手轻轻捏实。起苗后，最好于阴凉处囤放一两天，再运苗栽植。这样，可以保证土壤不松散，又可以缓缓苗，有利于成活。

3)盆育花苗。栽时最好将盆退去，但应保证盆土不散。也可以连盆栽入花坛。

(2)花苗栽入花坛的基本方式

1)一般花坛。如果小花苗就具有一定的观赏价值，可以将幼苗直接定植，但应保持合理的株行距；甚至还可以直接在花坛内播花籽，出苗后及时间苗管理。这种方式既省人力、物力，而且也有利于花卉的生长。

2)重点花坛。一般应事先在花圃内育苗。待花苗基本长成后，于适当时期，选择符合要求的花苗，栽入花坛内。这种方法比较复杂，各方面的花费也较多，但可以及时发挥效果。

3)宿根花卉和一部分盆花，也可以按上述方法处理。

(3)栽植方法

1)从花圃挖起花苗之前，应先灌水浸湿圃地，起苗时根土才不易松散。同种花苗的大小、高矮应尽量保持一致，过于弱小或过于高大的都不要选用。

2)花卉栽植时间，在春、秋、冬三季基本没有限制，但夏季的栽种时间最好在上午11时之前和下午4时以后，要避开太阳暴晒。

3)花苗运到后，应及时栽种，不要放了很久才栽。栽植花苗时，一般的花坛都从中央开始栽，栽完中部图案纹样后，再向边缘部分扩展栽下去。在单面观赏花坛中栽植时，则要从后边栽起，逐步栽到前边。宿根花卉与一二年生花卉混植时，应先种植宿根花卉，后种植一二年生花卉；大型花坛，宜分区、分块种植。在单面观赏花坛中栽植时，则要从后边栽起，逐步栽到前边。若是模纹花坛和标题式花坛，则应先栽模纹、图线、字形，后栽底面的植物。在栽植同一模纹的花卉时，若植株稍有高矮不齐，应以矮植株为准，对较高的植株则栽得深一些，以保持顶面整齐。立体花坛制作模型后，按上述方法种植。

4)花苗的株行距应随植株大小高低而确定，以成苗后不露出地面为宜。植株小的，株行距可为15cm×15cm；植株中等大小的，可为20cm×20cm至40cm×40cm；对较大的植株，则可采用50cm×50cm的株行距，五色苋及草皮类植物是覆盖型的草类，可不考虑株行距，密集铺种即可。

5）栽植的深度，对花苗的生长发育有很大的影响，栽植过深，花苗根系生长不良，甚至会腐烂死亡；栽植过浅，则不耐干旱，而且容易倒伏，一般栽植深度，以所埋之土刚好与根茎处相齐为最好。球根类花卉的栽植深度，应更加严格掌握，一般覆土厚度应为球根高度的 1～2 倍。

6）栽植完成后，要立即浇一次透水，使花苗根系与土壤密切接合，并应保持植株清洁。

4. 花坛的管理

（1）浇水

花苗栽好后，要不断浇水，以补充土中水分之不足。浇水的时间、次数、灌水量则应根据气候条件及季节的变化灵活掌握。每天浇水时间，一般应安排在上午 10 时前或下午 2～4 时以后。如果一天只浇一次，则应安排在傍晚前后为宜；忌在中午气温正高、阳光直射的时间浇水。浇水量要适度，避免花根腐烂或水量不足；浇水水温要适宜，夏季不能低于 15℃，春秋两季不能低于 10℃。

（2）施肥

草花所需要的肥料，主要依靠整地时所施入的基肥。在定植的生长过程中，也可根据需要，进行几次追肥。追肥时，千万注意不要污染花、叶。施肥后应及时浇水。

对球根花卉，不可使用未经充分腐熟的有机肥料，否则会造成球根腐烂。

（3）中耕除草

花坛内发现杂草应及时清除，以免杂草与花苗争肥、争水、争光。另外，为了保持土壤疏松，有利花苗生长，还应经常中耕、松土。但中耕深度要适当，不要损伤花根，中耕后的杂草及残花、败叶要及时清除掉。

（4）修剪

为控制花苗的植株高度，促使茎部分蘖，保证花丛茂密、健壮以及保持花坛整洁、美观，应随时清除残花、败叶，经常修剪，以保持图案明显、整齐。

（5）补植

花坛内如果有缺苗现象，应及时补植，以保持花坛内的花苗完美无缺。补植花苗的品种、规格都应和花坛内的花苗一致。

（6）立支柱

生长高大以及花朵较大的植株，为防止倒伏、折断，应设立支柱，将花茎轻轻绑在支柱上。支柱的材料可用细竹竿或定型塑料杆。有些花朵多而大的植株，除立支柱外，还应用铅丝编成花盘将花朵托住。支柱和花盘都不可影响花坛的观瞻，最好涂以绿色。

（7）防治病虫害

花苗生长过程中，要注意及时防治地上和地下的病虫害，由于草花植株娇嫩，所施用的农药，要掌握适当的浓度，避免发生药害。

（8）更换花苗

由于草花生长期短，为了保持花坛经常性的观赏效果，要经常做好更换花苗的工作。

8.6 草坪绿化

8.6.1 草种的选择

影响草坪草种或具体品种选择的因素很多。要在了解掌握各草坪草生物学特性和生态适应性的基础上，根据当地的气候、土壤、用途、对草坪质量的要求及管理水平等因素，进行综合考虑后加以选择。具体步骤包括确定草坪建植区的气候类型，决定可供选择的草坪草种，选择具体的草坪草种。

1. 确定草坪建植区的气候类型

1）分析当地气候特点以及小环境条件。

2）要以当地气候与土壤条件作为草坪草种选择的生态依据。

2. 决定可供选择的草坪草种

1）在冷季型草坪草中，草坪型高羊茅抗热能力较强，在我国东部沿海可向南延伸到上海地区，但是向北达到黑龙江南部地区即会产生冻害。

2）多年生黑麦草的分布范围比高羊茅要小，其适宜范围在沈阳和徐州之间的广大过渡地带。

3）草地早熟禾则主要分布在徐州以北的广大地区，是冷季型草坪草中抗寒性最强的草种之一。

4）正常情况下，多数紫羊茅类草坪草在北京以南地区难以度过炎热的夏季。

5）暖季型草坪草中，狗牙根适宜在黄河以南的广大地区栽植，但狗牙根种内抗寒性变异较大。

6）结缕草是暖季型草坪草中抗寒性较强的草种，沈阳地区有天然结缕草的广泛分布。

7）野牛草是良好的水土保持用草坪草，同时也具有较强的抗寒性。

8）在冷季型草坪草中，匍匐翦股颖对土壤肥力要求较高，而细羊茅较耐瘠薄；暖季型草坪草中，狗牙根对土壤肥力要求高于结缕草。

3. 选择具体的草坪草种

（1）草种选择

要以草坪的质量要求和草坪的用途为出发点。

1）用于水土保持和护坡的草坪，要求草坪草出苗快，根系发达，能快速覆盖地面，以防止水土流失，但对草坪外观质量要求较低，管理粗放，在北京地区高羊茅和野牛草均可选用。

2）对于运动场草坪，则要求有低修剪、耐践踏和再恢复能力强的特点，由于草地早熟禾具有发达的根茎，耐践踏和再恢复能力强，应为最佳选择。

（2）要考虑草坪建植地点的微环境

1）在遮阴情况下，可选用耐阴草种或混合种。

2）多年生黑麦草、草地早熟禾、狗牙根、日本结缕草不耐阴，高羊茅、匍匐翦股颖、马尼拉结缕草在强光照条件下生长良好，但也具有一定的耐阴性。

3）钝叶草、细羊茅则可在树阴下生长。

（3）管理水平对草坪草种的选择也有很大影响

管理水平包括技术水平、设备条件和经济水平三个方面。许多草坪草在低修剪时需要较高的管理技术，同时也需用较高级的管理设备。例如匍匐翦股颖和改良狗牙根等草坪草质地细，可形成致密的高档草坪，但养护管理需要滚刀式剪草机、较多的肥料，需要及时灌溉和病虫害防治，因而养护费用也较高。而选用结缕草时，养护管理费用会大大降低，这在较缺水的地区尤为明显。

8.6.2 坪床的准备

坪床的准备包括场地的清理，土壤的翻耕和改良，排灌系统的建置等内容。

1. 清理场地

先做好“三通一平”（即通水、电、路、平整场地），再清除妨碍施工的石块、碎瓦砾等杂物和杂草堆。若要种植不耐荫的草坪，则场地上的原有植物也须根据需要保留或清移。具体如下：

1）在有树木的场地上，要全部或者有选择地把树和灌丛移走，也要把影响下一步草坪建植的岩石、碎砖瓦块以及所有对草坪草生长的不利因素清除掉，还要控制草坪建植中或建植后可能与草坪草竞争的杂草。

2）对木本植物进行清理，包括树木、灌丛、树桩及埋藏树根的清理。

3）还要清除裸露石块、砖瓦等。在35cm以内表层土壤中，不应当有大的砾石瓦块。

2. 翻耕、改良土壤

土壤翻耕深度不得低于0.3m，然后把土块打碎（土粒直径小于0.01m），反复翻打几次，同时清除树根、草根，防止其再生，捡净石砾、碎砖等使土壤含杂量低于8%，才不妨碍草坪生长。

对其他质地不良的表土要进行改良，如表层土壤黏重，应混入40%～60%砂质的砂砾土或粗砾、煤渣，以增加其透水透气性能。因为一般草坪对水、气要求较高。由于城市建筑多，往往会遇上基建渣土，此时要引进客土——换上山地下层黑土和菜园地的混合土。这种混合土结构合理，保肥透水，pH值适中，杂草种子少，腐殖质多，肥效高，很适合草坪生长，如有条件，其他普通地表土也要加上一层0.1～0.2m厚的这种混合土。

整好地后应施足有机肥（马粪除外）和过磷酸钙做基肥，肥料应腐熟，粉碎后均匀撒入土中，有机肥施30～45t/hm^2，过磷酸钙施150～225kg/hm^2。

3. 喷除草剂和杀菌、杀虫剂

为防止植草后杂草滋生，除在整地时清除树根、草根外，还要喷除草剂，一般使用灭生性除草剂和芽前处理除草剂。灭生性除草剂如五氯酚钠（15～30kg/hm^2、2，4—DJ酯（1.5～3.75kg/hm^2）、草甘磷（1.125～1.5kg/hm^2）等。一般在整地前1个月施用。如有条件，在整地施肥完成后，让场地内杂草生长1～3个月，再施用灭生性除草剂，反复除杂草，使日后护理工作容易得多，因为除杂草是护理成败的关键之一。

为防止以后病虫害的发生，要喷杀菌剂（如多菌灵）和杀虫剂（如甲胺磷）等，可在植草前一周施用。

4. 排水及灌溉系统

草坪与其他场地一样，需要考虑排除地面水。一般设计2%～5%的坡度，可以向一边倾斜或以中间高，两边低的形式布置，周边设计排水沟等排水设施，地形过于平坦的草坪或地下水位过高或聚水过多的草坪、运动场的草坪等应设置暗管或明沟排水，最完善的排水设施是用暗管组成一系统与自由水面或排水管网相连接。

草坪灌溉系统是草坪建植的重要项目。目前国内外草坪大多采用喷灌，为此，在场地最后整平前，应将喷灌管网埋设完毕。

5. 施肥

在土壤养分贫乏和pH值不适时，在种植前有必要施用底肥和土壤改良剂。施肥量一般应根据土壤测定结果来确定，土壤施用肥料和改良剂后，要通过耙、旋耕等方式把肥料和改良剂翻入土壤一定深度并混合均匀。

在细整地时一般还要对表层土壤少量施用氮肥和磷肥，以促进草坪幼苗的发育。苗期浇水频繁，速效氮肥容易淋洗，为了避免氮肥在未被充分吸收之前出现淋失，一般不把它翻到深层土壤中，同时要对灌水量进行适当控制。施用速效氮肥时，一般种植前施氮量为 50 ~ 80kg/hm^2，对较肥沃土壤可适当减少，较贫瘠土壤可适当增加。如有必要，出苗两周后再追施 25kg/hm^2。施用氮肥要十分小心，用量过大会将子叶烧坏，导致幼苗死亡。喷施时要等到叶片干后进行，施后应立即喷水。如果施的是缓效性氮肥，施肥量一般是速效氮肥用量的 2 ~ 3 倍。

6. 平整、浇水

植草前进行最后的平整，平整是平滑地表，提供理想苗床的作业，平整应按地形设计要求进行，或呈平面式，或呈起伏山丘式，但都要求能排水，无低洼积水之处。平整后灌水，让土壤沉降，如此时发现有积水处需填平。

8.6.3 草坪的种植

1. 种子建植

大部分冷季型草坪草都能用种子建植法建坪。暖季型草坪草中，假俭草、斑点雀稗、地毯草、野牛草和普通狗牙根均可用种子建植法来建植，也可用无性建植法来建植。马尼拉结缕草、杂交狗牙根则一般常用无性繁殖的方法建坪。

(1) 播种时间

主要根据草种与气候条件来决定。播种草籽，自春季至秋季均可进行。冬季不过分寒冷的地区，以早秋播种为最好；此时土温较高，根部发育好，耐寒力强，有利越冬。如在初夏播种，冷季型草坪草的幼苗常因受热和干旱而不易存活。同时，夏季一年生杂草也会与冷季型草坪草发生激烈竞争，而且夏季胁迫前根系生长不充分，抗性差。反之，如果播种延误至晚秋，较低的温度会不利于种子的发芽和生长，幼苗越冬时出现发育不良、缺苗、霜冻和随后的干燥脱水会使幼苗死亡。最理想的情况是：在冬季到来之前，新植草坪已成坪，草坪草的根和匍匐茎纵横交错，这样才具有抵抗霜冻和土壤侵蚀的能力。

在晚秋之前来不及播种时，有时可用休眠（冬季）播种的方法来建植冷季型草坪草，在土壤温度稳定在 10℃以下时播种。这种方法必须用适当的覆盖物进行保护。

在有树荫的地方建植草坪，由于光线不足，采取休眠（冬季）播种的方法和春季播种建植比秋季要好。草坪草可在树叶较小、光照较好的阶段生长。当然在有树遮荫的地方种植草坪，所选择的草坪品种必须适于弱光照条件，否则生长将受到影响。

在温带地区，暖季型草坪草最好是在春末和初夏之间播种。只要土壤温度达到适宜发芽温度时即可进行。在冬季来临之前，草坪已经成坪，具备了较好的抗寒性，利于安全越冬。秋季土壤温度较低，不宜播种暖季型草坪草。晚夏播种虽有利于暖季型草坪草的发芽，但形成完整草坪所需的时间往往不够。播种晚了，草坪草根系发育不完善，植株不成熟，冬季常发生冻害。

(2) 播种量

播种量的多少受多种因素限制，包括草坪草种类及品种、发芽率、环境条件、苗床质量、播后管理水平和种子价格等。一般由两个基本要素决定：生长习性和种子大小。每个草坪草种的生长特性各不相同。匍匐茎型和根茎型草坪草一旦发育良好，其蔓伸能力将强于母体。因此，相对低的播种量也能够达到所要求的草坪密度，成坪速度要比种植丛生型草坪草快得多。草地早熟禾具有较强的根茎生长能力，在草地早熟禾草皮生产中，播种量常低于推荐的正常播种量。

(3)播种方法

1)撒播法。播种草坪草时要求把种子均匀地撒于坪床上,并把它们混入 6mm 深的表土中。播深取决于种子大小,种子越小,播种越浅。播得过深或过浅都会导致出苗率低。如播得过深,在幼苗进行光合作用和从土壤中吸收营养元素之前,胚胎内储存的营养不能满足幼苗的营养需求而导致幼苗死亡。播得过浅,没有充分混合时,种子会被地表径流冲走、被风刮走或发芽后干枯。

2)喷播法。喷播是一种把草坪草种子、覆盖物、肥料等混合后加入液流中进行喷射播种的方法。喷播机上安装有大功率、大出水量单嘴喷射系统,把预先混合均匀的种子、粘结剂、覆盖物、肥料、保湿剂、染色剂和水的浆状物,通过高压喷到土壤表面。施肥、播种与覆盖一次操作完成,特别适宜陡坡场地,如高速公路、堤坝等大面积草坪的建植。该方法中,混合材料选择及其配比是保证播种质量效果的关键。喷播使种子留在表面,不能与土壤混合和进行滚压,通常需要在上面覆盖植物(秸秆或无纺布)才能获得满意的效果。当气候干旱、土壤水分蒸发太大、太快时,应及时喷水。

2. 营养体建植

用于建植草坪的营养体繁殖方法包括铺草皮、栽草块、栽枝条和匍匐茎。除铺草皮之外,以上方法仅限于在强匍匐茎或强根茎生长习性的草坪草繁殖建坪中使用。营养体建植与播种相比,其主要优点是见效快。

(1)草皮铺栽法

这种方法的主要优点是形成草坪快,可以在任何时候(北方封冻期除外)进行,且栽后管理容易,缺点是成本高,并要求有丰富的草源。质量良好的草皮均匀一致、无病虫、杂草,根系发达,在起卷、运输和铺植操作过程中不会散落,并能在铺植后 1 ~2 周内扎根。起草皮时,厚度应该越薄越好,所带土壤以 1.5 ~2.5cm 为宜,草皮中无或有少量枯草层形成。也可以把草皮上的土壤洗掉以减轻重量,促进扎根,减少草皮土壤与移植地土壤质地差异较大而引起土壤层次形成的问题。

典型的草皮块一般长度为 60 ~180cm,宽度为 20 ~45cm。有时在铺设草皮面积很大时会采用大草皮卷。通常是以平铺、折叠或成卷运送草皮。为了避免草皮(特别是冷季型草皮)受热或脱水而造成损伤,起卷后应尽快铺植,一般要求在 24 ~48h 内铺植好。草皮堆积在一起,由于草皮植物呼吸产出的热量不能排出,使温度升高,能导致草皮损伤或死亡。在草皮堆放期间,气温高、叶片较长、植株体内含氮量高、病害、通风不良等都可加重草皮发热产生的危害。为了尽可能减少草皮发热,用人工方法进行真空冷却效果十分明显,但费用会大大提高。

草皮的铺栽方法常见的有下列三种。

1)无缝铺栽,是不留间隔全部铺栽的方法。草皮紧连,不留缝隙,相互错缝,要求快速造成草坪时常使用这种方法。草皮的需要量和草坪面积相同(100%),如图 8-4a 所示。

2)有缝铺栽,各块草皮相互间留有一定宽度的缝进行铺栽。缝的宽度为 4 ~6cm,当缝宽为 4cm 时,草皮必须占草坪总面积的 70% 以上。如图 8-4b 所示。

3)方格形花纹铺栽,草皮的需用量只需占草坪面积的 50%,建成草坪较慢。如图 8-4c 所示。注意密铺应互相衔接不留缝,间铺间隙应均匀,并填以种植土。草块铺设后应滚压、灌水。

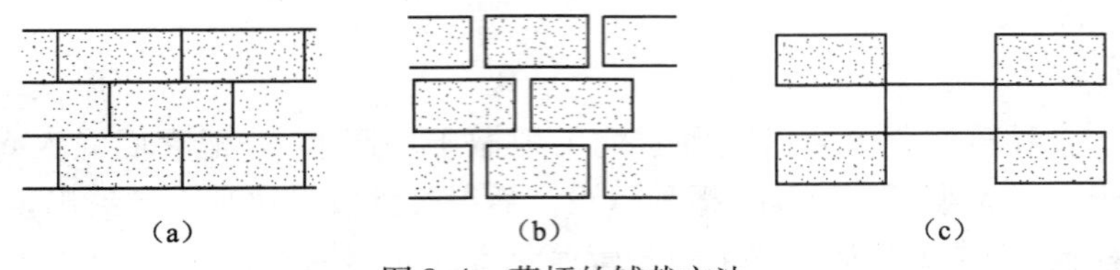

图 8-4　草坪的铺栽方法

(a)无缝铺栽;(b)有缝铺栽;(c)方格形花纹铺栽

铺草皮时,要求坪床潮而不湿。如果土壤干燥,温度高,应在铺草皮前稍微浇水,润湿土壤,铺后立即灌水。坪床浇水后,人或机械不可在上行走。

铺设草皮时,应把所铺的相接草皮块调整好,使相邻草皮块首尾相接,尽量减少由于收缩而出现的裂缝。要把各个草皮块与相邻的草皮块紧密相接,并轻轻夯实,以便与土壤均匀接触。在草皮块之间和各暴露面之间的裂缝用过筛的土壤填紧,这样可减少新铺草皮的脱水问题。填缝隙的土壤应不含杂草种子,这样可把杂草减少到最低限度。当把草皮块铺在斜坡上时,要用木桩固定,等到草坪草充分生根,并能够固定草皮时再移走木桩。如坡度大于10%,每块草皮钉两个木桩即可。

(2)直栽法

直栽法是将草块均匀栽植在坪床上的一种草坪建植方法。草块是由草坪或草皮分割成的小的块状草坪。草块上带有约5cm厚的土壤。常用的直栽法有以下三种:

1)栽植正方形或圆形的草坪块。草坪块的大小约为5cm×5cm,栽植行间距为30~40cm,栽植时应注意使草坪块上部与土壤表面齐平。常用此方法建植草坪的草坪草有结缕草,但也可用于其他多匍匐茎或强根茎草坪草。

2)把草皮分成小的草坪草束,按一定的间隔尺寸栽植。这一过程一般可以用人工完成,也可以用机械。机械直栽法是采用带有正方形刀片的旋筒把草皮切成草坪草束,通过机器进行栽植,这是一种高效的种植方法,特别适用于不能用种子建植的大面积草坪中。

3)采用在果岭通气打孔过程中得到的多匍匐茎的草坪草束(如狗牙根和匍匐翦股颖)来建植草坪。把这些草坪草束撒在坪床上,经过滚压使草坪草束与土壤紧密接触和坪面平整。由于草坪草束上的草坪草易于脱水,因而要经常保持坪床湿润,直到草坪草长出足够的根系为止。

(3)枝条匍茎法

枝条和匍匐茎是单株植物或者是含有几个节的植株的一部分,节上可以长出新的植株。插枝条法通常的做法是把枝条种在条沟中,相距15~30cm,深5~7cm。每根枝条要有2~4个节,栽植过程中,要在条沟填土后使一部分枝条露出土壤表层。插入枝条后要立刻滚压和灌溉,以加速草坪草的恢复和生长。也可使用直栽法中使用的机械来栽植,它把枝条(而非草坪块)成束地送入机器的滑槽内,并且自动地种植在条沟中。有时也可直接把枝条放在土壤表面,然后用扁棍把枝条插入土壤中。

插枝条法主要用来建植有匍匐茎的暖季型草坪草,但也能用于匍匐翦股颖草坪的建植。

匍茎法是一种把无性繁殖材料(草坪草匍匐茎)均匀地撒在土壤表面,然后再覆土和轻轻滚压的建坪方法。一般在撒匍匐茎之前喷水,使坪床土壤潮而不湿。用人工或机械把打碎的匍匐茎均匀撒到坪床上,而后覆土,使草坪草匍匐茎部分覆盖,或者用圆盘犁轻轻耙过,使匍匐茎部分地插入土壤中。轻轻滚压后立即喷水,保持湿润,直至匍匐茎扎根。

8.6.4 草坪的养护管理

草坪成活后,要取得预期的绿化景观,必须加强养护管理。俗话说"三分种,七分养",这正反映了草坪养护管理的重要性。其养护管理主要包括:浇水、施肥、修剪、清除杂草、松土通气、草坪更新等环节。

1. 浇水

对于新植的草坪,除雨季外,每周应淋水 2 ~ 3 次,水量要足,应渗入地下 10cm 以上。浇水的时间最好为早晨或傍晚,以利于草根系吸收。对已成型的草坪,应在春季返青前和秋季草枯黄时(北方于封冻前)各灌足水一次,要求渗入地下 20cm 以上。在草坪生长季节,要根据天气和土壤情况适当浇水,一般每月不少于 3 次。

浇水的适宜时间可通过观察植株生长状况或进行土壤含水量检测等方法来确定。当草坪植株缺水时,植株表面会出现不同程度的萎蔫,慢慢失去光泽,变成青绿或灰绿色,此时则应浇水。土壤检测法是用小刀对土壤分层取样,当土壤干到 10 ~ 15cm 深时,草坪需要浇水。

2. 施肥

为了保持草坪叶色嫩绿、生长繁密,必须施肥。草坪主要需要氮肥,可施用硫胺或尿素。施肥时,可将化肥稀释液喷洒到叶面上,也可将化肥掺入细土撒施于草坪上。施肥次数一般每年 2 ~ 3 次,春、夏、秋季进行。每次施肥后要适量喷水。对于刚修剪过的草坪,要在 7 天后再施肥,否则剪口会枯黄。

3. 修剪

修剪是草坪养护管理的重点,而且是费工最多的工作。修剪后的草坪可控制生长,增加叶片密度,保证草坪设计景观。草坪修剪的次数要根据生长情况来定。一般的草种一年最少修剪 4 ~ 5 次,当草坪生长超过预留高度(5 ~ 6cm)1.5 倍时就可修剪。修剪的最好时间是在早晨草叶挺直时进行,便于剪平,应避免在雨后进行修剪。修剪草坪一般用剪草机,修剪刀片应锋利。剪草前,应将草坪内的碎石、杂物、枯枝拣净,以免损伤机具。

4. 清除杂草

这是草坪管理中非常繁重的工作,做不好则杂草滋生,严重影响草坪景观质量,甚至引起草坪的衰败。目前还是以人工除草为主,用小刀或铁锹将杂草连根拔出。大面积清除杂草也可用除草剂,如 2·4—D、二甲四氯、扑草净、除草醚等。除草剂的使用比较复杂,其效果受很多因素的影响,使用不当会造成很大的损失,因此使用前应谨慎做试验和准备,使用的浓度、工具应专人负责。

5. 松土通气

为了防止土壤板结,应当经常进行松土通气,松土还可以改善土壤通气状况,促进水分渗透,给草坪生长提供适宜的条件。松土宜在春季土壤湿度适宜时进行,方法是在草坪上扎孔打洞。采用人工扎孔,用带钉齿的木板或多齿的钢叉扎孔。如草坪面积较大,可采用草坪打孔机作业,一般要求 50 个孔/m^2,孔间距 15cm,孔径 1.5 ~ 3.5cm,孔深 8cm。目前,最为常见的草坪打孔机有圆周运动打孔机和垂直运动打孔机两种,可根据需要选择。

6. 草坪更新

对于生长不良、已出现衰败迹象的草坪,为延长草坪使用年限,就要针对草坪的现状采取必要的技术措施,进行更新与复壮。

8.6.5 草坪的修剪

1. 修剪的作用

1)修剪过的草坪显得整齐而美观,提高了草坪的观赏价值。

2)在一定的条件下,修剪可以维持草坪草在一定的高度下生长,增加分蘖,促进横向匍匐茎和根茎的发育,增加草坪密度。

3)修剪可抑制草坪草的生殖生长,提高草坪的观赏性和运动功能。

4)修剪可以使草坪草叶片变窄,提高草坪草的质地,使草坪更加美观。

5)修剪能够抑制杂草的入侵,减少杂草种源。

6)正确的修剪还可以增加草坪抵抗病虫害的能力。修剪有利于改善草坪的通风状况,降低草坪冠层温度和湿度,从而减少病虫害发生的机会。

2. 修剪的高度

草坪实际修剪高度是指修剪后的植株茎叶高度。草坪修剪必须遵守1/3原则。即每次修剪时,剪掉部分的高度不能超过草坪草茎叶自然高度的1/3。每一种草坪草都有其特定的耐修剪高度范围,这个范围常常受草坪草种及品种生长特性、草坪质量要求、环境条件、发育阶段、草坪利用强度等诸多因素的影响,根据这些因素可以大致确定某一草种的耐修剪高度范围。多数情况下,在这个范围内可以获得令人满意的草坪质量。

3. 修剪的频率

修剪频率是指在一定的时期内草坪修剪的次数,修剪频率主要取决于草坪草的生长速率和对草坪的质量要求。冷季型庭院草坪在温度适宜和保证水分的春、秋两季,草坪草生长旺盛,每周可能需要修剪两次,而在高温胁迫的夏季生长受到抑制,每两周修剪一次即可;相反,暖季型草坪草在夏季生长旺盛,需要经常修剪,在温度较低、不适宜生长的其他季节则需要减少修剪频率。

草坪质量要求越高,养护水平越高,修剪频率也越高。不同草种的草坪其修剪频率也不同。表8-17给出了几种不同用途草坪的修剪频率和次数,仅供参考。

表8-17 草坪修剪的频率及次数

应用场所	草坪草种类	修剪频率(次/月)			年修剪次数
		4~6月	7~8月	9~11月	
庭院	细叶结缕草	1	2~3	1	5~6
公园	细叶结缕草	1	2~3	1	10~15
竞技场、校园	细叶结缕草、狗牙根	2~3	8~9	2~3	20~30
高尔夫球场发球台	细叶结缕草	1	16~18	13	25~30
高尔夫球场果岭区	细叶结缕草	38	34~43	38	110~120

4. 修剪机械

1)滚刀式剪草机。滚刀式剪草机的剪草装置由带有刀片的滚筒和固定的底刀组成,滚筒的形状像一个圆柱形鼠笼,切割刀呈螺旋形安装在圆柱表面上。滚筒旋转时,把叶片推向底刀,产生一个逐渐切割的滑动剪切将叶片剪断,剪下的草屑被甩进集草袋。由于滚刀剪草机的工作原理类似于剪刀的剪切,只要保持刀片锋利,剪草机调整适当,其剪草质量是几种剪草机中最佳的。滚刀式剪草机主要有手推式、坐骑式和牵引式。

其缺点主要表现为:对具有硬质穗和茎秆的禾本科草坪草的修剪存在一定困难;无法修剪某些具有粗质穗部的暖季型草坪草;无法修剪高度超过 10.2 ~ 15.2cm 的草坪草;价格较高。因此,只有在具有相对平整表面的草坪上使用滚刀式剪草机才能获得最佳的效果。

2)旋刀式剪草机。旋刀式剪草机的主要部件是横向固定在直立轴末端上的刀片。剪草原理是通过高速旋转的刀片将叶片水平切割下来,为无支撑切割,类似于镰刀的切割作用,修剪质量不能满足较高要求的草坪。旋刀式剪草机主要有气垫式、手推式和坐骑式。

旋刀式剪草机的缺点是不宜用于修剪低于 2.5cm 的草坪草,因为难以保证修剪质量;当旋刀式剪草机遇到跨度较小的土墩或坑洼不平表面时,由于高度不一致极易出现"剪秃"现象;刀片高速旋转,易造成安全事故。

3)甩绳式剪草机。甩绳式剪草机是割灌机附加功能的实现,即将割灌机工作头上的圆锯条或刀片用尼龙绳或钢丝代替,高速旋转的绳子与草坪茎叶接触时将其击碎从而实现剪草的目的。

这种剪草机主要用于高速公路路边绿化草坪、护坡护提草坪以及树干基部、雕塑、灌木、建筑物等与草坪临界的区域。因为在这些地方其他类型的剪草机难以使用。

甩绳式剪草机缺点是操作人员要熟练掌握操作技巧,否则容易损伤树木和灌木的韧皮部以及出现"剪秃"现象,而且转速要控制适中,否则容易出现"拉毛"现象或硬物飞弹伤人事故。更换甩绳或排除缠绕时必须先切断动力。

4)甩刀式剪草机。甩刀式剪草机的构造类似于旋刀式剪草机,但工作原理与连枷式剪草机相似。它的主要工作部件是横向固定于直立轴上的圆盘形刀盘,刀片(一般为偶数个)对称地铰接在刀盘边缘上。工作时旋转轴带动刀盘高速旋转,离心力使刀片崩直,以端部冲击力切割草坪草茎叶。由于刀片与刀盘铰接,当碰到硬物时可以避让而不致损坏机械并降低伤人的可能性。

甩刀式剪草机的缺点是剪草机无刀离合装置,草坪密度较大和生长较高的情况下,启动机械有一定阻力,而且修剪质量较差,容易出现"拉毛"现象。

5)连枷式剪草机。连枷式剪草机的刀片铰接或用铁链连接在旋转轴或旋转刀盘上,工作时旋转轴或刀盘高速旋转,离心力使刀片崩直,端部以冲击力切割草坪茎叶。由于刀片与刀轴或刀盘铰接,当碰到硬物时可以避让而不致损坏机器。连枷式剪草机适用于杂草和灌木丛生的绿地,能修剪 30cm 高的草坪。缺点是研磨刀片很费时间,而且修剪质量也较差。

6)气垫式剪草机。气垫式剪草机的工作部分一般也采用旋刀式,特殊的部分在于它是靠安装在刀盘内的离心式风机和刀片高速转动产生的气流形成气垫托起剪草机修剪,托起的高度就是修剪高度。气垫式剪草机没有行走机构,工作时悬浮在草坪上方,特别适合于修剪地面起伏不平的草坪。

第9章　园林供电与照明工程

9.1　供电的基本知识

9.1.1　交流电源

在现代社会中，广泛应用着交流电。电能的产生、输配以及应用几乎都采用交流电。即使在某些场合需要使用直流电，也是通过整流设备将交流电变成直流电而使用。

大小和方向随时间作周期性变化的电压和电流分别称为交流电压和交流电流，统称为交流电。以交流电的形式产生电能或供给电能的设备，称为交流电源，如发电厂的发电机、公园内的配电变压器、配电盘的电源刀闸、室内的电源插座等，都可以看作是用户的交流电源。我国规定电力标准频率为50Hz。频率、幅值相同而相位互差120°的三个正弦电动势按照一定的方式连接而成的电源，并接上负载形成的三相电路，就称为三相交流电路。

三相交流电压是由三相发电机产生的。它主要由电枢和磁极构成。电枢是固定的，亦称为定子，而磁极是转动的，称为转子。在定子槽中放置了三个同样的线圈，将三相绕组的起始端分别引出三根导线，称为相线（又称火线）。而把发电机的三相绕组的末端联在一起，称为中性点。由中性点引出一根导线称为中线（又称地线），这种由发电机引出四条输电线的供电方式，称为三相四线制供电方式。

三相四线制供电的特点是可以得到两种不同的电压，一是相电压 U_{ϕ}，一为线电压 U_1，在数值上，线电压为相电压的$\sqrt{3}$倍，即：

$$U_1 = \sqrt{3}U_{\phi} \tag{9-1}$$

在三相低压供电系统中，最常采用的便是“380/220V 三相四线制供电”，即由这种供电制可以得到三相380V 的线电压（多用于三相动力负载），也可以得到单相220V 的相电压（多用于单相照明负载及单相用电器），这两种电压供给不同负载的需要。

9.1.2　配电变压器

变压器是把交流电压变高或变低的电气设备，其种类多，用途广泛，在此只介绍配电变压器。

我们选用一台变压器时，最主要的是注意它的电压以及容量等参数。

变压器的外壳一般均附有铭牌，上面标有变压器在额定工作状态下的性能指标。在使用变压器时，必须遵照铭牌上的规定。

1. 型号

铭牌表示方法如图9-1所示。

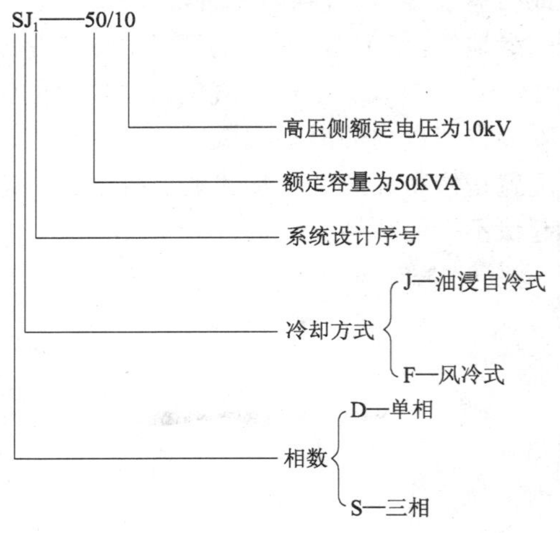

图9-1　铭牌表示方法

2. 额定容量

变压器在额定使用条件下的输出能力,以视在功率千伏安(kVA)计。三相变压器的额定容量按标准规定为若干等级。

3. 额定电压

变压器各绕组在空载时分接头下的额定电压值,以 V(伏)或 kV(千伏)表示。一般常用的变压器,其高压侧电压为 6300V、10000V 等,而低压侧电压为 230V、400V 等。

4. 额定电流

表示变压器各绕组在额定负载下的电流值,以 A(安培)表示。在三相变压器中,一般指线电流。

9.1.3 输配电

工农业所需用的电能通常都是由发电厂供给的,而大中型发电厂一般都是建在蕴藏能源比较集中的地区,距离用电地区往往是几十千米、几百千米乃至上千千米。

发电厂、电力网和用电设备组成的统一整体称为电力系统。而电力网是电力系统的一部分,它包括变电所、配电所及各种电压等级的电力线路。其中变、配电所是为了经济输送以及满足用电设备对供电质量的要求,以对发电机的端电压进行多次变换而进行电能接受、变换电压和分配电能的场所。根据任务不同,将低电压变为高电压的场所称为升压变电所,它一般建在发电厂厂区内。而将高电压变换到合适的电压等级的场所则为降压变电所,它一般建在靠近电能用户的中心地点。单纯用来接受和分配电能而不改变电压的场所称为配电所,它一般建在建筑物内部。

根据我国规定,交流电力网的额定电压等级有:220V、380V、3kV、6kV、10kV、35kV、110kV、220kV 等。习惯上把 1kV 及以上的电压称为高压,1kV 以下的称为低压,但需特别指出的是所谓低压只是相对高压而言,决不说明它对人身没有危险。

在我国的电力系统中,220kV 以上电压等级都用于大电力系统的主干线,输送距离在几百千米;110kV 的输送距离在 100km 左右;35kV 电压输送距离为 30km 左右;而 6 ~ 10kV 为 10km 左右,一般城镇工业与民用用电均由 380/220V 三相四线制供电。

9.2 园林照明

9.2.1 照明技术的基本知识

1. 色温

色温是电光源技术参数之一。光源的发光颜色与温度有关。当光源的发光颜色与黑体(指能吸收全部辐射光能的物体)加热到某一温度所发出的光色相同时的温度,就称为该光源的颜色温度,简称色温。用绝对温度 K 来表示。例如白炽灯的色温为 2400 ~ 2900K;管型氙灯色温为 5500 ~ 6000K。

2. 显色性与显色指数

当某种光源的光照射到物体上时,所显现的色彩不完全一样,有一定的失真度。这种同一颜色的物体在具有不同光谱功率的光源照射下,显出不同的颜色的特性就是光源的显色性,通常用显色指数(Ra)来表示光源的显色性。显色指数越高,颜色失真越小,光源的显色性就越好。国际上规定参照光源的显色指数为 100。常见光源的显色指数见表 9-1。

表 9-1　常见光源的显色指数

光　源	显 色 指 数	光　源	显 色 指 数
白色荧光灯	65	荧光水银灯	44
日光色荧光灯	77	金属卤化物灯	65
暖白色荧光灯	59	高显色金属卤化物灯	92
高显色荧光灯	92	高压钠灯	29
水银灯	23	氙灯	94

9.2.2　园林照明的方式和照明质量

1. 照明方式

进行园林照明设计必须对照明方式有所了解，方能正确规划照明系统。其方式可分成下列三种。

（1）一般照明

指不考虑局部的特殊需要，为整个被照场所而设置的照明。这种照明方式的一次投资少，照度均匀。

（2）局部照明

指对景区（点）某一局部的照明。当局部地点需要高照度并对照度方向有要求时，宜采用局部照明，但在整个景区（点）不应只设局部照明而无一般照明。

（3）混合照明

由一般照明和局部照明共同组成的照明。在需要较高照度并对照射方向有特殊要求的场合宜采用混合照明。此时，一般照明照度按不低于混合照明总照度 5% ~10% 选取，且最低不低于 20lx（勒克斯）。

2. 照明质量

良好的视觉效果不仅要依靠充足的光通量，还需要有一定的光照质量要求。

（1）合理的照度

照度是决定物体明亮程度的间接指标。在一定范围内，照度增加则视觉能力也相应提高。表 9-2 为各类建筑物、道路、庭园等设施一般照明的推荐照度。

表 9-2　各类设施一般照明的推荐照度

照明地点	推荐照度（lx）	照明地点	推荐照度（lx）
国际比赛足球场	1000 ~ 1500	更衣室、浴室	15 ~ 30
综合性体育正式比赛大厅	750 ~ 1500	库房	10 ~ 20
足球场、游泳池、冰球场、羽毛球场、乒乓球场、台球场	200 ~ 500	厕所、盥洗室、热水间、楼梯间、走道	5 ~ 20
篮球场、排球场、网球场、计算机房	150 ~ 300	广场	5 ~ 15
绘图室、打字室、字画商店、百货商场、设计室	100 ~ 200	大型停车场	3 ~ 10
办公室、图书室、阅览室、报告厅、会议室、博览室、展览厅	75 ~ 150	庭园道路	2 ~ 5
一般性商业建筑（钟表店、银行等）、旅游饭店、酒吧、咖啡厅、舞厅	50 ~ 100	住宅小区道路	0.2 ~ 1

(2)照明均匀度

游人置身园林环境中,如果有彼此亮度不相同的表面,当视觉从一个面转到另一个面时,眼睛被迫经过一个适应过程,当适应过程经常反复经历时,就会导致视觉疲劳。在考虑园林照明时,除力图满足景色照明的需要外,还要注意周围环境中的亮度分布应力求均匀。

(3)眩光的限制

眩光是影响照明质量的主要特征。所谓眩光是指由于亮度分布不适当、亮度的变化幅度太大或由于在时间上相继出现的亮度相差过大所造成的观看物体时感觉不适或视力减低的视觉条件。为防止眩光产生,常采用的方法是:

1)注意照明灯具的最低悬挂高度。

2)力求使照明光源来自适宜的方向。

3)使用发光表面面积大、亮度低的灯具。

9.2.3 电光源及其应用

1. 园林中常用的照明光源

园林中常用的照明光源的主要特性及适合场合见表9-3。

表9-3 常用园林照明电光源主要特性及适用场合

光源名称	白炽灯(普通照明灯泡)	卤钨灯	荧光灯	荧光高压汞灯	高压钠灯	金属卤化物灯	管形氙灯
额定功率(W)	10~1000	500~2000	6~125	50~1000	250~400	400~1000	1500~10000
光效(lm/W)	6.5~19	19.5~21	25~67	30~50	90~100	60~80	20~37
平均寿命(h)	1000	1500	2000~3000	2500~5000	3000	2000	500~1000
一般显色指数(Ra)	95~99	95~99	70~80	30~40	20~25	65~85	90~94
色温(K)	2700~2900	2900~3200	2700~6500	5500	2000~2400	5000~6500	5500~6000
功率因数(cosω)	1	1	0.33~0.7	0.44~0.67	0.44	0.4~0.01	0.4~0.9
表面亮度	大	大	小	较大	较大	大	大
频闪效应	不明显	不明显	明显	明显	明显	明显	明显
耐震性能	较差	较差	较好	好	较好	好	好
所需附件	无	无	镇流器 启辉器	镇流器	镇流器	镇流器 触发器	镇流器 触发器
适用场所	彩色灯泡:可用于建筑物、商店、橱窗、展览馆、园林构筑物、孤立树、树丛、喷泉、瀑布等装饰照明 水下灯泡:可用于喷泉、瀑布等处装饰用 聚光灯:舞台照明、公共场所等做强光照明	适用于广场、体育场、建筑物等照明	一般用于建筑物室内照明	广泛用于广场、道路、园路、运动场所等大面积室外照明	广泛用于道路、园林绿地、广场、车站等处	主要可用于广场、大型游乐场、体育场照明及调整摄影曝光量等方面	有"小太阳"之称,特别适合于大面积场所的照明,工作稳定、点燃方便

2. 园林灯具

灯具的作用是固定光源，把光源发出的光通量分配到需要的地方、防止光源引起的眩光以及保护光源不受外力及外界潮湿气体的影响等。在园林中灯具的选择除考虑到便于安装维护外，更要考虑灯具的外形和周围园林环境相协调，使灯具能为园林景观增色。

(1)灯具分类

灯具按结构分类可分为开启型、保护式、防水式、密封型及防爆型等。

灯具按光通量在空间上、下半球的分布情况，又可分为直射型灯具、半直射型灯具、漫射型灯具、半反射型灯具、反射型灯具等。而直射型灯具又可分为广照型、均匀配光型、配照型、深照型和特深照型五种等。

下面介绍几种园林中常见的灯具。

1)门灯。庭院出入口与园林建筑的门上安装的灯具为门灯，包括在矮墙上安装的灯具。门灯还可以分为门顶灯、门壁灯、门前座灯等。

① 门顶灯。门顶灯竖立在门框或门柱顶上，灯具本身并不高，但与门柱等混成一体就显得比较高大雄伟，使人们在踏进大门时，抬头望灯，会感到建筑物的气派非凡。

② 门壁灯。门壁灯分为枝式壁灯与吸壁灯两种。枝式壁灯的造型类似室内壁灯，可称得上千姿百态，只是灯具总体尺寸比室内壁灯大，因为户外空间比室内大得多，灯具的体积也要相应增大，才能匹配。室外吸壁灯的造型也相似于室内吸壁灯，安装在门柱(或门框)上时往往采取半嵌入式。

③ 门前座灯。门前座灯位于正门两侧(或一侧)，高约 2～4m，其造型十分讲究，无论是整体尺寸、形象，还是装饰手法等，都必须与整个建筑物风格完全相一致，特别是要与大门相协调，使人们一看到门前座灯，就会感觉到建筑物的整体风格，而留下难忘的印象。

2)庭园灯。庭园灯用在庭院、公园及大型建筑物的周围，既是照明器材，又是艺术欣赏品。因此庭园灯在造型上美观新颖，给人以心情舒畅之感。庭园中有树木、草坪、水池、园路、假山等，因此各处的庭园灯的形态性能也各不相同。

① 园林小径灯。园林小径灯竖在庭园小径边，与树木、建筑物相衬，灯具功率不大，使庭园显得悠静舒适。选择园林小径灯时必须注意灯具与周围建筑物相协调。

② 草坪灯。草坪灯放置在草坪边。为了保持草坪宽广的气氛，草坪灯一般都比较矮，一般为 40～70cm 高，最高不超过 1m。灯具外形尽可能艺术化，有的像大理石雕塑，有的像亭子，有的小巧玲珑，讨人喜爱。有些草坪灯还会放出迷人的音乐，使人们在草坪上休息、散步时更加心旷神怡。

3)水池灯：水池灯具有十分好的防水性，灯具中的光源一般选用卤钨灯，这是因为卤钨灯的光谱呈连续性，光照效果很好。当灯具放光时，光经过水的折射，会产生色彩艳丽的光线，特别是照射在喷水池中的水柱上时，人们会被五彩缤纷的光色与水柱所陶醉。

4)道路灯具。道路灯具既有照明作用，又有美化作用。道路灯具可分为两类：一是功能性道路灯具，二是装饰性道路灯具。

① 功能性道路灯具。功能性道路灯具有良好的配光，使灯具发出的大部分光能比较均匀地投射在道路上。

功能性道路灯具可分为横装式与直装式灯具两种。横装式灯具在近十余年来风行世界，这种灯反射面设计比较合理，光分布情况良好。在外形的塑造方面有方盒形、流线形、琵琶形等，美观大方，深受喜欢。直装式路灯又可分老式与新式两种，老式直装灯式造型很简单，多数用玻璃罩、搪瓷罩或铁皮涂漆罩加上一只灯座，因其配光不合理，直射下的路面很亮，而道路中央及周围反而显得暗了，因此，这种灯已被逐渐淘汰。新式直装式道路灯具有设计合理的反光罩，能使灯光有良好的分布。由于直装式道路灯具换灯泡方便，且高压汞灯、高压钠灯等在直立状态下工作情况比较好，因此，新式直装灯式道路灯具发展比较迅速。但这种灯的反射器设计比较复杂，加工比较困难。

② 装饰性道路灯具。装饰性道路灯具主要安装在园内主要建筑物前与道路广场上，灯具的造型讲究，风格与周围建筑物相称。这种道路灯具不强调配光，主要以外表的造型来美化环境。

5）广场照明灯具。广场照明灯具是一种大功率的投光类灯具，具有镜面抛光的反光罩，采用高强度气体电光源，光效高，照射面大。灯具装有转动装置，能调节灯具照射方向。灯具采用全封闭结构，玻璃与壳体间用橡胶密封。这类灯具配有触发器与镇流器，由于灯管启动电压很高，达数千伏，有的甚至达上万伏，因此灯具电气部分的绝缘性能要好，安装时要特别注意这一点。

① 旋转对称反射面广场照明灯具。灯具采用旋转对称反射器，因而照射出去的光斑呈现圆形。灯具造型比较简单，价格比较低。缺点是用这种灯斜照时（从广场边向广场中央照射）照度不均匀。

此种灯具用于停车场以及广场中电杆较多的场合。

② 竖面反射器广场照明灯具。高强度气体放电光源大多是一发光柱，使照射光比较均匀地分布，特别是在一些需要灯具斜照向工作面的场所（如体育比赛场地等，中间不能竖电杆，灯具是从场地四周向中间照射），就必须选用竖面反射器广场照明灯具。这类灯具装有竖面反射器，反射器经过抛光处理，反射效率很高，能比较准确地把光均匀地投射到人们需要照射的区域。

竖面反射器广场照明灯具适宜于体育场及广场中不能竖电杆的场合。

6）霓虹灯具。霓虹灯是一种低气压冷阴极辉光放电灯。霓虹灯具的工作电压与启动电压都比较高，电器箱内电压高达数千伏（启动时），必须注意安全。

霓虹灯的优点是：寿命长（可达15000h以上）、能瞬时启动、光输出可以调节、灯管可以做成各种形状（文字、图案等）。配上控制电路，就能使一部分灯管放光的同时，另一部分灯管熄灭，图案在不断更换闪耀，从而吸引人们的注意力，起到了明显的广告宣传作用。缺点是：发光效率不及荧光灯具（大约是荧灯具发光效率的2/3）、电极损耗较大。

霓虹灯分为以下几种。

① 透明玻璃管霓虹灯。这是应用很广的一类霓虹灯，其光色取决于灯管内所充气体的成分（电流的大小也会影响光色）。表9-4为正柱区所充气体的放电颜色。

表9-4　霓虹灯正柱区所充气体的放电颜色

所充气体	光的颜色	所充气体	光的颜色
He	白（带蓝绿色）	O_2	黄
Ne	红紫	空气	桃红
Ar	红	H_2O	蔷薇色

续表

所 充 气 体	光 的 颜 色	所 充 气 体	光 的 颜 色
Hg	绿	H_2	蔷薇色
K	黄红	Kr	黄绿
Na	金黄	CO	白
N_2	黄红	CO_2	灰白

② 彩色玻璃霓虹灯。利用彩色玻璃对某一波段的光谱进行滤色，也可以得到一系列不同色彩光输出的霓虹灯。

彩色玻璃霓虹灯的灯内工作状态与透明玻璃管或荧光粉管霓虹灯的工作状态没有什么不同，区别在于起着滤色片作用的彩色玻璃的选择。例如红色的玻璃仅能透过红色和一部分橘红色光，其他颜色的光则一概滤去；同样，蓝色玻璃也只允许有蓝色的光能过滤。

利用现在的玻璃制造技术，可以通过调整玻璃配方中的着色剂——金属氧化物来实现玻璃着色。添加氧化钴可制出蓝色玻璃，添加硫化镉、硫黄可制出黄色玻璃，添加铜可制成红色玻璃，添加氧化铁、氧化铬可制成绿色玻璃，添加氧化锰可制成紫色玻璃。

制造彩色玻璃霓虹灯时，除了对玻璃色泽进行选择外，还可以充某种气体或混合气体，或在气体中添加汞，相互配合，便可得到一系列发光颜色。

③ 荧光粉管霓虹灯。在霓虹灯管上涂上荧光粉，灯内充汞，通过低压汞原子放电激发荧光粉发光，就制成了荧光粉管霓虹灯。灯的光输出颜色取决于所选用的荧光粉材料。

（2）灯具选用

灯具应根据使用环境条件、场地用途、光强分布、限制眩光等方面进行选择。在满足上述条件下，应选用效率高、维护检修方便、经济实用的灯具。

1）在正常环境中，宜选用开启式灯具。

2）在潮湿或特别潮湿的场所可选用密闭型防水灯或防水防尘密封式灯具。

3）可按光强分布特性选择灯具。光强分布特性常用配光曲线表示。如灯具安装高度在6m及以下时，可采用深照型灯具；安装高度在6～15m时，可采用直射型灯具；当灯具上方有需要观察的对象时，可采用漫射型灯具；对于大面积的绿地，可采用投光灯等高光强灯具。

9.2.4 公园、绿地照明

1. 照明原则

公园、绿地的室外照明，由于环境复杂，用途各异，变化多端，因而很难予以硬性规定，仅提出以下一般原则供参考：

1）不要泛泛设置照明设施，而应结合园林景观的特点，以其在灯光下能最充分体现景观效果为原则来布置照明措施。

2）关于灯光的方向和颜色的选择，应以能增加树木、灌木和花卉的美观为主要前提。如针叶树在强光下才反应良好，一般只宜于采取暗影处理法。又如，阔叶树种白桦、垂柳、枫树等对泛光照明有良好的反映效果；白炽灯（包括反射型）、卤钨灯却能增加红、黄色花卉的色彩，使它们显得更加鲜艳；使用小型投光器会使局部花卉色彩绚丽夺目；汞灯使树木和草坪绿色鲜明夺目等。

3）对于水面、水景照明景观的处理上，注意如以直射光照在水面上，对水面本身作用不大，却能反映到其附近被灯光所照亮的小桥、树木或园林建筑上，使呈现出波光粼粼梦幻似的意境。瀑布和喷水池可用照明处理得很美观，不过灯光须透过流水以造成水柱晶莹剔透、闪闪发光。所以，无论是在喷水的四周，还是在小瀑布流入池塘的地方，均宜将灯光置于水面之下。在水下设置灯具时，也不能埋得过深，否则会引起光强的减弱。但也要让人白天不易发现水中的灯具，一般安装在水面以下30～100mm为宜。进行水景的色彩照明时，常使用红、蓝、黄三原色，其次使用绿色。

某些大瀑布采用前照灯光的效果很好，但如让设在远处的投光灯直接照在瀑布上，效果并不理想。潜水灯具的应用效果颇佳，但需特殊设计。

4）对于公园和绿地的主要园路，宜采用低功率的路灯装在3～5m高的灯柱上，柱距20～40m，效果较好，也可每柱两灯，需要提高照度时，两灯齐明。也可隔柱设置控制灯的开关，来调整照明。也可利用路灯灯柱装以150W的密封光束反光灯来照亮花圃和灌木。

在一些局部的假山、草坪内可设地灯照明，如要在内设灯杆装设灯具时，其高度应在2m以下。

5）在设计公园、绿地、园路等照明灯时，要注意路旁树木对道路照明的影响，为防止树木遮挡可以采取适当减少灯间距，加大光源的功率以补偿由于树木遮挡所产生的光损失，也可以根据树型或树木高度不同，在安装照明灯具时，采用较长的灯柱悬臂，以使灯具突出树缘外或改变灯具的悬挂方式等以弥补光损失。

6）无论是白天或黑夜，照明设备均需隐蔽在视线之外，最好全部敷设电缆线路。

7）彩色装饰灯可创造节日气氛，特别反映在水中更为美丽，但是这种装饰灯光不易获得一种宁静、安祥的气氛，也难以表现出大自然的壮观景象，只能有限度地调剂使用。

2. 植物的饰景照明

树叶、灌木丛林以及花草等植物以其舒心的色彩，和谐的排列和美丽的形态成为园林装饰不可缺少的组成部分。在夜间环境下，通过照明能够创造出或安逸祥和、或热情奔放、或绚丽多彩的氛围。

植物照明应遵循以下原则。

1）要研究植物的一般几何形状（圆锥形、球形、塔形等）以及植物在空间所展示的程度。照明类型必须与各种植物的几何形状相一致。

2）对淡色的和耸立空中的植物，可以用强光照明，加强植物轮廓的表现效果。

3）不应使用某些光源去改变树叶原来的颜色。但可以用某种颜色的光源去加强某些植物的外观。

4）许多植物的颜色和外观是随着季节的变化而变化的，照明也应适于植物的这种变化。

5）可以在被照明物附近的一个点或许多点观察照明的目标，要注意消除眩光。

6）从远处观察，成片树木的投光照明通常作为背景而设置，一般不考虑个别的目标，而只考虑其颜色和总的外形大小。从近处观察，并需要对目标进行直接评价的，则应该对目标作单独的光照处理。

7）对未成熟的及未伸展开的植物和树木，一般不施以装饰照明。

8）所有灯具都必须是水密防虫的，并能耐除草剂与除虫药水的腐蚀。

9）考虑到白天的美观，灯具一般安装在地平面上，或灌木丛后。

3. 树木的投光照明

1)投光灯一般是放置在地面上。根据树木的种类和外观确定排列方式。有时为了更突出树木的造型和便于人们观察欣赏,也可将灯具放在地下。

2)如果想照明树木上的一个较高的位置(如照明一排树的第一根树叉及其以上部位),可以在树的旁边放置一根高度等于第一根树叉的小灯杆或金属杆来安装灯具。

3)在落叶树的主要树枝上,安装一串串低功率的白炽灯泡,可以获得装饰效果。但这种安装方式,一般在冬季使用。因为在夏季,树叶会碰到灯泡,灯泡会烧伤树叶,对树木不利,也会影响照明的效果。

4)对必须安装在树上的投光灯,其系在树叉上的安装环必须能按照植物的生长规律进行调节。

5)对树木的投光造型是一门艺术,主要体现为树木投光照明的布灯方式。

① 对一片树木的照明。用几只投光灯具,从几个角度照射过去。照射的效果既有成片的感觉,也有层次、深度的感觉。

② 对一棵树的照明。用两只投光灯具从两个方向照射,形成特写镜头。

③ 对一排树的照明。用一排投光灯具,按一个照明角度照射。既有整齐感,也有层次感。

④ 对高低参差不齐的树木的照明。用几只投光灯,分别对高、低树木投光,给人以明显的高低、错落感。

⑤ 对两排树形成的绿荫走廊照明。对于由两排树形成的绿荫走廊,采用两排投光灯具相对照射,效果很好。

⑥ 对树叉树冠的照明。在大多数情况,对树木的照明,主要是照射树叉与树冠,因为照射了树叉树冠,不仅层次丰富、效果明显,而且光束的散光也会将树干显示出来,起衬托作用。

4. 雕塑、雕像的饰景照明

对高度不超过5~6m的小型或中型雕塑,其饰景照明的方法如下。

1)照明点的数量与排列,取决于被照目标的类型。要求是照明整个目标,但不要均匀,其目的是通过阴影和不同的亮度,再创造一个轮廓鲜明的效果。

2)根据被照明目标的位置及其周围的环境确定灯具的位置。

① 处于地面上的照明目标,孤立地位于草地或空地中央。此时灯具的安装,尽可能与地面平齐,以保持周围的外观不受影响和减少眩光产生,也可安装在植物或围墙后的地面上。

② 坐落在基座上的照明目标,孤立地位于草地或空地中央。为了控制基座的亮度,灯具必须放在更远一些的地方。基座的边不能在被照明目标的底部产生阴影,这一点也是非常重要的。

③ 坐落在基座上的照明目标,位于行人可接近的地方。通常不能围着基座安装灯具,因为从透视上说距离太近。只能将灯具固定在公共照明杆上或装在附近建筑的立面上,但必须注意避免眩光。

3)对于塑像,通常照明脸部的主体部分以及像的正面。背部照明要求低得多,或在某些情况下,不需要照明。虽然从下往上的照明是最容易做到的,但要注意,凡是可能在塑像脸部产生不愉快阴影的方向不能施加照明。

4)对某些雕塑,材料的颜色是一个重要的要素。一般说,用白炽灯照明有好的显色性。通过使用适当的灯泡——汞灯、金属卤化物灯、钠灯,可以增加材料的颜色。采用彩色照明最好能做一下光色试验。

5. 花坛照明

1)由上向下观察处在地平面上的花坛,采用称为蘑菇式灯具向下照射。这些灯具放置在花坛的中央或侧边,高度取决于花的高度。

2)花有各种各样的颜色,就要使用显色指数高的光源。白炽灯、紧凑型荧光灯都能较好地应用于这种场合。

6. 园路照明

园路是人们休闲散步、观赏景物、开展各种活动的场所,需要一种明亮的环境,所以园路照明主要以明视照明为主。在设计时必须根据照度标准中推荐的照度进行设计,从效率和维修方面考虑,一般多采用4~8m高的杆头式汞灯照明器。

9.2.5 园林照明设计

照明装置设计的总体要求是:安全、适用、经济、美观。这是园林照明设计的基本原则。在进行园林照明设计以前,应准备下列原始资料。

1)公园、绿地的平面布置图及地形图,必要时应有该公园、绿地中主要建筑物的平面图、立面图和剖面图。

2)公园、绿地对照明的要求(设计任务书),特别是一些对专业性要求较高的公园、绿地照明,应明确提出照度、灯具选择、布置、安装等要求。

3)电源的供电情况及进线方位。照明设计的顺序通常有以下几个步骤。

① 明确照明对象的功能和照明要求。

② 选择照明方式。可根据设计任务书中公园绿地对电气的要求,在不同的场合和地点,选择不同的照明方式。

③ 光源和灯具的选择。主要是根据公园绿地的配光和光色要求、与周围景色配合等来选择光源和灯具。

④ 灯具的合理布置。除考虑光源光线的投射方向、照度均匀性等,还应考虑经济、安全和维修方便等。

⑤ 确定照明装置安装容量,进行照度计算。

⑥ 选择供电电压和电源。

⑦ 选择照明配电网络的形式。

⑧ 选择导线型号、截面和敷设方法。

⑨ 选择和布置照明配电箱、控制开关、熔断器以及其他电气设备。

⑩ 绘制照明装置平面布置图(必要时还有剖视图)、供电系统图、部件安装图,开列设备材料清单及编写施工说明。平面布置图一般按1:100或其他合适的比例绘制,图中照明设施、线路等应使用标准的图形符号绘制。

9.3 园林供电设计

9.3.1 园林供电设计的内容及程序

园林供电设计与园林规划、园林建筑、给水排水设计等紧密相联,因而供电设计应与上述设计密切配合,以构成合理的布局。

1. 园林供电设计的内容

1)确定各种园林设施中的用电量,选择变压器的数量及容量。

2)确定电源供给点(或变压器的安装地点)进行供电线路的配置。

3)进行配电导线截面的计算。

4)绘制电力供电系统图、平面图。

2. 设计程序

在进行具体设计以前,应收集以下资料。

1)园内各建筑、用电设备、给水排水、暖通等平面布置图及主要剖面图,并附有各用电设备的名称、额定容量、额定电压、周围环境(潮湿、灰尘)等。这些是设计的重要基础资料,也是进行负荷计算和选择导线、开关设备以及变压器的依据。

2)了解各用电设备及用电点对供电可靠性的要求。

3)供电局同意供给的电源容量。

4)供电电源的电压、供电方式(架空线或电缆线,专用线或非专用线)、进入公园或绿地的方向及具体位置。

5)当地电价及电费收取方法。

6)应向气象、地质部门了解以下资料(表 9-5)。

表 9-5　气象、地质资料内容及用途

资料内容	用途	资料内容	用途
最高年平均温度	选变压器	年雷电小时数和雷电日数	选防雷装置
平均最热月份平均最高温度	选室外裸导线	土壤冻结深度	选接地装置
最热月平均温度	选室内导线	土壤电阻率	选接地装置
一年中连续 3 次的最热日昼夜平均温度	选空中电缆	50 年一遇的最高洪水水位	选变压器安装地点
土壤中 0.7 ~ 1.0m 深处一年中最热月平均温度	选地下电缆	地震烈度	确定防震措施

9.3.2 用电量的估算

公园、绿地用电量分为动力用电和照明用电,即:

$$S_{总} = S_{动} + S_{照} \tag{9-2}$$

式中　$S_{总}$——公园用电计算总容量;

$S_{动}$——动力设备所需总容量;

$S_{照}$——照明用电计算总容量。

1. 动力用电估算

公园或绿地的动力用电具有较强的季节性和间歇性,因而在估算动力用电时应考虑这些因素。动力用电估算常用下式进行计算:

$$S_{动} = K_c \frac{\sum P_{动}}{\eta \cos\phi} \tag{9-3}$$

式中　$\sum P_{动}$——各动力设备铭牌上额定功率的总和,(kW);

η——动力设备的平均效率,一般可取 0.86;

$\cos\phi$——各类动力设备的功率因数，一般在0.6～0.95，计算时可取0.75；

K_c——各类动力设备的需要系数。由于各台设备不一定都同时满负荷运行，因此计算容量时可打一折扣，此系数大小具体可查有关设计手册，估算时可取 K_c = 0.5～0.75（一般可取0.70）。

2. 照明用电估算

照明设备的容量，在初步设计中可按不同性质建筑物的单位面积照明容量（W/m^2）来估计：

$$P = \frac{S \times W}{1000} \tag{9-4}$$

式中 P——照明设备容量（kW）；

S——建筑物平面面积（m^2）；

W——单位容量（W/m^2）。

估算方法为：依据工程设计的建筑物的名称，查表9-6或有关手册，得到单位建筑面积耗电量，将该值乘以该建筑物面积，其结果即为该建筑物照明供电估算负荷。

将动力用电量和照明总用电量加起来就是该公园、绿地的总用电量。

表9-6 单位建筑面积照明容量

建筑名称	功率指标（W/m^2）	建筑名称	功率指标（W/m^2）
一般住宅	10～15	锅炉房	7～9
高级住宅	12～18	变配电所	8～12
办公室、会议室	10～15	水泵房、空压站房	6～9
设计室、打字室	12～18	材料库	4～7
商店	12～15	机修车间	7.5～9
餐厅、食堂	10～13	游泳池	50
图书馆、阅览室	8～15	警卫照明	3～4
俱乐部（不包括舞台灯光）	10～13	广场、车站	0.5～1
托儿所、幼儿园	9～12	公园路灯照明	3～4
厕所、浴室、更衣室	6～8	汽车道	4～5
汽车库	7～10	人行道	2～3

9.3.3 变压器及导线的选择

1. 公园、绿地变压器的选择

在一般情况下，公园内照明供电和动力负荷可共用同一台变压器供电。

应根据公园、绿地的总用电量的估算值和当地高压供电电压值选择变压器的容量和确定变压器高压侧的电压等级。

在确定变压器容量和台数时，要从供电的可靠性和技术经济上的合理性综合考虑，具体可以根据以下原则。

1）变压器的总额定容量必须大于或等于该变电所的用电设备的总计算负荷，即

$$S_{额} \geq S_{选用} \tag{9-5}$$

式中 $S_{额}$——变压器额定容量(kVA);

$S_{选用}$——实际估算选用容量(kVA)。

2)一般园林只选用1~2台变压器,且其单台容量一般不应超过1000kVA,以750kVA为宜。这样可使变压器接近负荷中心。

3)当动力和照明共用一台变压器时,若动力严重影响照明质量时,可考虑单独设一照明用变压器。

4)在变压器形式方面,如供一般场合使用时,可选用节能型铝芯变压器。

5)在公园、绿地考虑变压器的进出线时,为不破坏景观和确保游人安全,应选用电缆,以直埋方式铺设。

2. 供电线路导线截面的选择

公园、绿地的供电线路,应尽量选用电缆线。市区内一般的高压供电线路均采用10kV电压级。高压输电线一般采用架空敷设方式,但在园林绿地附近应要求采用直埋电缆敷设方式。

电缆、电线截面选择的合理性直接影响到有色金属的消耗量和线路投资以及供电系统的安全经济运行,因而在一般情况下,可采用铝芯线;在要求较高的场合下,则采用铜芯线。

电缆、导线截面的选择可以按以下原则进行。

1)按线路工作电流及导线型号,查导线的允许载流量表,使所选的导线发热不超过线芯所允许的强度,因而可使所选的导线截面的载流量大于或等于工作电流。即:

$$I_{载} \geq KI_{工作} \tag{9-6}$$

式中 $I_{载}$——导线、电缆按发热条件允许的长期工作电流;

$I_{工作}$——线路计算电流,A;

K——考虑到空气温度、土壤温度、安装敷设等情况的校正系数。

2)所选用导线截面应大于或等于机械强度所允许的最小导线截面。

3)验算线路的电压偏移,要求线路末端负载的电压不低于其额定电压的允许偏移值,一般工作场所的照明允许电压偏移相对值是5%,而道路、广场照明允许电压偏移相对值为10%,一般动力设备允许电压偏移相对值为±5%。

9.3.4 配电线路的布置

1. 确定电源供给点

公园、绿地的电力来源,常见的有以下几种。

1)就近借用现有变压器,但必须注意该变压器的多余容量是否能满足新增园林绿地中各用电设施的需要,且变压器的安装地点与公园、绿地用电中心之间的距离不宜太长。中小型公园、绿地的电源供给常采用此法。

2)利用附近的高压电力网,向供电局申请安装供电变压器,一般用电量较大(70~80kW以上)的公园、绿地最好采用此种方式供电。

3)如果公园、绿地(特别是风景点、区)离现有电源太远或当地供电能力不足时,可自行设立小发电站或发电机组以满足需要。

一般情况下,当公园、绿地独立设置变压器时,需向供电局申请安装变压器。在选择地点时，应尽量靠近高压电源，以减少高压进线的长度。同时，应尽量设在负荷中心或将要发展的负荷中心。表9-7为常用电压电力线路的传输功率和传输距离。

表9-7　常用电压电力线路的传输功率和传输距离

额定电压(kV)	线路结构	输出功率(kW)	输送距离(km)
0.22	架空线	<50	<0.15
0.22	电缆线	<100	<0.20
0.38	架空线	<100	<0.25
0.38	电缆线	<175	<0.35
10	架空线	<3000	15～8
10	电缆线	<5000	10

2. 配电线路的布置

公园、绿地布置配电线路时，要全面统筹安排考虑，应遵循以下原则：经济合理、使用维修方便，不影响园林景观；从供电点到用电点，要尽量取近，走直路，并尽量敷设在道路一侧，但不要影响周围建筑、景色和交通；地势越平坦越好，要尽量避开积水和水淹地区，避开山洪或潮水起落地带；在各具体用电点，要考虑到将来发展的需要，留足接头和插口，尽量经过可能开展活动的地段。因而，对于用电问题，应在公园、绿地平面设计时就做出全面安排。

(1)线路敷设形式

线路敷设形式可分为两大类：架空线和地下电缆。架空线工程简单，投资费用少，易于检修，但影响景观，妨碍种植，安全性差。而地下电缆的优缺点恰与架空线相反。目前在公园绿地中都尽量地采用地下电缆，尽管它一次性投资大些，但从长远的观点和发挥园林功能的角度出发，还是经济合理的。架空线仅常用于电源进线侧或在绿地周边不影响园林景观处，而在公园、绿地内部一般均采用地下电缆。当然，最终采用何种线路敷设形式，应根据具体条件，进行技术经济评估之后才能确定。

(2)线路组成

1)对于一些大型公园、游乐场、风景区等，其用电负荷大，常需要独立设置变电所，其主接线可根据其变压器的容量进行选择，具体设计应由电力部门的专业电气人员完成。

2)变压器——干线供电系统。

① 在前面电源的确定中已提及，在大型园林及风景区中，常在负荷中心附近设置独立的变压器、变电所，但对于中、小型园林而言，常常不需要设置单独的变压器，而是由附近的变电所、变压器通过低压配电屏直接由一路或几路电缆供给。当低压供电线采用放射式系统时，照明供电线可由低压配电所引出。

② 对于中、小型园林，常在进园电源线的首端设置干线配电板，并配备进线开关、电度表以及各出线支路，以控制全园用电。动力、照明电源一般应单独设回路，仅对于远离电源的单独小型建筑物才考虑照明和动力合用供电线路。

③ 在低压配电所的每条回路供电干线上所连接的照明配电箱，一般不超过3个。每个用电点(如建筑物)进线处应装刀开关和熔断器。

④ 一般园内道路照明可设在警卫室等处进行控制，道路照明除各回路有保护处，灯具也可单独加熔断器进行保护。

⑤ 大型游乐场的一些动力设施应由专门的动力供电系统供电，并有相应的措施保证安全、可靠供电，以保障游人的生命安全。

3）照明网络。照明网络一般用380/220V中性点接地的三相四线制系统，灯用电压220V。

为了便于检修，每回路供电干线上连接的照明配电箱一般不超过3个，室外干线向各建筑物供电时不受此限制。

室内照明支线每一单相回路一般采用不大于15A的熔断器或自动空气开关保护，对于安装大功率灯泡的回路允许增大到20～30A。每一个单相回路（包括插座）灯具一般不超过25个，当采用多管荧光灯具时，允许增大到50根灯管。

照明网络零线（中性线）上不允许装设熔断器，但在办公室、生活福利设施及其他环境正常场所，当电气设备无接零要求时，其单相回路零线上宜装设熔断器。

一般配电箱的安装高度为其中心距地1.5m，若控制照明不是在配电箱内进行，则配电箱的安装高度可提高到2m以上。其他各种照明开关安装高度宜为1.3～1.5m。一般室内暗装的插座，安装高度为0.3～0.5m（安全型）或1.3～1.8m（普通型）；明装插座安装高度为1.3～1.8m，低于1.3m时应采用安全插座；潮湿场所的插座，安装高度距地面不应低于1.5m；儿童活动场所（如住宅、托儿所、幼儿园及小学）的插座，安装高度距地面不应低于1.8m（安全型插座例外）；同一场所安装的插座高度应尽量一致。

第10章 园林机械

10.1 概述

10.1.1 园林机械的分类

1. 按机械的功能分类

(1)园林工程机械

可分为土方工程机械、压实机械、混凝土机械、起重机械、抽水机械等。

(2)种植养护工程机械

可分为种植机械、整形修剪机械、浇灌机械、病虫害防治机械、整地机械等。

2. 按与动力配套的方式分类

(1)人力式机械

人力式机械是以人力作为动力的机械,如手推式剪草机、手摇式撒播机、手动喷雾器、手推草坪滚等。

(2)机动式机械

机动式机械是以内燃机、电动机等作为动力的机械。有便携式、拖拉机挂接式、自行式和手扶式等。

10.1.2 园林机械的组成

园林机械种类繁多,结构、性能、用途各异,但不论什么类型的机械,通常都由动力机、传动、执行(工作)机构三部分组成,能在控制系统的控制下实现确定运动,完成特定作业。行走式机械还有行走装置和制动装置等。

1. 动力机

动力机是机器工作的动力部分,其作用是把各种形态的能转变成机械能,使机械产生运动和做功,如电动机和内燃机等。

目前,我国城市绿化由于面积、环境所限,较多采用机动灵活的小型内燃机为园林机械的动力机。

2. 传动

传动是指把动力机产生的机械能传送到执行(工作)机构上去的中间装置,也就是说把动力机产生的运动和动力传递到工作机构。

3. 执行(工作)装置

工作装置是指机器上完成不同作业的装置。工作装置所需能量是由动力装置产生并经过传动系统传递的机械能。因为园林机器品种、型号很多,完成作业也不一样,因此,工作装置也是多种多样的。如机械式、气力式和液力式等。

10.2 土方施工机械

10.2.1 推土机

推土机是土石方工程施工中的主要机械之一，它由拖拉机与推土工作装置两部分组成。其行走方式有履带式和轮胎式两种。传动系统主要采用机械传动和液压机械传动。工作装置的操纵方法分液压操纵与机械操纵。推土机具有操纵灵活、运转方便、工作面积小，既可挖土，又可作较短距离（100m以内，一般30～60m）运送、行驶速度较快、易于转移等特点。适用于场地平整、开沟挖池、堆山筑路、叠堤坝修梯台、回填管沟、推运碎石、松碎硬土及杂土等。根据需要，也可配置多种作业装置，如配置松土器可以破碎三四级土壤；配置除根器，可以拔除直径在450mm以下的树根，并能清除直径在400～2500mm的石块；配置除荆器，可以切断直径300mm以下的树木。推土机的工作距离在50m以内时，其经济效益最好。图10-1是较为典型的推土机外形及构造示意图。

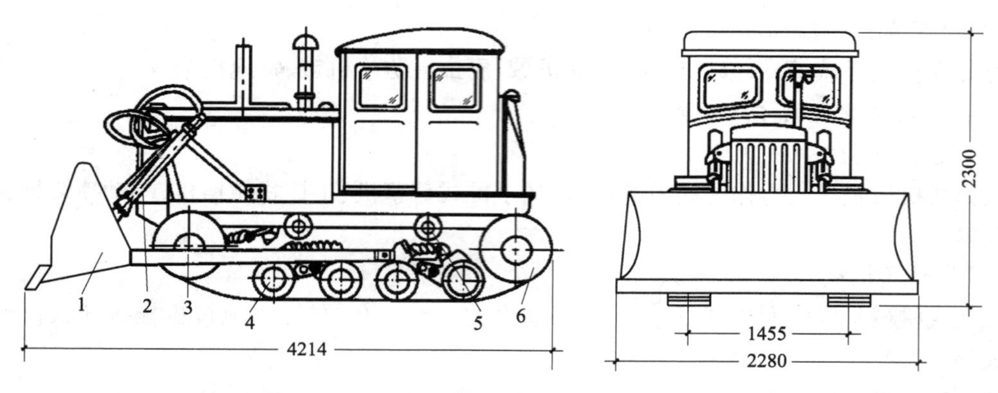

图10-1　T_2—60型推土机的外形和构造示意图

1—推土刀；2—液压油缸；3—引导轮；4—支重轮；5—拖带轮；6—驱动轮

10.2.2 铲运机

铲运机在土方工程中主要用来铲土、运土、铺土、平整和卸土等。它本身能综合完成铲、装、运、卸四个工序，能控制填土铺撒厚度，并通过自身行驶对卸下的土壤进行初步的压实。铲运机对运行的道路要求较低，适应性强，投入使用准备工作简单，具有操纵灵活、转移方便与行驶速度较快等优点。因此适用范围较广，如筑路、挖湖、堆山、平整场地等均可使用。

铲运机按其行走方式分，有拖式铲运机和自行式铲运机两种；按铲斗的操纵方式区分，有机械操纵（钢丝绳操纵）和液压操纵两种。

拖式铲运机，由履带拖拉机牵引，并使用装在拖拉机上的动力绞盘或液压系统对铲运机进行操纵，目前普遍使用的铲斗容量有2.5m^3和6m^3两种。

自行式铲运机由牵引车和铲运斗两部分组成。目前普遍使用的斗容量有6m^3和7m^3两种。

各型铲运机技术性能见表10-1。

表 10-1　铲运机的主要技术性能

<table>
<tr><td colspan="3" rowspan="2">型　　号</td><td>新</td><td>C_4—7</td><td>C_3—6</td><td>C_5—6</td><td>C_6—2.5</td></tr>
<tr><td>旧</td><td>CL—7</td><td>C—8</td><td>C_3—6</td><td>C_4—3A</td></tr>
<tr><td rowspan="9">技术性能</td><td rowspan="6">铲土装置</td><td colspan="1">铲刀宽</td><td rowspan="3">mm</td><td>2700</td><td>2600</td><td>2600</td><td>1900</td></tr>
<tr><td>切土深度</td><td>300</td><td>300</td><td>300</td><td>150</td></tr>
<tr><td>铺装厚度</td><td>400</td><td>380</td><td>380</td><td>—</td></tr>
<tr><td>铲土角度</td><td>度</td><td>—</td><td>30</td><td>30</td><td>35 ~ 38</td></tr>
<tr><td>斗容量 平装</td><td rowspan="2">m^3</td><td>7</td><td>6</td><td>6</td><td>2.5</td></tr>
<tr><td>斗容量 堆装</td><td>9</td><td>8</td><td>8</td><td>2.75 ~ 3</td></tr>
<tr><td colspan="2">爬坡能力</td><td>度</td><td>20</td><td>—</td><td>—</td><td>—</td></tr>
<tr><td colspan="2">最小转弯半径</td><td>m</td><td>6.7</td><td>—</td><td>3.75</td><td>2.7</td></tr>
<tr><td colspan="2">重量 空车</td><td rowspan="2">kg</td><td>15000</td><td>14000</td><td>7300</td><td>1896</td></tr>
<tr><td></td><td colspan="2">重量 重车</td><td>28000</td><td>25500</td><td>17000 ~ 19000</td><td>6396</td></tr>
<tr><td></td><td colspan="2">生产率</td><td>m^3/h</td><td>二级土 400m
运距 58</td><td>—</td><td>—</td><td>二级土 100m
运距 22 ~ 28</td></tr>
<tr><td colspan="4">操纵方式</td><td>液压</td><td>机械</td><td>机械</td><td>液压</td></tr>
<tr><td colspan="3">牵引机械</td><td>kW</td><td>117.6
牵引车</td><td>88
牵引车</td><td>73.5
拖拉机</td><td>44
拖拉机</td></tr>
<tr><td colspan="2" rowspan="3">外形尺寸</td><td>长</td><td rowspan="3">mm</td><td>9800</td><td>10182</td><td>8770</td><td>5600</td></tr>
<tr><td>宽</td><td>3210</td><td>3130</td><td>3120</td><td>2430</td></tr>
<tr><td>高</td><td>2980</td><td>3020</td><td>2540</td><td>2400</td></tr>
</table>

10.2.3　平地机

在土方工程施工中，平地机主要用来平整路面和大型场地，还可以用来铲土、运土、挖沟渠、刮液、拌和砂石、拌和水泥材料等。装有松土器，可用于疏松硬实土壤及清除石块。也可加装推土装置，用以代替推土机的各种作业。

平地机有自行式和拖式之分。自行式平地机工作时依靠自身的动力设备，拖式平地机工作时要由履带式拖拉机牵引。

10.2.4　液压挖掘装载机

Dy_4—55 型液压挖掘装载机是在铁牛—55 型轮式拖拉机上配装各种不同性能的工作装置而成的施工机械。它的最大特点是一机多用，提高机械的使用率。整机结构紧凑，机动灵活操纵方便，各种工作装置易于更换。且这种机械带有反铲、装载、起重、推土、松土等多种工作装置，用以完成中、小型土方开挖，散状材料的装卸、重物吊装、场地平整、小土方回填、松碎硬土等作业，尤其适应园林工程建设的特点和要求。

10.3　压实机械

10.3.1　内燃式夯土机

内燃式夯土机是根据两冲程内燃机的工作原理制成的一种夯实机械。除具有一般夯实机械的优点外，还能在无电源地区工作。在经常需要短距离变更施工地点的工作场所，更能发挥其独特的优点。

内燃式夯土机主要由汽缸头、汽缸套、活塞、卡圈、锁片、边杆、夯足、法兰盘、内部弹簧、密封圈、夯锤、拉杆等部分组成。

内燃式夯土机使用要点：

1）当夯机需要更换工作场地时，可将保险手柄旋上，装上专用两轮运输车运送。

2）夯机应按规定的汽油机燃油比例加油。加油后应擦净漏在机身上的燃油，以免碰到火种而发生火灾。

3）夯机启动时一定要使用启动手柄，不得使用代用品，以免损伤活塞。严禁一人启动另一人操作，以免动作不协调而发生事故。

4）夯机在工作中需要移动时，只要将夯机往需要方向略为倾斜，夯机即可自行移动。切忌将头伸向夯机上部或将脚靠近夯机底部，以免碰伤头部或碰伤脚部。

5）夯实时夯土层必须摊铺平整。不准打坚石、金属及硬的土层。

6）在工作前及工作中要随时注意各连接螺钉有无松动现象，若发现松动应立即停机拧紧。特别应注意汽化器气门导杆上的开口锁是否松动，若已变形或松动应及时更换新的，否则在工作时锁片脱落会使气门导杆掉入汽缸内造成重大事故。

7）为避免发生偶然点火、夯机突然跳动造成事故，在夯机暂停工作时，必须旋上保险手柄。

8）夯机在工作时，靠近1m范围之内不准站立非操作人员；在多台夯机并列工作时，其间距不得小于1m；在串联工作时，其间距不得小于3m。

9）长期停放夯机时，应将保险手柄旋上顶住操纵手柄，关闭油门，旋紧汽化器顶针，将夯机擦净，套上防雨套，装上专用两轮车推到存放处，并应在停放前对夯机进行全面保养。

10.3.2 电动式夯土机

蛙式夯土机适用于水景、道路、假山、建筑等工程的土方夯实及场地平整；对施工中槽宽500mm以上，长3m以上的基础、基坑、灰土进行夯实；以及较大面积的填方及一般洒水回填土的夯实工作等。

蛙式夯土机主要由夯头、夯架、传动轴、底盘、手把及电动机等组成。

蛙式夯土机的使用要点：

1）安装后各传动部分应保持转动灵活，间隙适合，不宜过紧或过松。

2）安装后各紧固螺栓和螺母要严格检查其紧固情况，保证牢固可靠。

3）在安装电器的同时必须安置接地线。

4）开关电门处管的内壁应填以绝缘物。在电动机的接线穿入手把的入口处，应套绝缘管，以防电线磨损漏电。

5）操作前应检查电路是否合乎要求，地线是否接好。各部件是否正常，尤其要注意偏心块和带轮是否牢靠。然后进行试运转，待运转正常后才能开始作业。

6）操作和传递导线人员都要带绝缘手套和穿绝缘胶鞋以防触电。

7）夯机在作业中需穿线时，应停机将电缆线移至夯机后面，禁止在夯机行驶的前方，隔机扔电线。电线不得扭结。

8）夯机作业时不得打冰土、坚石和混有砖石碎块的杂土以及一边硬的填土。同时应注意地下建筑物，以免触及夯板造成事故。在边坡作业时应注意坡度，防止翻倒。

9）夯机前进方向不准站立非操作人员。两机并列工作的间距不得小于5m。串联工作的间距不得小于10m。

10）作业时电缆线不得张拉过紧，应保证3～4m的松余量。递线人应依照夯实线路随时调整电缆线，以免发生缠绕与扯断的危险。

11）工作完毕之后，应切断电源，卷好电缆线，如有破损处应用胶布包好。

12）长期不用时，应进行一次全面检修保养，并应存放在通风干燥的室内，机下应垫好垫木，以防机件和电器潮湿损坏。

10.4 栽植机械

10.4.1 挖坑机

挖坑机又叫穴状整地机，主要用于栽植乔灌木、大苗移植时整地挖穴，也可用于挖施肥坑、埋设电杆、设桩等作业。挖坑机的类型按其动力和挂结方式的不同可分为：

1）悬挂式挖坑机。悬挂式挖坑机是悬挂在拖拉机上，由拖拉机的动力输出轴通过传动系统驱动钻头进行挖坑作业的挖坑机，包括机架、传动装置、减速箱和钻头等几个主要部分。

2）手提式挖坑机。手提式挖坑机主要用于地形复杂的地区植树前的整地或挖坑。

手提式挖坑机是以小型二冲程汽油发动机为动力，其特点是重量轻、马力大、结构紧凑、操作灵便、生产率高。

10.4.2 开沟机

开沟机除用于种植外，还用于开掘排水沟渠和灌溉沟渠，主要类型有铧式和旋转圆盘式两种。

1）铧式开沟机。铧式开沟机主要由大中型拖拉机牵引，犁铧人土后，土垡经翻土板、两翼板推向两侧，侧压板将沟壁压紧即形成沟道。

2）旋转圆盘开沟机。旋转圆盘开沟机是由拖拉机的动力输出轴驱动，圆盘旋转抛土开沟。其优点是牵引阻力小、沟形整齐、结构紧凑、效率高。圆盘开沟机有单圆盘式和双圆盘式两种。双圆盘开沟机组行走稳定，工作质量比单圆盘式开沟机好，适于开大沟。旋转开沟机作业速度较慢，需要在拖拉机上安装变速箱减速。

10.4.3 树木移植机

树木移植机是用于树木带土移植的机械，可以完成挖穴、起树、运输、栽植、浇水等全部（或部分）作业。该机在大苗出圃及园林树木移植时使用，生产率高，作业成本相对较低，适应性强，应用范围广泛，能减轻工人劳动强度，提高作业安全性。树木移植机有自行式、牵引式和悬挂式等。

1）自行式一般以载重汽车为底盘，一般为大型机，可挖土球直径达160cm。

2）牵引式和悬挂式可以选用前翻斗车、轮式拖拉机或自装式集材拖拉机为底盘，一般为中、小型机。中型机可挖土球直径为100cm（树木径级为10～12cm），小型机可挖土球直径80cm（树木径级一般在6cm左右）。

国内外有多种机型，常用的有：2QT—50型树苗移植机、2ZS—150型树木移植机、大约翰树木移植机、前置式树木移植机、U形铲式树木挖掘机等。

10.5　整形修剪机械

10.5.1　绿篱修剪机

绿篱多是由矮小丛生的灌木组成的绿色景观，生长特性各不相同，有的有主干，有的无主干，长势各异，因而必须通过合理修剪才能使之成为理想景观。手工修剪是一种方法，但国内外有多种规格、型号的绿篱修剪机成为主要的绿篱修剪工具。

1. 以电动机为动力的绿篱修剪机

常见有600HEL型往复式电动绿篱修剪机、ZDY—1型回转式电动绿篱修剪机等。

2. 以汽油机为动力的绿篱修剪机

规格、型号很多，主要有LJ3型绿篱修剪机、AM—100E型软轴绿篱修剪机、双人绿篱修剪机、双边绿篱修剪机、高枝绿篱修剪机等。

10.5.2　立木整枝机

立木整枝在城市建设、园林绿化中占有重要地位，而且是工作量较大的作业，是乔灌木管理中较关键性的技术措施之一，往往在树木高大、人工进行有一定困难和危险时采用。因而，立木整枝机在该作业中的作用尤为重要。立木整枝机有手持背负式、车载式和自动式等多种形式。

1. 手持、背负式立木整枝机

一般由发动机、离合器、传动轴、减速装置、操纵控制手柄及工作装置等组成。工作时，手持或肩背（单肩挎或双肩背）整枝机，传动轴一般是套在长的铝合金薄壁硬管中，根据型号不同可以有1 ~2m长，也有伸缩式的杆，可根据立木高度调整杆的长度。

2. 车载式立木整枝机

在较大型拖拉机上侧置可以伸向高空的液压折叠臂，臂端配有可以往复运动的液压剪，可修剪高度为6 ~7m的树冠，切断直径为10cm的树枝。其液压折叠臂在需要的时候可以下放到不同高度，甚至放到地面上，可以修剪灌木丛或地面杂草。

3. 自动立木整枝机

日本SEIREI公司生产的自动立木整枝机，也称整枝机器人，是一种高科技产品。作业时，人将机器套置在树干上，启动汽油机，在遥控器的控制下机器自动绕树干螺旋式上升，导板锯链式锯切机构贴靠树干锯切树枝，不留枝茬，切痕平整。

这种自动立木整枝机要求树干通直度较高，对树木弯曲度过大、树干有隆起树包、树枝直径超限、树干不圆及在树干上有攀附枝条等的树干则不要使用。

10.6　浇灌系统

10.6.1　喷灌系统

喷灌系统由水源、水泵、喷头、管道系统、喷灌机等组成。

1. 水泵

水泵是喷灌系统的重要组成部分，为喷灌系统从水源提水并加压。常用水泵有喷灌专用的离心泵、井泵、微形泵、真空泵、电动泵、加压泵等。

2. 喷头

园林喷灌，一般来说可以部分采用农业、林业喷灌喷头。但由于园林灌溉的特殊性，如园林绿地常有游人活动，应较严格控制喷洒范围，不应喷到人行道上，运动场等场所的喷洒设施不应露出地面等，因此，对园林喷灌的喷头应有特殊的要求。如有微压、低压、中压、高压喷头；有旋转式（或称射流式、旋转射流式）、固定式（或称散水式、固定散水式或漫射式）、喷洒孔管喷头等。

3. 管道系统

喷灌管道种类很多，在园林绿地喷灌中，目前常用硬塑料管道埋在地下。将铝合金管、薄壁钢管、塑料软管装上快速接头可作为移动式管道。

为使喷灌系统按轮灌要求进行计划供水并保证安全运行，在管路系统内应设置控制部件和安全保护部件。如各种阀门和专用给水部件、水锤消除器、安全阀、减压阀、空气阀等。

4. 喷灌机

将除水源外的其他部件，如水泵、动力、管道及喷洒等各部件组成一个整体的机械称为喷灌机（或浇灌机），属于机组式（或称移动式）喷洒系统。主要分两大类，即定喷式和行喷式。园林绿地喷灌一般可选用肩担、手推车、担架式、小型绞盘式或专用自行式喷洒车等；对于大型苗圃、草坪草培育基地可选用平移式喷灌机。

10.6.2 微灌系统

微灌是利用低压管路系统将压力水输送分配到灌水区，通过灌水器以微小的流量湿润植物根部附近土壤的一种局部灌水技术。比较适于温室、花卉和园林灌溉。微灌系统由水源、首部枢纽、灌水器、输配水管网等组成。

1. 首部枢纽

首部枢纽包括水泵、动力机、肥料及化学药品注入设备、过滤设备、压力及流量测量仪器等，必要时可设置防护装置，如空气阀、安全阀或减压阀等。

2. 灌水器

灌水器是微灌系统的执行部件，它的作用是将压力水用滴灌、微喷、渗灌等不同方式均匀而稳定地灌到作物根区附近的土壤上。按结构和出流形式的不同有滴头、滴灌带、微喷头、渗灌管（带）、涌水器等。

3. 输配水管网

微灌系统是通过各种规格的管道和管件（连接件）组成的输配水管网。各种管道和管件在微灌系统中用量很大。要保证正常运行和使用寿命，必须要求各级管道能承受设计的工作压力；抗腐蚀、抗老化能力强；加工精度要达到使用要求，表面应光滑平整；安装连接方便、可靠、不允许漏水。

10.6.3 自动化灌溉系统

灌溉系统的自动控制，可以精确地控制灌水定额和灌水周期，适时、适量地供水；提高水的利用率、减轻劳动强度和减少运行费用；并可方便灵活地调整灌水计划和灌水制度。自动化灌溉系统分为全自动化和半自动化两类。

全自动化灌溉系统运行时，不需人直接参与控制，而是通过预先编制好的控制程序并根据作物需水参量自动启、闭水泵和阀门，按要求进行轮灌。半自动化灌溉系统不是按照植物和土壤水分状况及气象状况来控制供水，而是根据设计的灌水周期、灌水定额、灌水量和灌水时间等要求，预先编好程序输入控制器来控制。

第11章　园林工程招标投标

11.1　工程承包

11.1.1　概述

工程项目承包是一种商业行为，是商品经济发展到一定程度的产物。

园林建设工程项目承发包的含义是：建设单位或总承包单位（发包方）采用一定的交易方式，通过合同进行委托生产，园林企业（承包方）按合同规定为建设单位完成某一工程的全部或其中一部分工作，并按预定的价格取得相应报酬，双方在经济上的权利义务关系通过合同加以明确。它是社会主义市场经济条件下园林工程项目实现的主要方式。

园林工程承包的内容是指建设过程中各个阶段的全部工作，主要包括以下内容。

1. 项目可行性研究

建设工程项目可行性研究是指对某建设工程项目在做出是否投资的决策之前，首先根据城市规划和城市绿地系统规划的要求，对与园林建设项目相关的技术、经济、社会、环境等所有方面进行调查研究，对项目各种可能的拟建方案认真地进行技术、经济分析论证，研究项目在技术上的先进适用性，在经济上的合理性和建设上的可能性，对项目建成后的经济效益、社会效益、环境效益等进行科学的预测和评价，据此提出该项目是否应该投资建设以及选定最佳投资建设方案等结论性意见，为项目投资决策提供依据。

2. 工程勘察

勘察工作的内容主要包括工程测量、水文地质勘察和工程地质勘察。工程测量的目的是弄清工程建设地点的地形地貌。水文地质勘察目的是弄清水层、水源、水位和水质情况。工程地质勘察的目的是弄清地层土壤、岩层的地质构造及各土层、岩层的物理力学性质。总体目的是为项目的选址、建筑设计和施工提供可靠的科学依据。

勘察又可分为选址勘察、初步勘察和详细勘察。

3. 项目设计

建设项目的设计是为拟建项目的实施在技术和经济方面做出全面安排，是项目进行施工的主要依据。其主要内容包括：

1）项目总体规划设计。

2）项目初步设计。

3）项目施工图设计。

4）项目设计概（预）算。

4. 项目的材料和设备的供应

项目的材料、设备、设施的供应，一般通过招标选择物资供应部门。

5. 园林工程施工

园林工程项目施工一般分为施工现场准备工作、项目建筑安装工程和项目绿化工程三大部分。

6. 项目劳务及技术服务

园林工程建设提供劳务是指按照发包单位的要求,为完成园林建设任务提供有组织的劳动力和相关的技术服务。

7. 工程项目的培训

项目培训是指施工过程中及项目建设完成后投入使用时,按发包方要求分期培训合格的管理人员和技术工人。如温室管理、大型游艺设施的使用维护等工作。

8. 工程项目管理

工程项目管理是指对整个建设工程全过程的组织管理工作。

11.1.2 工程承包方式

工程承包方式是指工程承发包双方之间经济关系的形式。受承包内容和具体环境的影响,承包方式多种多样。

1. 按承包范围划分承包方式

按工程承包范围即承包内容划分,承包方式有建设全过程承包、阶段承包、专项承包两种。

(1)建设全过程承包

建设全过程承包也叫"统包",或"一揽子承包",即通常所说的"交钥匙"。采用这种承包方式,建设单位一般只要提出使用要求和竣工期限,承包单位即可对项目建议书、可行性研究、勘察设计、设备询价与选购、材料订货、工程施工、生产职工培训直至竣工投产,实行全面的总承包,并负责对各项分包任务进行综合管理和监督。为了有利于建设的衔接,必要时也可以吸收建设单位的部分力量,在承包公司的统一组织下,参加工程建设的有关工作。这种承包方式要求承发包双方密切配合,涉及决策性质的重大问题仍应由建设单位或其上级主管部门作最后的决定。这种承包方式主要适用于各种大中型建设项目。其优点是可以积累建设经验和充分利用已有的经验,节约投资,缩短建设周期并保证建设的质量,提高经济效益。当然,也要求承包单位必须具有雄厚的技术经济实力和丰富的组织管理经验。

(2)阶段承包

阶段承包是承包建设过程中某一阶段或某些阶段的工作。例如可行性研究、勘察设计、建筑安装施工等。在施工阶段,还可依承包内容的不同,细分为以下三种方式:

1)包工包料。即承包工程施工所用的全部人工和材料。这是国际上采用较为普遍的施工承包方式。

2)包工部分包料。即承包者只负责提供施工的全部工人和一部分材料,其余部分则由建设单位或总包单位负责供应。

3)包工不包料。即承包人仅提供劳务而不承担供应任何材料的义务。在国内外的建筑工程中都存在这种承包方式。

(3)专项承包

专项承包的内容是某一建设阶段中的某一专门项目,由于专业性较强,多由有关的专业承包单位承包,故称专业承包。例如可行性研究中的辅助研究项目,勘察设计阶段的工程地质勘察,供水水源勘察,基础或结构工程设计、工艺设计,供电系统、空调系统及防灾系统的设计,建设准备过程中的设备选购和生产技术人员培训,以及施工阶段的深基础施工、金属结构制作和安装、通风设备的安装和电梯安装等。

2. 按承包者所处地位划分承包方式

在工程承包中，一个建设项目中往往有不止一个承包单位。不同承包单位之间，承包单位与建设单位之间的关系不同，地位不同，也就形成不同的承包方式。

(1)总承包

一个建设项目建设全过程或其中某个阶段的全部工作，由一个承包单位负责组织实施。这个承包单位可以将若干个专业性工作交给不同的专业承包单位去完成，并统一协调和监督他们的工作。在一般情况下，业主仅同这个承包单位发生直接关系，而不同各专业承包单位发生直接关系。这样的承包方式叫做总承包。承担这种任务的单位叫做总承包单位，或简称总包，通常为咨询公司、勘察设计机构、一般土建公司以及设计施工一体化的大建筑公司等。我国新兴的工程承包公司也是总包单位的一种组织形式。

(2)分承包

分承包简称分包，是相对总承包而言的，即承包者不与建设单位发生直接关系，而是从总承包单位分包某一分项工程(例如土方、模板、钢筋等)或某种专业工程(例如钢结构制作和安装、卫生设备安装、电梯安装等)，在现场由总包统筹安排其活动，并对总包负责。分包单位通常为专业工程公司，例如工业锅炉公司、设备安装公司、装饰工程公司等。

(3)独立承包

独立承包是指承包单位依靠自身的力量完成承包的任务，而不实行分包的承包方式。通常仅适用于规模较小、技术要求比较简单的工程以及修缮工程。

(4)联合承包

联合承包是相对于独立承包而言的承包方式，即由两个以上承包单位联合起来承包一项工程任务，由参加联合的各单位推荐代表统一与建设单位签订合同，共同对建设单位负责，并协调他们之间的关系。但参加联合的各单位仍是各自独立经营的企业，只是在共同承包的工程项目上，根据预先达成的协议，承担各自的义务和分享共同的收益，包括资金投入、工段分配、管理人员的派遣、机械设备和临时设施的费用分摊、利润的分离以及风险的分担等。这种承包方式由于多家联合，资金雄厚，技术和管理上可以取长补短，发挥各自的优势，有能力承包大规模的工程任务。同时由于多家共同作价，在报价及投标策略上互相交流经验，也有助于提高竞争力，较易中标。

(5)直接承包

直接承包就是在同一工程项目上，不同承包单位分别与建设单位签订承包合同，各自直接对建设单位负责。各承包商之间不存在总分包关系，现场的协调工作可由建设单位自己去做，或委托一个承包商牵头去做，也可聘请专门的项目经理来管理。

3. 按获得承包任务的途径划分承包方式

(1)计划分配

在计划经济体制下，由中央和地方政府的计划部门分配建设工程任务，由设计、施工单位与建设单位签订承包合同，这就是计划分配方式。在我国，计划分配曾是多年来采用的主要方式，改革后已很少采用。

(2)投标竞争

通过投标竞争，优胜者获得工程任务，与业主签订承包合同。这是国际上通用的获得承包任务的主要方式。我国建筑业和基本建设管理体制改革的主要内容之一，就是从以计划分配工程任务为主逐步过渡到以在政府宏观调控下实行投标竞争为主的承包方式。

(3)委托承包

委托承包也称协商承包,即不需经过投标竞争,而由业主与承包商协商,签订委托其承包某项工程任务的合同。

(4)指令承包

指令承包就是由政府主管部门依法指定工程承包单位。这是一种具有强制性的行政措施,仅适用于某些特殊情况。

4. 按合同类型和计价方法划分承包方式

不同工程项目的条件和承包内容不同,往往要求采用不同类型的合同和计价方法,因此,在实践中,合同类型和计价方法就成为划分承包方式的主要依据,据此承包方式分为:固定总价合同承包、单价合同承包、成本加酬金合同承包。

11.1.3 承包商应具备的条件

建设工程的承发包,必须严格执行市场主体资质管理的规定,对勘察设计单位要进行资格认证,对施工企业要进行资质审查。发包单位或者个人,应当将建设工程发包给具有相应资质的承包单位。承包建设工程的单位(企业),应当持有资质证件,并在资质许可的业务范围内承揽工程。严禁承包单位及从业者出卖、转让、出借、涂改、伪造资格证件的行为。

1. 承包商及其分类

从事园林工程项目承包经营活动的企业,国际上通称园林工程项目承包商。

(1)园林工程总承包企业

指从事园林工程建设项目全过程承包活动的智力密集型企业。应具备的能力是:工程勘察设计、工程施工管理、材料设备采购、工程技术开发应用及工程建设咨询等。

(2)园林工程施工承包企业

指从事园林工程建设项目施工阶段的承包活动的企业。应具备的能力是:工程施工承包与施工管理。

(3)园林工程项目专项分包企业

指从事园林工程建设项目施工阶段专项分包和承包限额以下小型工程活动的企业。应具备的能力:在园林工程总承包企业和园林施工承包企业的管理下,进行专项园林工程分包,对限额以下的小型园林工程实施承包与施工管理。

2. 园林工程的企业资质

园林工程企业资质是指园林工程承包商的资格和素质,是园林工程承包经营者必须具备的基本条件。按我国现行规定,将承包商的建设业绩、人员素质、管理水平、资金数量、技术含量等作为主要指标,将不同的园林工程的建设施工企业按其资格和素质划分成2~4个资质等级,并规定了相应的承包工程范围,由国家规定的机构发给资质等级证。资格等级证要根据企业的变化,定期评定及时更换。

11.2 园林工程招标

11.2.1 工程项目招标应具备的条件

1. 招标单位应具备的条件

1)具有法人资格或是依法成立的其他组织。

2)有与招标园林工程相应的资金及经济、技术管理人员。

3)有组织编制园林工程招标文件的能力。

4)有审查投标园林工程建设单位资质的能力。

5)有组织开标、评标、定标的能力。

对如不具备上述1)~5)项条件的园林工程建设单位,必须委托有相应资质的咨询、监理单位代理招标。

2. 招标项目应具备的条件

1)项目概算已经批准。

2)建设项目正式列入国家、部门或地方的年度固定资产投资计划。

3)项目建设用地的征用工作已经完成。

4)有能够满足施工需要的施工图纸和技术资料。

5)项目建设资金和主要材料、设备的来源已经落实。

6)已经建设项目所在地规划部门批准,施工现场已经完成“四通一清”或一并列入施工项目的招标范围。

园林工程施工招标可采用项目工程招标、分项工程招标、特殊专业工程招标等方式进行,但不得对分项工程的分部、分项工程进行招标。

11.2.2 招标方式

招标在具体的运作过程中具有几种不同的表现形式。

1. 公开招标

公开招标又称无限竞争性招标,是指招标人以招标公告的方式邀请不特定的法人或者其他组织投标。即招标人按照法定程序,在国内外公开出版的报刊或者广播、电视、网络等公共媒体上发布招标广告,凡有兴趣并符合要求的承包商,不受地域、行业和数量的限制均可以申请投标,经过资格审查合格后,按规定时间参加投标竞争。

这种招标方式的优点是:业主可以在较广的范围内选择承包单位,投标竞争激烈,择优率高,有利于业主将工程项目的建设交予可靠的承包商实施,并获得有竞争性的商业报价,同时也可以在较大程度上避免招标活动中的贿标行为。其缺点是:准备招标、对投标申请单位进行资格预审和评标的工作量大,招标时间长、费用高;同时,参加竞争投标者越多,每个参加者中标的机会越小,风险越大,损失的费用越多,而这种费用的损失必然反映在标价上,最终会由招标人承担。

2. 邀请招标

邀请招标也称有限竞争性招标,是指招标人以投标邀请书的形式邀请特定的法人或者其他的组织投标。招标人向预先确定的若干家承包单位发出投标邀请函,就招标工程的内容、工作范围、实施条件等作出简要的说明,请他们来参加投标竞争。被邀请单位同意参加投标后,从招标人处获取招标文件,并在规定时间内投标报价。

邀请招标的邀请对象数量以5~10家为宜,但不应少于3家,否则就失去了竞争意义。与公开招标相比,其优点是不发招标广告,不进行资格预审,简化了投标程序,因此节约了招标费用,缩短了招标时间。其缺点是投标竞争的激烈程度较低,有可能提高中标的合同价,也有可能排除了某些在技术上或报价上有竞争力的承包商参与投标。

3. 议标招标

这是指业主指定少数几家承包单位,分别就承包范围内的有关事宜进行协商,直到与某一承包商达成协议，将工程任务委托其去完成。议标招标与前两种招标方式相比，投标不具公开性和竞争性，因此容易发生幕后交易。但对于一些小型项目来说，采用议标方式目标明确，省时省力。

业主邀请议标的单位一般不应少于两家，只有在特定条件下，才能只邀请一家议标单位参与议标。

11.2.3 招标程序

1. 工程项目招标一般程序

工程项目招标一般程序可分为三个阶段：一是招标准备阶段，二是招标阶段，三是决标成交阶段，其每个阶段具体步骤如图 11-1 所示。

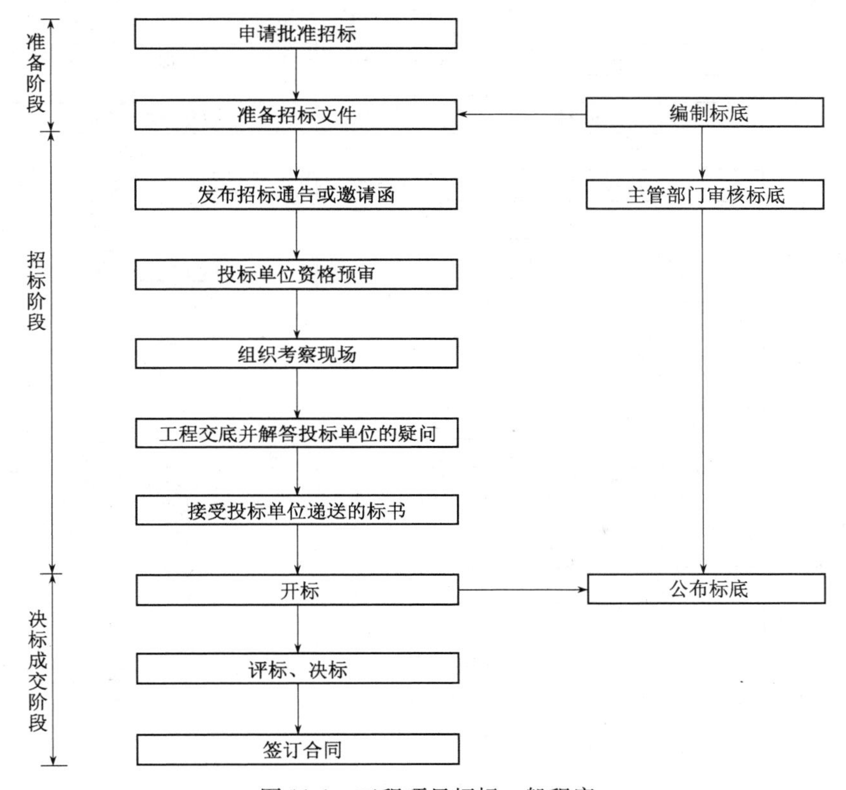

图 11-1 工程项目招标一般程序

我国现行《工程建设施工招标投标管理办法》规定，施工招标应按下列程序进行：

1）由建设单位组织一个符合要求的招标班子。

2）向招标投标办事机构提出招标申请书。

3）编制招标文件和标底，并报招标投标办事机构审定。

4）发布招标公告或发出招标邀请书。

5）投标单位申请投标。

6）对投标单位进行资质审查，并将审查结果通知各申请投标者。

7）向合格的投标单位分发招标文件及设计图样、技术资料等。

8）组织投标单位考察现场，并对招标文件答疑。

9）建立评标组织，制定评标文件办法。

10）召开开标会议，审查投标书。

11）组织评标，决定中标单位。

12）发出中标通知书。

13）建设单位与中标单位签订承发包合同。

2. 公开招标程序

建设工程项目公开招标程序也同工程项目招标一般程序一样分三个阶段，其具体步骤如图 11-2 所示。

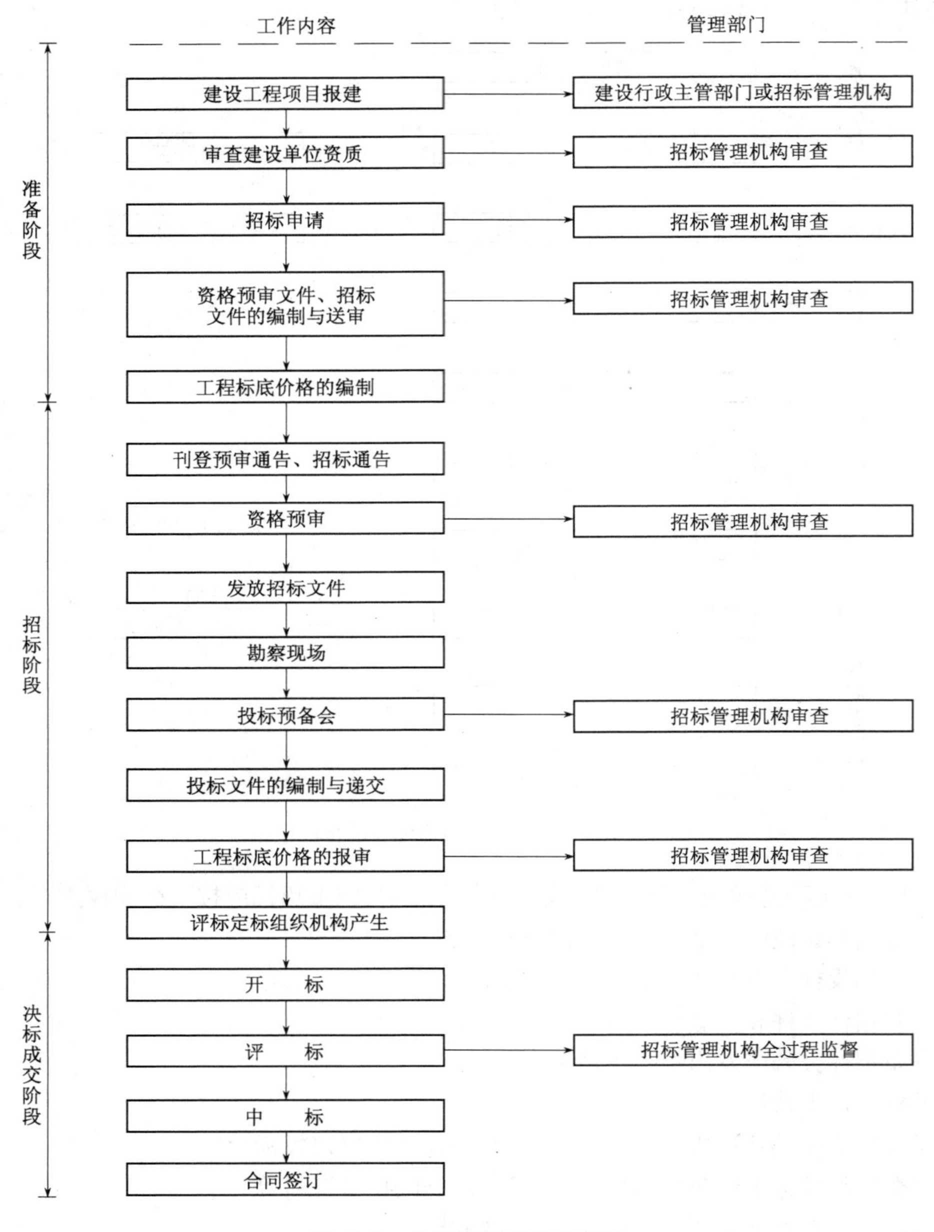

图 11-2　公开招标程序流程图

11.2.4 招标工作机构

1. 我国招标工作机构的形式

1)由招标人的基本建设主管部门(处、科、室、组)或实行建设项目业主责任制的业主单位负责有关招标的全部工作。这些机构的工作人员一般是从各有关部门临时抽调的,项目建成后往往转入生产或其他部门工作。

2)由政府主管部门设立“招标领导小组”或“招标办公室”之类的机构,统一处理招标工作。

3)招标代理机构受招标人委托,组织招标活动。这种做法对保证招标质量、提高招标效益能起到有益作用。招标代理机构与行政机关和其他国家机关不得存在隶属关系或者其他利益关系。

2. 招标工作小组需具备的条件

招标工作小组由建设单位或建设单位委托的具有法人资格的建设工程招标代理机构负责组建。招标工作小组成员组成要与建设工程规模和技术复杂程度相适应,一般以6~7人为宜,招标工作小组组长应由建设单位法人代表或其委托的代理人担任。招标工作小组必须具备以下条件:

1)有建设单位法人代表或其委托的代理人参加。

2)有与工程规模相适应的技术、财务人员。

3)有对投标企业进行评审的能力。

3. 招标工作机构人员构成

1)决策人。即主管部门任命的招标人或授权代表。

2)专业技术人员。包括建筑师,结构、设备、工艺等专业工程师和估算师等,他们的职能是向决策人提供咨询意见和进行招标的具体事务工作。

3)助理人员。即决策人员和专业技术人员的助手,包括秘书,负责管理资料、档案等的工作人员。

4. 招标代理机构

招标代理机构是依法设立,从事招标代理业务并提供相关服务的社会中介组织。招标代理机构应当具备下列条件:

1)有从事招标代理业务的场所和相应的资金。

2)有能够编制招标文件和组织评标的相应专业力量。

3)有符合评标要求的评标委员专家库。

从事工程建设项目招标代理业务的招标代理机构,其资格由国务院或省、自治区、直辖市人民政府的建设行政主管部门认定。具体办法由国务院建设行政主管部门会同国务院有关部门制定。

招标代理机构与行政机关和其他国家机关不得存在隶属关系或者其他利益关系,即招标代理机构依法独立成立,不得隶属于政府、主管行政等部门,也不得与之有任何利益关系。招标代理机构是独立的中介机构,招标代理机构应当在招标人委托的范围内办理招标事宜,并遵守招标投标法关于招标人的规定。

5. 招标工作机构的职能

招标工作机构的职能包括决策和处理日常事务两方面。

(1)决策

决策性工作包括以下事项：

1)确定工程项目的发包范围，即决定是全过程统包还是分阶段发包或者单项工程发包、专业工程发包等。

2)确定承包形式和承包内容，即决定采用总价合同承包、单价合同承包还是成本加酬金合同承包。

3)确定承包方式，即决定是全部包工包料还是部分包工包料或包工不包料等。

4)确定发包手段，即决定采用公开招标，还是邀请招标。

5)确定标底。

6)决标并签订合同或协议。

(2)处理日常事务

招标的日常事务包括以下工作：

1)发布招标及资格预审通告或投标邀请函。

2)编制和发送或发售招标文件。

3)组织现场考察和投标答疑。

4)审查投标者资格。

5)组织编制或委托代理机构编制标底。

6)接受并保管投标文件和函件。

7)开标、审标并组织评标。

8)谈判签约。

9)缴纳招标管理费。

10)确定和发放标书编制补偿费。

11)填写招标工作综合报告和报表。

11.2.5 标底和标底文件

1. 标底

(1)标底的概念

指招标人认可的招标项目的预算价格。它由招标人或招标人委托建设行政主管部门批准的具有相应资格和能力的中介代理机构，依据现行的工程量计算规则和规定的计价方法及要求编制。标底一经审定应密封保存至开标时，所有接触过标底的人员均负有保密责任，不得泄露。标底作为判定投标人的报价是否合理的重要参数，在编制过程中应体现以下原则。

1)根据设计图纸及有关资料、招标文件，并参照国家规定的技术、经济标准定额及规范，来确定工程量和编制标底。

2)标底价格应由成本、利润、税金组成，一般应控制在批准的总概算(或修正概算)及投资包干的限额内。

3)标底价格作为建设单位的期望计划价，应力求与市场的实际变化吻合，要有利于竞争和保证工程质量。

4)标底价格应考虑人工、材料、机械台班等价格变动因素，还应包括施工不可预见费、包干费和措施费等。工程要求优良的，还应增加相应费用。

5)一个工程只能编制一个标底。

(2)标底价格的组成和计算方式

标底价格由成本、利润、税金等组成,应考虑人工、材料、机械台班等价格变化因素,还应包括不可预见费、预算包干费、赶工措施费和施工技术费、现场因素费用、保险以及采用固定价格的工程风险费等。计价方式可选用我国现行规定的工料单价和综合单价两种方式。

在建设工程项目施工公开招标中,采用综合单价的计价方式;而在邀请招标中,上述两种计价方式均可采用。

2. 招标文件

招标文件是项目建设单位向可能的承包商详细阐明项目建设意图的一系列文件的总称,也是投标单位编制投标书的主要客观依据。主要内容包括:

1)工程综合说明。包括工程名称、建设地址、招标项目、占地范围、建筑面积、技术要求、质量标准、现场条件、招标方式、要求开工和竣工时间以及对投标企业的资质等级要求等。

2)必要的设计图纸与技术资料。

3)工程量清单。

4)由银行出具的建设资金证明和工程款的支付方式及预付款的百分比。

5)主要材料(钢材、木材、水泥等)与设备的供应方式,加工订货情况和材料、设备价差的处理方法。

6)特殊工程的施工要求以及采用的技术规范。

7)投标书的编制要求及评标、定标原则。

8)投标、开标、评标、定标等活动的日程安排。

9)建设工程施工合同条件及调整要求。

10)其他需要说明的事项。

招标文件不得要求或者标明特定的生产供应者以及含有倾向或者排斥潜在投标人的其他内容。

11.2.6 开标、评标和决标

1. 开标

开标由招标人主持,邀请所有的投标人和评标委员会的全体人员参加,招投标管理机构负责监督,大中型项目也可以请公证机关进行公证。

(1)开标的时间和地点

开标时间应当与招标文件规定的投标截止时间为同一时间;开标地点通常为工程所在地的建设工程交易中心。开标时间和地点应在招标文件中明确规定。

(2)开标会议程序

1)投标人签到。签到记录是投标人是否出席开标会议的证明。

2)招标人主持开标会议。主持人介绍参加开标会议的单位、人员及工程项目的有关情况,宣布开标人员名单、招标文件规定的评标定标办法和标底。

(3)开标

1)检验各标书的密封情况。由投标人或其推选的代表检查各标书的密封情况,也可以由公证人员检查并公证。

2)唱标。经检验确认各标书的密封无异常情况后,按投递标书的先后顺序,当众拆封投标文件,宣读投标人名称、投标价格和标书的其他主要内容。投标截止时间前收到的所有投标文件都应当当众予以拆封和宣读。

3）开标过程记录。对开标过程应当做好记录，并存档备查。投标人也应做好记录，以收集竞争对手的信息资料。

4）宣布无效的投标文件。开标时，发现有下列情形之一的投标文件时，应当当场宣布其为无效投标文件，不得进入评标。

① 投标文件未按照招标文件的要求予以密封或逾期送达的。

② 投标函未加盖投标人的公章及法定代表人印章或委托代理人印章的，或者法定代表人的委托代理人没有合法有效的委托书（原件）。

③ 投标文件的关键内容字迹模糊、无法辨认的。

④ 投标人未按照招标文件的要求提供投标担保或没有参加开标会议的。

⑤ 组成联合体投标，但投标文件未附联合体各方共同投标协议的。

2. 评标

（1）评标机构

评标工作由招标人依法组建的评标委员会负责，评标委员会即评标机构。

1）评标委员会的组成。评标委员会由招标人代表和技术、经济等方面的专家组成。成员数为五人以上的单数，其中招标人或招标代理机构以外的技术、经济等方面的专家不得少于成员总数的三分之二。

2）专家成员名单应从专家库中随机抽取确定。组成评标委员会的专家成员，由招标人从建设行政主管部门的专家名册或其他指定的专家库内的相关专家名单中随机抽取确定。技术特别复杂、专业性要求特别高或国家有特殊要求的招标项目，上述方式确定的专家成员难以胜任的，可以由招标人直接确定。

3）与投标人有利害关系的专家不得进入相关工程的评标委员会。

4）评标委员会的名单一般在开标前确定，定标前应当保密。

（2）评标活动应遵循的原则

1）评标活动应当遵循公平、公正原则

① 评标委员会应当根据招标文件规定的评标标准和办法进行评标，对投标文件进行系统的评审和比较。没有在招标文件中列示的评标标准和办法，不得作为评标的依据。招标文件规定的评标标准和办法应当合理，不得含有倾向或者排斥潜在投标人的内容，不得妨碍或者限制投标人之间的竞争。

② 评标过程应当保密。有关标书的审查、澄清、评比和比较的有关资料、授予合同的信息等均不得向无关人员泄露。对于投标人的任何施加影响的行为，都应给予取消其投标资格的处罚。

2）评标活动应当遵循科学、合理的原则

① 询标。即投标文件的澄清。评标委员会可以以书面形式，要求投标人对投标文件中含义不明确、对同类问题表述不一致，或者有明显文字和计算错误的内容，做必要的澄清、说明或补正，但是不得改变投标文件的实质性内容。

② 响应性投标文件中存在错误的修正。响应性投标中存在的计算或累加错误，由评标委员会按规定予以修正：用数字表示的数额与用文字表示的数额不一致时，以文字数额为准；单价与合价不一致时以单价为准，但评标委员会认为单价有明显的小数点错位的，则以合价

为准。

经修正的投标书必须经投标人同意才具有约束力。如果投标人对评标委员会按规定进行的修正不同意时，应当视为拒绝投标，投标保证金不予退还。

3）评标活动应当遵循竞争和择优的原则

① 评标委员会可以否决全部投标。评标委员会对各投标文件评审后认为所有投标文件都不符合招标文件要求的，可以否决所有投标。

② 有效的投标书不足三份时不予评标。有效投标不足三个，使得投标明显缺乏竞争性，失去了招标的意义，达不到招标的目的，应确定为招标无效，不予评标。

③ 重新招标。有效投标人少于三个或者所有投标被评标委员会否决的，招标人应当依法重新招标。

（3）评标的准备工作

1）认真研究招标文件。通过认真研究，熟悉招标文件中的以下内容：

① 招标的目标。

② 招标项目的范围和性质。

③ 招标文件中规定的主要技术要求、标准和商务条款。

④ 招标文件规定的评标标准、评标方法和在评标过程中考虑的相关因素。

2）招标人向评标委员会提供的评标所需的重要信息和数据。

（4）初步评审

初步评审又称投标文件的符合性鉴定。通过初评，将投标文件分为响应性投标和非响应性投标两大类。响应性投标是指投标文件的内容与招标文件所规定的要求、条件、合同协议条款和规范等相符，无显著差别或保留，并且按照招标文件的规定提交了投标担保的投标。非响应性投标是指投标文件的内容与招标文件的规定有重大偏差，或者是未按招标文件的规定提交担保的投标。通过初步评审，响应性投标可以进入详细评标，而非响应性投标则淘汰出局。初步评审的主要内容有：

1）投标文件排序。评标委员会应当按照投标报价的高低或者招标文件规定的其他方法对投标文件进行排序。

2）废标。下列情况作废标处理：

① 投标人以他人的名义投标、串通投标，以行贿手段或者以其他弄虚作假方式谋取中标的投标。

② 投标人以低于成本报价竞标的。投标人的报价明显低于其他投标报价或标底，使其报价有可能低于成本的，应当要求该投标人做出书面说明并提供相关证明的材料。投标人未能提供相关证明材料或不能做出合理解释的，按废标处理。

③ 投标人资格条件不符合国家规定或招标文件要求的。

④ 拒不按照要求对投标文件进行澄清、说明或补正的。

⑤ 未在实质上响应招标文件的投标。评标委员会应当审查每一投标文件，是否对招标文件提出的所有实质性要求做了响应。非响应性投标将被拒绝，并且不允许修改或补充。

3）重大偏差。评标委员会应当根据招标文件，审查并逐项列出投标文件的全部投标偏差，并区分为重大偏差和细微偏差两大类。属于重大偏差的有：

① 没有按照招标文件要求提供投标担保或者所提供的投标担保有瑕疵。

② 投标文件没有投标人授权代表的签字和加盖的公章。

③ 投标文件载明的招标项目完成期限超过招标文件规定的期限。

④ 明显不符合技术规范、技术标准的要求。

⑤ 投标文件附有招标人不能接受的条件。

⑥ 不符合招标文件中规定的其他实质性要求。

存在重大误差的投标文件,属于非响应性投标。

4)细微偏差。是指投标文件在实质上响应招标文件的要求,但在个别地方存在漏项或者提供了不完整的技术信息和数据等。

① 细微偏差不影响投标文件的有效性。

② 评标委员会应当书面要求投标文件存在细微偏差的投标人在评标结束前予以补正。

5)详细评审。经初步评审合格的投标文件,评标委员会应当根据招标文件规定的评标标准和办法,对其技术部分和商务部分作进一步的评审、比较,即详细评审。详细评审的方法有经评审的最低投标价法、综合评估法和法律法规规定的其他方法。

① 经评审的最低投标价法。采用经评审的最低投标价法时,评标委员会将推荐满足下述条件的投标人为中标候选人:

a. 能够满足招标文件的实质性要求。即中标人的投标应当符合招标文件规定的技术要求和标准。

b. 经评审的投标价最低的投标人。评标委员会应当根据招标文件规定的评标价格调整方法,对所有投标人的投标报价以及投标文件的商务部分作必要的调整,确定每一投标文件的经评审的投标价。但对技术标无须进行价格折算。

经评审的最低投标价法一般适用于具有通用技术性能标准的招标项目,或者是招标人对技术性能没有特殊要求的招标项目。采用经评审的最低投标价法评审完毕后,评标委员会应当填制“标价比较表”,编写书面的评标报告,提交给招标人定标。“标价比较表”应载明投标人的投标报价、对商务偏差的价格调整和说明、经评审的最终投标价。

② 综合评估法。综合评估法适用于不宜采用经评审的最低投标价法进行评标的招标项目。要点如下:

a. 综合评估法推荐中标候选人的原则。综合评估法推荐能够最大限度地满足招标文件中规定的各项综合评价标准的投标人,作为中标候选人。

b. 使各投标文件具有可比性。综合评估法是通过量化各投标文件对招标要求的满足程度,进行评标和选定中标候选人的。评标委员会对各个评审因素进行量化时,应当将量化指标建立在同一基础或同一标准上,使各投标文件具有可比性。评标中需量化的因素及其权重应当在招标文件中明确规定。

c. 衡量各投标满足招标要求的程度。综合评估法采用将技术指标折算为货币或者综合评分的方法,分别对技术部分和商务部分进行量化的评审,然后将每一投标文件两部分的量化结果,按照招标文件明确规定的计权方法进行加权,算出每一投标的综合评估价或者综合评估分,并确定中标候选人名单。

d. 综合评估比较表。运用综合评估法完成评标后,评标委员会应当拟定一份综合评估比较表,连同书面的评标报告提交给招标人。综合评估比较表应当载明投标人的投标报价、所作的任何修正、对商务偏差的调整、对技术偏差的调整、对各评审因素的评估和对每一投标的最终评审结果。

e. 备选标的评审。招标文件允许投标人投备选标的,评标委员会可以对中标人的备选标进行评审,并决定是否采纳。不符合中标条件的投标人的备选标不予考虑。

f. 划分有多个单项合同的招标项目的评审。对于此类招标项目,招标文件允许投标人为获得整个项目合同而提出优惠的,评标委员会可以对投标人提出的优惠进行审查,并决定是否将招标项目作为一个整体合同授予中标人。整体合同中标人的投标应当是最有利于招标人的投标。

6)评标报告。评标委员会完成评标后,应当向招标人提出书面评标报告。

① 评标报告的内容。评标报告应如实记载以下内容:基本情况和数据表、评标委员会成员名单、开标记录、符合要求的投标一览表、废标情况说明、评标标准、评标方法或者评标因素一览表、经评审的价格或者评分比较一览表、经评审的投标人排序、推荐的中标候选人名单与签订合同前要处理的事宜,以及澄清、说明、补正事项纪要。

② 中标候选人人数。评标委员会推荐的中标候选人应当限定在 1 ~3 人,并标明排列顺序。

③ 评标报告由评标委员会全体成员签字。评标委员会应当对下列情况做出书面说明并记录在案。

a. 对评标结论有异议的评标委员会成员,可以以书面方式阐述其不同意见和理由。

b. 评标委员会成员拒绝在评标报告上签字且不陈述其不同意见和理由的,视为同意评标结论。

3. 决标

决标又称定标,即在评标完成后确定中标人,是业主对满意的合同要约人做出承诺的法律行为。

(1)招标人应当在投标有效期内定标

投标有效期是招标文件规定的从投标截止日起至中标人公布日止的期限。一般不能延长,因为它是确定投标保证金有效期的依据。如有特殊情况确需延长的,应当进行以下工作:

1)报招投标主管部门备案,延长投标有效期。

2)取得投标人的同意。招标人应当向投标人书面提出延长要求,投标人应作书面答复。投标人不同意延长投标有效期的,视为投标截止前撤回投标,招标人应当退回其投标保证金。同意延长投标有效期的投标人,不得因此修改投标文件,而应相应延长投标保证金的有效期。

3)除不可抗力原因外,因延长投标有效期造成投标人损失的,招标人应当给予补偿。

(2)定标方式

定标时,应当由业主行使决策权。定标的方式有:

1)业主自己确定中标人。招标人根据评标委员会提出的书面评标报告,在中标候选人的推荐名单中确定中标人。

2)业主委托评标委员会确定中标人。招标人也可以通过授权评标委员会直接确定中标人。

3)定标的原则。中标人的投标应当符合下列两原则之一:

① 中标人的投标能够最大限度地满足招标文件规定的各项综合评价标准。

② 中标人的投标能够满足招标文件的实质性要求,并且经评审的投标价格最低,但是低

于成本的投标价格除外。

4)优先确定排名第一的中标候选人为中标人。使用国有资金投资或者国家融资的项目,招标人应当确定排名第一的中标候选人为中标人。排名第一的中标候选人放弃中标,或者因不可抗力提出不能履行合同,或者招标文件规定应当提交履约保证金而在规定期限内未能提交的,招标人可以确定排名第二的中标候选人为中标人。排名第二的中标候选人因同类原因不能签订合同的,招标人可以确定排名第三的中标候选人为中标人。

5)提交招投标情况书面报告及发出中标通知书。招标人应当自确定中标人之日起 15 日内,向工程所在地县级以上建设行政主管部门提出招投标情况的书面报告。招投标情况书面报告的内容包括:

① 招投标基本情况。包括招标范围、招标方式、资格审查、开标评标过程、定标方式及定标的理由等。

② 相关的文件资料。包括招标公告或投标邀请书、投标报名表、资格预审文件、招标文件、评标报告、标底(可以不设)、中标人的投标文件等。委托代理招标的应附招标代理委托合同。

建设行政主管部门自收到书面报告之日起 5 日内未通知招标人在招标活动中有违法行为的,招标人可以向中标人发出中标通知书,并将中标结果通知所有未中标的投标人。

6)退回招标文件的押金。公布中标结果后,未中标的投标人应当在公布中标通知书后的七天内退回招标文件和相关的图纸资料,同时招标人应当退回未中标投标人的投标文件和发放招标文件时收取的押金。

11.3 园林工程投标

11.3.1 投标程序

园林工程投标的一般程序如图 11-3 所示。

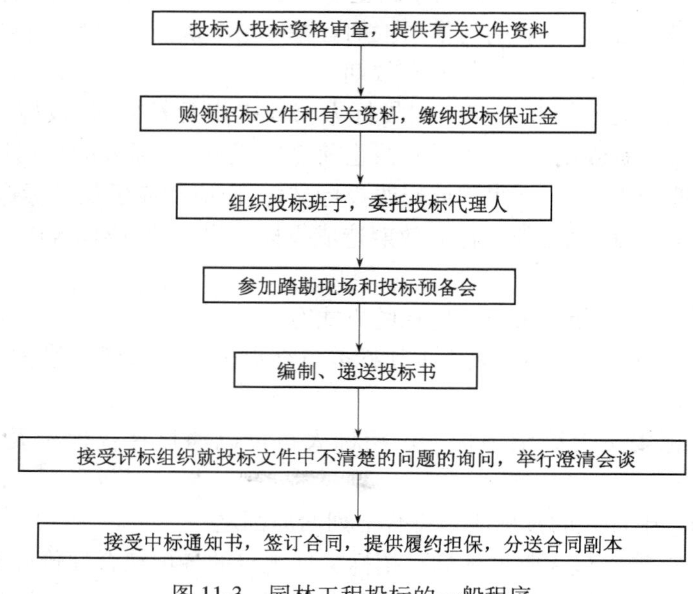

图 11-3 园林工程投标的一般程序

11.3.2 投标资格预审

对园林建设工程项目投标人的资质进行审查，在公开招标时一般采用资格预审的形式，在邀请招标时一般采用资格后审的形式。审查的内容涉及资质证书审查、能力审查和经验审查三个方面。资格预审能否通过是承包商投标过程中的第一关，主要是对园林施工企业总体能力是否适合招标工程的要求进行审查。资格预审应制定统一表格让申请投标人填报并提交以下有关资料：

1）企业营业执照和资质证书。

2）企业简历。

3）自有资金情况。

4）全员职工人数，包括技术人员，技术工人数量和平均技术等级，主要技术人员的资质等级证书，企业自有的主要施工机械设备一览表等情况。

5）近年来曾承建的主要工程及质量情况。

6）现有主要施工任务，包括在建和尚未开工工程一览表。

7）投标资格预审表。

11.3.3 投标准备工作

进入承包市场进行投标，必须做好一系列的准备工作，准备工作充分与否对中标和中标后赢利水平都有很大影响。投标准备包括接受资格预审、投标经营准备、报价准备三个方面。

1. 接受资格预审

根据《中华人民共和国招标投标法》第十八条的规定，招标人可以对投标人进行资格预审。投标人在获取招标信息后，可以从招标人处获得资格预审调查表，投标工作从填写调查表开始。

为了顺利通过资格预审，投标人应在平时就将一般资格预审内的有关资料准备齐全，最好储存在计算机里，到针对某个项目填写资格预审调查表时，将有关文件调出来加以补充完善即可。因为资格预审内容中，财务状况、施工经验、人员能力等是一些通用审查内容，在此基础上，附加一些具体项目的补充说明或填写一些表格，再补齐其他查询项目，即可成为资格预审书送出。

在填表时应突出重点，即要针对工程特点填好重要项目，特别是要反映公司施工经验、施工水平和施工组织能力，这往往是业主考查的重点。

在投标决策阶段，研究并确定本公司发展的地区和方向，注意收集信息，如有合适项目，及早动手做资格预审的申请准备，并参考前面介绍的资格预审方法为自己打分，找出差距，如某些问题不是自己可以解决的，则应考虑寻找适宜的合作伙伴组成联合体来参加投标。

做好递交资格预审表后的跟踪工作，以便及时发现问题、补充资料。

2. 投标经营准备

（1）组成投标班子

在企业决定要参加某工程项目投标之后，最重要的工作即是组成一个干练的投标班子。对参加投标的人员要进行认真挑选，以满足以下条件：

1）熟悉了解招标文件（包括合同条款），会拟订合同文稿，对投标、合同谈判和合同签约有丰富经验。

2）对《招标投标法》、《合同法》、《建筑法》等法律法规有一定了解。

3）不仅需要有丰富的工程经验、熟悉施工和工程估价的工程师，还要有具有设计经验的设计工程师参加，以便从设计或施工角度，对招标文件的设计图纸提出改进方案，以节省投资和加快工程进度。

4）最好有熟悉物资采购和园林植物的人员参加，因为工程的材料、设备往往占工程造价的一半以上。

5）有精通工程报价的经济师参加。

总之，投标班子最好由多方面人才组成。一个公司应该有一个按专业和承包地区分组的、稳定的投标班子，但应避免把投标人员和工程实施人员完全分开，即部分投标人员必须参加所投标项目的实施，这样才能减少工程失误的出现，不断总结经验，提高投标人员的水平和公司的总体投标水平。

（2）联合体

我国《招标投标法》第三十条规定，两个以上法人或者其他组织可以组成一个联合体，以一个投标人的身份共同投标。

1）联合体各方应具备的条件。我国《招标投标法》规定，联合体各方均应具备承担招标项目的能力。所谓国家规定包括三个方面：一是《招标投标法》和其他有关法律的规定；二是行政法规的规定；三是国务院有关行政主管部门按国务院确定的职责范围所作的规定。《招标投标法》除对招标人的资格条件作出具体规定外，又专门对联合体提出要求，目的是明确：不应因为是联合体就该降低对投标人的要求，这一规定对投标人和招标人都具有约束力。

2）联合体各方内部关系和其对外关系。

① 内部关系以协议的形式确定。联合体在组建时，应依据《招标投标法》和有关合同法律的规定共同订立书面投标协议，在协议中约定各方应承担的具体工作和各方应承担的责任。如果各方是通过共同注册并进行长期经营的“合资公司”，则不属于《招标投标法》所说的联合体，所以，联合体多指联合集团或者联营体。

② 联合体对外关系。中标的联合体各方应当共同与招标人签订合同，并应在合同书上签字或盖章。在同一类型的债权债务关系中，联合体任何一方均有义务履行招标人提出的要求。招标人可以要求联合体的任何一方履行全部义务，被要求的一方不得以“内部订立的权利义务关系”为由而拒绝履行义务。

3）联合体的优缺点。

① 可增大融资能力。大型建设项目需要有巨额的履约保证金和周转资金，资金不足无法承担这类项目，即使资金雄厚，承担这一个项目后就无法再承担其他项目了。采用联合体可以增大融资能力，减轻每一家公司的资金负担，实现以较少资金参加大型建设项目的目的，其余资金可以再承包其他项目。

② 分散风险。大型工程风险因素很多，如果由一家公司承担全部风险是很危险的，所以有必要依靠联合体来分散风险。

③ 弥补技术力量的不足。大型项目需要使用很多专门的技术，而技术力量薄弱和经验少的企业是不能承担的，即使承担了也要冒很大的风险，同技术力量雄厚、经验丰富的企业成立联合体，使各个公司互相取长补短，就可以解决这类问题。

④ 报价可互相检查。有的联合体报价是每个合伙人单独制定的，要想算出正确和适当的价格，必须互查报价，以免漏报和错报。有的联合体报价是合伙人之间互相交流和检查制定

的,这样可以提高报价的可靠性,提高竞争力。

⑤ 确保项目按期完工。通过对联合体合同的共同承担,提高项目完工的可靠性,同时对业主来说也提高了对项目合同、各项保证、融资贷款等的安全性和可靠性。

但也要看到,由于联合体是几个公司的临时合伙,所以有时在工作中难以迅速作出判断,如协作不好则会影响项目的实施,这就需要在制定联合体合同时明确权利和义务,组成一个强有力的领导班子。

联合体一般是在资格预审前即开始制定内部合同与规划,如果投标成功,则在项目实施全过程中予以执行,如果投标失败,则联合体立即解散。

3. 报价准备

(1) 熟悉招标文件

承包商在决定投标并通过资格预审获得投标资格后,要购买招标文件并研究和熟悉招标文件的内容,在此过程中应特别注意对标价计算可能产生重大影响的问题。包括:

1) 关于合同条件方面。诸如工期、延期罚款、保函要求、保险、付款条件、税收、货币、提前竣工奖励、争议、仲裁、诉讼法律等。

2) 材料、设备和施工技术要求方面。如采用哪种规范、特殊施工和特殊材料的技术要求等。

3) 工程范围和报价要求方面。如承包商可能获得补偿的权利。

4) 熟悉图纸和设计说明,为投标报价做准备。熟悉招标文件,还应理出招标文件中含糊不清的问题,及时提请业主澄清。

(2) 招标前的调查与现场考察

这是投标前重要的一步,如果在招标决策阶段已对拟招标的地区做了较深入的调查研究,则在拿到招标文件后只需要做针对性的补充调查,否则还需要做深入调查。

现场考察主要是指去工地进行考察。招标单位一般在招标文件中注明现场考察的时间和地点,在文件发出后就要安排投标者进行现场考察工作。现场考察既是投标者的权利又是其责任,因此,投标者在报价前必须认真进行施工现场考察,全面地、仔细地调查了解工地及其周围的政治、经济、地理等情况。

现场考察所需费用均由投标者自理,现场考察应从下述五个方面调查了解。

1) 工程的性质以及与其他工程之间关系。

2) 投标者投标的那一部分工程与其他承包商或分包商之间的关系。

3) 工地地貌、地质、气候、交通、电力、水源等情况,有无障碍物等。

4) 工地附近有无住宿条件、料场开采条件、其他加工条件、设备维修条件等。

5) 工地附近治安情况等。

(3) 分析招标文件、校核工程量、编制施工规划

1) 分析招标文件。招标文件是招标的主要依据,应该仔细地分析研究招标文件,主要应放在招标者须知、专用条款、设计图纸、工程范围以及工程量表上,最好有专人或小组研究技术规范和设计图纸,明确特殊要求。

2) 校核工程量。对于招标文件中的工程量清单,投标者一定要进行校核,因为这直接影响中标的机会和投标报价。对于无工程量清单的招标工程,应当计算工程量,其项目一般可以单价项目划分为依据。在校核中如发现相差较大,投标者不能随便改变工程量,而应致函或直

接找业主澄清。尤其对于总价合同要特别注意，如果业主投标前不给予更正，而且是对投标者不利的情况，投标者在投标时应附上说明。投标人在核算工程量时，应结合招标文件中的技术规范弄清工程量中每一细目的具体内容，才不至于在计算单位工程量价格时出错。如果招标的工程是一个大型项目，而且招标时间又比较短，则投标人至少要对工程量大而且造价高的项目进行核实。必要时，可以采取不平衡报价的方法来避免由于业主提供工程量的错误而带来的损失。

3）编制施工规划。施工规划的编制工作对于投标报价影响很大，施工规划的深度及范围不如中标后编制的施工组织设计。它的主要内容包括：施工方案和施工方法，施工进度计划，施工机械、材料、设备和劳动力计划以及临时生产、生活设施。

11.3.4 投标决策与投标策略

园林工程投标决策是园林工程承包经营决策的重要组成部分，它直接关系到能否中标和中标后的效益，因此，园林建设工程承包商必须高度重视投标决策。

1. 园林工程投标决策的内容和分类

园林工程投标决策是指园林工程承包商为实现其生产经营目标，针对园林工程招标项目，寻求并实现最优化的投标行动方案的活动。一般说来，园林工程投标决策的内容主要包括两个方面：一是关于是否参加投标的决策；二是关于如何进行投标的决策。在承包商决定参加投标的前提下，关键是要对投标的性质、投标的效益、投标的策略和技巧应用等进行分析、判断，作出正确决策。因此，园林工程投标决策实际上主要包括投标与否决策、投标性质决策、投标效益决策、投标策略和技巧决策四种。

（1）投标与否决策

园林工程投标决策的首要任务，是在获取招标信息后，对是否参加投标竞争进行分析、论证，并作出决策。承包商关于是否参加投标的决策是其他投标决策产生的前提。承包商决定是否参加投标，通常要综合考虑各方面的情况，如承包商当前的经营状况和长远目标，参加投标的目的，影响中标机会的内部、外部因素等。一般说来，有下列情形之一的招标项目，承包商不宜决定参加投标：

1）工程资质要求超过本企业资质等级的项目。

2）本企业业务范围和经营能力之外的项目。

3）本企业在手承包任务比较饱满，而招标工程的风险较大或赢利水平较低的项目。

4）本企业投标资源投入量过大时面临的项目。

5）有在技术等级、信誉、水平和实力等方面具有明显优势的潜在竞争对手参加的项目。

（2）投标性质决策

关于投标性质的决策主要考虑是投保险标，还是投风险标。所谓保险标，是指承包商对基本上不存在技术、设备、资金和其他方面问题的，或虽有技术、设备、资金和其他方面问题但可预见并已有了解决办法的工程项目而投的标。保险标实际上就是不存在什么未解决或解决不了的重大问题，没有什么大的风险的标。如果企业经济实力不强，经不起折腾，投保险标是比较恰当的选择。我国的工程承包商一般都愿意投保险标，特别是在国际工程承包市场上，投保险标的更多。

风险标是指承包商对存在技术、设备、资金或其他方面未解决的问题，承包难度比较大的招标工程而投的标。投风险标关键是要能想出办法解决好工程中存在的问题。如果问题解决好了，可获得丰厚的利润，开拓出新的技术领域，锻炼出一支好的队伍，使企业素质和实力上一个台阶；如果问题解决得不好，企业的效益、声誉等都会受损，严重的可能会使企业出现亏损甚至破产。因此，承包商对投标性质的决策，特别是对投风险标，应当慎重。

(3)投标效益决策

关于投标效益的决策，一般主要考虑是投赢利标、保本标，还是投亏损标。所谓赢利标，是指承包商为能获得丰厚利润回报的招标工程而投的标。一般来说，有下列情形之一的，承包商可以考虑投赢利标。

1)业主对本承包商特别满意，希望发包给本承包商的。

2)招标工程是竞争对手的弱项而是本承包商的强项的。

3)本承包商在手任务虽饱满，但招标利润丰厚、诱人，值得且能实际承受超负荷运转的。

保本标是指承包商对不能获得多少利润但一般也不会出现亏损的招标工程而投的标。一般来说，有下列情形之一的，承包商可以考虑投保本标。

1)招标工程竞争对手较多，而本承包商无明显优势的。

2)本承包商在手任务少，无后继工程，可能出现或已经出现部分窝工的。

亏损标是指承包商对不能获利、自己赔本的招标工程而投的标。我国一般禁止投标人以低于成本的报价竞标，因此，投亏损标是一种非常手段，是承包商不得已而为之。一般来说，有下列情形之一的，承包商可以决定投亏损标。

1)招标项目的强劲竞争对手众多，但本承包商孤注一掷，志在必得的。

2)本承包商已出现大量窝工，严重亏损，急需寻求支撑的。

3)招标项目属于本承包商的新市场领域，本承包商渴望打入的。

4)招标工程属于承包商有绝对优势的市场领域，而其他竞争对手强烈希望插足分享的。

(4)投标策略和投标技巧决策

关于投标策略和投标技巧的决策比较复杂，一般主要考虑投标时机的把握、投标方法和手段的运用等。如在获得招标信息后，是马上决定是否参加投标，还是先观望，后决定；在投标截止有效期限内，是尽早还是尽迟递交投标文件；在投标报价上，是采用扩大标价法，还是不平衡报价法，抑或其他报价方法；在投标对策上，是寻求投标报价方面的有利因素，还是寻求其他方面的支持，抑或兼而有之。

2. 园林工程投标策略

园林工程投标策略是指园林工程承包商为了达到中标目的而在投标进程中所采用的手段和方法。其主要指导思想包括以下几方面。

1)知彼知己，把握情势。

2)以长制短，以优胜劣。

3)随机应变，争取主动。

3. 园林工程投标技巧

园林工程投标技巧是指园林工程承包商在投标过程中所形成的各种操作技能和诀窍。园林工程投标活动的核心和关键是报价问题，因此，园林工程投标报价的技巧至关重要。常见的投标报价技巧主要有以下几方面。

(1)扩大标价法

这是指除按正常的已知条件编制标价外，对工程中变化较大或没有把握的工作项目，采用增加不可预见费的方法,扩大标价,减少风险。这种做法的优点是中标价即为结算价,减少了价格调整等麻烦,缺点是总价过高。

(2)不平衡报价方法

它又叫前重后轻法,是指在总报价基本确定的前提下,调整内部各个子项的报价,以期既不影响总报价,又在中标后满足资金周转的需要,获得较理想的经济效益。不平衡报价法的通常做法有以下几方面。

1)对能早日结账收回工程款的土方、基础等前期工程项目,单价可适当报高些,对水电设备安装、装饰等后期工程项目,单价可适当报低些。

2)对预计今后工程量可能会增加的项目,单价可适当报高些,而对工程量可能减少的项目,单价可适当报低些。

3)对设计图纸内容不明确或有错误,估计修改后工程量要增加的项目,单价可适当报高些,而对工程内容明确的项目,单价可适当报低些。

4)对没有工程量只填单价的项目,或招标人要求采用包干报价的项目,单价宜报高些,对其余的项目,单价可适当报低些。

5)对暂定项目(任意项目或选择项目)中实施的可能性大的项目,单价可报高些,预计不一定实施的项目,单价可适当报低些。

(3)多方案报价法

这是指对同一个招标项目除了按招标文件的要求编制了一个投标报价方案以外,还编制了一个或几个建议方案。多方案报价法有时是招标文件中规定采用的,有时是承包商根据需要决定采用的。承包商决定采用多方案报价法,通常主要有以下两种情况。

1)如果发现招标文件中的工程范围很不具体、很不明确,或条款内容很不清楚、很不公正,或对技术规范的要求过于苛刻,可先按招标文件中的要求报一个价,然后再说明假如招标人对合同要求作某些修改,报价可降低多少。

2)如发现设计图纸中存在某些不合理并可以改进的地方或可以利用某项新技术、新工艺、新材料替代的地方,或者发现自己的技术和设备满足不了招标文件中设计图纸的要求,可以先按设计图纸的要求报一个价,然后再另附上一个修改设计的比较方案,或说明在修改设计的情况下,报价可降低多少。这种情况,通常也称作修改设计法。

(4)突然降价法

这是指为迷惑竞争对手而采用的一种竞争方法。通常的做法是,在准备投标报价的过程中预先考虑好降价的幅度,然后有意散布一些假情报,如打算弃标,按一般情况报价或准备报高价等,在临近投标截止日期前,突然前往投标,并降低报价,以期战胜竞争对手。

11.3.5 制定施工规划

施工方案是园林施工企业计算投标报价和中标后实施工程的基础,也是招标单位评价投标单位水平的重要依据。其内容主要包括以下几方面:

1)施工的总体部署和施工场地总平面布置。

2)施工进度计划。

3)主要施工方法。

4)施工机械设备的组织。

5)劳动力的组织。

6)主要材料品种的规格、用量、来源及进场的时间安排。

7)大宗材料和大型机械设备的运输方式。

8)现场水电用量、来源及供水、供电设施。

9)临时设施数量及标准。

10)特殊构件的解决方法。

11.3.6 投标书的编制与投送

投标人应当按照招标文件的要求编制投标文件,所编制的投标文件应当对招标文件提出的实质性要求和条件做出响应。招标项目属于建设施工的,投标文件的内容应当包括拟派出的项目负责人与主要技术人员的简历、业绩和拟用于完成招标项目的机械设备等。

投标文件的组成应根据工程所在地建设市场的常用文本内容确定,招标人应在招标文件中做出明确的规定。

1. 商务标编制内容

商务标的文本格式较多,各地都有自己的文本格式,我国《建设工程工程量清单计价规范》规定商务标应包括以下几方面:

1)投标总价及工程项目总价表。

2)单项工程费汇总表。

3)单位工程费汇总表。

4)分部分项工程量清单计价表。

5)措施项目清单计价表。

6)其他项目清单计价表。

7)零星工程项目计价表。

8)分部分项工程量清单综合单价分析表。

9)项目措施费分析表和主要材料价格表。

2. 技术标编制内容

技术标通常由施工组织设计、项目管理班子配备情况、项目拟分包情况、替代方案及报价四部分组成。具体内容如下。

(1)施工组织设计

投标前施工组织设计的内容有:主要施工方法、拟在该工程投入的施工机械设备情况、主要施工机械配备计划、劳动力安排计划、确保工程质量的技术组织措施、确保安全生产的技术组织措施、确保工期的技术组织措施、确保文明施工的技术组织措施等,并应包括以下附表:

1)拟投入的主要施工机械设备表。

2)劳动力计划表。

3)计划开工、竣工日期和施工进度网络图。

4)施工总平面布置图及临时用地表。

(2)项目管理班子配备情况

项目管理班子配备情况主要包括:项目管理班子配备情况表、项目经理简历表、项目技术负责人简历表和项目管理班子配备情况辅助说明等资料。

(3)项目拟分包情况

技术标投标文件中必须包括项目拟分包情况者。

(4)替代方案及其报价

投标文件中还应列明替代方案及其报价。

11.4 施工承包合同

11.4.1 签订施工承包合同的原则

1. 合同第一位原则

在市场经济中,合同是当事人双方经过协商达成一致的协议,签订合同是双方的民事行为。在合同所定义的经济活动中,合同是第一位的,作为双方的最高行为准则,合同限定和调节着双方的权利和义务。任何工程问题和争议首先都要按照合同解决,只有当法律判定合同无效,或争议超过合同范围时才按法律解决。所以在工程建设过程中,合同具有法律上的最高优先地位。合同一经签订,则成为一个法律文件。双方按合同内容承担相应的法律责任,享有相应的法律权利。合同双方都必须用合同规范自己的行为,并用合同保护自己。在任何国家都是由法律确定经济活动的约束范围和行为准则,而具体经济活动的细节则由合同规定。

2. 合同自愿原则

合同自愿是市场经济应坚持的基本原则之一,也是一般国家的法律准则。合同自愿体现在以下两个方面。

1)合同签订时,双方当事人在平等自愿的条件下进行商讨。双方自由表达意见,自己决定签订与否,自己对自己的行为负责。任何人不得利用权利、暴力或其他手段胁迫对方当事人,以致签订违背当事人意愿的合同。

2)合同的自愿构成。合同的形式、内容、范围由双方商定。合同的签订、修改、变更、补充和解释,以及合同争执的解决等均由双方商定,只要双方一致同意即可,他人不得随便干预。

3. 合同的法律原则

建设工程合同都是在一定的法律背景条件下签订和实施的,合同的签订和实施必须符合合同的法律原则。具体体现在以下三个方面。

1)合同不能违反法律,不能与法律抵触,否则合同无效,这是对合同有效性的控制。

2)合同自由原则受法律原则的限制,所以工程实施和合同管理必须在法律所限定的范围内进行。超过这个范围,触犯法律,会导致合同无效,经济活动失败,甚至会带来承担法律责任的后果。

3)法律保护合法合同的签订和实施。签订合同是一个法律行为,合同一经签订,合同以及双方的权益即受法律保护。如果合同一方不履行或不正确履行合同,致使对方利益受到损害,则不履行一方必须赔偿对方的经济损失。

4. 诚实信用原则

合同的签订和顺利实施应建立在承包商、业主和工程师紧密协作、互相配合、互相信任的基础上,合同各方应对自己的合作伙伴、对合同及工程的总目标充满信心,业主和承包商才能圆满地执行合同,工程师才能正确地、公正地解释合同并进行合同管理。在工程建设实施中,各方只有互相信任才能紧密合作、有条不紊地工作,才可以从总体上减少各方心理上的互相提防和由此产生的不必要的相互制约和障碍。这样,工程建设就会更为顺利地开展,减少风险和误解,以及工程花费。

坚持诚实信用原则有以下一些基本的要求：

1）签约时双方应互相了解，一方应尽力让对方正确地了解自己的要求、意图及其他情况。业主应尽可能地提供详细的工程资料、工程地质条件的信息，并尽可能详细地解答承包商的问题。承包商应尽可能提供真实可靠的资格预审资料、各种报价单、实施方案、技术组织措施文件。合同是双方真实意思的表达。

2）任何一方都应真实地提供信息，对所提供信息的正确性负责，并且应当相信对方提供的信息。

3）不欺诈，不误导。承包商按照自己的实际能力和情况正确报价，不盲目压价，并且明确业主的意图和自己的工程责任。

4）双方真诚合作。承包商应正确全面地完成合同责任，积极施工，遇到干扰应尽量避免业主损失，防止损失的发生和扩大。

5）在市场经济中，坚持诚实信用原则必须有经济的、合同的甚至是法律的措施予以保证，例如工程保函、保证金和其他担保措施，对违约的处罚规定和仲裁条款，法律对合法合同的保护措施，法律和市场对不诚信行为的打击和惩罚措施等。没有这些措施保证或措施不完备，就难以形成诚实信用的竞争环境。

5. 公平合理原则

建设工程合同调节双方的合同法律关系，应不偏不倚，维护合同双方在工程建设中的公平合理的关系。具体反映在如下几方面。

1）承包商提供的工程（或服务）与业主的价格支付之间应体现公平的原则，这种公平通常以当时的市场价格为依据。

2）合同中的责任和权利应平衡，任何一方有一项责任就必须有相应的权利；反之，有权利就必须有相应的责任。应无单方面的权利和单方面的义务条款。

3）风险的分担应公平合理。

4）工程合同应体现工程惯例。工程惯例是指建设工程市场中通常采用的做法，一般比较公平合理，如果合同中的规定或条款严重违反惯例，往往就违反了公平合理的原则。

5）在合同执行中，应对合同双方公平地解释合同，统一使用法律尺度来约束合同双方。

11.4.2 施工承包合同的格式

合同格式是指合同的文件形式，一般有条文式和表格式两种。建设工程施工合同常综合两种形式，以条文格式为主，辅以表格，共同构成规范的施工合同书。

一份标准的施工合同由四部分组成。

1. 合同标题

写明合同的名称，如××公园建筑施工合同、××小区绿化工程施工承包合同。

2. 合同序文

它包括主体双方（甲乙方）的名称、合同编号（序号）及简短说明。

3. 合同正文

这是合同的重点部分，由以下内容组成。

1）工程概况，含工程名称、地点、投资单位、建设目的、工程范围（工程量）。

2）工程造价（合同价）。

3）开、竣工日期及中间交工工程的开、竣工日期。

4)承包方式。

5)物资供应方式(供货地点、方式)。

6)设计文件及概、预算和技术资料的提供日期。

7)工程变更和增减条款以及经济责任。

8)定额依据及现场职责。

9)工程款支付方式与结算方法。

10)双方相互协作事项及合理化建议采纳。

11)保修期及保养条件(栽植工程以一个养护期为标准)。

12)工程竣工验收组织及标准。

13)违约责任(含罚则和奖励)。

14)不可预见事件的有关规定。

15)合同纠纷及仲裁条款。

16)合同保险条文。

4. 合同结尾

合同结尾要注明合同份数、存留和生效方式、签订日期、地点,加盖法人代表签章,注明合同公证单位、合同未尽事项或补充的条款,最后附上合同应有的附件:工程项目一览表,甲方供应材料、设备一览表,施工图纸及技术资料交付时间表(表11-1、表11-2和表11-3)。

表11-1 工程项目一览表

建设单位:

序号	工程名称	投资性质	结构	计量单位	数量	工程造价	设计单位	备注

表11-2 甲方供应材料、设备一览表

工程名称:

序号	材料、设备名称	规格型号	单位	数量	供应时间	送达地点	备注

表11-3 施工图纸及技术资料交付时间表

建设单位:

序号	工程名称	单位	份数	类别	交付时间	图名	备注

第 12 章　园林工程施工管理

12.1　园林工程施工组织设计

12.1.1　施工组织设计的作用

施工组织设计是根据国家或建设单位对施工项目的要求、设计图纸和编制施工组织设计的基本原则，从施工项目全过程中的人力、物力和空间三个要素着手，在人力与物力、供应与消耗、生产与储存、专业与协作、使用与维修、空间布置与时间排列等方面进行科学、合理的部署，为施工项目产品生产提供最优方案，从而以最少的资源消耗取得最佳的经济效果，使最终项目产品的生产在时间上达到速度快和工期短，在质量上达到精度高和功能好，在经济上达到消耗少、成本低和利润高的目标。

施工组织设计是对施工项目的全过程实行科学管理的重要手段。通过施工组织设计的编制，可以全面考虑施工项目的各种具体施工条件，扬长避短；拟定合理的施工方案，确定施工顺序、施工方法、劳动组织和技术组织措施，合理统筹安排施工进度计划，保证施工项目按期投产或交付使用；为论证施工项目设计方案在经济上的合理性、在技术上的科学性和在实施上的可能性提供依据；为建设单位编制工程建设计划和建筑业企业编制施工计划提供依据。建筑业企业可以提前掌握人力、材料和机具使用上的先后顺序，全面安排资源的供应与消耗，可以合理确定临时设施的数量、规模和用途，以及临时设施、材料和机具在施工场地上的布置方案。

通过施工组织设计的编制，可以预计施工过程中可能发生的各种情况，事先做好准备，为建筑业企业实施施工准备工作计划提供依据；可以把施工项目的设计与施工、技术与经济、前方与后方、建筑业企业的全部施工安排与具体的施工组织工作更紧密地结合起来；可以把直接参与的施工单位与协作单位、部门与部门、阶段与阶段、过程与过程之间的关系更好地协调起来。根据实践经验，对于一个施工项目来说，如果施工组织设计编制得合理，能正确反映客观实际，符合建设单位和设计单位的要求，并且在施工过程中认真地贯彻执行，就可以保证工程项目施工的顺利进行，取得好、快、省和安全的效果，早日发挥建设投资的经济效益和社会效益。

12.1.2　施工组织设计的分类

施工组织设计按设计阶段、编制时间、编制对象范围、使用时间的长短和编制内容的繁简程度不同，有以下五种分类情况。

1. 按设计阶段的不同分类

施工组织设计的编制一般是同设计阶段相配合。

设计按两个阶段进行时，则施工组织设计分为施工组织总设计（扩大初步施工组织设计）和单位工程施工组织设计两种。

设计按三个阶段进行时，则施工组织设计分为施工组织设计大纲（初步施工组织条件设计）、施工组织总设计和单位工程施工组织设计三种。

2. 按编制时间的不同分类

施工组织设计按编制时间的不同可分为投标前编制的施工组织设计（简称“标前设计”）和签订工程承包合同后编制的施工组织设计（简称“标后设计”）两种。前者应起到“项目管理规划大纲”的作用，满足编制投标书和签订施工合同的需要；后者应起到“项目管理实施规划”的作用，满足施工项目准备和施工的需要。标后设计又可根据设计阶段和编制对象的不同划分为施工组织总设计、单位工程施工组织设计和分部分项工程施工组织设计。

3. 按编制对象范围的不同分类

施工组织设计按编制对象范围的不同可分为施工组织总设计、单位工程施工组织设计、分部分项工程施工组织设计三种。

（1）施工组织总设计

施工组织总设计是以一个建筑群或一个建设项目为编制对象，用以指导整个建筑群或建设项目施工全过程的各项施工活动的技术、经济和组织的综合性文件。施工组织总设计一般在初步设计或扩大初步设计被批准之后，在总承包企业的总工程师领导下进行编制。

（2）单位工程施工组织设计

单位工程施工组织设计是以一个单位工程（如一个建筑物或构筑物）为编制对象，用以指导其施工全过程的各项施工活动的技术、经济和组织的综合性文件。单位工程施工组织设计一般在施工图设计完成后，在施工项目开工之前，由项目经理组织，在技术负责人领导下进行编制。

（3）分部分项工程施工组织设计

分部分项工程施工组织设计是以分部分项工程为编制对象，用以指导其具体施工全过程的各项施工活动的技术、经济和组织的综合性文件。分部分项工程施工组织设计一般是同单位工程施工组织设计的编制同时进行，并由单位工程的技术人员负责编制。

施工组织总设计、单位工程施工组织设计和分部分项工程施工组织设计之间有以下关系：施工组织总设计是对整个建设项目的全局性战略部署，其内容比较概括；单位工程施工组织设计是在施工组织总设计的控制下，以施工组织总设计和企业施工计划为依据编制的，针对具体的单位工程，把施工组织总设计的内容具体化；分部分项工程施工组织设计是以施工组织总设计、单位工程施工组织设计和企业施工计划为依据编制的，针对具体的分部分项工程，把单位工程施工组织设计进一步具体化，它是专业工程具体的施工组织设计。

4. 按编制内容的繁简程度不同分类

施工组织设计按编制内容的繁简程度不同可分为完整的施工组织设计和简单的施工组织设计两种。

（1）完整的施工组织设计

对于工程规模大、结构复杂、技术要求高，采用新结构、新技术、新材料和新工艺的施工项目，必须编制内容详尽的完整的施工组织设计。

(2)简单的施工组织设计

对于工程规模小、结构简单、技术要求和工艺方法不复杂的施工项目,可以编制一个仅包括施工方案、施工进度计划和施工平面布置图等内容简单的施工组织设计。

5. 按使用时间长短不同分类

施工组织设计按使用时间长短不同分为长期施工组织设计、年度施工组织设计和季度施工组织设计三种。

12.1.3 施工组织设计的原则和程序

1. 施工组织设计的原则

施工组织设计要做到科学、实用,这就要求在编制思路上应吸收多年来工程施工中积累的成功经验,在编制技术上要遵循施工规律、理论和方法,在编制方法上应集思广益,逐步完善。与此同时,在编制施工组织设计必须贯彻以下原则。

1)依照国家政策、法规和工程承包合同,这对施工组织设计的编制有很大的指导意义。为此,在实际编制中要分析哪些政策对工程有哪些积极影响,要遵守哪些法规。(比如建筑法、合同法、环境保护法、森林法、自然保护法以及园林绿化管理条例等)。建设工程施工承包合同是合同法的专业性合同,明确了双方的权利义务,在编制时要予以特别重视。

2)符合园林工程的特点。园林工程大多是综合性工程,并具有随着时间的推移其艺术特点才慢慢发挥和体现的特点。因此,施工组织设计的编制要紧密结合设计图纸,符合设计要求,不得随意变更设计内容。只有充分理解设计图纸,熟悉造园手法,采取针对性措施,所编制出的施工组织设计才能满足实际施工要求。

3)采用先进的施工技术和管理方法,选择合理的施工方案。园林工程施工中,应视工程的实际情况、现有的技术力量、经济条件等采纳先进的施工技术、科学的管理方法以及合理的施工方案,做到施工组织在技术上是先进的,经济上是合理的,操作上是安全的,指标上是优化的。

要积极学习先进的管理技术与方法,只要能提高效率和效益,西方先进的管理经验要适当优选。在确定施工方案时要进行技术经济比较,要注意在不同的施工条件下拟定不同的施工方案,使方案达到"五优"标准,即所选择的施工方法和施工机械最优;施工进度和施工成本最优;劳动资源组合最优;施工现场调度最优;施工现场平面布置最优。

4)合理安排施工计划,搞好综合平衡,做到均衡施工。施工计划是施工组织设计中极其重要的组成部分,施工计划安排得好,能加快施工进度,消除窝工、停工现象,有利于保证施工顺序。

周密合理的施工计划,应注意施工顺序的安排。要按施工规律配置工程时间和空间上的次序,做到相互促进,紧密搭接;施工方式上可视实际需要,适当组织交叉作业或平行作业,以加快进度;编制方法上要注意应用流水作业及网络计划技术;要考虑施工的季节性,尤其是雨季或冬季的施工条件;计划中还要反映临时设施设置及各种物资材料、设备供应情况,要以节约为原则,充分利用固有设施;要加强成本意识,搞好经济核算。做到这些,就能在施工期内全面协调各种施工力量和施工要素,确保工程连续地、均衡地施工,避免出现抢工突击现象。

5)采取切实可行的措施,确保施工质量和施工安全,重视工程收尾工作,提高工效。工程质量是决定建设项目成败的关键指标。施工组织设计中应针对工程的实际情况制定出质量保证措施，推行全面质量管理，建立工程质量检查体系。园林工程是环境艺术工程，是设计者呕心沥血的艺术创作，完全凭借施工手段来实现，因此必须严格按图施工，一丝不苟，最好进行二度创作，使作品更具艺术魅力。

“安全为了生产，生产必须安全”。保证施工安全和加强劳动保护是现代施工企业管理的基本原则，施工中必须贯彻“安全第一”的方针。要制定出施工安全操作规程和注意事项，搞好安全培训教育，加强施工安全检查，配备必要的安全设施，做到万无一失。

工程的收尾工作是施工管理的重要环节，但是时往往未加注意，使收尾工作不能及时完成，这实际上会导致资金积压、增加成本、造成浪费的后果。因此，要重视后期收尾工程，尽快竣工验收交付使用。

2. *编制施工组织设计的程序*

施工组织总设计的编制程序如图 12-1 所示。

单位工程施工组织设计的编制程序如图 12-2 所示。

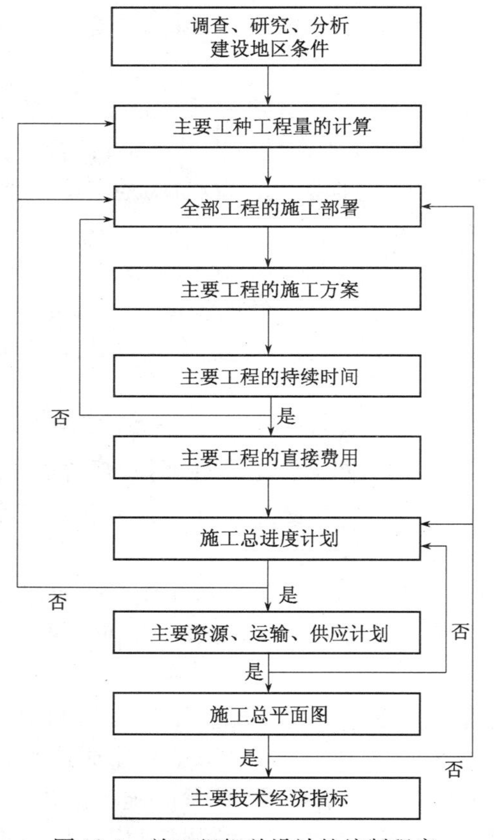

图 12-1　施工组织总设计的编制程序

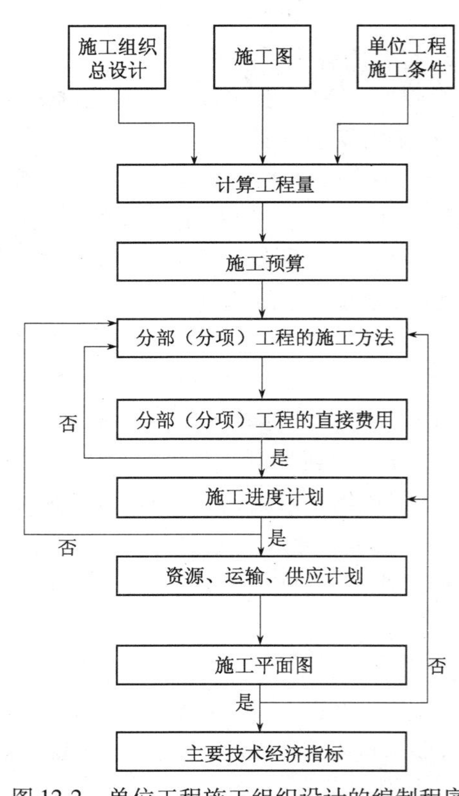

图 12-2　单位工程施工组织设计的编制程序

分部(分项)工程施工组织设计的编制程序如图 12-3 所示。

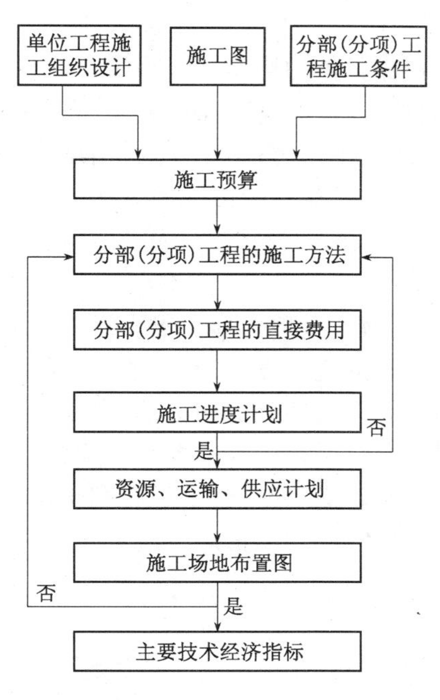

图 12-3　分部(分项)工程施工组织设计的编制程序

12.1.4　施工组织设计的主要内容

园林工程施工组织设计的内容一般是由工程项目的范围、性质、特点和施工条件、景观要求来确定的。由于在编制过程中有深度上的不同,无疑反映在内容上也有所差异。但不论哪种类型的施工组织设计都应包括工程概况、施工方案、施工进度和施工现场平面布置图,即常称的"一图一表一案"。其主要内容归纳如下。

1. 工程概况

工程概况是对拟建工程的基本描述,目的是通过对工程的简要说明了解工程的基本情况,明确任务量、难易程度、质量要求等,以便合理制定施工方法、施工现场布置图。

工程概况应说明:工程的性质、规模、服务对象、建设地点、工期、承包方式、投资方式;施工和设计单位名称,上级要求,图纸情况;施工现场地质土壤、园林建筑数量及结构特征;特殊施工措施、施工力量和施工条件;材料来源与供应情况;"四通一平"条件;机具准备,临时施工方法,劳动力组织及技术协作水平等。

2. 确定施工方案

施工方案的优选是施工组织设计的重要环节之一。为此,根据各项工程的施工条件提出合理的施工方法,制定施工技术措施是优选施工方案的基础。

(1)拟定施工方法

要求所拟定的施工方法重点要突出,技术要先进,实用且利于操作,成本要合理。要特别注意结合施工单位现有的技术力量、施工习惯、劳动组织特点等。要依据园林工程面大的特点,充分发挥机械作业的多样性和先进性。要对关键工程的重要工序或分项工程(如基础工程、混凝土工程),特殊结构工程(如园林古建、现代塑山)及专业性强的工程(如假山工程、自控喷泉安装)等均应制定详细、具体的施工方法。

(2)制定施工措施

在确定施工方法时不单要提出具体的操作方法和施工注意事项，还要提出质量要求及相应采取的技术措施。主要包括：施工技术规范、操作规程；质量控制指标和相关检查标准；夜间与季节性施工措施；降低工程施工成本措施；施工安全与消防措施等。

例如卵石路面铺装工程，就应详细制定土方施工方法，路基夯实方法及要求，卵石镶装的方法（用湿铺法）及操作要求，卵石表面的清洗方法及要求等。

(3)施工方案技术经济比较

由于园林工程的复杂性和多样性，某项分部工程或施工阶段可能有好几种施工方法，构成多种施工方案。为了选择一个合理的施工方案，进行施工方案的技术经济比较是十分必要的。

施工方案的技术经济分析主要有定性分析和定量分析两种。前者是结合经验进行一般的优缺点比较，例如是否符合工期要求，是否满足成本低效益高的要求；是否切合实际，是否达到比较先进的技术水平；材料、设备是否满足要求；是否有利于保证工程质量和施工安全等。定量分析是通过计算出劳动力、材料消耗、工期长短及成本费用等经济指标进行比较，从而得出优选方案。

3. 制定施工进度计划

施工进度计划是在预定工期内以施工方案为基础编制的，要求以最低的施工成本合理安排施工顺序和工程进度。它的作用是全面控制施工进度，为编制基层作业计划及各种资源供应提供依据。

(1)施工进度计划编制的步骤

1)工程项目分类及确定工程量。

2)计算劳动量和机械台班数。

3)确定工期。

4)解决工程各工序间相互搭接问题。

5)编排施工进度。

6)按施工进度提出劳动力、材料和机具的需要计划。

按照上述编制步骤，将计算出的各因素填入表12－1中，即成为最为常见的施工进度计划，此种格式也称横道图或条形图。它由两部分组成：左边是工程量、人工、机械台班的计算数；右边是用线段表达工程进度的图样，可表明各项工程（或工序）的搭接关系。

表12-1 施工进度计划表

<table>
<tr><th rowspan="3">项次</th><th rowspan="3">分部（分项）名称</th><th colspan="2" rowspan="2">工程量</th><th rowspan="3">劳动量</th><th colspan="2" rowspan="2">机械</th><th rowspan="3">每天工作人数</th><th rowspan="3">工作日</th><th colspan="8">施工进度</th></tr>
<tr><th colspan="8">天</th></tr>
<tr><th>单位</th><th>数量</th><th>名称</th><th>台班数</th><th>5</th><th>10</th><th>15</th><th>20</th><th>25</th><th>30</th><th>35</th><th>40</th></tr>
<tr><td></td><td></td><td></td><td></td><td></td><td></td><td></td><td></td><td></td><td></td><td></td><td></td><td></td><td></td><td></td><td></td><td></td></tr>
<tr><td></td><td></td><td></td><td></td><td></td><td></td><td></td><td></td><td></td><td></td><td></td><td></td><td></td><td></td><td></td><td></td><td></td></tr>
</table>

(2)编制施工进度计划必须确定的因素

1)工程项目分类。将分部工程按施工顺序列入。分部工程划分不宜过多，要和预算定额内容一致，重点是关键工序，并注意彼此间的搭接。一般的园林绿化工程其分部工程项目较少且较为简单，根据《园林工程预算定额》，园林工程通常分为：土方、基础垫层工程、砌筑工程、混凝土及钢筋混凝土工程、地面工程、抹灰工程、园林绿化工程、假山与塑山工程、水景工程、园路及园桥工程、园林建筑小品工程、给排水工程及配线工程等12项。

2）工程量计算。按施工图和工程量计算方法逐项计算，要注意工程量计算单位的一致。

3）劳动量和机械台班数的确定。

$$某项工程劳动量=\frac{该工程的工程量}{该工程的产量定额}$$

或

$$劳动量=该工程工程量\times 时间定额$$

$$需要机械台班量=\frac{工程量}{机械产量定额}$$

或

$$机械台班数=工程量\times 机械时间定额$$

4）工期的确定

$$所需工期=\frac{工程的劳动量(工月)}{工程每天工作的人数}$$

合理工期应满足三个条件，即最小劳动组合、最小工作面和最适宜的工作人数。最小的劳动组合是指某个工序正常、安全施工时的组合人数，如人工打夯至少要有6人才能正常工作。最小工作面是指每个工作人员或班组进行施工时必须有足够的工作面，例如土方工程中人工挖土最佳作业面为4～6m^2/人。最适宜的工作人数即最可能安排的人数，可根据需要而定，例如在一定工作面范围内依靠增加施工人员来缩短工期是有限的，但可采用轮班作业以达到缩短工期的目的。

5）进度计划编制。进度计划的编制要满足总工期。必须先确定消耗劳动力和工时最多的工序，如喷水池的池底、池壁施工，园路的基础与路面施工等。待关键工序确定后，其他工序适当配合穿插或平行作业，做到施工的连续性、均衡性、衔接性。

编排好进度计划初稿后要认真检查调整，检查是否满足总工期，各工序是否合理搭接，劳动力、机械、材料供应能否满足要求。如计划需要调整时，可通过改变工期或各工序开始和结束时间等方法调整。

施工进度计划的编制方法最为常用的是条形图法和网络法两种。

6）劳动力、材料、机具需要量准备。施工进度计划编制后就要进行劳动资源的配置，组织劳动力，调配各种材料和机具，确定进场时间。

4. 施工现场平面布置图

施工现场平面布置图是指导工程现场施工的平面布置简图，它主要解决施工现场的合理工作问题。其设计依据是工程施工图、施工方案和施工进度计划。其图纸比例一般1∶200或1∶500。

（1）施工现场平面布置图的内容

1）工程临时范围。

2）建造临时性建筑的位置与范围。

3）已有的建筑物和地下管道。

4)施工道路、进出口位置。

5)测量基线、控制点位置。

6)材料、设备和机具堆放点,机械安装地点。

7)供水供电线路、泵房及临时排水设施。

8)消防设施位置。

(2)施工现场平面布置图设计的原则

1)在满足现场施工的前提下,尽量减少占用施工用地,平面空间合理有序。

2)要尽可能减少临时设施和临时管线。最好利用工地周边原有建筑做临时用房,必要时临时用房最好沿周边布置;临时道路宜简洁且要合理布置进出口;供水供电线路应最短。

3)要最大限度减少现场运输,尤其要避免场内多次搬运。为此,道路要做环形设计。工序安排要合理,材料堆放点要有利于施工,并做到按施工进度组织生产材料。

4)要符合劳动保护、施工安全和消防的要求。场内各种设施不得有碍于现场施工,各种易燃易爆和危险品存放要满足消防安全要求。对某种特殊地段,如易塌方的陡坡要做好标记并提出防范措施。

(3)施工现场布置图设计的方法

一个合理的施工现场布置有利于顺序均衡地施工。设计时可参考以下方法:

1)熟悉施工图,了解施工进度计划和施工方法。对施工现场进行实地踏查。

2)确定道路出入口,临时用路做环形布置,同时注意承载能力。

3)选择大型机械安装点、材料堆放处。如景石吊装时,起重机械应选择适宜的停靠点;混凝土材料,如碎石、砂、水泥等要紧接搅拌站;植物材料可直接送到计划种植点,需假植的,应就近假植,减少二次搬运。

4)选定管理和生活临时用房地点。施工业务管理用房应靠近施工现场或设在现场内,并考虑全天候管理的需要。生活用房要和施工现场明显分开,最好能利用原有建筑,以减少占地。

5)供水供电网布置。施工现场的给排水是进行施工的重要保障。给水要满足正常施工、生活、消防需要。管网宜沿路埋设。施工现场最好采用原地排水,也可修筑明沟排水。驳岸、护坡施工时还要考虑湖水排空问题。

供电系统一般由当地电网接入,要配置临时配电箱,采用三相四线制供电。供电线路必须架设牢固、安全,不得影响交通运输和正常施工。

在实际工作中,可根据需要设计出几个现场布置方案,经过分析比较,选择布置合理、技术可行、施工方便、经济安全的方案。

5. 横道图和网络图计划技术

(1)在组织工程施工时,常采用顺序施工、平行施工和流水施工三种组织方式。

1)顺序施工。是按照施工过程中各分部(分项)工程的先后顺序,前一个施工过程(或工序)完全完工才开始下一施工过程的一种组织生产方式。这是一种最简单、最基本的组织方式。其特点是同时投入的劳动资源较少,组织简单,材料供应单一;但劳动生产率低,工期较长,不能适应大型工程的需要。

2)平行施工。平行施工是将一个工作面内的相同施工过程同时组织施工,完成以后再同时进行下一个施工过程的施工方式。平行施工的特点是最大限度地利用了工作面,工期最短;

但同一时间内需提供的相同劳动资源成倍增加,施工管理复杂,因而只有在工期要求较紧时才采用。

3)流水施工。流水施工是把若干个同类型的施工对象划分成多个施工段,组织若干个在施工工艺上有密切联系的专业班组相继进行施工,依次在各施工段上重复完成相同的施工内容。在不同的施工段上又最大限度地保持了平行施工的特点;专业施工班组能连续施工,充分利用了时间,施工不停歇,因而工期较短;生产工人和生产设备从一个施工段转移到另一个施工段,保持了连续施工的特点,使施工维持均衡性和节奏性。

(2)横道图法与网络图法

施工组织设计要求合理安排施工顺序和施工进度计划。目前工程施工中表示工程进度计划的方法最为常见的是横道图(条形图)法和网络图法两种。

横道图是以时间参数为依据的,图右边的横向线段代表各工序的起止时间与先后顺序,表明彼此之间的搭接关系。其特点是编制方法简单、直观易懂,至今在绿地工程施工中应用甚广。但这种方法也有明显不足,它不能全面反映各工序间的相互联系及彼此间的影响;也不能建立数理逻辑关系,因此无法进行系统的时间分析,不能确定重点工序,不利于发挥施工潜力,更不能通过先进的计算机技术进行优化。因而,往往导致所编制的进度计划过于保守与实际脱节,也难以准确预测、妥善处理和监控计划执行中出现的各种情况。

网络图是将施工进度看作一个系统模型,系统中可清楚看出各工序之间的逻辑制约关系,哪些是重点工序或影响工期的主要原因,均一目了然。同时由于它是有方向的有序模型,便于利用计算机进行技术优化。因此,它较横道图更科学、更严密、更利于调动一切积极因素,是工程施工中进行现代化建设管理的主要手段。

12.2 园林工程施工管理

12.2.1 施工管理概述

1. 施工管理的任务和作用

(1)施工管理的任务

园林工程施工管理是施工单位在特定的园址,按设计图纸要求进行的实际施工的综合管理活动,是具体落实规划意图和设计内容的极其重要的手段。它的基本任务是根据建设项目的要求,依据已审批的技术图纸和施工方案,对现场全面组织,使劳动资源得到合理配置,保证建设项目按预定目标,优质、快速、低耗、安全地完成。

(2)施工管理的作用

1)加强施工管理是保证项目按计划顺利完成的重要条件,是在施工全过程中落实施工方案,遵循施工进度的基础,并且有利于合理组织劳动资源,适当调度劳动力,减少资源浪费,降低施工成本。

2)加强施工管理能保证园林设计意图的实现,确保园林艺术通过工程手段充分表现出来。

3)加强施工管理能协调好各部门、各施工环节的关系,能及时发现施工过程中可能出现的问题,并通过相应的措施予以解决。

4)加强施工管理可以使劳动保护、劳动安全措施得以落实,鼓励技术创新,促进新技术的应用与发展。

5）加强施工管理可以保证各种规章制度、生产责任制、技术标准及劳动定额等得到遵循和落实。

2. 施工管理的特点

（1）工程的艺术性

园林工程是一门艺术工程，它融科学性、技术性和艺术性为一体，涉及造型艺术、建筑艺术等诸多艺术领域，要求竣工的项目符合设计要求，达到预定功能。这就要求在施工时应注意园林工程的艺术性。

（2）材料的多样性

由于构成园林的山、水、树、石、路、建筑等要素的多样性，也使园林工程施工材料具有多样性。一方面要为植物的多样性创造适宜的生态条件，另一方面又要考虑各种造园材料在不同建园环境中的应用。如园路工程中可采用不同的面层材料，片石、卵石、砖等形成不同的路面变化；现代塑山工艺材料以及防水材料更是多种多样。

（3）工程的复杂性

主要表现在工程规模日趋大型化，协同作业日益增多，加之新技术、新材料的广泛应用，对施工管理提出了更高要求。施工中涉及地形处理、建筑基础、驳岸护坡、园路假山、铺草植树等多方面；有时因为不同的工序要求需将工作面不断转移，导致劳动资源也跟着转移。工程施工多为露天作业，施工中经常受到不良气候等自然因素的影响，这种复杂的施工情况要求管理者有全盘观念。

（4）施工的季节性

园林造景要素中植物材料是很特别的，其移植成活率大小不单与土壤、移植技术、植物种类等有关，也和移植季节、地域性相关。多数种类植物适于春天栽植，冬季移植对多种植物来说不太适宜。而且，相同的树种在不同季节移植，其技术要求也不一样。因此要特别注意园林工程施工的季节性。

（5）施工的工艺性

园林中的喷灌系统安装施工、水景工程施工、园路结构施工、景石工程施工、假山结构施工、塑石施工等都是很专业的单体工程，要求比较程式化的施工工艺或过程，一个环节施工质量有问题，必定影响到下道施工程序。为此，施工中加强施工程序的搭接，保证各施工环节的质量，是施工管理的重要内容。

（6）施工的安全性

园林设施多为人们直接利用和欣赏，必须具有足够的安全性。

3. 施工管理的内容

施工管理是施工单位对工程项目施工过程所实施的组织管理活动。它是一项综合性的管理活动，其主要内容如下。

（1）工程管理

是指对工程项目的全面组织管理。它的重要环节是做好施工前准备工作，搞好投标签约，拟定最优的施工方案，合理安排施工进度，平衡协调各种施工力量，优化配置各种生产要素，通过各种图表及日程计划进行合理的工程管理，并将施工中可能出现的问题纳入工程计划内，做好防范工作。

（2）质量管理

施工项目质量管理的首要任务是确定质量方针、目标和职责，核心是建立有效体系。

通过项目质量策划、质量控制、质量保证、质量改进、确保质量方针、目标的实施和实现。园林建设产品有一个产生、形成和实现的过程，在此过程中，为使产品具有适用性，需要进行一系列的作业和活动，必须使这些技术和活动在受控状态下进行，才能生产出满足规定质量要求的产品。如通过质量标准对施工全过程的检查监督，采用质量管理图及评价因素进行管理等。

(3)安全管理

搞好安全管理是保证工程顺利施工的重要环节。要建立相应的安全管理组织，拟定安全管理规范，制定安全技术措施，完善管理制度，做好施工全过程的安全监督工作，如发现问题应及时解决。

(4)成本管理

在工程施工管理中要有成本意识，要加强预算管理，进行施工项目成本预测，制定施工成本计划，做好经济技术分析，严格控制施工成本。既要保证工程质量，符合工期，又要讲究目标管理效益。

(5)劳务管理

工程施工应注意施工队伍的建设，除必要的劳务合同、后勤保障外，还要做好劳动保险工作，加强职业技术培训，采取有竞争性的奖励制度调动施工人员的积极性。要制定先进合理的劳动定额，优化劳动组合，严格劳动纪律，明确生产岗位责任，健全考核制度。

12.2.2 施工现场组织管理

施工现场组织管理就是现场施工过程的管理，它是根据施工计划和施工组织设计，对拟建工程项目在施工过程中的进度、质量、安全、节约和现场平面布置等方面进行指挥，协调和控制的技术活动。

1. 组织施工

组织施工是依据施工方案对项目有计划、有组织地均衡施工，应做好三方面的工作。

1)施工中要有全局意识。园林工程是综合性艺术工程，施工技术要求高，这就要求现场施工管理全面到位，统筹安排。在注重关键工序施工的同时，不得忽视非关键工序的施工；各工序施工务必清楚衔接，材料机具供应到位，从而使整个施工过程顺利进行。

2)组织施工要科学合理。施工组织设计中拟定的施工方案、施工进度、施工方法是科学合理组织施工的基础，应认真执行。施工中还要密切注意不同工作面上的时间要求，合理组织资源，保证施工进度。

3)施工过程要做到全面监控。施工各个环节都有可能出现一些在施工组织设计中未加考虑的问题，要根据现场情况及时调整和解决，以保证施工质量。

2. 施工平面管理

施工平面管理是指根据施工现场布置图对施工现场水平工作面全面控制的活动，其目的是充分发挥施工场地的工作面特性，合理组织劳动资源，按进度计划有序施工。

1)现场平面布置图是施工总平面管理的依据，应认真予以落实。

2)实际工作中发现现场布置图有不符合现场的情况，要根据具体的施工条件提出修改意见。

3)平面管理的实质是水平工作面的合理组织。因此，要视施工进度、材料供应、季节条件等做出劳动力安排。

4）在现有的游览景区内施工，要注意园内的秩序和环境。材料堆放、运输应有一定的限制，避免造成景区混乱。

5）平面管理要注意灵活性与机动性。对不同的工序或不同的施工阶段采取相应的措施，例如夜间施工可调整供电线路，雨期施工要组织临时排水，突击施工要增加劳动力等。

6）必须重视生产安全。施工人员要有足够的工作面，注意检查，掌握现场动态，消除不安全隐患，加强消防意识，确保施工安全。

3. 施工调度

施工调度是保证合理工作面上的资源优化，有效地使用机械，合理组织劳动力的一种施工管理手段。它是组织施工中各个环节、专业、工种协调运作的中心。其中心任务是通过检查、监督计划和施工合同的执行情况，及时全面掌握施工进度和质量、安全、消耗的第一手资料，协调各施工单位（或各工序）之间的协作配合关系，搞好劳动力的科学组织，使各工作面发挥最高的工作效率。调度的基本要素是平均合理，保证重点，兼顾全局。调度的方法是累积和取平。

进行施工合理调度是十分重要的管理环节，需注意以下几个方面。

1）为减少频繁的劳动资源调配，施工组织设计必须切合实际，科学合理。并将调度工作建立在计划管理的基础之上。

2）施工调度着重在劳动力及机械设备的调配，为此要对劳动力技术水平、操作能力、机械性能效率等有准确的把握。

3）施工调度时要确保关键工序的施工，不得抽调关键线路的施工力量。

4）施工调度要密切配合时间进度，结合具体的施工条件，因地因时制宜，做到时间与空间的优化组合。

5）调度工作要具有及时性、准确性、预防性。

4. 施工过程的检查与监督

园林设施是游人直接使用和接触的，不能存在丝毫的隐患。为此应重视施工过程的检查与监督工作，要把它视为保证工程质量必不可少的环节，并贯穿于整个施工过程中。

1）检查的种类。根据检查对象的不同可将施工检查分为材料检查和中间作业检查两类。材料检查是指对施工所需的材料、设备的质量和数量的确认记录。中间作业检查是施工过程中作业结果的检查验收，分施工阶段检查和隐蔽工程验收两种。

2）检查方法

① 材料检查指对所需材料进行必要的检查。检查材料时，要出示检查申请、材料入库记录、抽样指定申请、试验填报表和证明书等。不得购买假冒伪劣产品及材料；所购材料必须有合格证件、质量检查证、厂家名称和有效使用日期；做好材料进出库的检查登记工作；要选派有经验的人员做仓库保管员，搞好材料验收、保管、发放和清点工作，做到“三把关四拒收”，即把好数量关、质量关、单据关，拒收凭证不全、手续不整、数量不符、质量不合格的材料；绿化材料要根据苗木质量标准验收，保证成活率。

② 中间作业检查这是在工程竣工前对各工序施工状况的检查，对一般的工序可按日或施工阶段进行检查。检查时要准备好施工合同、施工说明书、施工图、施工现场照片、各种质量证明材料和试验结果等；园林景观的艺术效果是重要的评价标准，应对其加以检验确认，主要通过形状、尺寸、质地、色彩等加以检测；对园林绿化材料的检查，要以成活率和生长状况为主，并

做到多次检查验收；对于隐蔽工程，如基础工程、埋地管线工程，要及时申请检查验收，待验收合格方可进行下道工序；在检查中如发现问题，要尽快提出处理意见。需要返工的应确定返工期限，需修整的要制定相应的技术措施，并将具体内容登记入册。

12.2.3 施工现场技术管理

技术管理是指对施工单位全部生产技术工作的计划、组织、指挥、协调和监督，是对各项技术活动的技术要素进行科学管理的总和。施工单位的技术管理工作主要由施工技术准备、施工过程技术工作和技术开发工作三方面组成。

1. 技术管理的特点

(1)技术管理的综合性

园林工程是艺术工程，是工程技术和艺术的有机结合，要保证园林绿地功能的发挥，必须重视各方面的技术工作。因此，施工中技术的运用不是单一的而是综合的。

(2)技术管理的相关性

这在园林工程中具有特殊意义。例如，栽植工程的起苗、运苗、植苗和养护管理；园路工程的基层、结合层与面层；假山工程的基础、底层、中层与收顶；现代塑石的钢模(砖模)骨架、拉浆、抹灰与修饰等环节都是相互依赖、相互制约的。上道工序技术应用得好，保证了质量，则为下道工序打好基础，从而确保整个项目的施工质量。

(3)技术管理的多样性

园林工程中技术的应用主要是绿化施工和建筑施工，但两者所应用的材料是多样的，选择的施工方法是多样的，这就要求有与之相应的工程技术，因此园林工程技术具有多样性。

(4)技术管理的季节性

园林工程施工受气候因素影响大，季节性较强，特别是土方工程、栽植工程等。实际中应根据季节的不同，采用不同的技术措施。

2. 技术管理的内容

(1)建立技术管理体系，完善技术管理制度

建立健全技术管理机构，形成单位内以技术为导向的网络管理体系。要在该体系中强化高级技术人才的核心作用，重视各级技术人员的相互协作，并将技术优势应用于园林工程之中。

园林施工单位还应制定和完善技术管理制度，主要包括：图纸会审制度、技术交底制度、计划管理制度、材料检查制度和基层统计管理制度等。

1)图纸会审制度。熟悉图纸是搞好工程施工的基础工作。通过会审可以发现设计内容与现场实际的矛盾，研究解决的方法，为施工创造条件。

2)技术交底制度。向基层施工组织交待清楚施工任务、施工工期、技术要求等。

3)计划管理制度计划、组织、指挥、协调与监督是现代施工管理的五大职能，要建立以施工组织设计为先导的管理制度。

4)材料检查制度。选派责任心强、懂业务的技术人员负责材料检查工作，坚持验收标准，杜绝不合格产品进场。

5)基层统计管理制度。基层施工单位直接进行施工生产活动，在施工中必定有许多工作经验，将这些经验记录下来，作为技术档案的重要部分，也为今后的技术工作积累素材。

(2)建立技术责任制

首先要落实领导任期技术责任制，明确技术职责范围。领导任期技术责任制是由总工程

师、工程师和技术组长构成的以总工程师为核心的三级技术管理制度。其主要职责是:全面负责本单位的技术工作和技术管理工作;组织编制单位的技术发展计划,负责技术创新和科研工作;组织会审各种设计图纸,解决工程中的关键技术问题;制定技术操作规程、技术标准和安全措施;组织技术培训,提高职工业务技术水平。

其次,要重视特殊技术工人的作用。园林工程中的假山置石、盆景花卉、古建雕塑等需要丰富的技术经验,而掌握这些技术的绝大多数是老工人或上年纪的技术人员,要鼓励他们继续发挥技术特长,同时做好“传、帮、带”工作,制定以老带新计划,让年轻人继承他们的技艺,更好地为园林艺术服务。

12.2.4 竣工验收工作

园林工程所有的设计要素经施工阶段完成全部任务并供开放使用时,施工单位向建设单位办理工程移交手续,这一工作称之为工程竣工验收。工程竣工验收是项目移交的必需手续,更是对已施工项目施工质量的全面检查与考核评估,因此,及时按要求做好这一工作是十分重要的。

1. 施工现场收尾工作

工程所有项目完工后,施工单位要全面准备工程的交工验收工作。对收尾工程中的尾工,特别是零星分散、易被忽视的地方要尽快完成,以免影响整个工程的全面竣工验收。验收前要做好现场的清理工作,这些工作主要包括。

1)园林建筑辅助脚手架的拆除。

2)各种建筑或砌筑工程废料、废物的清理。

3)水体水面清洁及水岸整洁处理。

4)栽植点、草坪的全面清洁工作。

5)各种置石、假山和小品施工碎物的清理。

6)园路工程沿线的清扫。

7)临时设施的清理。

8)其他要清理的地方。

清理现场时,要注意施工现场的整体性,不得损坏已完工的设施,不得伤及新植树木花草,各种废料垃圾要择点堆放,对能继续利用的施工剩余物要清点入库。

做完上述工作后,施工单位应先进行自检,一些功能性设施和景点要预先检测,如给排水、喷泉工程等。一切正常后开始准备竣工验收资料。

2. 竣工验收资料准备

竣工验收资料是工程项目的重要技术档案文件,施工单位在工程施工时就要注意积累,派专人负责,并按施工进度整理造册,妥善保管以便在竣工验收时能提供完整的资料。竣工验收时必须准备的资料主要有。

1)工程竣工图和工程一览表。

2)施工图、合同等文件。包括全套施工图和有关设计文件,批准的计划任务书,工程合同与施工执照,图纸会审记录、设计说明书、设计变更单、工程洽谈记录等。

3)材料、设备的质量合格证,各种检测记录。

4)开竣工报告,土建施工记录,各类结构说明,基础处理记录,重点湖岸施工登记等。

5)隐蔽工程及中间交工验收签证、说明书。

6)全工地测量成果资料及相关说明。

7)管网安装及初测结果记录。

8)种植成活检查结果。

9)新材料、新工艺、新方法的使用记录。

10)本行业或上级制定的相关技术规定。

3. 竣工验收的依据

1)已被批准的计划任务书和相关文件。

2)双方签订的工程承包合同。

3)设计图纸和技术说明书。

4)图纸会审记录、设计变更与技术核定单。

5)国家和行业现行的施工技术验收规范。

6)有关施工记录和构件、材料等合格证明书。

7)园林管理条例及各种设计规范。

4. 施工验收的标准

1)工程项目根据合同的规定和设计图纸的要求已全部施工完毕,达到国家规定的质量标准,能满足绿地开放与使用的要求。

2)施工现场已全面竣工清理,符合验收要求。

3)技术档案、资料要齐全。

5. 工程竣工验收的程序

(1)预验收

施工单位对建设工程进行自检并认为各项指标已符合竣工验收标准,即可申报对工程进行竣工验收。预验收即是从申报之日起至正式验收前这段时间内所安排的工程验收。预验收的程序一般为:监理方指出验收方案——→将方案告之建设方、设计方与施工方——→各方分析、熟悉验收方案——→组织验收前培训——→进行预验收。

预验收主要检查的内容有:

1)工程项目的开、竣工报告。

2)图纸会审与技术交底的各种材料。

3)施工中设计变更记录及材料变更记录。

4)施工质量检查资料及处理情况。

5)各种施工材料、设备、构件及机械的质量合格证书。

6)所有检验、测试材料。

7)中间检查记录、施工任务单与施工日记。

8)施工质量评检报告。

9)竣工图、竣工报告。

10)施工方案或施工组织设计、施工承包合同。

11)特殊条件下施工记录及相关材料。

(2)正式验收

园林工程正式竣工验收多是由项目所在地政府、建设单位及主管部门领导和专家参加的全面性验收。验收时,建设单位、勘测单位、设计单位、施工单位与监理单位均应到场,验收由验收小组组长主持,具体工作由总监理师负责。

1)准备工作

① 编写竣工验收工作日程。

② 书面通知相关人员及单位。

③ 准备好有关验收技术文件。

④ 召开验收前技术会议,布置有关工作。

2)正式验收

① 正式召开竣工验收会议,介绍验收工作程序,宣布验收工作时间、做法、要求等。

② 设计单位发言。

③ 施工单位发言。

④ 监理单位发言。

⑤ 分组对资料认真审查及对实地检查。

⑥ 办理竣工验收证书和工程项目验收签订书。

⑦ 组长签署验收意见。

⑧ 建设单位致词,验收结束。

6. 竣工验收实务

园林工程按上述的要求准备验收材料后,施工方要会同建设方、设计方、监理方一起对工程进行全面的验收。其程序一般是:施工方提出工程验收申请──→确定竣工验收的方法──→绘制竣工图──→填报竣工验收意见书──→编写竣工报告──→资料备案。

(1)施工方提出竣工验收申请

施工方根据已确定的验收时限,向建设方、设计方、监理方发出竣工验收申请函和工程报审单。其中报审单的格式见表12-2,供参考。填好表后,要写一份竣工验收总结,一同交参加验收的单位。

表12-2　工程竣工验收报审单

工程名称:×××绿化工程　　　　中标号　　　　编号:

致:×××监理工程公司或

×××园林局×××工程监理处(所)

我方已按合同要求完成了×××绿化工程(标号:××)的施工任务,经自检合格,请予以检查验收。

附:×××绿化工程验收办法。

工程承包单位(章):________________

项目经理(签字):________________

日　　期:________________

审查意见

项目监理机构(章):________________

总/专业监理工程师(签字):________________

日　　期:________________

1)工程竣工验收报审单(表12-2):

2)工程竣工验收总结:根据工程项目施工情况及完成实际,施工方按要求写一份本工程的验收总结。

(2)确定竣工验收办法

四方应依据国家或地方的有关验收标准及合同规定的条件,制定出竣工验收的具体办法,并予以公布。验收时即按此办法进行验收。

(3)绘制竣工图

工程在施工过程中,由于园址施工条件的差异,或者原设计图需要改动等原因使图纸发生了变化,因此,工程完成后要将这些改动标于图上,连同其他修改文字资料经确认后,作为竣工验收的材料。

(4)填报竣工验收意见书

验收人根据施工方提供的材料对工程进行全面认真细致的验收。然后填写"竣工验收意见书"。

(5)编写竣工报告

竣工报告是工程交工前的一份重要技术文件,由施工单位会同建设单位、设计单位等一同编制。报告中要重点述明项目建设的基本情况、工程验收机构组成、工程验收的内容、验收的程序及验收方法(用附件形式)等,并要按照规定的格式编制。

(6)竣工资料备案

项目验收后,将各种资料汇成表作为该工程竣工验收备案。

7. 办理竣工验收手续

经上述组织的工程验收合格后,合同双方应签订竣工交接签收证书,施工单位应将全套验收材料整理好,装订成册,交建设单位存档。同时办理工程移交,并根据合同规定办理工程结算手续。至此,双方的义务履行完毕,合同终止。

参 考 文 献

[1] 田永复. 中国园林建设工程预算[M]. 北京: 中国建筑工业出版社,2003.
[2] 尹公主. 城市绿地建设工程[M]. 北京:中国林业出版社,2001.
[3] 史商于,陈茂明. 工程招投标与合同管理[M]. 北京:科学出版社,2004.
[4] 孟兆祯. 园林工程[M]. 北京:中国林业出版社,2002.
[5] 董三孝. 园林工程概预算与施工组织管理[M]. 北京:中国林业出版社,2003.
[6] 金波. 园林花木病虫害识别与防治[M]. 北京:化学工业出版社,2004.
[7] 吴志华. 园林工程施工与管理[M]. 北京:中国农业出版社,2001.
[8] 赵香贵. 建设施工组织与进度控制[M]. 北京:金盾出版社,2003.
[9] 赵兵. 园林工程[M]. 南京:东南大学出版社,2004.
[10] 吴俊奇,付婉霞,曹秀芹. 给水排水工程[M]. 北京:中国水利水电出版社,2004.
[11] 丁文铎. 城市绿地灌溉[M]. 北京:中国林业出版社,2000.
[12] 张建林. 园林工程[M]. 北京:中国农业出版社,2000.
[13] 王乃康,茅也平,赵平. 现代园林机械[M]. 北京:中国林业出版社,2001.
[14] 金儒林. 人造水景设计营造与观赏[M]. 北京:中国建筑工业出版社,2006.
[15] 吴为廉. 景观与景园工程规划设计[M]. 北京:中国建筑工业出版社,2005.
[16] 闫宝兴,程炜. 水景工程[M]. 北京:中国建筑工业出版社,2005.
[17] 陈祺. 园林工程建设现场施工技术[M]. 北京:化学工业出版社,2005.
[18] 董三孝. 园林工程建设概论[M]. 北京:化学工业出版社,2005.
[19] 毛培琳,李雷. 水景设计[M]. 北京:中国林业出版社,2004.
[20] 梁伊任,王沛永,张维妮. 园林工程[M]. 修订本. 北京:气象出版社,2001.
[21] 孙慧修等. 排水工程[M]. 北京:中国建筑工业出版社,1999.